21世纪高等学校规划教材
安徽省高等学校“十三五”省级规划教材

工程数学

刘树德 ◎ 主编
耿杰 黄飞 黄炎 凌婷婷 孙怡川 钟家伟 ◎ 副主编

人民邮电出版社
北京

图书在版编目（CIP）数据

工程数学 / 刘树德主编. -- 北京 : 人民邮电出版社, 2020.4（2023.8重印）
21世纪高等学校规划教材
ISBN 978-7-115-52950-3

Ⅰ. ①工… Ⅱ. ①刘… Ⅲ. ①工程数学－高等学校－教材 Ⅳ. ①TB11

中国版本图书馆CIP数据核字(2019)第290256号

内 容 提 要

本书从应用型本科学生的实际需求出发，采用学生易于接受的方式，以数学考研大纲中的编排为序，涵盖了考研大纲中有关线性代数和概率论与数理统计的所有内容，包括行列式、矩阵、向量空间、线性方程组、矩阵的特征值和特征向量、二次型，以及随机事件与概率、随机变量及其分布、多维随机变量、随机变量的数字特征、大数定律与中心极限定理、数理统计基本概念、参数估计与假设检验等，并配备一定数量的习题，书末附有习题参考答案。

本书思路创新，内容新颖，简明扼要，通俗易懂，基本概念和基本方法讲述清楚，并且简化理论证明，以激发学生的阅读兴趣，增强其自主学习的效果。本书可作为高等院校工科类本科教材、教学参考书或考研复习用书。

◆ 主　　编　刘树德
副 主 编　耿　杰　黄　飞　黄　炎　凌婷婷　孙怡川　钟家伟
责任编辑　罗　朗
责任印制　王　郁　陈　犇
◆ 人民邮电出版社出版发行　　北京市丰台区成寿寺路 11 号
邮编　100164　　电子邮件　315@ptpress.com.cn
网址　http://www.ptpress.com.cn
北京九州迅驰传媒文化有限公司印刷
◆ 开本：787×1092　1/16
印张：16.5　　　　2020 年 4 月第 1 版
字数：383 千字　　　　2023 年 8 月北京第 2 次印刷

定价：49.80 元

读者服务热线：(010) 81055256　印装质量热线：(010) 81055316
反盗版热线：(010) 81055315
广告经营许可证：京东市监广登字 20170147 号

前言

Preface

中国本科教育进入新时代."以本为本""四个回归""新工科"已成为高等教育领域的热词.在落实新时代全国高等学校本科教育工作会议精神的背景下,本书参照《工科类本科数学基础课程教学基本要求》(修订稿),在我们多年教学实践的基础上编写而成,适合应用型本科院校工科类专业的学生使用.

本书包括两篇,分别为线性代数、概率论与数理统计.第一篇从学生熟悉的解线性方程组讲起,围绕线性方程组的讨论,采用学生易于接受的方式,系统地介绍了线性代数的行列式、矩阵、向量空间、线性方程组、矩阵的特征值和特征向量、二次型等内容;第二篇阐述了概率论与数理统计中的主要概念和方法,力求运用简洁的语言描述随机现象及其内在的统计规律,包括事件与概率、随机变量及其分布、随机变量的数字特征、大数定律与中心极限定理、数理统计基本概念、参数估计与假设检验等.这两篇涵盖了数学考研大纲中有关线性代数、概率论与数理统计的所有内容,因此本书也可作为硕士研究生入学统一考试的参考书.

我们编写本教材有两个目的:一是融入自己的思考,提炼出新意,使教材内容更加切合应用型本科院校的实际需求;二是抛砖引玉,促进对教材、教法的讨论.我们认为,只有以学生为中心,以教师为辅助,进行讨论式教学,教学才能生动活泼,也只有集思广益,教材才能不断完善.

我们在编写本书的过程中遵循如下方针:博采众家之长,也重视一家之言,在学习中提高,从继承中创新.本书既汲取了国内外一些教材、论文中的有关内容,又加入了我们自己在教学实践中积累起来的点滴心得、经验.我们以为无论读书、教书、编书,都应持这种态度.

本书由刘树德担任主编,刘树德(第 1 章)、凌婷婷(第 2 章)、丁伯伦(第 3 章、第 4 章)、孙怡川(第 5 章)、钟家伟(第 6 章)、郝晓红(第 7 章)、耿杰(第 8 章、第 10 章)、黄炎(第 9 章、第 11 章)、黄飞(第 12 章、第 13 章)分别为各章的编写者,主编做了认真细致的修改后定稿.本书编写工作得到了安徽信息工程学院领导的关心和教务处的支持,谨此致谢!

限于编者水平,书中不妥之处在所难免,敬请读者批评指正.

编者

2019 年 9 月

目录

Contents

第一篇　线性代数

第二篇　概率论与数理统计

第一篇 线性代数

“线性代数”是一门基础数学课程，它的基本概念、理论和方法具有较强的逻辑性、抽象性和广泛的实用性.

线性代数在数学、力学、物理学和技术学科中有各种重要应用，因而它在各种代数分支中占据首要地位；在计算机广泛应用的今天，计算机图形学、计算机辅助设计、密码学、虚拟现实等技术无不以线性代数为其理论和算法基础的一部分；该学科体现了几何观念与代数方法之间的联系，从具体概念抽象出来的公理化方法以及严谨的逻辑推证、巧妙的归纳综合等，对于强化数学训练和增益科学智能是非常有用的. 随着科学的发展，我们不仅要研究单个变量之间的关系，还要进一步研究多个变量之间的关系，各种实际问题在大多数情况下都可以线性化，并且由于计算机的发展，线性化了的问题可以计算出来，线性代数正是解决这些问题的有力工具. 因此，学习和掌握线性代数的理论和方法是掌握现代科学技术以及从事科学研究的重要基础和手段.

本课程的主要任务是学习科学技术中常用的矩阵方法、线性方程组及其有关的基本计算方法，使学生具有熟练的矩阵运算能力以及用矩阵方法解决实际问题的能力，为以后进一步学习后续课程打下必要的数学基础.

第1章 行 列 式

行列式是人们用来求解线性代数方程组的一个基本工具. 本章在讲述二、三阶行列式的基础上, 给出一般 n 阶行列式的定义、性质及其计算方法, 并介绍用 n 阶行列式求解 n 元线性方程组的克拉默（Cramer）法则.

§1.1 引言

一、二阶行列式

求解线性方程组是代数学中的一个基本问题. 例如解二元线性方程组

$$\begin{cases} a_{11}x_1 + a_{12}x_2 = b_1, \\ a_{21}x_1 + a_{22}x_2 = b_2. \end{cases} \tag{1.1}$$

为消去未知数 x_2, 以 a_{22} 与 a_{12} 分别乘上列两方程的两边, 然后两个方程相减, 得

$$(a_{11}a_{22} - a_{12}a_{21})x_1 = b_1a_{22} - a_{12}b_2.$$

类似地, 消去 x_1 得

$$(a_{11}a_{22} - a_{12}a_{21})x_2 = a_{11}b_2 - b_1a_{21}.$$

当 $a_{11}a_{22} - a_{12}a_{21} \neq 0$ 时, 方程组（1.1）有唯一解

$$x_1 = \frac{b_1a_{22} - a_{12}b_2}{a_{11}a_{22} - a_{12}a_{21}}, \quad x_2 = \frac{a_{11}b_2 - b_1a_{21}}{a_{11}a_{22} - a_{12}a_{21}}. \tag{1.2}$$

为使解的表达式简明, 引入如下记号

$$D = \begin{vmatrix} a_{11} & a_{12} \\ a_{21} & a_{22} \end{vmatrix} = a_{11}a_{22} - a_{12}a_{21}, \tag{1.3}$$

并称 $\begin{vmatrix} a_{11} & a_{12} \\ a_{21} & a_{22} \end{vmatrix}$ 为**二阶行列式**, 其中横排称为**行**, 竖排称为**列**.

数 $a_{ij}(i=1,2; \ j=1,2)$ 称为行列式（1.3）的**元素**或**元**. 元素的第一个下标 i 称为**行标**, 表示该元素位于第 i 行, 第二个下标 j 称为**列标**, 表示该元素位于第 j 列. 位于第 i 行第 j 列的元素称为**行列式（1.3）的 (i,j) 元**.

上述二阶行列式的定义, 可用对角线法则来记忆. 把 a_{11} 到 a_{22} 的实连线称为**主对角线**, a_{12} 到 a_{21} 的虚连线称为**副对角线**, 于是二阶行列式便是主对角线上的两元素之积减去副对角线上两元素之积所得的差.

$$\begin{vmatrix} a_{11} & a_{12} \\ a_{21} & a_{22} \end{vmatrix}$$

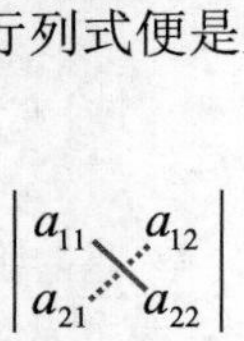

若记

$$D_1=\begin{vmatrix} b_1 & a_{12} \\ b_2 & a_{22} \end{vmatrix},\qquad D_2=\begin{vmatrix} a_{11} & b_1 \\ a_{21} & b_2 \end{vmatrix},$$

则式（1.2）可写成

$$x_1=\frac{D_1}{D}=\frac{b_1a_{22}-a_{12}b_2}{a_{11}a_{22}-a_{12}a_{21}},\quad x_2=\frac{D_2}{D}=\frac{a_{11}b_2-b_1a_{21}}{a_{11}a_{22}-a_{12}a_{21}}.$$

注意，这里的分母 D 是由方程组（1.1）的系数所确定的二阶行列式（称系数行列式），x_1 的分子 D_1 是用常数项 b_1,b_2 替换 D 中 x_1 的系数 a_{11},a_{21} 所得的二阶行列式，x_2 的分子 D_2 是用常数项 b_1,b_2 替换 D 中 x_2 的系数 a_{12},a_{22} 所得的二阶行列式.

例 1.1.1　求解二元线性方程组

$$\begin{cases} 2x_1+x_2=3, \\ 3x_1+5x_2=1. \end{cases}$$

解　由于

$$D=\begin{vmatrix} 2 & 1 \\ 3 & 5 \end{vmatrix}=10-3=7\neq 0,$$

$$D_1=\begin{vmatrix} 3 & 1 \\ 1 & 5 \end{vmatrix}=15-1=14,$$

$$D_2=\begin{vmatrix} 2 & 3 \\ 3 & 1 \end{vmatrix}=2-9=-7,$$

因此

$$x_1=\frac{D_1}{D}=\frac{14}{7}=2,\ x_2=\frac{D_2}{D}=\frac{-7}{7}=-1.$$

二、三阶行列式

类似地，用消元法解三元线性方程组

$$\begin{cases} a_{11}x_1+a_{12}x_2+a_{13}x_3=b_1, \\ a_{21}x_1+a_{22}x_2+a_{23}x_3=b_2, \\ a_{31}x_1+a_{32}x_2+a_{33}x_3=b_3. \end{cases} \tag{1.4}$$

为使解的表达式简明，引入三阶行列式

$$D=\begin{vmatrix} a_{11} & a_{12} & a_{13} \\ a_{21} & a_{22} & a_{23} \\ a_{31} & a_{32} & a_{33} \end{vmatrix}, \tag{1.5}$$

并定义

$$D=a_{11}a_{22}a_{33}+a_{12}a_{23}a_{31}+a_{13}a_{21}a_{32}-a_{13}a_{22}a_{31}-a_{12}a_{21}a_{33}-a_{11}a_{23}a_{32}\,. \tag{1.6}$$

从式（1.6）看出，三阶行列式（1.5）含 6 项，每项均为不同行不同列的 3 个元素的乘积再冠以正负号，其规律如图 1.1 所示的对角线法则：

图中有 3 条实线看作是平行于主对角线的连线，3 条虚线看作是平行于副对角线的连线，实线上三元素的乘积冠以正号，虚线上三元素的乘积冠以负号.

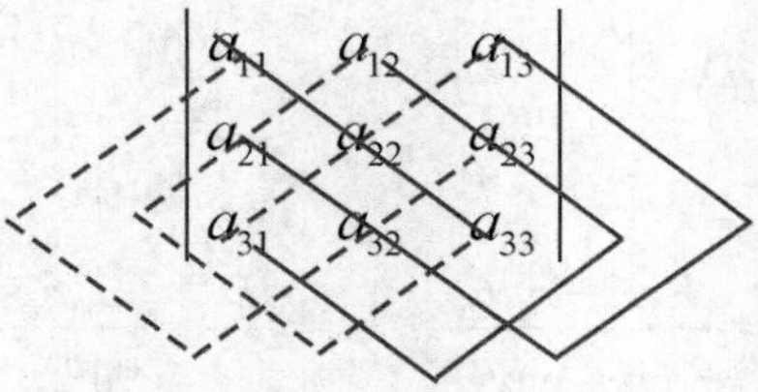

图 1.1

运用消元法解方程组（1.4）可知，当行列式（1.5）中 $D \neq 0$ 时，方程组（1.4）有唯一解

$$x_i = \frac{D_i}{D} \quad (i=1,2,3),$$

其中

$$D_1 = \begin{vmatrix} b_1 & a_{12} & a_{13} \\ b_2 & a_{22} & a_{23} \\ b_3 & a_{32} & a_{33} \end{vmatrix}, \quad D_2 = \begin{vmatrix} a_{11} & b_1 & a_{13} \\ a_{21} & b_2 & a_{23} \\ a_{31} & b_3 & a_{33} \end{vmatrix}, \quad D_3 = \begin{vmatrix} a_{11} & a_{12} & b_1 \\ a_{21} & a_{22} & b_2 \\ a_{31} & a_{32} & b_3 \end{vmatrix}.$$

例 1.1.2 求解三元线性方程组

$$\begin{cases} x_1 + 2x_2 - 4x_3 = 1, \\ -2x_1 + 2x_2 + x_3 = 0, \\ -3x_1 + 4x_2 - 2x_3 = 0. \end{cases} \tag{1.7}$$

解 容易算出

$$D = \begin{vmatrix} 1 & 2 & -4 \\ -2 & 2 & 1 \\ -3 & 4 & -2 \end{vmatrix} = -14 \neq 0,$$

$$D_1 = \begin{vmatrix} 1 & 2 & -4 \\ 0 & 2 & 1 \\ 0 & 4 & -2 \end{vmatrix} = -8, \quad D_2 = \begin{vmatrix} 1 & 1 & -4 \\ -2 & 0 & 1 \\ -3 & 0 & -2 \end{vmatrix} = -7, \quad D_3 = \begin{vmatrix} 1 & 2 & 1 \\ -2 & 2 & 0 \\ -3 & 4 & 0 \end{vmatrix} = -2,$$

所以方程组（1.7）有唯一解

$$x_1 = \frac{D_1}{D} = \frac{4}{7}, \quad x_2 = \frac{D_2}{D} = \frac{1}{2}, \quad x_3 = \frac{D_3}{D} = \frac{1}{7}.$$

例 1.1.3 解方程

$$\begin{vmatrix} 1 & 2 & 3 \\ 1 & x+1 & 3 \\ 1 & 2 & x+1 \end{vmatrix} = 0.$$

解 方程左边的三阶行列式

$$\begin{aligned} D &= (x+1)^2 + 6 + 6 - 3(x+1) - 6 - 2(x+1) \\ &= x^2 - 3x + 2, \end{aligned}$$

由

$$x^2 - 3x + 2 = 0$$

解得

$$x=1 \quad 或 \quad x=2.$$

§1.2　n阶行列式

为了研究 n 阶行列式，需要用到 n 阶排列及其逆序数的概念.

定义 1.2.1　由正整数 $1, 2, \cdots, n$ 组成的一个有序数组 $j_1 j_2 \cdots j_n$ 称为一个 **n 阶排列（简称排列）**.

例如，4231 是一个 4 阶排列，31524 是一个 5 阶排列.

定义 1.2.2　在一个 n 阶排列 $j_1 j_2 \cdots j_n$ 中，如果较大的数 j_s 排在较小的数 j_t 前面，则称 j_s 与 j_t 构成一个**逆序**. 一个 n 阶排列 $j_1 j_2 \cdots j_n$ 中逆序的总数称为该排列的**逆序数**，记为 $\tau=\tau(j_1 j_2 \cdots j_n)$.

逆序数为奇数的排列称为**奇排列**，逆序数为偶数的排列称为**偶排列**.

例如，$\tau(4231)=5$, $\tau(31524)=4$, 故排列 4231 是奇排列，31524 是偶排列.

定义 1.2.3　把一个排列中某两个数的位置互换，其余的数位置不动，就得到另一个排列，这样一个变换称为一次**对换**.

定理 1.2.1　任意一个排列经过一次对换改变其奇偶性.

例如，31524 是偶排列，经过 1, 4 对换，得到排列 34521. 由于 $\tau(34521)=7$，故排列 34521 是奇排列.

定理 1.2.2　任意一个 n 阶排列与排列 $12\cdots n$ 都可以经过一系列对换互变，并且对换的次数与该排列有相同的奇偶性.

例如，三阶行列式的一般项可以写为

$$a_{1j_1} a_{2j_2} a_{3j_3},$$

其中，j_1, j_2, j_3 是 $1, 2, 3$ 的一个排列，不同排列总数为 6 个，对应定义式（1.6）中的 6 项，当 j_1, j_2, j_3 是偶排列时，对应的项在式（1.6）中带正号；当 j_1, j_2, j_3 是奇排列时，对应的项带负号. 二阶行列式显然也有类似结论. 一般地，给出如下 n 阶行列式的定义.

定义 1.2.4　n 阶行列式

$$D=\begin{vmatrix} a_{11} & a_{12} & \cdots & a_{1n} \\ a_{21} & a_{22} & \cdots & a_{2n} \\ \vdots & \vdots & \ddots & \vdots \\ a_{n1} & a_{n2} & \cdots & a_{nn} \end{vmatrix}=\sum_{j_1 j_2 \cdots j_n} (-1)^{\tau} a_{1j_1} a_{2j_2} \cdots a_{nj_n}, \tag{1.8}$$

其中，$a_{1j_1} a_{2j_2} \cdots a_{nj_n}$ 为行列式中取自不同行不同列的 n 个元素的乘积，按行标排成自然顺序，列标是一个 n 阶排列 $j_1 j_2 \cdots j_n$，$\tau=\tau(j_1 j_2 \cdots j_n)$ 为 $j_1 j_2 \cdots j_n$ 的逆序数，$\sum\limits_{j_1 j_2 \cdots j_n}$ 表示对所有 n 阶排列求和.

n 阶行列式通常简记作 $\det(a_{ij})$，其中数 a_{ij} 为该行列式的 (i, j) 元.

注意到，数的乘法是交换的，也可以将式（1.8）中 $a_{1j_1} a_{2j_2} \cdots a_{nj_n}$ 按列标排成自然顺序，行

标是一个 n 阶排列 $i_1 i_2 \cdots i_n$ ，改写为 $a_{i_1 1}a_{i_2 2}\cdots a_{i_n n}$ ，并且由定理 1.2.2 知 $\tau=\tau(j_1 j_2 \cdots j_n)=\tau(i_1 i_2 \cdots i_n)$. 因此，$n$ 阶行列式（1.8）也可以按列标自然顺序写为

$$D=\begin{vmatrix} a_{11} & a_{12} & \cdots & a_{1n} \\ a_{21} & a_{22} & \cdots & a_{2n} \\ \vdots & \vdots & \ddots & \vdots \\ a_{n1} & a_{n2} & \cdots & a_{nn} \end{vmatrix}=\sum_{i_1 i_2 \cdots i_n}(-1)^{\tau}a_{i_1 1}a_{i_2 2}\cdots a_{i_n n}. \tag{1.9}$$

例 1.2.1　计算对角行列式

$$D=\begin{vmatrix} a_{11} & & & \\ & a_{22} & & \\ & & \ddots & \\ & & & a_{nn} \end{vmatrix},$$

其中，未写出的元素都是 0 .

解　行列式中第 1 行的元素除去位于第 1 列的 a_{11} 外全为 0，第 2 行的元素除去位于第 2 列的 a_{22} 外全为 0，…，第 n 行的元素除去位于第 n 列的 a_{nn} 外全为 0. 因此，行列式中的项除了 $a_{11},a_{22},\cdots,a_{nn}$ 外，其余的项全为 0 . 由于列标排列 $12\cdots n$ 为自然顺序，逆序数为 0 ，故对角行列式 $D=a_{11}a_{22}\cdots a_{nn}$.

类似得出

$$\begin{vmatrix} & & & a_{1n} \\ & & a_{2,n-1} & \\ & \begin{matrix}\cdot^{\cdot^{\cdot}}\end{matrix} & & \\ a_{n1} & & & \end{vmatrix}=(-1)^{\frac{n(n-1)}{2}}a_{1n}a_{2,n-1}\cdots a_{n1}.$$

上三角形行列式

$$\begin{vmatrix} a_{11} & a_{12} & \cdots & a_{1n} \\ 0 & a_{22} & \cdots & a_{2n} \\ \vdots & \vdots & \ddots & \vdots \\ 0 & 0 & \cdots & a_{nn} \end{vmatrix}=a_{11}a_{22}\cdots a_{nn}.$$

例 1.2.2　计算 4 阶行列式

$$D=\begin{vmatrix} 0 & 1 & 2 & -1 \\ -1 & 0 & 1 & 2 \\ 0 & 0 & 3 & -2 \\ 0 & 3 & 1 & -1 \end{vmatrix}.$$

解　按列标排列为自然顺序分析如下，并算出各项行标排列的逆序数：

$$-1\to\left\langle\begin{matrix} 1\to\left\langle\begin{matrix} 3\to -1 & \tau(2134)=1, \\ 1\to -2 & \tau(2143)=2, \end{matrix}\right. \\ 3\to\left\langle\begin{matrix} 2\to -2 & \tau(2413)=3, \\ 3\to -1 & \tau(2431)=4, \end{matrix}\right. \end{matrix}\right.$$

因此

$$D = -3+2-12+9 = -4.$$

§1.3　行列式的性质

把 n 阶行列式

$$D = \begin{vmatrix} a_{11} & a_{12} & \cdots & a_{1n} \\ a_{21} & a_{22} & \cdots & a_{2n} \\ \vdots & \vdots & \ddots & \vdots \\ a_{n1} & a_{n2} & \cdots & a_{nn} \end{vmatrix}$$

中的行与列互换得到

$$D^{\mathrm{T}} = \begin{vmatrix} a_{11} & a_{21} & \cdots & a_{n1} \\ a_{12} & a_{22} & \cdots & a_{n2} \\ \vdots & \vdots & \ddots & \vdots \\ a_{1n} & a_{2n} & \cdots & a_{nn} \end{vmatrix},$$

行列式 D^{T} 称为行列式 D 的**转置行列式**.

性质 1.3.1　行列式与它的转置行列式相等.

证　根据转置行列式的定义，行列式 D^{T} 的 (j,i) 元是行列式 D 的 (i,j) 元 a_{ij}，因此行列式 D^{T} 按式（1.9）展开就等于行列式 D 按式（1.8）展开，即

$$D^{\mathrm{T}} \overset{\text{式(1.9)}}{=} \sum_{j_1 j_2 \cdots j_n} (-1)^{\tau} a_{1j_1} a_{2j_2} \cdots a_{nj_n} \overset{\text{式(1.8)}}{=} D.$$

由此性质可知，行列式中的行与列具有同等的地位，凡是对行成立的行列式的性质，对列也同样成立. 因此下面行列式的性质只对行讨论，对行做运算意味着对该行中所有的元素做此运算.

性质 1.3.2　以数 k 乘行列式中某一行，等于用数 k 乘此行列式.

证　设 $D = \det(a_{ij})$，以数 k 乘 D 的第 i 行，按式（1.8）展开得

$$\begin{vmatrix} a_{11} & a_{12} & \cdots & a_{1n} \\ \vdots & \vdots & \ddots & \vdots \\ k\,a_{i1} & k\,a_{i2} & \cdots & k\,a_{in} \\ \vdots & \vdots & \ddots & \vdots \\ a_{n1} & a_{n2} & \cdots & a_{nn} \end{vmatrix} = \sum_{j_1 j_2 \cdots j_n} (-1)^{\tau} a_{1j_1} \cdots (k\,a_{ij_i}) \cdots a_{nj_n}$$

$$= k \sum_{j_1 j_2 \cdots j_n} (-1)^{\tau} a_{1j_1} a_{2j_2} \cdots a_{nj_n} = k \begin{vmatrix} a_{11} & a_{12} & \cdots & a_{1n} \\ \vdots & \vdots & \ddots & \vdots \\ a_{i1} & a_{i2} & \cdots & a_{in} \\ \vdots & \vdots & \ddots & \vdots \\ a_{n1} & a_{n2} & \cdots & a_{nn} \end{vmatrix} = kD.$$

令 $k=0$，就有

推论　如果行列式中一行为 0，则此行列式等于 0.

性质 1.3.3 设 $D=\det(a_{ij})$，其中第 i 行是两组数之和：$a_{ij}=b_{ij}+c_{ij}$ $(j=1,2,\cdots n)$，即

$$D=\begin{vmatrix} a_{11} & a_{12} & \cdots & a_{1n} \\ \vdots & \vdots & \ddots & \vdots \\ b_{i1}+c_{i1} & b_{i2}+c_{i2} & \cdots & b_{in}+c_{in} \\ \vdots & \vdots & \ddots & \vdots \\ a_{n1} & a_{n2} & \cdots & a_{nn} \end{vmatrix},$$

则 D 等于如下两个行列式之和

$$D=\begin{vmatrix} a_{11} & a_{12} & \cdots & a_{1n} \\ \vdots & \vdots & \ddots & \vdots \\ b_{i1} & b_{i2} & \cdots & b_{in} \\ \vdots & \vdots & \ddots & \vdots \\ a_{n1} & a_{n2} & \cdots & a_{nn} \end{vmatrix}+\begin{vmatrix} a_{11} & a_{12} & \cdots & a_{1n} \\ \vdots & \vdots & \ddots & \vdots \\ c_{i1} & c_{i2} & \cdots & c_{in} \\ \vdots & \vdots & \ddots & \vdots \\ a_{n1} & a_{n2} & \cdots & a_{nn} \end{vmatrix}.$$

证

$$\begin{vmatrix} a_{11} & a_{12} & \cdots & a_{1n} \\ \vdots & \vdots & \ddots & \vdots \\ b_{i1}+c_{i1} & b_{i2}+c_{i2} & \cdots & b_{in}+c_{in} \\ \vdots & \vdots & \ddots & \vdots \\ a_{n1} & a_{n2} & \cdots & a_{nn} \end{vmatrix}=\sum_{j_1 j_2 \cdots j_n}(-1)^{\tau}a_{1j_1}\cdots(b_{ij_i}+c_{ij_i})\cdots a_{nj_n}$$

$$=\sum_{j_1 j_2 \cdots j_n}(-1)^{\tau}a_{1j_1}\cdots(b_{ij_i})\cdots a_{nj_n}+\sum_{j_1 j_2 \cdots j_n}(-1)^{\tau}a_{1j_1}\cdots(c_{ij_i})\cdots a_{nj_n}$$

$$=\begin{vmatrix} a_{11} & a_{12} & \cdots & a_{1n} \\ \vdots & \vdots & \ddots & \vdots \\ b_{i1} & b_{i2} & \cdots & b_{in} \\ \vdots & \vdots & \ddots & \vdots \\ a_{n1} & a_{n2} & \cdots & a_{nn} \end{vmatrix}+\begin{vmatrix} a_{11} & a_{12} & \cdots & a_{1n} \\ \vdots & \vdots & \ddots & \vdots \\ c_{i1} & c_{i2} & \cdots & c_{in} \\ \vdots & \vdots & \ddots & \vdots \\ a_{n1} & a_{n2} & \cdots & a_{nn} \end{vmatrix}.$$

容易证明

性质 1.3.4 互换行列式中的两行，行列式反号.

性质 1.3.5 如果行列式中两行成比例，则此行列式等于 0.

利用性质 1.3.3 和性质 1.3.5 推出

性质 1.3.6 把行列式中某一行的倍数加到另一行，行列式不变.

证

$$\begin{vmatrix} a_{11} & a_{12} & \cdots & a_{1n} \\ \vdots & \vdots & \ddots & \vdots \\ a_{i1}+c\,a_{k1} & a_{i2}+c\,a_{k2} & \cdots & a_{in}+c\,a_{kn} \\ \vdots & \vdots & \ddots & \vdots \\ a_{k1} & a_{k2} & \cdots & a_{kn} \\ \vdots & \vdots & \ddots & \vdots \\ a_{n1} & a_{n2} & \cdots & a_{nn} \end{vmatrix}.$$

$$
=\begin{vmatrix} a_{11} & a_{12} & \cdots & a_{1n} \\ \vdots & \vdots & \ddots & \vdots \\ a_{i1} & a_{i2} & \cdots & a_{in} \\ \vdots & \vdots & \ddots & \vdots \\ a_{k1} & a_{k2} & \cdots & a_{kn} \\ \vdots & \vdots & \ddots & \vdots \\ a_{n1} & a_{n2} & \cdots & a_{nn} \end{vmatrix} + \begin{vmatrix} a_{11} & a_{12} & \cdots & a_{1n} \\ \vdots & \vdots & \ddots & \vdots \\ ca_{k1} & ca_{k2} & \cdots & ca_{kn} \\ \vdots & \vdots & \ddots & \vdots \\ a_{k1} & a_{k2} & \cdots & a_{kn} \\ \vdots & \vdots & \ddots & \vdots \\ a_{n1} & a_{n2} & \cdots & a_{nn} \end{vmatrix}
$$

$$
=\begin{vmatrix} a_{11} & a_{12} & \cdots & a_{1n} \\ \vdots & \vdots & \ddots & \vdots \\ a_{i1} & a_{i2} & \cdots & a_{in} \\ \vdots & \vdots & \ddots & \vdots \\ a_{k1} & a_{k2} & \cdots & a_{kn} \\ \vdots & \vdots & \ddots & \vdots \\ a_{n1} & a_{n2} & \cdots & a_{nn} \end{vmatrix}.
$$

利用行列式的性质可以简化行列式的计算. 例如，运用性质 1.3.2、性质 1.3.4、性质 1.3.6 容易把行列式化为上三角形行列式，从而算出行列式的值.

例 1.3.1　计算 4 阶行列式

$$
\begin{vmatrix} 1 & 3 & -1 & 2 \\ 1 & -5 & 3 & -4 \\ 0 & 2 & 1 & -1 \\ 5 & 1 & 3 & -3 \end{vmatrix}.
$$

解

$$
\begin{vmatrix} 1 & 3 & -1 & 2 \\ 1 & -5 & 3 & -4 \\ 0 & 2 & 1 & -1 \\ 5 & 1 & 3 & -3 \end{vmatrix} = \begin{vmatrix} 1 & 3 & -1 & 2 \\ 0 & -8 & 4 & -6 \\ 0 & 2 & 1 & -1 \\ 0 & -14 & 8 & -13 \end{vmatrix}
$$

$$
=-\begin{vmatrix} 1 & 3 & -1 & 2 \\ 0 & 2 & 1 & -1 \\ 0 & -8 & 4 & -6 \\ 0 & -14 & 8 & -13 \end{vmatrix} = -\begin{vmatrix} 1 & 3 & -1 & 2 \\ 0 & 2 & 1 & -1 \\ 0 & 0 & 8 & -10 \\ 0 & 0 & 15 & -20 \end{vmatrix}
$$

$$
=\begin{vmatrix} 1 & 3 & 2 & -1 \\ 0 & 2 & -1 & 1 \\ 0 & 0 & -10 & 8 \\ 0 & 0 & -20 & 15 \end{vmatrix} = \begin{vmatrix} 1 & 3 & 2 & -1 \\ 0 & 2 & -1 & 1 \\ 0 & 0 & -10 & 8 \\ 0 & 0 & 0 & -1 \end{vmatrix} = 20.
$$

例 1.3.2　计算 n 阶行列式

$$D=\begin{vmatrix} a & b & b & \cdots & b \\ b & a & b & \cdots & b \\ b & b & a & \cdots & b \\ \vdots & \vdots & \vdots & \ddots & \vdots \\ b & b & b & \cdots & a \end{vmatrix}.$$

解 将第 $2,3,\cdots,n$ 列都加到第 1 列得

$$D=\begin{vmatrix} a+(n-1)b & b & b & \cdots & b \\ a+(n-1)b & a & b & \cdots & b \\ a+(n-1)b & b & a & \cdots & b \\ \vdots & \vdots & \vdots & \ddots & \vdots \\ a+(n-1)b & b & b & \cdots & a \end{vmatrix}$$

$$=\left[a+(n-1)b\right]\begin{vmatrix} 1 & b & b & \cdots & b \\ 1 & a & b & \cdots & b \\ 1 & b & a & \cdots & b \\ \vdots & \vdots & \vdots & \ddots & \vdots \\ 1 & b & b & \cdots & a \end{vmatrix}=\left[a+(n-1)b\right]\begin{vmatrix} 1 & b & b & \cdots & b \\ 0 & a-b & 0 & \cdots & 0 \\ 0 & 0 & a-b & \cdots & 0 \\ \vdots & \vdots & \vdots & \ddots & \vdots \\ 0 & 0 & 0 & \cdots & a-b \end{vmatrix}$$

$$=\left[a+(n-1)b\right](a-b)^{n-1}.$$

例 1.3.3 计算 4 阶行列式

$$D=\begin{vmatrix} a & b & c & d \\ a & a+b & a+b+c & a+b+c+d \\ a & 2a+b & 3a+2b+c & 4a+3b+2c+d \\ a & 3a+b & 6a+3b+c & 10a+6b+3c+d \end{vmatrix}.$$

解 从第 4 行开始，后行减前行，得

$$D=\begin{vmatrix} a & b & c & d \\ 0 & a & a+b & a+b+c \\ 0 & a & 2a+b & 3a+2b+c \\ 0 & a & 3a+b & 6a+3b+c \end{vmatrix}$$

$$=\begin{vmatrix} a & b & c & d \\ 0 & a & a+b & a+b+c \\ 0 & 0 & a & 2a+b \\ 0 & 0 & a & 3a+b \end{vmatrix}$$

$$=\begin{vmatrix} a & b & c & d \\ 0 & a & a+b & a+b+c \\ 0 & 0 & a & 2a+b \\ 0 & 0 & 0 & a \end{vmatrix}$$

$$= a^4.$$

例 1.3.4 计算 4 阶行列式

$$D=\begin{vmatrix} a^2+\dfrac{1}{a^2} & a & \dfrac{1}{a} & 1 \\ b^2+\dfrac{1}{b^2} & b & \dfrac{1}{b} & 1 \\ c^2+\dfrac{1}{c^2} & c & \dfrac{1}{c} & 1 \\ d^2+\dfrac{1}{d^2} & d & \dfrac{1}{d} & 1 \end{vmatrix} \quad (\text{已知 } abcd=1).$$

解

$$D=\begin{vmatrix} a^2 & a & \dfrac{1}{a} & 1 \\ b^2 & b & \dfrac{1}{b} & 1 \\ c^2 & c & \dfrac{1}{c} & 1 \\ d^2 & d & \dfrac{1}{d} & 1 \end{vmatrix}+\begin{vmatrix} \dfrac{1}{a^2} & a & \dfrac{1}{a} & 1 \\ \dfrac{1}{b^2} & b & \dfrac{1}{b} & 1 \\ \dfrac{1}{c^2} & c & \dfrac{1}{c} & 1 \\ \dfrac{1}{d^2} & d & \dfrac{1}{d} & 1 \end{vmatrix}$$

$$=abcd\begin{vmatrix} a & 1 & \dfrac{1}{a^2} & \dfrac{1}{a} \\ b & 1 & \dfrac{1}{b^2} & \dfrac{1}{b} \\ c & 1 & \dfrac{1}{c^2} & \dfrac{1}{c} \\ d & 1 & \dfrac{1}{d^2} & \dfrac{1}{d} \end{vmatrix}+(-1)^3\begin{vmatrix} a & 1 & \dfrac{1}{a^2} & \dfrac{1}{a} \\ b & 1 & \dfrac{1}{b^2} & \dfrac{1}{b} \\ c & 1 & \dfrac{1}{c^2} & \dfrac{1}{c} \\ d & 1 & \dfrac{1}{d^2} & \dfrac{1}{d} \end{vmatrix}=0.$$

为了叙述简捷，以 r_k 表示行列式的第 k 行，c_k 表示第 k 列.

交换 i, j 两行记作 $r_i \leftrightarrow r_j$；

交换 i, j 两列记作 $c_i \leftrightarrow c_j$；

第 i 行（列）乘以 k，记作 $r_i \times k$ $(c_i \times k)$；

第 i 行（列）提出公因子 k，记作 $r_i \div k$ $(c_i \div k)$；

以数 k 乘第 j 行（列）加到第 i 行（列）上，记作 $r_i + k r_j$ $(c_i + k c_j)$.

例 1.3.5　设

$$D=\begin{vmatrix} a_{11} & \cdots & a_{1k} & & & \\ \vdots & & \vdots & & \boldsymbol{O} & \\ a_{k1} & \cdots & a_{kk} & & & \\ c_{11} & \cdots & c_{1k} & b_{11} & \cdots & b_{1n} \\ \vdots & & \vdots & \vdots & & \vdots \\ c_{n1} & \cdots & c_{nk} & b_{n1} & \cdots & b_{nn} \end{vmatrix},$$

$$D_1=\det(a_{ij})=\begin{vmatrix} a_{11} & \cdots & a_{1k} \\ \vdots & \ddots & \vdots \\ a_{k1} & \cdots & a_{kk} \end{vmatrix}, \quad D_2=\det(b_{ij})=\begin{vmatrix} b_{11} & \cdots & b_{1n} \\ \vdots & \ddots & \vdots \\ b_{n1} & \cdots & b_{nn} \end{vmatrix},$$

证明 $D = D_1 D_2$.

证 对 D_1 做运算 $r_i + \lambda r_j$，把 D_1 化为下三角形行列式，设为

$$D_1 = \begin{vmatrix} p_{11} & & \boldsymbol{O} \\ \vdots & \ddots & \\ p_{k1} & \cdots & p_{kk} \end{vmatrix} = p_{11} \cdots p_{kk},$$

对 D_2 做运算 $c_i + \lambda c_j$，把 D_2 化为下三角形行列式，设为

$$D_2 = \begin{vmatrix} q_{11} & & \boldsymbol{O} \\ \vdots & \ddots & \\ q_{n1} & \cdots & q_{nn} \end{vmatrix} = q_{11} \cdots q_{nn}.$$

于是对 D 的前 k 行做运算 $r_i + \lambda r_j$，再对后 n 列做运算 $c_i + \lambda c_j$，把 D 化为

$$D = \begin{vmatrix} p_{11} & & & & & \\ \vdots & \ddots & & & \boldsymbol{O} & \\ p_{k1} & \cdots & p_{kk} & & & \\ c_{11} & \cdots & c_{1k} & q_{11} & & \\ \vdots & & \vdots & \vdots & \ddots & \\ c_{n1} & \cdots & c_{nk} & q_{n1} & \cdots & q_{nn} \end{vmatrix},$$

故

$$D = p_{11} \cdots p_{kk} \cdot q_{11} \cdots q_{nn} = D_1 D_2.$$

§1.4 行列式按行（列）展开

显而易见，计算低阶行列式一般要比计算高阶行列式简便些. 于是，我们可以考虑用低阶行列式来表示高阶行列式的问题. 为此，先引进余子式和代数余子式的概念.

在 n 阶行列式中，把 (i, j) 元 a_{ij} 所在的第 i 行和第 j 列划去后，留下来的 $n-1$ 阶行列式称为 (i, j) 元 a_{ij} 的**余子式**，记作 M_{ij}；而称

$$A_{ij} = (-1)^{i+j} M_{ij}$$

为 (i, j) 元 a_{ij} 的**代数余子式**.

例如，4 阶行列式

$$D = \begin{vmatrix} a_{11} & a_{12} & a_{13} & a_{14} \\ a_{21} & a_{22} & a_{23} & a_{24} \\ a_{31} & a_{32} & a_{33} & a_{34} \\ a_{41} & a_{42} & a_{43} & a_{44} \end{vmatrix}$$

中，(2,3)元 a_{23} 的余子式和代数余子式分别为

$$M_{23} = \begin{vmatrix} a_{11} & a_{12} & a_{14} \\ a_{31} & a_{32} & a_{34} \\ a_{41} & a_{42} & a_{44} \end{vmatrix},$$

和

$$A_{23}=(-1)^{2+3}M_{23}=-M_{23}.$$

引理 1.4.1　设 $D=\det(a_{ij})$，如果其中第 i 行除 (i,j) 元 a_{ij} 外都为 0，则 $D=a_{ij}A_{ij}$.

例如

$$\begin{vmatrix} a_{11} & a_{12} & a_{13} & a_{14} \\ a_{21} & a_{22} & a_{23} & a_{24} \\ 0 & 0 & a_{33} & 0 \\ a_{41} & a_{42} & a_{43} & a_{44} \end{vmatrix}=a_{33}A_{33}=(-1)^{3+3}a_{33}M_{33}=a_{33}\begin{vmatrix} a_{11} & a_{12} & a_{14} \\ a_{21} & a_{22} & a_{24} \\ a_{41} & a_{42} & a_{44} \end{vmatrix}.$$

定理 1.4.1　设 $D=\det(a_{ij})$，则

$$D=a_{i1}A_{i1}+a_{i2}A_{i2}+\cdots+a_{in}A_{in} \qquad (i=1,2,\cdots,n),$$

或

$$D=a_{1j}A_{1j}+a_{2j}A_{2j}+\cdots+a_{nj}A_{nj} \qquad (j=1,2,\cdots,n).$$

证

$$D=\begin{vmatrix} a_{11} & a_{12} & \cdots & a_{1n} \\ \vdots & \vdots & \ddots & \vdots \\ a_{i1}+0+\cdots+0 & 0+a_{i2}+\cdots+0 & \cdots & 0+\cdots 0+a_{in} \\ \vdots & \vdots & \ddots & \vdots \\ a_{n1} & a_{n2} & \cdots & a_{nn} \end{vmatrix},$$

$$=\begin{vmatrix} a_{11} & a_{12} & \cdots & a_{1n} \\ \vdots & \vdots & \ddots & \vdots \\ a_{i1} & 0 & \cdots & 0 \\ \vdots & \vdots & \ddots & \vdots \\ a_{n1} & a_{n2} & \cdots & a_{nn} \end{vmatrix}+\begin{vmatrix} a_{11} & a_{12} & \cdots & a_{1n} \\ \vdots & \vdots & \ddots & \vdots \\ 0 & a_{i2} & \cdots & 0 \\ \vdots & \vdots & \ddots & \vdots \\ a_{n1} & a_{n2} & \cdots & a_{nn} \end{vmatrix}+\cdots+\begin{vmatrix} a_{11} & a_{12} & \cdots & a_{1n} \\ \vdots & \vdots & \ddots & \vdots \\ 0 & 0 & \cdots & a_{in} \\ \vdots & \vdots & \ddots & \vdots \\ a_{n1} & a_{n2} & \cdots & a_{nn} \end{vmatrix}.$$

根据引理 1.4.1，即得

$$D=a_{i1}A_{i1}+a_{i2}A_{i2}+\cdots+a_{in}A_{in} \qquad (i=1,2,\cdots,n).$$

类似地，对列用行列式的性质，可得

$$D=a_{1j}A_{1j}+a_{2j}A_{2j}+\cdots+a_{nj}A_{nj} \qquad (j=1,2,\cdots,n).$$

推论　设 $D=\det(a_{ij})$，则

$$a_{i1}A_{j1}+a_{i2}A_{j2}+\cdots+a_{in}A_{jn}=0,\quad i\neq j,$$

或

$$a_{1i}A_{1j}+a_{2i}A_{2j}+\cdots+a_{ni}A_{nj}=0,\quad i\neq j.$$

即行列式任一行（列）的元素与另一行（列）的对应元素的代数余子式乘积之和等于 0.

综合定理 1.4.1 及其推论，得到有关于代数余子式的重要性质：

$$\sum_{k=1}^{n}a_{ki}A_{kj}=\begin{cases} D, i=j, \\ 0, i\neq j; \end{cases}$$

或

$$\sum_{k=1}^{n}a_{ik}A_{jk}=\begin{cases} D, i=j, \\ 0, i\neq j. \end{cases}$$

例 1.4.1 计算行列式

$$D=\begin{vmatrix}3&1&-1&2\\-5&1&3&-4\\2&0&1&-1\\1&-5&3&-3\end{vmatrix}.$$

解 将行列式按第三行展开，得

$$D=2\cdot(-1)^{3+1}\begin{vmatrix}1&-1&2\\1&3&-4\\-5&3&-3\end{vmatrix}+1\cdot(-1)^{3+3}\begin{vmatrix}3&1&2\\-5&1&-4\\1&-5&-3\end{vmatrix}+(-1)\cdot(-1)^{3+4}\begin{vmatrix}3&1&-1\\-5&1&3\\1&-5&3\end{vmatrix}$$

$$=2\times16-40+48=40.$$

例 1.4.2 计算行列式

$$D=\begin{vmatrix}1&5&1&1\\1&-2&-1&4\\2&-2&-1&-5\\3&0&2&11\end{vmatrix}.$$

解

$$D=\begin{vmatrix}1&5&1&1\\0&-7&-2&3\\0&-12&-3&-7\\0&-15&-1&8\end{vmatrix}=1\cdot(-1)^{1+1}\begin{vmatrix}-7&-2&3\\-12&-3&-7\\-15&-1&8\end{vmatrix}$$

$$=\begin{vmatrix}-7&-2&3\\-12&-3&-7\\-15&-1&8\end{vmatrix}=\begin{vmatrix}23&0&-13\\33&0&-31\\-15&-1&8\end{vmatrix}$$

$$=(-1)\cdot(-1)^{3+2}\begin{vmatrix}23&-13\\33&-31\end{vmatrix}=-284.$$

例 1.4.3 设

$$D=\begin{vmatrix}3&-5&2&1\\1&1&0&-5\\-1&3&1&3\\2&-4&-1&-3\end{vmatrix},$$

D 的 (i,j) 元的余子式和代数余子式依次记作 M_{ij} 和 A_{ij}，求 $A_{11}+A_{12}+A_{13}+A_{14}$ 及 $M_{11}+M_{21}+M_{31}+M_{41}$.

解

$$A_{11}+A_{12}+A_{13}+A_{14}=\begin{vmatrix}1&1&1&1\\1&1&0&-5\\-1&3&1&3\\2&-4&-1&-3\end{vmatrix}=\begin{vmatrix}3&-3&0&-2\\1&1&0&-5\\1&-1&0&0\\2&-4&-1&-3\end{vmatrix}$$

$$=(-1)\cdot(-1)^{4+3}\begin{vmatrix}3 & -3 & -2\\ 1 & 1 & -5\\ 1 & -1 & 0\end{vmatrix}=4.$$

$$M_{11}+M_{21}+M_{31}+M_{41}=A_{11}-A_{21}+A_{31}-A_{41}$$

$$=\begin{vmatrix}1 & -5 & 2 & 1\\ -1 & 1 & 0 & -5\\ 1 & 3 & 1 & 3\\ -1 & -4 & -1 & -3\end{vmatrix}=\begin{vmatrix}1 & -5 & 2 & 1\\ -1 & 1 & 0 & -5\\ 1 & 3 & 1 & 3\\ 0 & -1 & 0 & 0\end{vmatrix}$$

$$=-\begin{vmatrix}1 & 2 & 1\\ -1 & 0 & -5\\ 1 & 1 & 3\end{vmatrix}=-\begin{vmatrix}-1 & 0 & -5\\ -1 & 0 & -5\\ 1 & 1 & 3\end{vmatrix}=0.$$

例 1.4.4　证明范德蒙德（Vandermonde）行列式

$$D_n=\begin{vmatrix}1 & 1 & \cdots & 1\\ x_1 & x_2 & \cdots & x_n\\ x_1^2 & x_2^2 & \cdots & x_n^2\\ \vdots & \vdots & \ddots & \vdots\\ x_1^{n-1} & x_2^{n-1} & \cdots & x_n^{n-1}\end{vmatrix}=\prod_{n\geqslant i>j\geqslant 1}(x_i-x_j).\tag{1.10}$$

证　用数学归纳法. 因为

$$D_2=\begin{vmatrix}1 & 1\\ x_1 & x_2\end{vmatrix}=x_2-x_1=\prod_{2\geqslant i>j\geqslant 1}(x_i-x_j),$$

所以 $n=2$ 时式（1.10）成立. 假设式（1.10）对于 $n-1$ 阶范德蒙德行列式成立，从第 n 行开始，后行减去前行的 x_1 倍，得到

$$D_n=\begin{vmatrix}1 & 1 & 1 & \cdots & 1\\ 0 & x_2-x_1 & x_3-x_1 & \cdots & x_n-x_1\\ 0 & x_2(x_2-x_1) & x_3(x_3-x_1) & \cdots & x_n(x_n-x_1)\\ \vdots & \vdots & \vdots & \ddots & \vdots\\ 0 & x_2^{n-2}(x_2-x_1) & x_3^{n-2}(x_3-x_1) & \cdots & x_n^{n-2}(x_n-x_1)\end{vmatrix},$$

按第 1 列展开，并提出每列的公因子 (x_i-x_1)，就有

$$D_n=(x_2-x_1)(x_3-x_1)\cdots(x_n-x_1)\begin{vmatrix}1 & 1 & \cdots & 1\\ x_2 & x_3 & \cdots & x_n\\ \vdots & \vdots & \ddots & \vdots\\ x_2^{n-2} & x_3^{n-2} & \cdots & x_n^{n-2}\end{vmatrix},$$

上式右端的行列式是 $n-1$ 阶范德蒙德行列式，故

$$D_n=(x_2-x_1)(x_3-x_1)\cdots(x_n-x_1)\prod_{n\geqslant i>j\geqslant 2}(x_i-x_j).$$

$$=\prod_{n\geqslant i>j\geqslant 1}(x_i-x_j).$$

§1.5 克拉默法则

考虑含有 n 个未知数 $x_1,x_2,\cdots,x_n$ 的 n 元线性方程组

$$\begin{cases} a_{11}x_1+a_{12}x_2+\cdots+a_{1n}x_n=b_1, \\ a_{21}x_1+a_{22}x_2+\cdots+a_{2n}x_n=b_2, \\ \qquad\cdots\cdots \\ a_{n1}x_1+a_{n2}x_2+\cdots+a_{nn}x_n=b_n. \end{cases} \tag{1.11}$$

当右边的常数项 b_1，$b_2,\cdots,b_n$ 全为 0 时，式（1.11）称为**齐次线性方程组**，否则称它为**非齐次线性方程组**.

与求解二、三元线性方程组相类似，n 元线性方程组（1.11）的解也可以用 n 阶行列式表示.

克拉默法则 设 n 元线性方程组（1.11）的系数行列式不等于 0，即

$$D=\begin{vmatrix} a_{11} & a_{12} & \cdots & a_{1n} \\ a_{21} & a_{22} & \cdots & a_{2n} \\ \vdots & \vdots & \ddots & \vdots \\ a_{n1} & a_{n2} & \cdots & a_{nn} \end{vmatrix}\neq 0,$$

则方程组（1.11）有唯一解

$$x_1=\frac{D_1}{D},\ x_2=\frac{D_2}{D},\ x_3=\frac{D_3}{D},\cdots,x_n=\frac{D_n}{D}. \tag{1.12}$$

其中，D_j 是把系数行列式 D 中第 j 列的元素用方程组右端的常数项代替后所得到的 n 阶行列式，即

$$D_j=\begin{vmatrix} a_{11} & \cdots & a_{1,j-1} & b_1 & a_{1,j+1} & \cdots & a_{1n} \\ \vdots & \ddots & \vdots & \vdots & \vdots & \ddots & \vdots \\ a_{n1} & \cdots & a_{n,j-1} & b_n & a_{n,j+1} & \cdots & a_{nn} \end{vmatrix}.$$

克拉默法则包含下面 3 个结论：

（1）方程组是有解的（解的存在性）；

（2）方程组的解是唯一的（解的唯一性）；

（3）方程组的解可以由式（1.12）给出.

应该注意，该定理所讨论的只是系数行列式不为 0 的方程组，至于系数行列式等于 0 的情形，将在第 3 章的一般情形中做详细讨论.

例 1.5.1 解线性方程组

$$\begin{cases} 2x_1+x_2-5x_3+x_4=8, \\ x_1-3x_2-6x_4=9, \\ 2x_2-x_3+2x_4=-5, \\ x_1+4x_2-7x_3+6x_4=0. \end{cases}$$

解

$$D=\begin{vmatrix}2&1&-5&1\\1&-3&0&-6\\0&2&-1&2\\1&4&-7&6\end{vmatrix}=27\neq 0,$$

$$D_1=\begin{vmatrix}8&1&-5&1\\9&-3&0&-6\\-5&2&-1&2\\0&4&-7&6\end{vmatrix}=81,$$

$$D_2=\begin{vmatrix}2&8&-5&1\\1&9&0&-6\\0&-5&-1&2\\1&0&-7&6\end{vmatrix}=-108,$$

$$D_3=\begin{vmatrix}2&1&8&1\\1&-3&9&-6\\0&2&-5&2\\1&4&0&6\end{vmatrix}=-27,$$

$$D_4=\begin{vmatrix}2&1&-5&8\\1&-3&0&9\\0&2&-1&-5\\1&4&-7&0\end{vmatrix}=27,$$

由克拉默法则得

$$x_1=3,x_2=-4,x_3=-1,x_4=1.$$

克拉默法则一般简述为

定理 1.5.1　如果线性方程组（1.11）的系数行列式不等于 0，则线性方程组（1.11）一定有解，并且解是唯一的.

换句话说

定理 1.5.2　如果线性方程组（1.11）无解或有两个不同的解，则它的系数行列式必为 0.

显然，$x_1=x_2=\cdots=x_n=0$ 是 n 元齐次线性方程组

$$\begin{cases}a_{11}x_1+a_{12}x_2+\cdots+a_{1n}x_n=0,\\a_{21}x_1+a_{22}x_2+\cdots+a_{2n}x_n=0,\\\qquad\cdots\cdots\\a_{n1}x_1+a_{n2}x_2+\cdots+a_{nn}x_n=0\end{cases}\tag{1.13}$$

的一个解，称它为线性方程组（1.13）的零解. 因此，齐次线性方程组一定有零解. 线性方程组（1.13）是否有非零解呢？

根据克拉默法则可知

定理 1.5.3　如果齐次线性方程组（1.13）的系数行列式 $D\neq 0$，则它只有零解，没有非零解.

定理 1.5.4 如果齐次线性方程组（1.13）有非零解,则它的系数行列式必为 0.

例 1.5.2 问 λ 取何值时，齐次线性方程组

$$\begin{cases}(1-\lambda)x_1-2x_2+4x_3=0,\\2x_1+(3-\lambda)x_2+x_3=0,\\x_1+x_2+(1-\lambda)x_3=0.\end{cases}$$

有非零解？

解

$$D=\begin{vmatrix}1-\lambda & -2 & 4\\2 & 3-\lambda & 1\\1 & 1 & 1-\lambda\end{vmatrix}=-\lambda(\lambda-2)(\lambda-3).$$

如果齐次方程组有非零解，则必有 $D=0$，因此 $\lambda=0,2,3$.

习 题 1

1．计算下列行列式

（1）$\begin{vmatrix}1 & 1 & 1\\4 & 3 & 7\\16 & 9 & 49\end{vmatrix}$；（2）$\begin{vmatrix}\cos\theta & -\sin\theta\\\sin\theta & \cos\theta\end{vmatrix}$；（3）$\begin{vmatrix}0 & a & 0\\b & 0 & c\\0 & d & 0\end{vmatrix}$；（4）$\begin{vmatrix}3 & 2 & 2\\2 & 3 & 2\\2 & 2 & 3\end{vmatrix}$.

2．在函数 $f(x)=\begin{vmatrix}2x & 1 & -1\\-x & -x & x\\1 & 2 & x\end{vmatrix}$ 中，x^3 的系数是________.

3．排列 $n+1,n+2,\cdots,2n,1,2,\cdots,n$ 的逆序数为________.

4．若 $D_n=\det(a_{ij})=a$，则 $D=\det(-a_{ij})=$______.

5．设 n 阶行列式

$$D=\begin{vmatrix}0 & a_{12} & a_{13} & \cdots & a_{1n}\\-a_{12} & 0 & a_{23} & \cdots & a_{2n}\\-a_{13} & -a_{23} & 0 & \cdots & a_{3n}\\\vdots & \vdots & \vdots & \ddots & \vdots\\-a_{1n} & -a_{2n} & -a_{3n} & \cdots & 0\end{vmatrix},$$

证明：当 n 为奇数时，$D=0$.

6．计算

（1）$\begin{vmatrix}1 & -1 & 1 & x-1\\1 & -1 & x+1 & -1\\1 & x-1 & 1 & -1\\x+1 & -1 & 1 & -1\end{vmatrix}$；（2）$\begin{vmatrix}a_1 & 0 & 0 & b_1\\0 & a_2 & b_2 & 0\\0 & b_3 & a_3 & 0\\b_4 & 0 & 0 & a_4\end{vmatrix}$；

（3）$\begin{vmatrix} 3 & 1 & 1 & 1 \\ 1 & 3 & 1 & 1 \\ 1 & 1 & 3 & 1 \\ 1 & 1 & 1 & 3 \end{vmatrix}$；（4）$\begin{vmatrix} 1 & 2 & 3 & 4 \\ 2 & 3 & 4 & 1 \\ 3 & 4 & 1 & 2 \\ 4 & 1 & 2 & 3 \end{vmatrix}$.

7．解下列方程：

（1）$\begin{vmatrix} x+1 & 2 & -1 \\ 2 & x+1 & 1 \\ -1 & 1 & x+1 \end{vmatrix}=0$；（2）$\begin{vmatrix} 1 & 1 & 1 & 1 \\ x & a & b & c \\ x^2 & a^2 & b^2 & c^2 \\ x^3 & a^3 & b^3 & c^3 \end{vmatrix}=0$.

其中，a, b, c 互不相等.

8．证明下列恒等式：

（1）
$$\begin{vmatrix} a_1+kb_1 & b_1+c_1 & c_1 \\ a_2+kb_2 & b_2+c_2 & c_2 \\ a_3+kb_3 & b_3+c_3 & c_3 \end{vmatrix}=\begin{vmatrix} a_1 & b_1 & c_1 \\ a_2 & b_2 & c_2 \\ a_3 & b_3 & c_3 \end{vmatrix};$$

（2）
$$\begin{vmatrix} b+c & c+a & a+b \\ b_1+c_1 & c_1+a_1 & a_1+b_1 \\ b_2+c_2 & c_2+a_2 & a_2+b_2 \end{vmatrix}=2\begin{vmatrix} a & b & c \\ a_1 & b_1 & c_1 \\ a_2 & b_2 & c_2 \end{vmatrix}.$$

9．计算下列 n 阶行列式

（1）$\begin{vmatrix} x & y & 0 & \cdots & 0 & 0 \\ 0 & x & y & \cdots & 0 & 0 \\ \vdots & \vdots & \vdots & \ddots & \vdots & \vdots \\ 0 & 0 & 0 & \cdots & x & y \\ y & 0 & 0 & \cdots & 0 & x \end{vmatrix}$；（2）$\begin{vmatrix} 1 & 2 & 2 & \cdots & 2 \\ 2 & 2 & 2 & \cdots & 2 \\ 2 & 2 & 3 & \cdots & 2 \\ \vdots & \vdots & \vdots & \ddots & \vdots \\ 2 & 2 & 2 & \cdots & n \end{vmatrix}$；

（3）$\begin{vmatrix} 1 & 2 & 3 & \cdots & n-1 & n \\ 1 & -1 & 0 & \cdots & 0 & 0 \\ 0 & 2 & -2 & \cdots & 0 & 0 \\ \vdots & \vdots & \vdots & \ddots & \vdots & \vdots \\ 0 & 0 & 0 & \cdots & n-1 & 1-n \end{vmatrix}$；

（4）$\begin{vmatrix} x & a & a & \cdots & a & a \\ -a & x & a & \cdots & a & a \\ -a & -a & x & \cdots & a & a \\ \vdots & \vdots & \vdots & \ddots & \vdots & \vdots \\ -a & -a & -a & \cdots & -a & x \end{vmatrix}$.

10．设行列式

$$D=\begin{vmatrix} 3 & 1 & -1 & 2 \\ -5 & 1 & 3 & -4 \\ 2 & 0 & 1 & -1 \\ 1 & -5 & 3 & -3 \end{vmatrix},$$

D 的 (i, j) 元的代数余子式记作 A_{ij}，求

$$A_{31}+3A_{32}-2A_{33}+2A_{34}.$$

11．问 λ 取何值时，齐次线性方程组

$$\begin{cases}\lambda x+y+z=0,\\ x+\lambda y-z=0,\\ 2x-y+z=0\end{cases}$$

有非零解？

12．用克拉默法则解下列方程组：

（1）$\begin{cases}3x_1+2x_2+x_3=5,\\ 2x_1+3x_2+x_3=1,\\ 2x_1+x_2+3x_3=11;\end{cases}$ （2）$\begin{cases}2x_1-x_2+3x_3+2x_4=6,\\ 3x_1-3x_2+3x_3+2x_4=5,\\ 3x_1-x_2-x_3+2x_4=3,\\ 3x_1-x_2+3x_3-x_4=4.\end{cases}$

13．设行列式

$$D=\begin{vmatrix}4 & 1 & 3 & -2\\ 3 & 3 & 3 & -6\\ -1 & 2 & 0 & 7\\ 1 & 2 & 9 & -2\end{vmatrix},$$

D 的 (i, j) 元的代数余子式记作 A_{ij}，不计算 A_{4i}，直接证明

$$A_{41}+A_{42}+A_{43}=2A_{44}.$$

第 2 章　矩阵及其运算

矩阵是代数学的一个主要研究对象，也是数学研究及应用的一个重要工具. 本章主要讲述矩阵的概念、矩阵的运算，并讨论矩阵的一些基本性质.

§2.1　矩阵的概念

定义 2.1.1　由 $m \times n$ 个数 a_{ij} $(i=1,2,\cdots,m;\ j=1,2,\cdots,n)$ 排成的 m 行 n 列的数表

$$\begin{matrix} a_{11} & a_{12} & \cdots & a_{1n} \\ a_{21} & a_{22} & \cdots & a_{2n} \\ \vdots & \vdots & \ddots & \vdots \\ a_{m1} & a_{m2} & \cdots & a_{mn} \end{matrix}$$

称为 ***m* 行 *n* 列矩阵**，简称 **$m \times n$ 矩阵**. 记作

$$\begin{pmatrix} a_{11} & a_{12} & \cdots & a_{1n} \\ a_{21} & a_{22} & \cdots & a_{2n} \\ \vdots & \vdots & \ddots & \vdots \\ a_{m1} & a_{m2} & \cdots & a_{mn} \end{pmatrix}, \tag{2.1}$$

数 a_{ij} $(i=1,2,\cdots,m;\ j=1,2,\cdots,n)$ 称为**矩阵（2.1）的元素**，简称为**元**.

矩阵（2.1）通常简记作 $\boldsymbol{A}$ 或(a_{ij})，如果要指明它是 m 行 n 列矩阵，则记作 $\boldsymbol{A}_{m\times n}$ 或 $(a_{ij})_{m\times n}$.

元素是实数的矩阵称为**实矩阵**，元素是复数的矩阵称为**复矩阵**. 本书中的矩阵除特别说明外，都指实矩阵.

行数与列数都等于 n 的矩阵，称为 n 阶矩阵或 n 阶方阵，记作 $\boldsymbol{A}_n$.

$1\times n$ 矩阵称为行矩阵或行向量，记作

$$(a_1, a_2, \cdots, a_n);$$

$m\times 1$ 矩阵称为列矩阵或列向量，记作

$$\begin{pmatrix} a_1 \\ a_2 \\ \vdots \\ a_m \end{pmatrix}.$$

两个矩阵的行数和列数分别相等时，称它们为同型矩阵. 如果 $\boldsymbol{A}=(a_{ij})$ 与 $\boldsymbol{B}=(b_{ij})$ 是同型矩阵，并且它们的对应元素相等，即

$$a_{ij}=b_{ij}\ (i=1,2,\cdots,m;\ j=1,2,\cdots,n)$$

则称矩阵 $\boldsymbol{A}$ 与矩阵 $\boldsymbol{B}$ 相等，记作 $\boldsymbol{A}=\boldsymbol{B}$.

元素都是 0 的矩阵称为**零矩阵**，记作 $\boldsymbol{O}$. 注意不同型的零矩阵是不相等的.

形如

$$\begin{pmatrix} \lambda_1 & 0 & \cdots & 0 \\ 0 & \lambda_2 & \cdots & 0 \\ \vdots & \vdots & \ddots & \vdots \\ 0 & 0 & \cdots & \lambda_n \end{pmatrix}$$

的 n 阶方阵称为**对角矩阵或对角阵**. 这个方阵的特点是：不在主对角线上的元素都是 0. 对角阵也记作

$$\boldsymbol{\Lambda} = \mathrm{diag}(\lambda_1, \lambda_2, \cdots, \lambda_n).$$

主对角线上元素全是 1 的对角矩阵称为**单位矩阵或单位阵**，简记为 $\boldsymbol{E}$. 有时为了表明矩阵的阶数，将阶数写在下标处，记作

$$\boldsymbol{E}_n = \begin{pmatrix} 1 & 0 & \cdots & 0 \\ 0 & 1 & \cdots & 0 \\ \vdots & \vdots & \ddots & \vdots \\ 0 & 0 & \cdots & 1 \end{pmatrix}.$$

矩阵的应用非常广泛，下面仅列举两个简单的例子.

例 2.1.1 某种商品有 s 个产地 $A_1, A_2, \cdots, A_s$，n 个销地 $B_1, B_2, \cdots, B_n$，那么一个调动方案就可以用一个矩阵

$$\begin{pmatrix} a_{11} & a_{12} & \cdots & a_{1n} \\ a_{21} & a_{22} & \cdots & a_{2n} \\ \vdots & \vdots & \ddots & \vdots \\ a_{s1} & a_{s2} & \cdots & a_{sn} \end{pmatrix}$$

来表示，其中 a_{ij} 表示由产地 A_i 运到销地 B_j 的数量.

例 2.1.2 n 个变量 $x_1, x_2, \cdots, x_n$ 与 m 个变量 $y_1, y_2, \cdots, y_m$ 之间的关系式

$$\begin{cases} y_1 = a_{11}x_1 + a_{12}x_2 + \cdots + a_{1n}x_n, \\ y_2 = a_{21}x_1 + a_{22}x_2 + \cdots + a_{2n}x_n, \\ \quad\cdots\cdots \\ y_m = a_{m1}x_1 + a_{m2}x_2 + \cdots + a_{mn}x_n. \end{cases} \tag{2.2}$$

表示一个从变量 $x_1, x_2, \cdots, x_n$ 到变量 $y_1, y_2, \cdots, y_m$ 的**线性变换**，其中 a_{ij} 为常数.

线性变换（2.2）的系数 a_{ij} 构成矩阵

$$\boldsymbol{A} = (a_{ij})_{m\times n},$$

称为该线性变换的**系数矩阵**.

线性变换和它的系数矩阵之间存在着一一对应的关系：给定线性变换（2.2），它的系数矩阵随之确定；反之，如果给出一个矩阵作为线性变换的系数矩阵，则该线性变换也就确定了.

例如，线性变换

$$\begin{cases} y_1 = x_1, \\ y_2 = x_2, \\ \quad\cdots\cdots \\ y_n = x_n. \end{cases}$$

称为**恒等变换**，它所对应的系数矩阵为 n 阶单位矩阵 $\boldsymbol{E}_n$.

又如，线性变换

$$\begin{cases} y_1 = \lambda_1 x_1, \\ y_2 = \lambda_2 x_2, \\ \quad \cdots\cdots \\ y_n = \lambda_n x_n. \end{cases}$$

所对应的系数矩阵为 n 阶对角阵 $\boldsymbol{\Lambda} = \mathrm{diag}(\lambda_1, \lambda_2, \cdots, \lambda_n)$.

由于矩阵与线性变换之间存在着一一对应的关系，因此可以利用矩阵来研究线性变换，也可以利用线性变换来解释矩阵的含义.

例如，2 阶方阵 $\begin{pmatrix} 1 & 0 \\ 0 & 0 \end{pmatrix}$ 所对应的线性变换

$$\begin{cases} x_1 = x, \\ y_1 = 0. \end{cases}$$

可看作 xOy 平面上的一个**投影变换**，它把向量 $\boldsymbol{OP} = \begin{pmatrix} x \\ y \end{pmatrix}$ 变为向量 $\boldsymbol{OP}_1 = \begin{pmatrix} x_1 \\ y_1 \end{pmatrix} = \begin{pmatrix} x \\ 0 \end{pmatrix}$.

又如，2 阶方阵 $\begin{pmatrix} \cos\theta & -\sin\theta \\ \sin\theta & \cos\theta \end{pmatrix}$ 所对应的线性变换

$$\begin{cases} x_1 = x\cos\theta - y\sin\theta, \\ y_1 = x\sin\theta + y\cos\theta \end{cases}$$

可看作 xOy 平面上的一个**旋转变换**，这时称坐标原点 O 为旋转中心，θ 为旋转角，它把向量 $\boldsymbol{OP} = \begin{pmatrix} x \\ y \end{pmatrix}$ 绕原点 O，按逆时针方向旋转 θ 角而变为向量 $\boldsymbol{OP}_1 = \begin{pmatrix} x_1 \\ y_1 \end{pmatrix}$.

§2.2　矩阵的运算

一、矩阵的加法

定义 2.2.1　设 $\boldsymbol{A} = (a_{ij}), \boldsymbol{B} = (b_{ij})$ 是两个 $m \times n$ 矩阵，则矩阵

$$\boldsymbol{C} = (c_{ij})_{m\times n} = (a_{ij} + b_{ij})_{m\times n} = \begin{pmatrix} a_{11}+b_{11} & a_{12}+b_{12} & \cdots & a_{1n}+b_{1n} \\ a_{21}+b_{21} & a_{22}+b_{22} & \cdots & a_{2n}+b_{2n} \\ \vdots & \vdots & \ddots & \vdots \\ a_{m1}+b_{m1} & a_{m2}+b_{m2} & \cdots & a_{mn}+b_{mn} \end{pmatrix},$$

称为 $\boldsymbol{A}$ 与 $\boldsymbol{B}$ 的**和**，记作 $\boldsymbol{C} = \boldsymbol{A} + \boldsymbol{B}$.

矩阵的加法就是两个同型矩阵对应的元素相加. 容易验证矩阵加法满足下列运算规律（设 $\boldsymbol{A}$、$\boldsymbol{B}$、$\boldsymbol{C}$ 是同型矩阵）：

（1）交换律：$\boldsymbol{A} + \boldsymbol{B} = \boldsymbol{B} + \boldsymbol{A}$；

（2）结合律：$(\boldsymbol{A}+\boldsymbol{B})+\boldsymbol{C}=\boldsymbol{A}+(\boldsymbol{B}+\boldsymbol{C})$.

设 $\boldsymbol{O}$ 是与 $\boldsymbol{A}$ 同型的零矩阵，则

$$\boldsymbol{A}+\boldsymbol{O}=\boldsymbol{O}+\boldsymbol{A}=\boldsymbol{A}.$$

在定义 2.2.1 中，若 $\boldsymbol{A}+\boldsymbol{B}=\boldsymbol{O}$，则称 $\boldsymbol{B}$ 为 $\boldsymbol{A}$ 的**负矩阵**，记作$-\boldsymbol{A}$，即

$$\boldsymbol{A}+(-\boldsymbol{A})=\boldsymbol{O},$$

显然，$-\boldsymbol{A}=(-a_{ij})$，由此规定**矩阵的减法**为

$$\boldsymbol{A}-\boldsymbol{B}=\boldsymbol{A}+(-\boldsymbol{B}).$$

二、数与矩阵相乘

定义 2.2.2 矩阵

$$\begin{pmatrix} \lambda a_{11} & \lambda a_{12} & \cdots & \lambda a_{1n} \\ \lambda a_{21} & \lambda a_{22} & \cdots & \lambda a_{2n} \\ \vdots & \vdots & \ddots & \vdots \\ \lambda a_{m1} & \lambda a_{m1} & \cdots & \lambda a_{mn} \end{pmatrix}$$

称为数λ与矩阵 $\boldsymbol{A}=(a_{ij})_{m\times n}$ 的**乘积**，简称**数乘矩阵**，记作$\lambda\boldsymbol{A}$.

例如，数λ与 n 阶单位阵 $\boldsymbol{E}$ 的乘积为

$$\lambda\boldsymbol{E}=\begin{pmatrix} \lambda & 0 & \cdots & 0 \\ 0 & \lambda & \cdots & 0 \\ \vdots & \vdots & \ddots & \vdots \\ 0 & 0 & \cdots & \lambda \end{pmatrix},$$

通常称$\lambda\boldsymbol{E}$ 为**数量矩阵**.

不难验证，数乘矩阵满足下列运算规律（设 $\boldsymbol{A}, \boldsymbol{B}$ 是同型矩阵；λ, μ是数）

（1）结合律：$(\lambda\mu)\boldsymbol{A}=\lambda(\mu\boldsymbol{A})$；

（2）分配率：$(\lambda+\mu)\boldsymbol{A}=\lambda\boldsymbol{A}+\mu\boldsymbol{A}$；

$\lambda(\boldsymbol{A}+\boldsymbol{B})=\lambda\boldsymbol{A}+\lambda\boldsymbol{B}$.

矩阵的加法与数乘矩阵统称为**矩阵的线性运算**.

三、矩阵与矩阵相乘

定义 2.2.3 设 $\boldsymbol{A}=(a_{ij})_{m\times s}$，$\boldsymbol{B}=(b_{ij})_{s\times n}$，则矩阵

$$\boldsymbol{C}=(c_{ij})_{m\times n},$$

其中

$$c_{ij}=a_{i1}b_{1j}+a_{i2}b_{2j}+\cdots+a_{is}b_{sj}=\sum_{k=1}^{s}a_{ik}b_{kj}\quad(i=1,2,\cdots,m;\ j=1,2,\cdots n) \tag{2.3}$$

称为矩阵 $\boldsymbol{A}$ 与矩阵 $\boldsymbol{B}$ 的**乘积**，记作 $\boldsymbol{C}=\boldsymbol{AB}$.

根据矩阵乘法的定义，矩阵 $\boldsymbol{C}=\boldsymbol{AB}$ 的元 c_{ij} 等于矩阵 $\boldsymbol{A}$ 第 i 行元素与矩阵 $\boldsymbol{B}$ 第 j 列元素乘积的和. 因此，只有当第 1 个矩阵（左矩阵）的列数等于第 2 个矩阵（右矩阵）的行数时，两个矩阵才能相乘.

例 2.2.1　求矩阵

$$A=\begin{pmatrix}3&1&2&-1\\0&3&1&0\end{pmatrix},\quad B=\begin{pmatrix}1&3&1\\0&-1&2\\1&-3&1\\4&0&-2\end{pmatrix}$$

的乘积 AB.

解　因为 A 是 2×4 矩阵，B 是 4×3 矩阵，A 的列数等于 B 的行数，所以矩阵 A 与 B 可以相乘，其乘积 $C=AB$ 是一个 2×3 矩阵

$$C=AB=\begin{pmatrix}3&1&2&-1\\0&3&1&0\end{pmatrix}\begin{pmatrix}1&3&1\\0&-1&2\\1&-3&1\\4&0&-2\end{pmatrix}$$

$$=\begin{pmatrix}1&2&9\\1&-6&7\end{pmatrix}.$$

例 2.2.2　设

$$A=\begin{pmatrix}a_1\\a_2\\\vdots\\a_n\end{pmatrix},\quad B=(b_1,b_2,\cdots,b_n),$$

计算 AB 及 BA.

解

$$AB=\begin{pmatrix}a_1b_1&a_1b_2&\cdots&a_1b_n\\a_2b_1&a_2b_2&\cdots&a_2b_n\\\vdots&\vdots&\ddots&\vdots\\a_nb_1&a_nb_2&\cdots&a_nb_n\end{pmatrix},$$

$$BA=a_1b_1+a_2b_2+\cdots+a_nb_n.$$

例 2.2.3　求矩阵 $A=\begin{pmatrix}1&-3\\-3&9\end{pmatrix}$ 与 $B=\begin{pmatrix}6&3\\2&1\end{pmatrix}$ 的乘积 AB 及 BA.

解　$$AB=\begin{pmatrix}1&-3\\-3&9\end{pmatrix}\begin{pmatrix}6&3\\2&1\end{pmatrix}=\begin{pmatrix}0&0\\0&0\end{pmatrix},$$

$$BA=\begin{pmatrix}6&3\\2&1\end{pmatrix}\begin{pmatrix}1&-3\\-3&9\end{pmatrix}=\begin{pmatrix}-3&9\\-1&3\end{pmatrix}.$$

在**例** 2.2.1 中，A 是 2×4 矩阵，B 是 4×3 矩阵，乘积 AB 有意义而 BA 却没有意义. 因此，在矩阵的乘法中必须注意矩阵相乘的顺序. AB 是 A 左乘 B 的乘积，BA 是 A 右乘 B 的乘积，AB 有意义时，BA 不一定有意义.

例 2.2.2 和**例** 2.2.3 表明，即使 AB 与 BA 都有意义，一般情形下 $AB\neq BA$，即矩阵的乘法不满足交换律.

对于两个 n 阶方阵 $\boldsymbol{A},\boldsymbol{B}$，若 $\boldsymbol{AB}=\boldsymbol{BA}$，则称**方阵 $\boldsymbol{A}$ 与 $\boldsymbol{B}$ 是可交换的**.

例 2.2.3 还表明，两个非零矩阵的乘积可能是零矩阵. 由此推出矩阵的乘法不满足消去律，即由 $\boldsymbol{AB}=\boldsymbol{AC},\ \boldsymbol{A}\neq\boldsymbol{O}$，不能得出 $\boldsymbol{B}=\boldsymbol{C}$ 的结论. 例如

$$\boldsymbol{A}=\begin{pmatrix}1&2\\2&4\end{pmatrix},\ \boldsymbol{B}=\begin{pmatrix}-1&3\\-2&1\end{pmatrix},\ \boldsymbol{C}=\begin{pmatrix}-7&1\\1&2\end{pmatrix},$$

而

$$\boldsymbol{AB}=\boldsymbol{AC}=\begin{pmatrix}-5&5\\-10&10\end{pmatrix}.$$

显然，$\boldsymbol{A}\neq\boldsymbol{O}$，但 $\boldsymbol{B}\neq\boldsymbol{C}$.

虽然矩阵的乘法不满足交换律和消去律，但仍满足下列结合律和分配律（假设运算都是可行的）：

（1）结合律：$(\boldsymbol{AB})\boldsymbol{C}=\boldsymbol{A}(\boldsymbol{BC})$；

（2）数乘分配律：$\lambda(\boldsymbol{AB})=(\lambda\boldsymbol{A})\boldsymbol{B}=\boldsymbol{A}(\lambda\boldsymbol{B})$（其中 λ 为常数）；

（3）分配律： $\boldsymbol{A}(\boldsymbol{B}+\boldsymbol{C})=\boldsymbol{AB}+\boldsymbol{AC}$；

$$(\boldsymbol{B}+\boldsymbol{C})\boldsymbol{A}=\boldsymbol{BA}+\boldsymbol{CA}.$$

对于单位矩阵 $\boldsymbol{E}$，容易验证：

$$\boldsymbol{E}_m\boldsymbol{A}_{m\times n}=\boldsymbol{A}_{m\times n},\quad \boldsymbol{A}_{m\times n}\boldsymbol{E}_n=\boldsymbol{A}_{m\times n},$$

或简写成

$$\boldsymbol{EA}=\boldsymbol{AE}=\boldsymbol{A}.$$

可见，单位矩阵 $\boldsymbol{E}$ 在矩阵乘法中的作用类似于数 1.

当 $\boldsymbol{A}$ 为 n 阶方阵时，有

$$(\lambda\boldsymbol{E})\boldsymbol{A}=\lambda\boldsymbol{A}=\boldsymbol{A}(\lambda\boldsymbol{E}),$$

表明数量矩阵 $\lambda\boldsymbol{E}$ 与任何同阶方阵都是**可交换的**.

例 2.2.4 设对角阵

$$\boldsymbol{A}=\begin{pmatrix}a_1&&&\\&a_2&&\\&&\ddots&\\&&&a_n\end{pmatrix},\ \boldsymbol{B}=\begin{pmatrix}b_1&&&\\&b_2&&\\&&\ddots&\\&&&b_n\end{pmatrix},$$

则其乘积仍为对角阵，且

$$\boldsymbol{AB}=\boldsymbol{BA}=\begin{pmatrix}a_1b_1&&&\\&a_2b_2&&\\&&\ddots&\\&&&a_nb_n\end{pmatrix}.$$

有了矩阵的乘法，可以定义**方阵的幂**.

定义 2.2.4 设 $\boldsymbol{A}$ 是 n 阶方阵，k 是正整数，k 个 $\boldsymbol{A}$ 连乘称为 $\boldsymbol{A}$ 的 **k 次幂**，记作 $\boldsymbol{A}^k$，即

$$\boldsymbol{A}^k=\underbrace{\boldsymbol{A}\,\boldsymbol{A}\cdots\boldsymbol{A}}_{k个\boldsymbol{A}},$$

规定

$$A^0=E.$$

由矩阵乘法的结合律，不难证明

$$A^kA^l=A^{k+l},\quad (A^k)^l=A^{kl}.$$

其中，k, l 为任意正整数.

由于矩阵乘法不满足交换律，所以对于两个同阶方阵 A, B，一般来说 $(AB)^k\neq A^kB^k$，只有当 A 与 B 可交换时，才有 $(AB)^k=A^kB^k$.

类似可知，只有当 A 与 B 可交换时，公式

$$(A+B)^2=A^2+2AB+B^2,$$

$$(A+B)(A-B)=A^2-B^2$$

才成立.

例 2.2.5　证明

$$\begin{pmatrix}1&\lambda\\0&1\end{pmatrix}^n=\begin{pmatrix}1&n\lambda\\0&1\end{pmatrix}\ (n=1,2,3,\cdots).$$

证　用数学归纳法. 当 $n=1$ 时，结论显然成立. 设 $n=k$ 时结论成立，即

$$\begin{pmatrix}1&\lambda\\0&1\end{pmatrix}^k=\begin{pmatrix}1&k\lambda\\0&1\end{pmatrix},$$

则

$$\begin{pmatrix}1&\lambda\\0&1\end{pmatrix}^{k+1}=\begin{pmatrix}1&\lambda\\0&1\end{pmatrix}^k\begin{pmatrix}1&\lambda\\0&1\end{pmatrix}=\begin{pmatrix}1&k\lambda\\0&1\end{pmatrix}\begin{pmatrix}1&\lambda\\0&1\end{pmatrix}$$

$$=\begin{pmatrix}1&(k+1)\lambda\\0&1\end{pmatrix}.$$

即当 $n=k+1$ 时结论也成立. 证毕.

利用矩阵的乘法，2.1 节例 2.1.2 线性变换式（2.2）

$$\begin{cases}y_1=a_{11}x_1+a_{12}x_2+\cdots+a_{1n}x_n,\\y_2=a_{21}x_1+a_{22}x_2+\cdots+a_{2n}x_n,\\\quad\cdots\cdots\\y_m=a_{m1}x_1+a_{m2}x_2+\cdots+a_{mn}x_n.\end{cases}\tag{2.2}$$

可记作

$$Y=AX,$$

其中

$$A=(a_{ij}),\ X=\begin{pmatrix}x_1\\x_2\\\vdots\\x_n\end{pmatrix},\ Y=\begin{pmatrix}y_1\\y_2\\\vdots\\y_m\end{pmatrix}.$$

线性变换（2.2）把 X 变成 Y，相当于用矩阵 A 去左乘 X 而得到 Y.

例 2.2.6　某地区有 2 个工厂生产 3 种产品，矩阵 A 表示一年中各工厂生产各种产品的数量，矩阵 B 表示各种产品的单位价格（元）及单位利润（元），矩阵 C 表示各工厂的总收入及

总利润.

$$\boldsymbol{A}=\begin{pmatrix} a_{11} & a_{12} & a_{13} \\ a_{21} & a_{22} & a_{23} \end{pmatrix},\ \boldsymbol{B}=\begin{pmatrix} b_{11} & b_{12} \\ b_{21} & b_{22} \\ b_{31} & b_{32} \end{pmatrix},\ \boldsymbol{C}=\begin{pmatrix} c_{11} & c_{12} \\ c_{21} & c_{22} \end{pmatrix}$$

其中，$a_{ij}(i=1,2;j=1,2,3)$ 是第 i 个工厂生产第 j 种产品的数量；b_{i1}及$b_{i2}(i=1,2,3)$ 分别是第 i 个产品的单位价格及单位利润；c_{i1} 及 $c_{i2}(i=1,2)$ 分别是第 i 个工厂生产 3 种产品的总收入及总利润. 则矩阵 $\boldsymbol{A}, \boldsymbol{B}, \boldsymbol{C}$ 的元素之间有下列关系

$$\begin{pmatrix} c_{11} & c_{12} \\ c_{21} & c_{22} \end{pmatrix}=\begin{pmatrix} a_{11}b_{11}+a_{12}b_{21}+a_{13}b_{31} & a_{11}b_{12}+a_{12}b_{22}+a_{13}b_{32} \\ a_{21}b_{11}+a_{22}b_{21}+a_{23}b_{31} & a_{21}b_{12}+a_{22}b_{22}+a_{23}b_{32} \end{pmatrix}.$$

利用矩阵的乘法，可简明地表示为

$$\boldsymbol{C}=\boldsymbol{AB}.$$

四、矩阵的转置

定义 2.2.5 把矩阵 $\boldsymbol{A}$ 的行列互换，所得到的矩阵称为 $\boldsymbol{A}$ 的**转置矩阵**，记作 $\boldsymbol{A}^{\mathrm{T}}$ 或 $\boldsymbol{A}'$. 例如矩阵

$$\boldsymbol{A}=\begin{pmatrix} 1 & -3 & 1 \\ 5 & 0 & -2 \end{pmatrix}$$

的转置矩阵为

$$\boldsymbol{A}^{\mathrm{T}}=\begin{pmatrix} 1 & 5 \\ -3 & 0 \\ 1 & -2 \end{pmatrix}.$$

容易验证，矩阵的转置满足下述运算规律(假设运算都是可行的)：

（1）$(\boldsymbol{A}^{\mathrm{T}})^{\mathrm{T}}=\boldsymbol{A}$;　（2）$(\boldsymbol{A}+\boldsymbol{B})^{\mathrm{T}}=\boldsymbol{A}^{\mathrm{T}}+\boldsymbol{B}^{\mathrm{T}}$;

（3）$(\lambda\boldsymbol{A})^{\mathrm{T}}=\lambda\boldsymbol{A}^{\mathrm{T}}$;　（4）$(\boldsymbol{AB})^{\mathrm{T}}=\boldsymbol{B}^{\mathrm{T}}\boldsymbol{A}^{\mathrm{T}}$.

例 2.2.7 已知 $\boldsymbol{A}=\begin{pmatrix} 2 & 1 & -1 \\ 3 & 0 & 1 \end{pmatrix}$，$\boldsymbol{B}=\begin{pmatrix} 4 & 2 & -1 \\ 1 & 2 & 6 \\ 3 & 7 & 4 \end{pmatrix}$，求 $(\boldsymbol{AB})^{\mathrm{T}}$.

解

$$\boldsymbol{AB}=\begin{pmatrix} 2 & 1 & -1 \\ 3 & 0 & 1 \end{pmatrix}\begin{pmatrix} 4 & 2 & -1 \\ 1 & 2 & 6 \\ 3 & 7 & 4 \end{pmatrix}=\begin{pmatrix} 6 & -1 & 0 \\ 15 & 13 & 1 \end{pmatrix},$$

所以

$$(\boldsymbol{AB})^{\mathrm{T}}=\begin{pmatrix} 6 & 15 \\ -1 & 13 \\ 0 & 1 \end{pmatrix}.$$

当然，也可以利用运算律解得

$$(\boldsymbol{AB})^{\mathrm{T}}=\boldsymbol{B}^{\mathrm{T}}\boldsymbol{A}^{\mathrm{T}}=\begin{pmatrix}4&1&3\\2&2&7\\-1&6&4\end{pmatrix}\begin{pmatrix}2&3\\1&0\\-1&1\end{pmatrix}=\begin{pmatrix}6&15\\-1&13\\0&1\end{pmatrix}.$$

定义 2.2.6　设 $\boldsymbol{A}$ 为 n 阶方阵，如果满足 $\boldsymbol{A}^{\mathrm{T}}=\boldsymbol{A}$，即

$$a_{ij}=a_{ji}\ \left(i,j=1,2,\cdots,n\right),$$

则 $\boldsymbol{A}$ 称为**对称矩阵或对称阵**. 如果满足 $\boldsymbol{A}^{\mathrm{T}}=-\boldsymbol{A}$，即

$$a_{ij}=-a_{ji}\left(i,j=1,2,\cdots,n\right),$$

则 $\boldsymbol{A}$ 称为**反对称矩阵或反对称阵**.

对称阵的特点为：它的元素以主对角线为对称轴对应相等.

反对称阵的特点为：它的主对角线上的元素全为 0.

例如

$$\boldsymbol{A}=\begin{pmatrix}12&6&1\\6&8&0\\1&0&6\end{pmatrix}$$

是对称阵；

$$\boldsymbol{B}=\begin{pmatrix}0&-6&1\\6&0&7\\-1&-7&0\end{pmatrix}$$

是反对称阵.

例 2.2.8　设行矩阵 $\boldsymbol{X}=(x_1,x_2,\cdots,x_n)$ 满足 $\boldsymbol{X}\boldsymbol{X}^{\mathrm{T}}=1$，$\boldsymbol{E}$ 为 n 阶单位阵，证明 $\boldsymbol{H}=\boldsymbol{E}-2\boldsymbol{X}^{\mathrm{T}}\boldsymbol{X}$ 是对称阵，且 $\boldsymbol{H}\boldsymbol{H}^{\mathrm{T}}=\boldsymbol{E}$.

证

$$\begin{aligned}\boldsymbol{H}^{\mathrm{T}}&=(\boldsymbol{E}-2\boldsymbol{X}^{\mathrm{T}}\boldsymbol{X})^{\mathrm{T}}=\boldsymbol{E}-2(\boldsymbol{X}^{\mathrm{T}}\boldsymbol{X})^{\mathrm{T}}\\&=\boldsymbol{E}-2\boldsymbol{X}^{\mathrm{T}}\boldsymbol{X}=\boldsymbol{H}.\end{aligned}$$

所以 $\boldsymbol{H}$ 是对称阵.

$$\begin{aligned}\boldsymbol{H}\boldsymbol{H}^{\mathrm{T}}=\boldsymbol{H}^2&=(\boldsymbol{E}-2\boldsymbol{X}^{\mathrm{T}}\boldsymbol{X})^2=\boldsymbol{E}-4\boldsymbol{X}^{\mathrm{T}}\boldsymbol{X}+4(\boldsymbol{X}^{\mathrm{T}}\boldsymbol{X})(\boldsymbol{X}^{\mathrm{T}}\boldsymbol{X})\\&=\boldsymbol{E}-4\boldsymbol{X}^{\mathrm{T}}\boldsymbol{X}+4\boldsymbol{X}^{\mathrm{T}}\left(\boldsymbol{X}\boldsymbol{X}^{\mathrm{T}}\right)\boldsymbol{X}=\boldsymbol{E}-4\boldsymbol{X}^{\mathrm{T}}\boldsymbol{X}+4\boldsymbol{X}^{\mathrm{T}}\boldsymbol{X}=\boldsymbol{E}.\end{aligned}$$

五、方阵行列式

定义 2.2.7　由 n 阶方阵 $\boldsymbol{A}$ 的元素所构成的行列式（各元素位置不变），称为**方阵 $\boldsymbol{A}$ 的行列式**，记作 $|\boldsymbol{A}|$ 或 $\det\boldsymbol{A}$.

不难验证，由 $\boldsymbol{A}$ 确定的 $|\boldsymbol{A}|$ 有下列性质（设 $\boldsymbol{A},\boldsymbol{B}$ 为 n 阶方阵，λ 为数）：

（1）$|\boldsymbol{A}^{\mathrm{T}}|=|\boldsymbol{A}|$；

（2）$|\lambda\boldsymbol{A}|=\lambda^n|\boldsymbol{A}|$；

（3）$|\boldsymbol{AB}|=|\boldsymbol{A}||\boldsymbol{B}|=|\boldsymbol{BA}|$.

定义 2.2.8　行列式 $|\boldsymbol{A}|$ 的各元素 a_{ij} 的代数余子式 A_{ij} 所构成的如下矩阵

$$A^* = \begin{pmatrix} A_{11} & A_{21} & \cdots & A_{n1} \\ A_{12} & A_{22} & \cdots & A_{n2} \\ \vdots & \vdots & \ddots & \vdots \\ A_{1n} & A_{2n} & \cdots & A_{nn} \end{pmatrix}$$

称为方阵 A 的**伴随矩阵或伴随阵**.

例 2.2.9 试证 $AA^* = A^*A = |A|E$.

证 设 $A = (a_{ij})$，则

$$AA^* = \begin{pmatrix} a_{11} & a_{12} & \cdots & a_{1n} \\ a_{21} & a_{22} & \cdots & a_{2n} \\ \vdots & \vdots & \ddots & \vdots \\ a_{n1} & a_{n1} & \cdots & a_{nn} \end{pmatrix} \begin{pmatrix} A_{11} & A_{21} & \cdots & A_{n1} \\ A_{12} & A_{22} & \cdots & A_{n2} \\ \vdots & \vdots & \ddots & \vdots \\ A_{1n} & A_{2n} & \cdots & A_{nn} \end{pmatrix}$$

$$= \begin{pmatrix} |A| & 0 & \cdots & 0 \\ 0 & |A| & \cdots & 0 \\ \vdots & \vdots & \ddots & \vdots \\ 0 & 0 & \cdots & |A| \end{pmatrix} = |A|E.$$

同理可得

$$A^*A = |A|E.$$

§2.3 逆矩阵

定义 2.3.1 设 A 为 n 阶方阵，如果有一个 n 阶方阵 B，使得

$$AB = BA = E,$$

则称矩阵 A 是**可逆的**，并把 B 称为 A 的**逆矩阵或逆阵**，A 的逆阵记作 A^{-1}，即 $B = A^{-1}$.

如果矩阵 A 是可逆的，那么 A 的逆阵是唯一的.

事实上，设 B, C 都是 A 的逆阵，则有

$$B = BE = B(AC) = (BA)C = EC = C,$$

所以 A 的逆阵是唯一的.

定理 2.3.1 若矩阵 A 可逆，则 $|A| \neq 0$.

证 A 可逆，即存在 A^{-1}，使

$$AA^{-1} = E,$$

两边取行列式得

$$|A||A^{-1}| = |E| = 1,$$

所以 $|A| \neq 0$.

定理 2.3.2 若 $|A| \neq 0$，则矩阵 A 可逆，且

$$A^{-1} = \frac{1}{|A|}A^*, \tag{2.4}$$

其中，A^* 为矩阵 A 的伴随阵.

证　由例 2.2.9 知

$$AA^* = A^*A = |A|E.$$

因为$|A| \neq 0$，故

$$A\left(\frac{1}{|A|}A^*\right) = \left(\frac{1}{|A|}A^*\right)A = E,$$

所以 A 可逆，并且

$$A^{-1} = \frac{1}{|A|}A^*.$$

当$|A| = 0$时，A 称为**奇异矩阵**，否则称为**非奇异矩阵**. 由此可知：A 为可逆矩阵的充分必要条件是 A 是非奇异矩阵，即$|A| \neq 0$.

推论　若 $AB = E$（或 $BA = E$），则 $B = A^{-1}$.

证　$|A||B| = |E| = 1$，故$|A| \neq 0$，因而A^{-1}存在，于是

$$B = EB = (AA^{-1})B = A^{-1}(AB) = A^{-1}E = A^{-1},$$

因此，判断 B 是否为 A 的逆，只需验证 $AB = E$ 或 $BA = E$ 即可.

容易验证下述运算规律：

（1）若 A 可逆，则 A^{-1} 可逆，且 $(A^{-1})^{-1} = A$；

（2）若 A 可逆，数 $\lambda \neq 0$，则 λA 可逆，且 $(\lambda A)^{-1} = \frac{1}{\lambda}A^{-1}$；

（3）若 A, B 为同阶方阵且均可逆，则 AB 可逆，且 $(AB)^{-1} = B^{-1}A^{-1}$；

（4）若 A 可逆，则 A^{T} 亦可逆，且 $(A^{\mathrm{T}})^{-1} = (A^{-1})^{\mathrm{T}}$；

（5）若 A 可逆，k 为正整数，则 $(A^k)^{-1} = (A^{-1})^k$.

定理 2.3.2 不但给出了判断矩阵可逆的条件，同时也给出了求逆矩阵的公式（2.4）.

例 2.3.1　设 $ad - bc \neq 0$，求二阶矩阵 $A = \begin{pmatrix} a & b \\ c & d \end{pmatrix}$ 的逆矩阵.

解　因为$|A| = \begin{vmatrix} a & b \\ c & d \end{vmatrix} = ad - bc \neq 0$，所以 A 可逆，且

$$A^{-1} = \frac{1}{|A|}A^* = \frac{1}{ad-bc}\begin{pmatrix} d & -b \\ -c & a \end{pmatrix}.$$

例 2.3.2　求 3 阶方阵 $A = \begin{pmatrix} -2 & 3 & 3 \\ 1 & -1 & 0 \\ -1 & 2 & 1 \end{pmatrix}$ 的逆矩阵.

解　容易算出$|A| = 2 \neq 0$，可知 A^{-1} 存在.

$$M_{11} = -1,\ M_{12} = 1,\ M_{13} = 1,$$
$$M_{21} = -3,\ M_{22} = 1,\ M_{23} = -1,$$
$$M_{31} = 3,\ M_{32} = -3,\ M_{33} = -1,$$

所以

$$A^{-1}=\frac{1}{|A|}A^*=\frac{1}{2}A^*=\frac{1}{2}\begin{pmatrix}A_{11}&A_{21}&A_{31}\\A_{12}&A_{22}&A_{32}\\A_{13}&A_{23}&A_{33}\end{pmatrix}$$

$$=\frac{1}{2}\begin{pmatrix}M_{11}&-M_{21}&M_{31}\\-M_{12}&M_{22}&-M_{32}\\M_{13}&-M_{23}&M_{33}\end{pmatrix}$$

$$=\frac{1}{2}\begin{pmatrix}-1&3&3\\-1&1&3\\1&1&-1\end{pmatrix}.$$

按公式（2.4）求逆矩阵，计算量一般是比较大的. 本章 2.6 节将给出另一种求逆矩阵的方法.

例 2.3.3　设 $A=\begin{pmatrix}-2&3&3\\1&-1&0\\-1&2&1\end{pmatrix}$，$B=\begin{pmatrix}1&3\\2&5\end{pmatrix}$，$C=\begin{pmatrix}1&3\\2&0\\3&1\end{pmatrix}$，求矩阵 X，使其满足 $AXB=C$.

解　由上例知 $|A|=2\neq 0$，而 $|B|=-1$，故知 A,B 都可逆，且

$$A^{-1}=\frac{1}{2}\begin{pmatrix}-1&3&3\\-1&1&3\\1&1&-1\end{pmatrix},\ B^{-1}=\begin{pmatrix}-5&3\\2&-1\end{pmatrix},$$

在 $AXB=C$ 两边分别用 A^{-1} 左乘，B^{-1} 右乘，得

$$X=A^{-1}CB^{-1}=\frac{1}{2}\begin{pmatrix}-1&3&3\\-1&1&3\\1&1&-1\end{pmatrix}\begin{pmatrix}1&3\\2&0\\3&1\end{pmatrix}\begin{pmatrix}-5&3\\2&-1\end{pmatrix}$$

$$=\begin{pmatrix}7&0\\5&0\\0&1\end{pmatrix}\begin{pmatrix}-5&3\\2&-1\end{pmatrix}$$

$$=\begin{pmatrix}-35&21\\-25&15\\2&-1\end{pmatrix}.$$

例 2.3.4　设 n 阶矩阵 $A, B, A+B$ 均可逆，证明 $A^{-1}+B^{-1}$ 可逆，且

$$(A^{-1}+B^{-1})^{-1}=A(A+B)^{-1}B=B(B+A)^{-1}A.$$

证　将 $A^{-1}+B^{-1}$ 表示成已知的可逆矩阵的乘积

$$A^{-1}+B^{-1}=A^{-1}(E+AB^{-1})=A^{-1}(BB^{-1}+AB^{-1})$$
$$=A^{-1}(B+A)B^{-1}=A^{-1}(A+B)B^{-1}.$$

因矩阵 $A,B,A+B$ 均可逆，所以 $A^{-1}+B^{-1}$ 可逆，且

$$(A^{-1}+B^{-1})^{-1}=\left[A^{-1}(A+B)B^{-1}\right]^{-1}=B(B+A)^{-1}A.$$

同理可证 $(A^{-1}+B^{-1})^{-1}=A(A+B)^{-1}B$.

例 2.3.5　设 A 为 $n(n\geqslant 2)$ 阶矩阵，证明 $|A^*|=|A|^{n-1}$.

证　由于 $AA^*=A^*A=|A|E$，所以

$$|A||A^*|=|A|^n. \tag{2.5}$$

下面分两种情形讨论：

（1）$|A|\neq 0$，即 A 可逆，式（2.5）两边同除以 $|A|$，得

$$|A^*|=|A|^{n-1};$$

（2）$|A|=0$，用反证法，设 $|A^*|\neq 0$，则 A^* 可逆，从而

$$A=(AA^*)(A^*)^{-1}=(|A|E)(A^*)^{-1}=|A|(A^*)^{-1}=O,$$

于是 $A^*=O$，与 A^* 可逆相矛盾，所以

$$|A^*|=0=|A|^{n-1}.$$

例 2.3.6　设 $P=\begin{pmatrix}-1&-4\\1&1\end{pmatrix}$，$\Lambda=\begin{pmatrix}1&0\\0&2\end{pmatrix}$，$AP=P\Lambda$，求 A^n.

解　$$|P|=3,\quad P^{-1}=\frac{1}{3}\begin{pmatrix}1&4\\-1&-1\end{pmatrix},\quad \Lambda^n=\begin{pmatrix}1&0\\0&2^n\end{pmatrix}.$$

$$A=P\Lambda P^{-1},\quad A^2=P\Lambda P^{-1}P\Lambda P^{-1}=P\Lambda^2P^{-1},\ \cdots,\ A^n=P\Lambda^nP^{-1},$$

故

$$\begin{aligned}A^n&=\begin{pmatrix}-1&-4\\1&1\end{pmatrix}\begin{pmatrix}1&0\\0&2^n\end{pmatrix}\frac{1}{3}\begin{pmatrix}1&4\\-1&-1\end{pmatrix}\\&=\frac{1}{3}\begin{pmatrix}-1+2^{n+2}&-4+2^{n+2}\\1-2^n&4-2^n\end{pmatrix}.\end{aligned}$$

定义 2.3.2　设 $\varphi(x)=a_0+a_1x+\cdots+a_mx^m$ 为 x 的 m 次多项式，A 为 n 阶矩阵，记

$$\varphi(A)=a_0E+a_1A+\cdots+a_mA^m, \tag{2.6}$$

则 $\varphi(A)$ 是一个 n 阶矩阵，称为**矩阵 A 的 m 次多项式**.

因为式（2.6）中 A^k,A^l 和 E 都是可交换的，所以矩阵多项式的乘法可以像数 x 一样相乘或分解因式. 例如

$$(E+A)(2E-A)=2E+A-A^2,$$
$$(E-A)^3=E-3A+3A^2-A^3.$$

进而推出

（1）如果 $A=P\Lambda P^{-1}$，则 $A^k=P\Lambda^kP^{-1}$，从而

$$\begin{aligned}\varphi(A)&=a_0E+a_1A+\cdots+a_mA^m\\&=Pa_0EP^{-1}+Pa_1\Lambda P^{-1}+\cdots+Pa_m\Lambda^mP^{-1}\\&=P\varphi(\Lambda)P^{-1}.\end{aligned}$$

（2）如果 $\Lambda=\mathrm{diag}(\lambda_1,\lambda_2,\cdots,\lambda_n)$ 为对角阵，则 $\Lambda^k=\mathrm{diag}(\lambda_1^k,\lambda_2^k,\cdots,\lambda_n^k)$，从而

$$\varphi(\Lambda)=a_0\boldsymbol{E}+a_1\Lambda+\cdots+a_m\Lambda^m$$

$$=a_0\begin{pmatrix}1&&&\\&1&&\\&&\ddots&\\&&&1\end{pmatrix}+a_1\begin{pmatrix}\lambda_1&&&\\&\lambda_2&&\\&&\ddots&\\&&&\lambda_n\end{pmatrix}+\cdots+a_m\begin{pmatrix}\lambda_1^m&&&\\&\lambda_2^m&&\\&&\ddots&\\&&&\lambda_n^m\end{pmatrix}$$

$$=\begin{pmatrix}\varphi(\lambda_1)&&&\\&\varphi(\lambda_2)&&\\&&\ddots&\\&&&\varphi(\lambda_n)\end{pmatrix}.$$

例 2.3.7 设 $\boldsymbol{P}=\begin{pmatrix}-1&1&1\\1&0&2\\1&1&-1\end{pmatrix}$，$\Lambda=\begin{pmatrix}1&&\\&2&\\&&-3\end{pmatrix}$，$\boldsymbol{AP}=\boldsymbol{P}\Lambda$，求 $\varphi(\boldsymbol{A})=\boldsymbol{A}^3+2\boldsymbol{A}^2-3\boldsymbol{A}$.

解 $|\boldsymbol{P}|=6$，$\boldsymbol{P}$ 可逆，由 $\boldsymbol{AP}=\boldsymbol{P}\Lambda$，推出

$$\boldsymbol{A}=\boldsymbol{P}\Lambda\boldsymbol{P}^{-1},\quad \varphi(\boldsymbol{A})=\boldsymbol{P}\varphi(\Lambda)\boldsymbol{P}^{-1},$$

而

$$\varphi(1)=0,\quad \varphi(2)=10,\quad \varphi(-3)=0,$$

故 $\varphi(\Lambda)=\operatorname{diag}(0,10,0)$.

$$\varphi(\boldsymbol{A})=\boldsymbol{P}\varphi(\Lambda)\boldsymbol{P}^{-1}=\begin{pmatrix}-1&1&1\\1&0&2\\1&1&-1\end{pmatrix}\begin{pmatrix}0&&\\&10&\\&&0\end{pmatrix}\left(\frac{1}{6}\boldsymbol{P}^*\right)$$

$$=\frac{10}{6}\begin{pmatrix}0&1&0\\0&0&0\\0&1&0\end{pmatrix}\begin{pmatrix}\boldsymbol{P}_{11}&\boldsymbol{P}_{21}&\boldsymbol{P}_{31}\\\boldsymbol{P}_{12}&\boldsymbol{P}_{22}&\boldsymbol{P}_{32}\\\boldsymbol{P}_{13}&\boldsymbol{P}_{23}&\boldsymbol{P}_{33}\end{pmatrix}$$

$$=\frac{5}{3}\begin{pmatrix}\boldsymbol{P}_{12}&\boldsymbol{P}_{22}&\boldsymbol{P}_{32}\\0&0&0\\\boldsymbol{P}_{12}&\boldsymbol{P}_{22}&\boldsymbol{P}_{32}\end{pmatrix}.$$

容易算出

$$\boldsymbol{P}_{12}=-\begin{vmatrix}1&2\\1&-1\end{vmatrix}=3,\quad \boldsymbol{P}_{22}=\begin{vmatrix}-1&1\\1&-1\end{vmatrix}=0,\quad \boldsymbol{P}_{32}=-\begin{vmatrix}-1&1\\1&2\end{vmatrix}=3,$$

因此

$$\varphi(\boldsymbol{A})=5\begin{pmatrix}1&0&1\\0&0&0\\1&0&1\end{pmatrix}.$$

例 2.3.8 设方阵 $\boldsymbol{A}$ 满足方程 $\boldsymbol{A}^2-3\boldsymbol{A}-8\boldsymbol{E}=\boldsymbol{O}$，证明 $\boldsymbol{A}$ 与 $\boldsymbol{A}-5\boldsymbol{E}$ 都可逆，并求它们的逆矩阵.

证 由 $\boldsymbol{A}^2-3\boldsymbol{A}-8\boldsymbol{E}=\boldsymbol{O}$，得 $\boldsymbol{A}(\boldsymbol{A}-3\boldsymbol{E})=8\boldsymbol{E}$，即

$$A\left(\frac{1}{8}(A-3E)\right)=E,$$

所以 A 可逆，且

$$A^{-1}=\frac{1}{8}(A-3E).$$

又由 $A^2-3A-8E=O$，得 $(A+2E)(A-5E)=-2E$，即

$$-\frac{1}{2}(A+2E)(A-5E)=E,$$

故 $A-5E$ 可逆，且

$$(A-5E)^{-1}=-\frac{1}{2}(A+2E).$$

§2.4　分块矩阵

对于行数和列数较高的矩阵，运算时常采用分块的方法，将大矩阵的运算化成小矩阵的运算.

定义 2.4.1　用若干条纵线和横线将矩阵 A 分成若干个小矩阵，这种操作称为**对矩阵 A 进行分块**，每一个小矩阵称为矩阵 A 的**子块**；矩阵分块后，以子块为元素的形式上的矩阵称为**分块矩阵**.

例如，把矩阵 $A=(a_{ij})_{3\times4}$ 分成 4 块

$$A=\left(\begin{array}{cc:cc} a_{11} & a_{12} & a_{13} & a_{14} \\ a_{21} & a_{22} & a_{23} & a_{24} \\ \hdashline a_{31} & a_{32} & a_{33} & a_{34} \end{array}\right),$$

记为

$$A=\begin{pmatrix} A_{11} & A_{12} \\ A_{21} & A_{22} \end{pmatrix},$$

其中

$$A_{11}=\begin{pmatrix} a_{11} & a_{12} \\ a_{21} & a_{22} \end{pmatrix},\quad A_{12}=\begin{pmatrix} a_{13} & a_{14} \\ a_{23} & a_{24} \end{pmatrix},$$
$$A_{21}=\begin{pmatrix} a_{31} & a_{32} \end{pmatrix},\quad A_{22}=\begin{pmatrix} a_{33} & a_{34} \end{pmatrix},$$

即 $A_{11},A_{12},A_{21},A_{22}$ 为 A 的子块，而 A 形式上成为以这些子块为元素的分块矩阵.

一个矩阵可以根据不同的需要构成不同的分块矩阵，其运算规则与普通矩阵的运算规则相类似.

（1）**分块矩阵的加法**. 设矩阵 A 与 B 是同型矩阵，采用相同的分块法，有

$$A=\begin{pmatrix}A_{11}&\cdots&A_{1r}\\ \vdots&\ddots&\vdots\\ A_{s1}&\cdots&A_{sr}\end{pmatrix},\ B=\begin{pmatrix}B_{11}&\cdots&B_{1r}\\ \vdots&\ddots&\vdots\\ B_{s1}&\cdots&B_{sr}\end{pmatrix},$$

其中，A_{ij} 与 B_{ij} 是同型矩阵，则

$$A+B=\begin{pmatrix}A_{11}+B_{11}&\cdots&A_{1r}+B_{1r}\\ \vdots&\ddots&\vdots\\ A_{s1}+B_{s1}&\cdots&A_{sr}+B_{sr}\end{pmatrix}.$$

（2）**分块矩阵的数乘**. 设 $A=\begin{pmatrix}A_{11}&\cdots&A_{1r}\\ \vdots&\ddots&\vdots\\ A_{s1}&\cdots&A_{sr}\end{pmatrix}$，$\lambda$ 为数，则

$$\lambda A=\begin{pmatrix}\lambda A_{11}&\cdots&\lambda A_{1r}\\ \vdots&\ddots&\vdots\\ \lambda A_{s1}&\cdots&\lambda A_{sr}\end{pmatrix}.$$

（3）**分块矩阵的乘法**. 设 A 为 $m\times l$ 矩阵，B 为 $l\times n$ 矩阵，分块成

$$A=\begin{pmatrix}A_{11}&A_{12}&\cdots&A_{1t}\\ A_{21}&A_{22}&\cdots&A_{2t}\\ \vdots&\vdots&\ddots&\vdots\\ A_{s1}&A_{s2}&\cdots&A_{st}\end{pmatrix},\ B=\begin{pmatrix}B_{11}&B_{12}&\cdots&B_{1r}\\ B_{21}&B_{22}&\cdots&B_{2r}\\ \vdots&\vdots&\ddots&\vdots\\ B_{t1}&B_{t2}&\cdots&B_{tr}\end{pmatrix},$$

其中，$A_{i1},A_{i2},\cdots,A_{it}$ 的列数分别等于 $B_{1j},B_{2j},\cdots,B_{tj}$ 的行数，则

$$C=AB=\begin{pmatrix}C_{11}&C_{12}&\cdots&C_{1r}\\ C_{21}&C_{22}&\cdots&C_{2r}\\ \vdots&\vdots&\ddots&\vdots\\ C_{s1}&C_{s2}&\cdots&C_{sr}\end{pmatrix},$$

其中

$$C_{ij}=\sum_{k=1}^{t}A_{ik}B_{kj}(i=1,\cdots,s;\ \ j=1,\cdots,r).$$

例 2.4.1 设 $A=\begin{pmatrix}1&0&0&0\\0&1&0&0\\-1&2&1&0\\1&1&0&1\end{pmatrix}$，$B=\begin{pmatrix}1&0&1&0\\-1&2&0&1\\1&0&4&1\\-1&-1&2&0\end{pmatrix}$，求 AB.

解 把 A,B 分块成

$$A=\left(\begin{array}{cc:cc}1&0&0&0\\0&1&0&0\\ \hdashline -1&2&1&0\\1&1&0&1\end{array}\right)=\begin{pmatrix}E&O\\A_1&E\end{pmatrix},$$

$$\boldsymbol{B}=\left(\begin{array}{cc:cc}1&0&1&0\\-1&2&0&1\\ \hdashline 1&0&4&1\\-1&-1&2&0\end{array}\right)=\begin{pmatrix}\boldsymbol{B}_{11}&\boldsymbol{E}\\\boldsymbol{B}_{21}&\boldsymbol{B}_{22}\end{pmatrix},$$

则

$$\boldsymbol{AB}=\begin{pmatrix}\boldsymbol{E}&\boldsymbol{O}\\\boldsymbol{A}_1&\boldsymbol{E}\end{pmatrix}\begin{pmatrix}\boldsymbol{B}_{11}&\boldsymbol{E}\\\boldsymbol{B}_{21}&\boldsymbol{B}_{22}\end{pmatrix}=\begin{pmatrix}\boldsymbol{B}_{11}&\boldsymbol{E}\\\boldsymbol{A}_1\boldsymbol{B}_{11}+\boldsymbol{B}_{21}&\boldsymbol{A}_1+\boldsymbol{B}_{22}\end{pmatrix},$$

其中

$$\boldsymbol{A}_1\boldsymbol{B}_{11}+\boldsymbol{B}_{21}=\begin{pmatrix}-1&2\\1&1\end{pmatrix}\begin{pmatrix}1&0\\-1&2\end{pmatrix}+\begin{pmatrix}1&0\\-1&-1\end{pmatrix}=\begin{pmatrix}-2&4\\-1&1\end{pmatrix},$$

$$\boldsymbol{A}_1+\boldsymbol{B}_{22}=\begin{pmatrix}-1&2\\1&1\end{pmatrix}+\begin{pmatrix}4&1\\2&0\end{pmatrix}=\begin{pmatrix}3&3\\3&1\end{pmatrix},$$

因此

$$\boldsymbol{AB}=\left(\begin{array}{cc:cc}1&0&1&0\\-1&2&0&1\\ \hdashline -2&4&3&3\\-1&1&3&1\end{array}\right).$$

（4）**分块矩阵的转置**. 设 $\boldsymbol{A}=\begin{pmatrix}\boldsymbol{A}_{11}&\cdots&\boldsymbol{A}_{1r}\\\vdots&\ddots&\vdots\\\boldsymbol{A}_{s1}&\cdots&\boldsymbol{A}_{sr}\end{pmatrix}$,

则 $$\boldsymbol{A}^{\mathrm{T}}=\begin{pmatrix}\boldsymbol{A}_{11}^{\mathrm{T}}&\cdots&\boldsymbol{A}_{s1}^{\mathrm{T}}\\\vdots&\ddots&\vdots\\\boldsymbol{A}_{1r}^{\mathrm{T}}&\cdots&\boldsymbol{A}_{sr}^{\mathrm{T}}\end{pmatrix}.$$

（5）**分块对角矩阵**. 设 $\boldsymbol{A}$ 是 n 阶矩阵，若 $\boldsymbol{A}$ 的分块矩阵只有在对角线上有非零子块，其余子块都为零矩阵，且在对角线上的子块都是方阵，即

$$\boldsymbol{A}=\begin{pmatrix}\boldsymbol{A}_1&&&\boldsymbol{O}\\&\boldsymbol{A}_2&&\\&&\ddots&\\\boldsymbol{O}&&&\boldsymbol{A}_s\end{pmatrix},$$

其中，$\boldsymbol{A}_i\,(i=1,2,\cdots,s)$ 都是方阵，那么称 $\boldsymbol{A}$ 为**分块对角矩阵或准对角阵**.

准对角阵 $\boldsymbol{A}$ 的行列式具有下述性质

$$|\boldsymbol{A}|=|\boldsymbol{A}_1||\boldsymbol{A}_2|\cdots|\boldsymbol{A}_s|.$$

由此性质推出，若 $|\boldsymbol{A}_i|\neq 0\,(i=1,2,\cdots,s)$，则 $|\boldsymbol{A}|\neq 0$，并有

$$\boldsymbol{A}^{-1}=\begin{pmatrix}\boldsymbol{A}_1^{-1}&&&\\&\boldsymbol{A}_2^{-1}&&\\&&\ddots&\\&&&\boldsymbol{A}_s^{-1}\end{pmatrix}.$$

例 2.4.2 设 $A=\begin{pmatrix}6&0&0\\0&1&4\\0&1&3\end{pmatrix}$，求 A^{-1}.

解
$$A=\left(\begin{array}{c:cc}6&0&0\\ \hdashline 0&1&4\\0&1&3\end{array}\right)=\begin{pmatrix}A_1&O\\O&A_2\end{pmatrix}$$

$$A_1=(6),\quad A_1^{-1}=\left(\frac{1}{6}\right),\quad A_2=\begin{pmatrix}1&4\\1&3\end{pmatrix},\quad A_2^{-1}=\begin{pmatrix}-3&4\\1&-1\end{pmatrix},$$

所以
$$A^{-1}=\begin{pmatrix}A_1^{-1}&O\\O&A_2^{-1}\end{pmatrix}=\begin{pmatrix}\frac{1}{6}&0&0\\0&-3&4\\0&1&-1\end{pmatrix}.$$

对矩阵分块时，按行分块和按列分块是两种常用的方法.

设矩阵 $A=(a_{ij})_{m\times n}$，若按行分块，则 A 有 m 个行向量，若记

$$\alpha_i=(a_{i1},a_{i2},\cdots,a_{in})\quad(i=1,2,\cdots,m),$$

则矩阵 A 写为

$$A=\begin{pmatrix}\alpha_1\\\alpha_2\\\vdots\\\alpha_m\end{pmatrix}.$$

若按列分块，则矩阵 $A=(a_{ij})_{m\times n}$ 有 n 个列向量. 若记

$$\beta_j=\begin{pmatrix}a_{1j}\\a_{2j}\\\vdots\\a_{mj}\end{pmatrix}\quad(j=1,2,\cdots,n),$$

则 $A=(\beta_1,\ \beta_2,\cdots,\beta_n)$.

§2.5 矩阵的初等变换与初等矩阵

定义 2.5.1 对矩阵的行施行下列三种变换称为矩阵的初等行变换：

（1）交换两行（交换 i,j 两行，记作 $r_i\leftrightarrow r_j$）；

（2）以数 $k\neq 0$ 乘某一行（第 i 行乘以 k，记作 $r_i\times k$）；

（3）把某一行的 k 倍加到另一行（第 j 行的 k 倍加到第 i 行上，记作 r_i+kr_j）.

把定义中的“行”换成“列”，即得到矩阵的初等列变换的定义（所用记号相应地把“r”换成“c”）. 矩阵的初等行变换与初等列变换统称为初等变换.

由单位阵 E 经过一次初等变换得到的矩阵称为初等矩阵. 相应的 3 种初等矩阵分别如下.

（1）把单位阵 $\boldsymbol{E}$ 中第 i,j 两行互换（或第 i,j 两列互换），得初等矩阵

$$\boldsymbol{E}(i,j)=\begin{pmatrix} 1 &&&&&&&&& \\ & \ddots &&&&&&&& \\ && 1 &&&&&&& \\ &&& 0 & & \cdots & & 1 &&& \\ &&&& 1 &&&&& \\ &&& \vdots && \ddots && \vdots && \\ &&&&&& 1 &&& \\ &&& 1 && \cdots && 0 && \\ &&&&&&&& 1 && \\ &&&&&&&&& \ddots & \\ &&&&&&&&&& 1 \end{pmatrix}\begin{matrix} \\ \\ \\ 第 i 行 \\ \\ \\ \\ 第 j 行 \\ \\ \\ \\ \end{matrix} .$$

（2）以数 $k \neq 0$ 乘单位阵 $\boldsymbol{E}$ 的第 i 行（列），得初等矩阵

$$\boldsymbol{E}(i(k))=\begin{pmatrix} 1 &&&&&& \\ & \ddots &&&&& \\ && 1 &&&& \\ &&& k &&& \\ &&&& 1 && \\ &&&&& \ddots & \\ &&&&&& 1 \end{pmatrix}\begin{matrix} \\ \\ \\ 第 i 行 \\ \\ \\ \\ \end{matrix} .$$

（3）以数 $\boldsymbol{k}$ 乘单位阵 $\boldsymbol{E}$ 的第 j 行加到第 i 行上或以数 k 乘单位阵 $\boldsymbol{E}$ 的第 i 列加到第 j 列上，得初等矩阵

$$\boldsymbol{E}(i\,j(k))=\begin{pmatrix} 1 &&&&&& \\ & \ddots &&&&& \\ && 1 & \cdots & k && \\ &&& \ddots & \vdots && \\ &&&& 1 && \\ &&&&& \ddots & \\ &&&&&& 1 \end{pmatrix}\begin{matrix} \\ \\ 第 i 行 \\ \\ 第 j 行 \\ \\ \\ \end{matrix} .$$

矩阵的初等变换与矩阵的乘法有密切联系. 例如
用 $\boldsymbol{m}$ 阶初等矩阵 $\boldsymbol{E}_m(i,j)$ 左乘矩阵 $\boldsymbol{A}=(a_{ij})_{m\times n}$，得

$$\boldsymbol{E}_m(i,j)\boldsymbol{A}=\begin{pmatrix} a_{11} & a_{12} & \cdots & a_{1n} \\ \vdots & \vdots & & \vdots \\ a_{j1} & a_{j2} & \cdots & a_{jn} \\ \vdots & \vdots & & \vdots \\ a_{i1} & a_{i2} & \cdots & a_{in} \\ \vdots & \vdots & & \vdots \\ a_{m1} & a_{m2} & \cdots & a_{mn} \end{pmatrix}\begin{matrix} \\ \\ 第 i 行 \\ \\ 第 j 行 \\ \\ \\ \end{matrix}$$

它相当于对矩阵 $\boldsymbol{A}$ 施行第一种初等行变换，即把 $\boldsymbol{A}$ 的第 i 行与第 j 行互换($r_i \leftrightarrow r_j$). 类似地，用 n 阶初等矩阵 $\boldsymbol{E}_n(i,j)$右乘矩阵 $\boldsymbol{A}$，则相当于对矩阵 $\boldsymbol{A}$ 施行第一种初等列变换，即把 $\boldsymbol{A}$ 的第 i 列与第 j 列互换($c_i \leftrightarrow c_j$).

可以验算：

以 $\boldsymbol{E}_m\left(i\left(k\right)\right)$ 左乘矩阵 $\boldsymbol{A}$ 相当于以数 k 乘 $\boldsymbol{A}$ 的第 i 行($r_i \times k$)；以 $\boldsymbol{E}_n\left(i\left(k\right)\right)$ 右乘矩阵 $\boldsymbol{A}$ 相当于以数 k 乘 $\boldsymbol{A}$ 的第 i 列($c_i \times k$).

以 $\boldsymbol{E}_m\left(i\,j\left(k\right)\right)$ 左乘矩阵 $\boldsymbol{A}$ 相当于以 k 乘 $\boldsymbol{A}$ 的第 j 行加到第 i 行上($r_i \times k r_j$)；以 $\boldsymbol{E}_n\left(i\,j\left(k\right)\right)$ 右乘矩阵 $\boldsymbol{A}$ 相当于以 k 乘 $\boldsymbol{A}$ 的第 i 列加到第 j 列上($c_j \times k\,c_i$).

综合上述讨论可得如下结论：

定理 2.5.1 设 $\boldsymbol{A}$ 是一个 $m \times n$ 的矩阵，对 $\boldsymbol{A}$ 施行一次初等行变换，相当于在 $\boldsymbol{A}$ 的左边乘以相应的 m 阶初等矩阵；对 $\boldsymbol{A}$ 施行一次初等列变换，相当于在 $\boldsymbol{A}$ 的右边乘以相应的 n 阶初等矩阵.

显然，初等矩阵都是可逆的，且其逆矩阵是同一类型的初等矩阵：

（1）$\boldsymbol{E}\left(i,j\right)^{-1} = \boldsymbol{E}\left(i,j\right)$；

（2）$\boldsymbol{E}\left(i(k)\right)^{-1} = \boldsymbol{E}\left(i\left(\dfrac{1}{k}\right)\right)$；

（3）$\boldsymbol{E}\left(i\,j(k)\right)^{-1} = \boldsymbol{E}\left(i\,j(-k)\right)$.

例 2.5.1 设 $\boldsymbol{A} = \begin{pmatrix} a_{11} & a_{12} & a_{13} \\ a_{21} & a_{22} & a_{23} \\ a_{31} & a_{32} & a_{33} \end{pmatrix}$，$\boldsymbol{B} = \begin{pmatrix} a_{21} & a_{22} & a_{23} \\ a_{11} & a_{12} & a_{13} \\ a_{31}+a_{11} & a_{32}+a_{12} & a_{33}+a_{13} \end{pmatrix}$，

$$\boldsymbol{P}_1 = \begin{pmatrix} 0 & 1 & 0 \\ 1 & 0 & 0 \\ 0 & 0 & 1 \end{pmatrix},\ \boldsymbol{P}_2 = \begin{pmatrix} 1 & 0 & 0 \\ 0 & 1 & 0 \\ 1 & 0 & 1 \end{pmatrix}.$$

则下面 4 个选项中正确的是（　　）.

A．$\boldsymbol{A}\boldsymbol{P}_1\boldsymbol{P}_2 = \boldsymbol{B}$　　B．$\boldsymbol{A}\boldsymbol{P}_2\boldsymbol{P}_1 = \boldsymbol{B}$　　C．$\boldsymbol{P}_1\boldsymbol{P}_2\boldsymbol{A} = \boldsymbol{B}$　　D．$\boldsymbol{P}_2\boldsymbol{P}_1\boldsymbol{A} = \boldsymbol{B}$

解 矩阵 $\boldsymbol{A}$ 变换到矩阵 $\boldsymbol{B}$ 主要用的是初等行变换，由**定理 2.5.1** 知选项 A、B 不正确，选项 C 表示 $\boldsymbol{A}$ 先左乘 $\boldsymbol{P}_2$ 再左乘 $\boldsymbol{P}_1$，它表示先将矩阵 $\boldsymbol{A}$ 的第一行加到第三行，再将一二两行互换，故选项 C 正确，选项 D 错误.

定理 2.5.2 方阵 $\boldsymbol{A}$ 可逆的充分必要条件是存在有限个初等矩阵 $\boldsymbol{P}_1,\boldsymbol{P}_2,\cdots,\boldsymbol{P}_l$，使 $\boldsymbol{A} = \boldsymbol{P}_1\boldsymbol{P}_2\cdots\boldsymbol{P}_l$.

§2.6 矩阵的等价

定义 2.6.1 如果矩阵 $\boldsymbol{A}$ 经有限次初等行变换变成矩阵 $\boldsymbol{B}$，就称矩阵 $\boldsymbol{A}$ 与 $\boldsymbol{B}$ **行等价**，记作 $\boldsymbol{A} \overset{r}{\sim} \boldsymbol{B}$；如果矩阵 $\boldsymbol{A}$ 经有限次初等列变换变成矩阵 $\boldsymbol{B}$，就称矩阵 $\boldsymbol{A}$ 与 $\boldsymbol{B}$ **列等价**，记作 $\boldsymbol{A} \overset{c}{\sim} \boldsymbol{B}$；如果矩阵 $\boldsymbol{A}$ 经有限次初等变换变成矩阵 $\boldsymbol{B}$，就称矩阵 $\boldsymbol{A}$ 与 $\boldsymbol{B}$ **等价**，记作 $\boldsymbol{A} \sim \boldsymbol{B}$.

容易验证矩阵之间的等价关系具有下列性质：

（1）反身性：$\boldsymbol{A}\sim\boldsymbol{A}$；

（2）对称性：若 $\boldsymbol{A}\sim\boldsymbol{B}$，则 $\boldsymbol{B}\sim\boldsymbol{A}$；

（3）传递性：若 $\boldsymbol{A}\sim\boldsymbol{B}$，$\boldsymbol{B}\sim\boldsymbol{C}$，则 $\boldsymbol{A}\sim\boldsymbol{C}$.

下面讨论用初等变换求逆矩阵的方法.

定义 2.6.2　矩阵

$$\begin{pmatrix} a_{11} & a_{12} & \cdots & a_{1r} & \cdots & a_{1n} \\ 0 & a_{22} & \cdots & a_{2r} & \cdots & a_{2n} \\ \vdots & \vdots & \ddots & \vdots & \ddots & \vdots \\ 0 & 0 & \cdots & a_{rr} & \cdots & a_{rn} \\ 0 & 0 & \cdots & 0 & \cdots & 0 \\ \vdots & \vdots & \ddots & \vdots & \ddots & \vdots \\ 0 & 0 & \cdots & 0 & \cdots & 0 \end{pmatrix}$$

称为**阶梯形矩阵**，其中 $a_{ii}\neq 0\,(i=1,2,\cdots,r)$. 其特点是：若有零行，那么零行全部位于非零行的下方；矩阵左上角的 r 阶子块的行列式

$$\begin{vmatrix} a_{11} & a_{12} & \cdots & a_{1r} \\ 0 & a_{22} & \cdots & a_{2r} \\ \vdots & \vdots & \ddots & \vdots \\ 0 & 0 & \cdots & a_{rr} \end{vmatrix} = a_{11}a_{22}\cdots a_{rr}\neq 0.$$

对于任何矩阵 $\boldsymbol{A}_{m\times n}$，总可以经过有限次的行和列的初等变换把它变为阶梯形矩阵，进而变为如下的最简形式

$$\boldsymbol{F}=\begin{pmatrix} 1 & 0 & \cdots & 0 & \cdots & 0 \\ 0 & 1 & \cdots & 0 & \cdots & 0 \\ \vdots & \vdots & \ddots & \vdots & \ddots & \vdots \\ 0 & 0 & \cdots & 1 & \cdots & 0 \\ 0 & 0 & \cdots & 0 & \cdots & 0 \\ \vdots & \vdots & \ddots & \vdots & \ddots & \vdots \\ 0 & 0 & \cdots & 0 & \cdots & 0 \end{pmatrix}_{m\times n},$$

简记为

$$\boldsymbol{F}=\begin{pmatrix} \boldsymbol{E}_r & \boldsymbol{O} \\ \boldsymbol{O} & \boldsymbol{O} \end{pmatrix}_{m\times n}\ (\boldsymbol{E}_r\text{ 为 } r \text{ 阶单位阵}),$$

矩阵 $\boldsymbol{F}$ 称为**矩阵 $\boldsymbol{A}$ 的等价标准形**，此标准形由 m,n,r 3 个数完全确定，其中 r 就是阶梯形矩阵中非零行的行数，所有与 $\boldsymbol{A}$ 等价的矩阵组成一个集合，标准形 $\boldsymbol{F}$ 是这个集合中形状最简单的矩阵.

例 2.6.1　求矩阵

$$\boldsymbol{A}=\begin{pmatrix} 2 & 1 & 8 & 3 & 7 \\ 2 & -3 & 0 & 7 & -5 \\ 3 & -2 & 5 & 8 & 0 \\ 1 & 0 & 3 & 2 & 0 \end{pmatrix}$$

的等价标准形.

解　先对矩阵 $\boldsymbol{A}$ 做如下初等行变换

$$\boldsymbol{A}=\begin{pmatrix}2&1&8&3&7\\2&-3&0&7&-5\\3&-2&5&8&0\\1&0&3&2&0\end{pmatrix}$$

$$\overset{r_1\leftrightarrow r_4}{\sim}\begin{pmatrix}1&0&3&2&0\\2&-3&0&7&-5\\3&-2&5&8&0\\2&1&8&3&7\end{pmatrix}$$

$$\underset{r_4-2r_1}{\overset{\substack{r_2-2r_1\\r_3-3r_1}}{\sim}}\begin{pmatrix}1&0&3&2&0\\0&-3&-6&3&-5\\0&-2&-4&2&0\\0&1&2&-1&7\end{pmatrix}$$

$$\underset{r_4+3r_2}{\overset{\substack{r_2\leftrightarrow r_4\\r_3+2r_2}}{\sim}}\begin{pmatrix}1&0&3&2&0\\0&1&2&-1&7\\0&0&0&0&14\\0&0&0&0&16\end{pmatrix}$$

$$\overset{r_4-\frac{8}{7}r_3}{\sim}\begin{pmatrix}1&0&3&2&0\\0&1&2&-1&7\\0&0&0&0&14\\0&0&0&0&0\end{pmatrix}=\boldsymbol{B}_1$$

$$\underset{r_2-7r_3}{\overset{r_3\div 14}{\sim}}\begin{pmatrix}1&0&3&2&0\\0&1&2&-1&0\\0&0&0&0&1\\0&0&0&0&0\end{pmatrix}=\boldsymbol{B}_2\,.$$

再做初等列变换得

$$\boldsymbol{B}_2\sim\begin{pmatrix}1&0&0&0&0\\0&1&0&0&0\\0&0&1&0&0\\0&0&0&0&0\end{pmatrix}.$$

应用上，一般只要对矩阵 $\boldsymbol{A}$ 施行有限次初等行变换变成 $\boldsymbol{B}_1$ 或 $\boldsymbol{B}_2$ 即可. 其中 $\boldsymbol{B}_1$ 称为行阶梯形矩阵，特点为零行全部位于非零行的下方，且各个非零行左起第 1 个不为零的元的列标随行标的增大而增大. 特别地，当行阶梯形矩阵满足：非零行的第 1 个非零元为 1，且这些非零元所在列的其他元都为 0，则称它为**行最简形矩阵**. 例如，$\boldsymbol{B}_2$ 就是行最简形矩阵.

定理 2.6.1　设 $\boldsymbol{A}$ 与 $\boldsymbol{B}$ 为 $m\times n$ 矩阵，那么：

（1）$A \overset{r}{\sim} B$ 的充分必要条件是存在 m 阶可逆矩阵 P，使 $PA = B$；

（2）$A \overset{c}{\sim} B$ 的充分必要条件是存在 n 阶可逆矩阵 Q，使 $AQ = B$；

（3）$A \sim B$ 的充分必要条件是存在 m 阶可逆矩阵 P 和 n 阶可逆矩阵 Q，使 $PAQ = B$.

证　$A \overset{r}{\sim} B \Leftrightarrow A$ 经过有限次初等行变换变成 B

$\Leftrightarrow$ 存在有限个 m 阶可逆矩阵 $P_1, P_2, \cdots, P_l$，使 $P_l \cdots P_2 P_1 A = B$

$\Leftrightarrow$ 存在 m 阶可逆矩阵 P，使 $PA = B$.

类似可证明（2）和（3）.

推论　方阵 A 可逆的充分必要条件是 $A \overset{r}{\sim} E$.

证　A 可逆 $\Leftrightarrow$ 存在可逆矩阵 P，使 $PA = E \Leftrightarrow A \overset{r}{\sim} E$.

定理 2.6.1 表明，如果 $A \overset{r}{\sim} B$，即 A 经一系列初等行变换变为 B，则有可逆矩阵 P，使 $PA = B$，那么，如何求出这个可逆矩阵 P？由于

$$PA = B \quad \Leftrightarrow \quad \begin{cases} PA = B, \\ PE = P \end{cases} \quad \Leftrightarrow \quad P(A, E) = (B, P) \quad \Leftrightarrow \quad (A, E) \overset{r}{\sim} (B, P),$$

因此，如果对矩阵(A, E)做初等行变换，那么，当把 A 变为 B 时，E 就变为 P，从而得到所求的可逆矩阵 P.

例 2.6.2　设 $A = \begin{pmatrix} 0 & -2 & 1 \\ 3 & 0 & -2 \\ -2 & 3 & 0 \end{pmatrix}$，证明 A 可逆，并求 A^{-1}.

解

$$(A, E) = \begin{pmatrix} 0 & -2 & 1 & 1 & 0 & 0 \\ 3 & 0 & -2 & 0 & 1 & 0 \\ -2 & 3 & 0 & 0 & 0 & 1 \end{pmatrix} \overset{\substack{r_2 + r_3 \\ r_1 \leftrightarrow r_2}}{\underset{r_3 + 2r_1}{\sim}} \begin{pmatrix} 1 & 3 & -2 & 0 & 1 & 1 \\ 0 & -2 & 1 & 1 & 0 & 0 \\ 0 & 9 & -4 & 0 & 2 & 3 \end{pmatrix}$$

$$\overset{r_3 \times 2}{\underset{r_3 + 9r_2}{\sim}} \begin{pmatrix} 1 & 3 & -2 & 0 & 1 & 1 \\ 0 & -2 & 1 & 1 & 0 & 0 \\ 0 & 0 & 1 & 9 & 4 & 6 \end{pmatrix} \overset{r_1 + 2r_3}{\underset{r_2 - r_3}{\sim}} \begin{pmatrix} 1 & 3 & 0 & 18 & 9 & 13 \\ 0 & -2 & 0 & -8 & -4 & -6 \\ 0 & 0 & 1 & 9 & 4 & 6 \end{pmatrix}$$

$$\overset{r_2 \div (-2)}{\underset{r_1 - 3r_2}{\sim}} \begin{pmatrix} 1 & 0 & 0 & 6 & 3 & 4 \\ 0 & 1 & 0 & 4 & 2 & 3 \\ 0 & 0 & 1 & 9 & 4 & 6 \end{pmatrix}.$$

因 $A \overset{r}{\sim} E$，故 A 可逆，且

$$A^{-1} = \begin{pmatrix} 6 & 3 & 4 \\ 4 & 2 & 3 \\ 9 & 4 & 6 \end{pmatrix}.$$

例 2.6.3　求解矩阵方程 $AX = B$，其中 $A = \begin{pmatrix} 2 & 1 & -3 \\ 1 & 2 & -2 \\ -1 & 3 & 2 \end{pmatrix}$，$B = \begin{pmatrix} 1 & -1 \\ 2 & 0 \\ -2 & 5 \end{pmatrix}$.

解　设可逆矩阵 P 使 $PA = C$ 为行最简形矩阵，则

$$P(A, B) = (C, PB).$$

因此，对矩阵 $(\boldsymbol{A},\boldsymbol{B})$ 作初等行变换，把 $\boldsymbol{A}$ 变为 $\boldsymbol{C}$，同时把 $\boldsymbol{B}$ 变为 $\boldsymbol{PB}$. 若 $\boldsymbol{C}=\boldsymbol{E}$，则 $\boldsymbol{A}$ 可逆，且 $\boldsymbol{P}=\boldsymbol{A}^{-1}$，这时所给方程有唯一解 $\boldsymbol{X}=\boldsymbol{PB}=\boldsymbol{A}^{-1}\boldsymbol{B}$.

$$(\boldsymbol{A},\boldsymbol{B})=\begin{pmatrix}2&1&-3&1&-1\\1&2&-2&2&0\\-1&3&2&-2&5\end{pmatrix}\overset{\substack{r_1\leftrightarrow r_2\\ r_2-2r_1\\ r_3+r_1}}{\sim}\begin{pmatrix}1&2&-2&2&0\\0&-3&1&-3&-1\\0&5&0&0&5\end{pmatrix}.$$

$$\overset{\substack{r_3\leftrightarrow r_2\\ r_2\div 5\\ r_3+2r_2}}{\sim}\begin{pmatrix}1&2&-2&2&0\\0&1&0&0&1\\0&0&1&-3&2\end{pmatrix}\overset{r_1-2r_2+2r_3}{\sim}\begin{pmatrix}1&0&0&-4&2\\0&1&0&0&1\\0&0&1&-3&2\end{pmatrix}.$$

可见 $\boldsymbol{A}\overset{r}{\sim}\boldsymbol{E}$，因此 $\boldsymbol{A}$ 可逆，且

$$\boldsymbol{X}=\boldsymbol{A}^{-1}\boldsymbol{B}=\begin{pmatrix}-4&2\\0&1\\-3&2\end{pmatrix}$$

为所给方程的唯一解.

习 题 2

1．设 $\boldsymbol{A}$ 为 n 阶方阵，且 $|\boldsymbol{A}|=2$，则 $\left||\boldsymbol{A}|\boldsymbol{A}^{\mathrm{T}}\right|=$（ ），$\left|-2\boldsymbol{A}^2\right|=$（ ）.

2．设 $\boldsymbol{A}^*$ 是 3 阶方阵 $\boldsymbol{A}$ 的伴随矩阵，若 $|\boldsymbol{A}|=\dfrac{1}{2}$，则 $\left|(2\boldsymbol{A})^{-1}-5\boldsymbol{A}^*\right|=$（ ）.

3．设 $\boldsymbol{A}=(a_1,a_2,\cdots,a_n),\boldsymbol{B}=(b_1,b_2,\cdots,b_n)$，则 $\boldsymbol{AB}^{\mathrm{T}}=$（ ），$\boldsymbol{A}^{\mathrm{T}}\boldsymbol{B}=$（ ）.

4．已知可逆阵 $\boldsymbol{P}$ 使 $\boldsymbol{P}^{-1}\boldsymbol{AP}=\begin{pmatrix}2&0&0\\0&3&0\\0&0&4\end{pmatrix}$，则对 $k\in N$，$\boldsymbol{P}^{-1}\boldsymbol{A}^k\boldsymbol{P}=$（ ）.

5．设 $\boldsymbol{A}=\begin{pmatrix}a_1&a_2&a_3&a_4\\b_1&b_2&b_3&b_4\\c_1&c_2&c_3&c_4\end{pmatrix}$，则

（1）初等矩阵 $\boldsymbol{E}(2,3),\boldsymbol{E}(3,2(-2)),\boldsymbol{E}(2(3))$ 左乘 $\boldsymbol{A}$ 的结果分别为（ ）.

（2）初等矩阵 $\boldsymbol{E}(2,3),\boldsymbol{E}(3,2(-2)),\boldsymbol{E}(2(3))$ 右乘 $\boldsymbol{A}$ 的结果分别为（ ）.

6．设

$$\boldsymbol{A}=\begin{pmatrix}a_{11}&a_{12}&a_{13}&a_{14}\\a_{21}&a_{22}&a_{23}&a_{24}\\a_{31}&a_{32}&a_{33}&a_{34}\\a_{41}&a_{42}&a_{43}&a_{44}\end{pmatrix};\quad \boldsymbol{B}=\begin{pmatrix}a_{14}&a_{13}&a_{12}&a_{11}\\a_{24}&a_{23}&a_{22}&a_{21}\\a_{34}&a_{33}&a_{32}&a_{31}\\a_{44}&a_{43}&a_{42}&a_{41}\end{pmatrix};$$

$$\boldsymbol{P}_1=\begin{pmatrix}0&0&0&1\\0&1&0&0\\0&0&1&0\\1&0&0&0\end{pmatrix};\quad \boldsymbol{P}_2=\begin{pmatrix}1&0&0&0\\0&0&1&0\\0&1&0&0\\0&0&0&1\end{pmatrix}.$$

其中，$\boldsymbol{A}$ 可逆，则 $\boldsymbol{B}^{-1}=$（　　）.

7．设 $\boldsymbol{A},\boldsymbol{B}$ 为 n 阶方阵，满足等式 $\boldsymbol{AB}=\boldsymbol{O}$，则必有（　　）.

A．$\boldsymbol{A}=\boldsymbol{O}$或$\boldsymbol{B}=\boldsymbol{O}$　　B．$\boldsymbol{A}+\boldsymbol{B}=\boldsymbol{O}$

C．$|\boldsymbol{A}|=0$或$|\boldsymbol{B}|=0$　　D．$|\boldsymbol{A}|+|\boldsymbol{B}|=0$

8．$\boldsymbol{A},\boldsymbol{B},\boldsymbol{C},\boldsymbol{E}$ 为同阶方阵，$\boldsymbol{E}$ 为单位矩阵，若 $\boldsymbol{ABC}=\boldsymbol{E}$，则下列各式中总是成立的有（　　）.

A．$\boldsymbol{BAC}=\boldsymbol{E}$　　B．$\boldsymbol{ACB}=\boldsymbol{E}$　　C．$\boldsymbol{CAB}=\boldsymbol{E}$　　D．$\boldsymbol{CBA}=\boldsymbol{E}$

9. 设 $\boldsymbol{A},\boldsymbol{B},\boldsymbol{C}$ 均为 n 阶方阵，$\boldsymbol{E}$ 为 n 阶单位阵，若 $\boldsymbol{B}=\boldsymbol{E}+\boldsymbol{AB}$，$\boldsymbol{C}=\boldsymbol{A}+\boldsymbol{CA}$ 则 $\boldsymbol{B}-\boldsymbol{C}=$（　　）.

A．$\boldsymbol{E}$　　B．$-\boldsymbol{E}$　　C．$\boldsymbol{A}$　　D．$-\boldsymbol{A}$

10．设 $\boldsymbol{A}$ 是 3 阶矩阵，将 $\boldsymbol{A}$ 的第 2 行加到第 1 行上得 $\boldsymbol{B}$，将 $\boldsymbol{B}$ 的第 1 列的−1 倍加到第 2 列上得 C，记 $\boldsymbol{P}=\begin{pmatrix}1&1&0\\0&1&0\\0&0&1\end{pmatrix}$，则（　　）.

A．$\boldsymbol{C}=\boldsymbol{P}^{-1}\boldsymbol{AP}$　　B．$\boldsymbol{C}=\boldsymbol{PAP}^{-1}$　　C．$\boldsymbol{C}=\boldsymbol{P}^{\mathrm{T}}\boldsymbol{AP}$　　D．$\boldsymbol{C}=\boldsymbol{PAP}^{\mathrm{T}}$

11．设 $\boldsymbol{A},\boldsymbol{B}$ 为 n 阶方阵，则 $\boldsymbol{C}=\begin{pmatrix}\boldsymbol{A}&\boldsymbol{O}\\\boldsymbol{O}&\boldsymbol{B}\end{pmatrix}$ 的伴随矩阵为（　　）.

A．$\begin{pmatrix}|\boldsymbol{A}|\boldsymbol{A}^*&\boldsymbol{O}\\\boldsymbol{O}&|\boldsymbol{B}|\boldsymbol{B}^*\end{pmatrix}$　　B．$\begin{pmatrix}|\boldsymbol{B}|\boldsymbol{B}^*&\boldsymbol{O}\\\boldsymbol{O}&|\boldsymbol{A}|\boldsymbol{A}^*\end{pmatrix}$

C．$\begin{pmatrix}|\boldsymbol{A}|\boldsymbol{B}^*&\boldsymbol{O}\\\boldsymbol{O}&|\boldsymbol{B}|\boldsymbol{A}^*\end{pmatrix}$　　D．$\begin{pmatrix}|\boldsymbol{B}|\boldsymbol{A}^*&\boldsymbol{O}\\\boldsymbol{O}&|\boldsymbol{A}|\boldsymbol{B}^*\end{pmatrix}$

12．设 $\boldsymbol{A}=\begin{pmatrix}1&1&1\\1&1&-1\\1&-1&1\end{pmatrix}$，$\boldsymbol{B}=\begin{pmatrix}1&2&3\\-1&-2&4\\0&5&1\end{pmatrix}$，求

（1）$2\boldsymbol{A}-3\boldsymbol{AB}$；（2）$\boldsymbol{A}^{\mathrm{T}}\boldsymbol{B}-\boldsymbol{AB}^{\mathrm{T}}$.

13．计算下列矩阵的乘积

（1）$\begin{pmatrix}1\\2\\3\end{pmatrix}\begin{pmatrix}3&2&1\end{pmatrix}$；（2）$\begin{pmatrix}1&2&-1\\-2&1&0\\1&0&3\end{pmatrix}\begin{pmatrix}2&3\\1&-1\\2&4\end{pmatrix}$；

（3）$\begin{pmatrix}3&1&2&-1\\0&3&1&0\end{pmatrix}\begin{pmatrix}1&0&5\\0&2&0\\1&0&1\\0&3&0\end{pmatrix}\begin{pmatrix}-1&0\\1&5\\0&2\end{pmatrix}$；

（4）$\begin{pmatrix}x_1&x_2&x_3\end{pmatrix}\begin{pmatrix}a_{11}&a_{12}&a_{13}\\a_{21}&a_{22}&a_{23}\\a_{31}&a_{32}&a_{33}\end{pmatrix}\begin{pmatrix}x_1\\x_2\\x_3\end{pmatrix}$.

14．已知两个线性变换

$$\begin{cases}x_1 = y_1 + 2y_2 - y_3,\\ x_2 = -2y_1 + y_2,\\ x_3 = 2y_1 + y_2 + 5y_3.\end{cases}$$

$$\begin{cases}y_1 = -4z_1 + z_2,\\ y_2 = 2z_1 + z_3,\\ y_3 = -z_2 + 2z_3.\end{cases}$$

求从 z_1, z_2, z_3 到 x_1, x_2, x_3 的线性变换.

15．设 $\boldsymbol{A}=\begin{pmatrix}\lambda & 1 & 0\\ 0 & \lambda & 1\\ 0 & 0 & \lambda\end{pmatrix}$，求 $\boldsymbol{A}^n$.

16．设 $\boldsymbol{A},\boldsymbol{B}$ 为 n 阶方阵，且 $\boldsymbol{A}$ 为对称阵，证明：$\boldsymbol{B}^{\mathrm{T}}\boldsymbol{A}\boldsymbol{B}$ 也是对称阵.

17．求下列矩阵的逆阵.

（1）$\begin{pmatrix}2 & 1\\ 3 & 4\end{pmatrix}$；（2）$\begin{pmatrix}\cos\theta & -\sin\theta\\ \sin\theta & \cos\theta\end{pmatrix}$；

（3）$\boldsymbol{A}=\begin{pmatrix}1 & -1 & -1\\ 2 & -1 & -3\\ 3 & 2 & -7\end{pmatrix}$；（4）$\begin{pmatrix}a_1 & & & \boldsymbol{O}\\ & a_2 & & \\ & & \ddots & \\ \boldsymbol{O} & & & a_n\end{pmatrix}(a_1a_2\cdots a_n \neq 0)$.

18．解下列矩阵方程

（1）$\begin{pmatrix}2 & 1\\ 1 & 2\end{pmatrix}\boldsymbol{X}=\begin{pmatrix}4 & -6\\ 2 & 3\end{pmatrix}$；　（2）$\boldsymbol{X}\begin{pmatrix}1 & 1 & 1\\ 0 & 1 & 1\\ 1 & 0 & 1\end{pmatrix}=\begin{pmatrix}1 & 2 & 3\\ 4 & 5 & 6\end{pmatrix}$；

（3）$\begin{pmatrix}1 & 4\\ -1 & 2\end{pmatrix}\boldsymbol{X}\begin{pmatrix}2 & 0\\ -1 & 1\end{pmatrix}=\begin{pmatrix}3 & 1\\ 0 & -1\end{pmatrix}$.

19．利用逆矩阵解下列线性方程组

（1）$\begin{cases}x_1 + 2x_2 + 3x_3 = 1,\\ 2x_1 + 2x_2 + 5x_3 = 2,\\ 3x_1 + 5x_2 + x_3 = 3.\end{cases}$　（2）$\begin{cases}x_1 - x_2 - x_3 = 2,\\ 2x_1 - x_2 - 3x_3 = 1,\\ 3x_1 + 2x_2 - 5x_3 = 0.\end{cases}$

20．已知线性变换

$$\begin{cases}x_1 = y_1 + 2y_2 - y_3,\\ x_2 = 3y_1 + 4y_2 - 2y_3,\\ x_3 = 5y_1 - 4y_2 + y_3.\end{cases}$$

求从变量 x_1, x_2, x_3 到 y_1, y_2, y_3 的线性变换.

21．设 $\boldsymbol{A}=\begin{pmatrix}4 & 2 & 3\\ 1 & 1 & 0\\ -1 & 2 & 3\end{pmatrix}$, $\boldsymbol{AB}=\boldsymbol{A}+2\boldsymbol{B}$, 求 $\boldsymbol{B}$.

22．设 $\boldsymbol{A},\boldsymbol{B}$ 均为 3 阶矩阵，且满足 $\boldsymbol{AB}=2\boldsymbol{A}+\boldsymbol{B}$，其中 $\boldsymbol{A}=\begin{pmatrix}1&2&0\\2&1&0\\0&0&2\end{pmatrix}$，求 $|\boldsymbol{B}-2\boldsymbol{E}|$．

23．设 $\boldsymbol{A}=\begin{pmatrix}1&0&1\\0&2&0\\1&0&1\end{pmatrix}$，求 $\boldsymbol{A}^{2011}-2\boldsymbol{A}^{2010}$．

24．设 $\boldsymbol{AP}=\boldsymbol{P\Lambda}$，其中 $\boldsymbol{P}=\begin{pmatrix}1&1&1\\1&0&-2\\1&-1&1\end{pmatrix},\boldsymbol{\Lambda}=\begin{pmatrix}-1&&\\&1&\\&&5\end{pmatrix}$，求

$$\varphi(\boldsymbol{A})=\boldsymbol{A}^8(5\boldsymbol{E}-6\boldsymbol{A}+\boldsymbol{A}^2).$$

25．设方阵 $\boldsymbol{A}$ 满足 $\boldsymbol{A}^2-2\boldsymbol{A}+4\boldsymbol{E}=\boldsymbol{O}$，证明：$\boldsymbol{A}$ 及 $\boldsymbol{A}-3\boldsymbol{E}$ 都可逆，并求 $\boldsymbol{A}^{-1}$ 及 $(\boldsymbol{A}-3\boldsymbol{E})^{-1}$．

26．设矩阵 $\boldsymbol{A}$ 可逆，证明：其伴随矩阵 $\boldsymbol{A}^*$ 也可逆，且 $(\boldsymbol{A}^*)^{-1}=(\boldsymbol{A}^{-1})^*$．

27．设 $\boldsymbol{A},\boldsymbol{B}$ 均为 n 阶可逆矩阵，证明：

（1）$(\boldsymbol{AB})^*=\boldsymbol{B}^*\boldsymbol{A}^*$；（2）$(\boldsymbol{A}^*)^*=|\boldsymbol{A}|^{n-2}\boldsymbol{A}$．

28．设 $\boldsymbol{A}=\begin{pmatrix}3&4&0&0\\4&-3&0&0\\0&0&2&0\\0&0&2&2\end{pmatrix}$，求 $|\boldsymbol{A}^8|$ 及 $\boldsymbol{A}^4$．

29．设 n 阶矩阵 $\boldsymbol{A}$ 及 s 阶矩阵 $\boldsymbol{B}$ 都可逆，求

（1）$\begin{pmatrix}\boldsymbol{O}&\boldsymbol{A}\\\boldsymbol{B}&\boldsymbol{O}\end{pmatrix}^{-1}$；（2）$\begin{pmatrix}\boldsymbol{A}&\boldsymbol{O}\\\boldsymbol{C}&\boldsymbol{B}\end{pmatrix}^{-1}$．

30．求下列矩阵的逆阵

（1）$\boldsymbol{A}=\begin{pmatrix}3&4&0&0\\4&3&0&0\\0&0&8&7\\0&0&2&2\end{pmatrix}$；（2）$\boldsymbol{A}=\begin{pmatrix}1&0&0&0\\1&2&0&0\\2&1&3&0\\1&2&1&4\end{pmatrix}$．

31．已知矩阵 $\boldsymbol{A}=\begin{pmatrix}1&0&0\\2&0&3\end{pmatrix}$，$\boldsymbol{B}=\begin{pmatrix}1&0&0\\0&1&0\end{pmatrix}$，求可逆矩阵 $\boldsymbol{P}$ 和 $\boldsymbol{Q}$，使 $\boldsymbol{PAQ}=\boldsymbol{B}$．

第 3 章　n 维向量与向量空间

在解析几何中，我们把“既有大小又有方向的量”叫作向量，并把可随意平行移动的有向线段作为向量的几何形象. 在引进坐标系之后，几何上的向量就有了坐标表示. 这种坐标表示给出 n 维向量在 $n=2,3$ 的特殊情形. 当 $n>3$ 时，n 维向量就没有直观的几何意义了，但它与几何向量有许多性质是共同的. 本章主要讲述向量组的概念，讨论向量组的线性组合、线性相关（无关）等问题，进而通过向量组的最大线性无关组引出向量组及矩阵秩的概念.

§3.1　向量组及其线性组合

第 2 章中，我们已经利用矩阵给出 n 维向量的概念，现陈述如下.

定义 3.1.1　n 个有序的数 $a_1, a_2, \cdots, a_n$ 所组成的 $n\times 1$ 矩阵

$$\boldsymbol{\alpha}=\begin{pmatrix} a_1 \\ a_2 \\ \vdots \\ a_n \end{pmatrix}$$

称为 ***n* 维列向量**，$1\times n$ 矩阵

$$\boldsymbol{\alpha}^{\mathrm{T}}=(a_1, a_2, \cdots, a_n)$$

称为 ***n* 维行向量**；其中 a_i 称为**第 *i* 个分量**.

分量是实数的向量称为**实向量**，分量是复数的向量称为**复向量**. 本书中，除特别说明外都指实向量，且向量运算按矩阵的运算规律进行.

由若干个同维数的列向量（或同维数的行向量）所组成的集合叫做**向量组**.

例如，矩阵 $\boldsymbol{A}=(a_{ij})_{m\times n}$ 的全体列向量

$$\boldsymbol{\beta}_j=\begin{pmatrix} a_{1j} \\ a_{2j} \\ \vdots \\ a_{mj} \end{pmatrix}(j=1,2,\cdots,n)$$

是一个含有 n 个 m 维列向量的向量组；矩阵 $\boldsymbol{A}=(a_{ij})_{m\times n}$ 的全体行向量

$$\boldsymbol{\alpha}_i=(a_{i1}, a_{i2}, \cdots, a_{in})\ (i=1,2,\cdots,m)$$

是一个含有 m 个 n 维行向量的向量组. 而矩阵 $\boldsymbol{A}=(a_{ij})_{m\times n}$ 可写为

$$\boldsymbol{A}=(\boldsymbol{\beta}_1, \boldsymbol{\beta}_2, \cdots, \boldsymbol{\beta}_n)$$

或

$$A=\begin{pmatrix}\boldsymbol{\alpha}_1\\ \boldsymbol{\alpha}_2\\ \vdots\\ \boldsymbol{\alpha}_m\end{pmatrix}.$$

因此，含有限个向量的有序向量组可以与矩阵一一对应.

下面先讨论只含有限个向量的向量组.

定义 3.1.2　由 m 个向量 $\boldsymbol{\alpha}_1,\boldsymbol{\alpha}_2,\cdots,\boldsymbol{\alpha}_m$ 及 m 个常数 $k_1,k_2,\cdots,k_m$ 构成的向量

$$k_1\boldsymbol{\alpha}_1+k_2\boldsymbol{\alpha}_2+\cdots+k_m\boldsymbol{\alpha}_m$$

称为**向量组 $\boldsymbol{\alpha}_1,\boldsymbol{\alpha}_2,\cdots,\boldsymbol{\alpha}_m$ 的一个线性组合**，其中常数 $k_1,k_2,\cdots,k_m$ 称为**组合系数**.

例如，向量 $\boldsymbol{\alpha}_1=(2,-1,3,1)$， $\boldsymbol{\alpha}_2=(4,-2,5,4)$， $\boldsymbol{\alpha}_3=(2,-1,4,-1)$ 满足

$$\boldsymbol{\alpha}_3=3\boldsymbol{\alpha}_1-\boldsymbol{\alpha}_2,$$

故 $\boldsymbol{\alpha}_3$ 是向量组 $\boldsymbol{\alpha}_1,\boldsymbol{\alpha}_2$ 的一个线性组合.

又如，任一个 n 维向量 $\boldsymbol{\alpha}=(a_1,a_2,\cdots,a_n)$ 都是向量组

$$\begin{cases}\boldsymbol{e}_1=(1,0,\cdots,0),\\ \boldsymbol{e}_2=(0,1,\cdots,0),\\ \qquad\cdots\cdots\\ \boldsymbol{e}_n=(0,0,\cdots,1),\end{cases}$$

的一个线性组合. 因为

$$\boldsymbol{\alpha}=a_1\boldsymbol{e}_1+a_2\boldsymbol{e}_2+\cdots+a_n\boldsymbol{e}_n,$$

向量 $\boldsymbol{e}_1,\boldsymbol{e}_2,\cdots,\boldsymbol{e}_n$ 称为 n 维单位向量.

由定义 3.1.2 可以看出，零向量是任一向量组的线性组合（只需取系数全为 0 即可）.

当向量 $\boldsymbol{\beta}$ 是向量组 $\boldsymbol{\alpha}_1,\boldsymbol{\alpha}_2,\cdots,\boldsymbol{\alpha}_m$ 的一个线性组合时，我们也称向量 $\boldsymbol{\beta}$ 可经向量组 $\boldsymbol{\alpha}_1,\boldsymbol{\alpha}_2,\cdots,\boldsymbol{\alpha}_m$ 线性表出.

定义 3.1.3　如果向量组 $\boldsymbol{\alpha}_1,\boldsymbol{\alpha}_2,\cdots,\boldsymbol{\alpha}_m$ 中每一个向量 $\boldsymbol{\alpha}_i\,(i=1,2,\cdots,m)$ 都可经向量组 $\boldsymbol{\beta}_1,\boldsymbol{\beta}_2,\cdots,\boldsymbol{\beta}_l$ 线性表出，则称**向量组 $\boldsymbol{\alpha}_1,\boldsymbol{\alpha}_2,\cdots,\boldsymbol{\alpha}_m$ 可经向量组 $\boldsymbol{\beta}_1,\boldsymbol{\beta}_2,\cdots,\boldsymbol{\beta}_l$ 线性表出**. 如果两个向量组可以互相线性表出，则称**这两个向量组等价**.

容易验证，向量组之间的等价有下列性质：

（1）反身性：每一个向量组都与它自身等价；

（2）对称性：如果向量组 $\boldsymbol{\alpha}_1,\boldsymbol{\alpha}_2,\cdots,\boldsymbol{\alpha}_m$ 与 $\boldsymbol{\beta}_1,\boldsymbol{\beta}_2,\cdots,\boldsymbol{\beta}_l$ 等价，那么向量组 $\boldsymbol{\beta}_1,\boldsymbol{\beta}_2,\cdots,\boldsymbol{\beta}_l$ 也与 $\boldsymbol{\alpha}_1,\boldsymbol{\alpha}_2,\cdots,\boldsymbol{\alpha}_m$ 等价；

（3）传递性：如果向量组 $\boldsymbol{\alpha}_1,\boldsymbol{\alpha}_2,\cdots,\boldsymbol{\alpha}_m$ 与 $\boldsymbol{\beta}_1,\boldsymbol{\beta}_2,\cdots,\boldsymbol{\beta}_l$ 等价，$\boldsymbol{\beta}_1,\boldsymbol{\beta}_2,\cdots,\boldsymbol{\beta}_l$ 与 $\boldsymbol{\gamma}_1,\boldsymbol{\gamma}_2,\cdots,\boldsymbol{\gamma}_l$ 等价，那么向量组 $\boldsymbol{\alpha}_1,\boldsymbol{\alpha}_2,\cdots,\boldsymbol{\alpha}_m$ 与 $\boldsymbol{\gamma}_1,\boldsymbol{\gamma}_2,\cdots,\boldsymbol{\gamma}_l$ 等价.

例如，向量组 $\boldsymbol{\alpha}_1=(1,1,1),\boldsymbol{\alpha}_2=(1,2,0)$ 可经向量组 $\boldsymbol{\beta}_1=(1,0,2)$，$\boldsymbol{\beta}_2=(0,1,-1)$ 线性表出

$$\boldsymbol{\alpha}_1=\boldsymbol{\beta}_1+\boldsymbol{\beta}_2,\quad \boldsymbol{\alpha}_2=\boldsymbol{\beta}_1+2\boldsymbol{\beta}_2;$$

向量组 $\boldsymbol{\beta}_1,\boldsymbol{\beta}_2$ 可经向量组 $\boldsymbol{\gamma}_1=\dfrac{1}{2}(1,1,1)$， $\boldsymbol{\gamma}_2=\dfrac{1}{2}(1,-1,3)$ 线性表出

$$\boldsymbol{\beta}_1=\boldsymbol{\gamma}_1+\boldsymbol{\gamma}_2,\quad \boldsymbol{\beta}_2=\boldsymbol{\gamma}_1-\boldsymbol{\gamma}_2;$$

又知向量组$\boldsymbol{\gamma}_1,\boldsymbol{\gamma}_2$可经向量组$\boldsymbol{\alpha}_1$, $\boldsymbol{\alpha}_2$线性表出

$$\boldsymbol{\gamma}_1=\frac{1}{2}\boldsymbol{\alpha}_1,\ \ \boldsymbol{\gamma}_2=\frac{3}{2}\boldsymbol{\alpha}_1-\boldsymbol{\alpha}_2,$$

因此，3 个向量组$\boldsymbol{\alpha}_1$, $\boldsymbol{\alpha}_2$； $\boldsymbol{\beta}_1,\boldsymbol{\beta}_2$； $\boldsymbol{\gamma}_1,\boldsymbol{\gamma}_2$是两两等价的.

§3.2 向量组的线性相关与线性无关

定义 3.2.1 向量组$\boldsymbol{\alpha}_1$, $\boldsymbol{\alpha}_2$, …, $\boldsymbol{\alpha}_s$ ($s\geqslant 1$)称为**线性相关**，如果存在一组不全为 0 的数$k_1,k_2,\cdots,k_s$，使得

$$k_1\boldsymbol{\alpha}_1+k_2\boldsymbol{\alpha}_2+\cdots+k_s\boldsymbol{\alpha}_s=\boldsymbol{0}.$$

当s=1 时，向量组只含一个向量，对于只含一个向量$\boldsymbol{\alpha}$的向量组，当$\boldsymbol{\alpha}=\boldsymbol{0}$时是线性相关的，当$\boldsymbol{\alpha}\neq\boldsymbol{0}$时是线性无关的；当$s\geqslant 2$时，有

定理3.2.1 向量组$\boldsymbol{\alpha}_1,\boldsymbol{\alpha}_2,\cdots,\boldsymbol{\alpha}_s(s\geqslant 2)$线性相关的充分必要条件是存在某向量$\boldsymbol{\alpha}_i(i=1,2,\cdots,s)$可经其余$s-1$个向量线性表出.

证 若向量组$\boldsymbol{\alpha}_1,\boldsymbol{\alpha}_2,\cdots,\boldsymbol{\alpha}_s\,(s\geqslant 2)$线性相关，即存在一组不全为 0 的数$k_1,k_2,\cdots,k_s$，使得

$$k_1\boldsymbol{\alpha}_1+k_2\boldsymbol{\alpha}_2+\cdots+k_s\boldsymbol{\alpha}_s=\boldsymbol{0}.$$

不妨设$k_s\neq 0$，则上式可改写为

$$\boldsymbol{\alpha}_s=-\frac{k_1}{k_s}\boldsymbol{\alpha}_1-\frac{k_2}{k_s}\boldsymbol{\alpha}_2-\cdots-\frac{k_{s-1}}{k_s}\boldsymbol{\alpha}_{s-1},$$

这说明向量$\boldsymbol{\alpha}_s$可经其余$s-1$个向量线性表出.

反之，若存在某向量$\boldsymbol{\alpha}_i(i=1,2,\cdots,s)$可经其余$s-1$个向量线性表出，例如

$$\boldsymbol{\alpha}_s=k_1\boldsymbol{\alpha}_1+k_2\boldsymbol{\alpha}_2+\cdots+k_{s-1}\boldsymbol{\alpha}_{s-1},$$

把它改写为

$$k_1\boldsymbol{\alpha}_1+k_2\boldsymbol{\alpha}_2+\cdots+k_{s-1}\boldsymbol{\alpha}_{s-1}+(-1)\boldsymbol{\alpha}_s=\boldsymbol{0}.$$

由于数$k_1,k_2,\cdots,k_{s-1},-1$不全为 0，故向量组$\boldsymbol{\alpha}_1$, $\boldsymbol{\alpha}_2$, …, $\boldsymbol{\alpha}_s$ ($s\geqslant 2$)线性相关.

定义 3.2.2 向量组$\boldsymbol{\alpha}_1,\boldsymbol{\alpha}_2,\cdots,\boldsymbol{\alpha}_s$称为**线性无关**，如果由

$$k_1\boldsymbol{\alpha}_1+k_2\boldsymbol{\alpha}_2+\cdots+k_s\boldsymbol{\alpha}_s=\boldsymbol{0},$$

可推出$k_1=k_2=\cdots=k_s=0$.

例 3.2.1 判断向量组$\boldsymbol{\alpha}_1=(2,2,2)$, $\boldsymbol{\alpha}_2=(3,3,3)$, $\boldsymbol{\alpha}_3=(4,5,6)$是线性相关还是线性无关？

解 由于向量组$\boldsymbol{\alpha}_1,\boldsymbol{\alpha}_2,\boldsymbol{\alpha}_3$可以写成$3\boldsymbol{\alpha}_1-2\boldsymbol{\alpha}_2+0\boldsymbol{\alpha}_3=\boldsymbol{0}$. 系数$3,-2,0$不全为 0，所以向量组$\boldsymbol{\alpha}_1,\boldsymbol{\alpha}_2,\boldsymbol{\alpha}_3$线性相关.

由向量组线性相关和线性无关的定义可知，如果一个向量组的一个**部分组**线性相关，那么这个向量组就线性相关.

设向量组为$\boldsymbol{\alpha}_1,\boldsymbol{\alpha}_2,\cdots,\boldsymbol{\alpha}_s,\cdots,\boldsymbol{\alpha}_r\,(s\leqslant r)$，若其中一个部分组，如$\boldsymbol{\alpha}_1,\boldsymbol{\alpha}_2,\cdots,\boldsymbol{\alpha}_s$线性相关，即存在不全为 0 的数$k_1,k_2,\cdots,k_s$使得

$$k_1\boldsymbol{\alpha}_1+k_2\boldsymbol{\alpha}_2+\cdots+k_s\boldsymbol{\alpha}_s=\boldsymbol{0}.$$

于是显然有

$$k_1\boldsymbol{\alpha}_1+k_2\boldsymbol{\alpha}_2+\cdots+k_s\boldsymbol{\alpha}_s+0\boldsymbol{\alpha}_{s+1}+\cdots+0\boldsymbol{\alpha}_r=\boldsymbol{0}.$$

因为 $k_1,k_2,\cdots,k_s$ 不全为 0，所以 $k_1,k_2,\cdots,k_s,0,\cdots,0$ 也不全为 0，从而向量组 $\boldsymbol{\alpha}_1,\boldsymbol{\alpha}_2,\cdots,\boldsymbol{\alpha}_s,\cdots,\boldsymbol{\alpha}_r$ 线性相关.

换个说法，如果一向量组线性无关，那么它的任何一个非空部分组也线性无关. 特别地，由于两个成比例的向量是线性相关的，所以线性无关的向量组中一定不能包含两个成比例的向量.

定理 3.2.2　设向量组 $\boldsymbol{\alpha}_1,\boldsymbol{\alpha}_2,\cdots,\boldsymbol{\alpha}_s$ 线性无关，而向量组 $\boldsymbol{\alpha}_1,\boldsymbol{\alpha}_2,\cdots,\boldsymbol{\alpha}_s,\boldsymbol{\alpha}_{s+1}$ 线性相关，则向量 $\boldsymbol{\alpha}_{s+1}$ 必可经向量组 $\boldsymbol{\alpha}_1,\boldsymbol{\alpha}_2,\cdots,\boldsymbol{\alpha}_s$ 线性表出，且表示式是唯一的.

证　因为向量组 $\boldsymbol{\alpha}_1,\boldsymbol{\alpha}_2,\cdots,\boldsymbol{\alpha}_s,\boldsymbol{\alpha}_{s+1}$ 线性相关，故存在一组不全为 0 的数 $k_1,k_2,\cdots,k_s,k_{s+1}$，使得

$$k_1\boldsymbol{\alpha}_1+k_2\boldsymbol{\alpha}_2+\cdots+k_s\boldsymbol{\alpha}_s+k_{s+1}\boldsymbol{\alpha}_{s+1}=\boldsymbol{0}.$$

易知 $k_{s+1}\neq 0$. 因为如果 $k_{s+1}=0$，则上式写为

$$k_1\boldsymbol{\alpha}_1+k_2\boldsymbol{\alpha}_2+\cdots+k_s\boldsymbol{\alpha}_s=\boldsymbol{0}.$$

由于 $k_1,k_2,\cdots,k_s$ 不全为零，故推出向量组 $\boldsymbol{\alpha}_1,\boldsymbol{\alpha}_2,\cdots,\boldsymbol{\alpha}_s$ 线性相关，与题设相矛盾.于是

$$\boldsymbol{\alpha}_{s+1}=-\frac{k_1}{k_{s+1}}\boldsymbol{\alpha}_1-\frac{k_2}{k_{s+1}}\boldsymbol{\alpha}_2-\cdots-\frac{k_s}{k_{s+1}}\boldsymbol{\alpha}_s,$$

即向量 $\boldsymbol{\alpha}_{s+1}$ 可经向量组 $\boldsymbol{\alpha}_1,\boldsymbol{\alpha}_2,\cdots,\boldsymbol{\alpha}_s$ 线性表出.

现设 $\boldsymbol{\alpha}_{s+1}$ 有两种表示法

$$\boldsymbol{\alpha}_{s+1}=a_1\boldsymbol{\alpha}_1+a_2\boldsymbol{\alpha}_2+\cdots+a_s\boldsymbol{\alpha}_s,$$

$$\boldsymbol{\alpha}_{s+1}=b_1\boldsymbol{\alpha}_1+b_2\boldsymbol{\alpha}_2+\cdots+b_s\boldsymbol{\alpha}_s,$$

则两式相减得

$$(a_1-b_1)\boldsymbol{\alpha}_1+(a_2-b_2)\boldsymbol{\alpha}_2+\cdots+(a_s-b_s)\boldsymbol{\alpha}_s=\boldsymbol{0}.$$

由于向量组 $\boldsymbol{\alpha}_1,\boldsymbol{\alpha}_2,\cdots,\boldsymbol{\alpha}_s$ 线性无关，推出

$$a_1-b_1=0,\ a_2-b_2=0,\cdots,a_s-b_s=0,$$

即 $a_1=b_1$，$a_2=b_2,\cdots,a_s=b_s$，从而说明 $\boldsymbol{\alpha}_{s+1}$ 的表示式是唯一的.

例 3.2.2　设向量组 $\boldsymbol{\alpha}_1, \boldsymbol{\alpha}_2, \boldsymbol{\alpha}_3$ 线性相关，向量组 $\boldsymbol{\alpha}_2, \boldsymbol{\alpha}_3, \boldsymbol{\alpha}_4$ 线性无关，证明

（1）$\boldsymbol{\alpha}_1$ 可经 $\boldsymbol{\alpha}_2, \boldsymbol{\alpha}_3$ 线性表出；

（2）$\boldsymbol{\alpha}_4$ 不能经 $\boldsymbol{\alpha}_1, \boldsymbol{\alpha}_2, \boldsymbol{\alpha}_3$ 线性表出.

证　（1）因 $\boldsymbol{\alpha}_2, \boldsymbol{\alpha}_3, \boldsymbol{\alpha}_4$ 线性无关，故 $\boldsymbol{\alpha}_2, \boldsymbol{\alpha}_3$ 线性无关，而 $\boldsymbol{\alpha}_1, \boldsymbol{\alpha}_2, \boldsymbol{\alpha}_3$ 线性相关，由定理 3.2.2 知 $\boldsymbol{\alpha}_1$ 可经 $\boldsymbol{\alpha}_2, \boldsymbol{\alpha}_3$ 线性表出.

（2）用反证法. 假设 $\boldsymbol{\alpha}_4$ 可经 $\boldsymbol{\alpha}_1, \boldsymbol{\alpha}_2, \boldsymbol{\alpha}_3$ 线性表出，而由(1)知 $\boldsymbol{\alpha}_1$ 可经 $\boldsymbol{\alpha}_2, \boldsymbol{\alpha}_3$ 线性表出，故 $\boldsymbol{\alpha}_4$ 可经 $\boldsymbol{\alpha}_2, \boldsymbol{\alpha}_3$ 线性表出，这与 $\boldsymbol{\alpha}_2, \boldsymbol{\alpha}_3, \boldsymbol{\alpha}_4$ 线性无关相矛盾，所以 $\boldsymbol{\alpha}_4$ 不能经 $\boldsymbol{\alpha}_1, \boldsymbol{\alpha}_2, \boldsymbol{\alpha}_3$ 线性表出.

定理 3.2.3　n 阶行列式 $|\boldsymbol{A}|=\det(a_{ij})=0$ 的充分必要条件是它的 n 个行（列）向量线性相关.

推论 3.2.1　n 阶行列式 $|\boldsymbol{A}|\neq 0$ 的充分必要条件是它的 n 个行（列）向量线性无关.

例如，n 维单位向量组

$$\boldsymbol{e}_1=(1,0,\cdots,0),\boldsymbol{e}_2=(0,1,\cdots,0),\cdots,\boldsymbol{e}_n=(0,0,\cdots,1)$$

线性无关. 因为 n 个行向量 $\boldsymbol{e}_1, \boldsymbol{e}_2, \cdots, \boldsymbol{e}_n$ 组成 n 阶单位矩阵 $\boldsymbol{E}$，且 $|\boldsymbol{E}|=1\neq 0$.

例 3.2.3 已知$\boldsymbol{\alpha}_1=\begin{pmatrix}1\\1\\1\end{pmatrix},\boldsymbol{\alpha}_2=\begin{pmatrix}0\\2\\5\end{pmatrix},\boldsymbol{\alpha}_3=\begin{pmatrix}2\\4\\7\end{pmatrix}$,试讨论向量组$\boldsymbol{\alpha}_1, \boldsymbol{\alpha}_2, \boldsymbol{\alpha}_3$及向量组$\boldsymbol{\alpha}_1, \boldsymbol{\alpha}_2$的线性相关性.

解 矩阵$(\boldsymbol{\alpha}_1,\boldsymbol{\alpha}_2,\boldsymbol{\alpha}_3)$所对应的行列式为

$$|\boldsymbol{\alpha}_1,\boldsymbol{\alpha}_2,\boldsymbol{\alpha}_3|=\begin{vmatrix}1&0&2\\1&2&4\\1&5&7\end{vmatrix}=0,$$

由定理 3.2.3 可知向量组$\boldsymbol{\alpha}_1, \boldsymbol{\alpha}_2, \boldsymbol{\alpha}_3$线性相关;
又因为向量$\boldsymbol{\alpha}_1$与$\boldsymbol{\alpha}_2$不成比例,故向量组$\boldsymbol{\alpha}_1, \boldsymbol{\alpha}_2$线性无关.

例 3.2.4 判断向量组

$$\boldsymbol{\alpha}_1=(1,a,a^2,a^3),$$
$$\boldsymbol{\alpha}_2=(1,b,b^2,b^3),$$
$$\boldsymbol{\alpha}_3=(1,c,c^2,c^3),$$
$$\boldsymbol{\alpha}_4=(1,d,d^2,d^3),$$

线性相关还是线性无关(其中a,b,c,d是互不相同的数).

解 以$\boldsymbol{\alpha}_1, \boldsymbol{\alpha}_2, \boldsymbol{\alpha}_3, \boldsymbol{\alpha}_4$为列向量组成的行列式是范德蒙德行列式

$$D=\begin{vmatrix}1&1&1&1\\a&b&c&d\\a^2&b^2&c^2&d^2\\a^3&b^3&c^3&d^3\end{vmatrix}$$
$$=(b-a)(c-a)(d-a)(c-b)(d-b)(d-c).$$

由于a,b,c,d互不相同,所以$D\neq 0$,向量组$\boldsymbol{\alpha}_1, \boldsymbol{\alpha}_2, \boldsymbol{\alpha}_3, \boldsymbol{\alpha}_4$线性无关.

定理 3.2.4 若向量组$\boldsymbol{\alpha}_1, \boldsymbol{\alpha}_2, \cdots, \boldsymbol{\alpha}_s$可经向量组$\boldsymbol{\beta}_1,\boldsymbol{\beta}_2,\cdots,\boldsymbol{\beta}_t$线性表出,且$s>t$,则$\boldsymbol{\alpha}_1, \boldsymbol{\alpha}_2, \cdots, \boldsymbol{\alpha}_s$线性相关.

把定理 3.2.4 换个说法,即得

推论 1 若向量组$\boldsymbol{\alpha}_1, \boldsymbol{\alpha}_2, \cdots, \boldsymbol{\alpha}_s$可经向量组$\boldsymbol{\beta}_1,\boldsymbol{\beta}_2,\cdots,\boldsymbol{\beta}_t$线性表出,且$\boldsymbol{\alpha}_1, \boldsymbol{\alpha}_2, \cdots, \boldsymbol{\alpha}_s$线性无关,则$s\leqslant t$.

由推论 1,得

推论 2 两个线性无关的等价向量组必含有相同个数的向量.

直接应用定理 3.2.4,得到

推论 3 任何$n+1$个n维向量必线性相关.

证 每个n维向量都可经n维单位向量组$\boldsymbol{\varepsilon}_1,\boldsymbol{\varepsilon}_2,\cdots,\boldsymbol{\varepsilon}_n$线性表出,且$n+1>n$,由定理 3.2.4 知任何$n+1$个$n$维向量必线性相关.

§3.3　向量组的线性相关与线性无关

一、向量组的秩

定义 3.3.1　在向量组$\alpha_1, \alpha_2, \cdots, \alpha_s$中，如果存在一个部分组$\alpha_{i_1}, \alpha_{i_2}, \cdots, \alpha_{i_r}$线性无关，并且从这向量组中任添一个向量$\alpha_j$（如果还有的话），所得的部分向量组$\alpha_{i_1}, \alpha_{i_2}, \cdots, \alpha_{i_r}, \alpha_j$必线性相关，则称**向量组$\alpha_{i_1}, \alpha_{i_2}, \cdots, \alpha_{i_r}$是向量组$\alpha_1, \alpha_2, \cdots, \alpha_s$的一个最大线性无关组**.

例如，向量组$\alpha_1 = (2,-1,3,1)$, $\alpha_2 = (4,-2,5,4)$, $\alpha_3 = (2,-1,4,-1)$是线性相关的，因为

$$\alpha_3 = 3\alpha_1 - \alpha_2,$$

但向量α_1与α_2不成比例，故向量组α_1, α_2线性无关，由α_1, α_2组成的部分组就是向量组$\alpha_1, \alpha_2, \alpha_3$的一个最大线性无关组．同理，部分组$\alpha_1, \alpha_3$和$\alpha_2, \alpha_3$也都是向量组$\alpha_1, \alpha_2, \alpha_3$的最大线性无关组.

从上面的例子可以看出，向量组的最大线性无关组一般不是唯一的，但是每一个最大线性无关组都与向量组本身等价（它们可以互相线性表出），因此，一向量组的任何两个最大线性无关组都是等价的. 由定理 3.2.4 的推论 2 知，它们必含有相同个数的向量.

也就是说，一个向量组的最大线性无关组可以有很多，但每个最大线性无关组所含向量的个数相同，被该向量组唯一确定.

定义 3.3.2　向量组$\alpha_1, \alpha_2, \cdots, \alpha_s$的最大线性无关组所含向量的个数$r$称为**该向量组的秩**，记作$R(\alpha_1, \alpha_2, \cdots, \alpha_s) = r$.

只含有零向量的向量组没有最大线性无关组，规定它的秩为 0. 一个线性无关向量组的最大线性无关组即为该向量组本身.

例 3.3.1　求向量组$\alpha_1 = \begin{pmatrix} 1 \\ 1 \\ 4 \\ 2 \end{pmatrix}, \alpha_2 = \begin{pmatrix} 1 \\ -1 \\ -2 \\ 4 \end{pmatrix}, \alpha_3 = \begin{pmatrix} -3 \\ 2 \\ 3 \\ -11 \end{pmatrix}, \alpha_4 = \begin{pmatrix} 1 \\ 3 \\ 10 \\ 0 \end{pmatrix}$的秩.

解　向量α_1与α_2不成比例，故向量组α_1, α_2线性无关. 容易算出

$$\alpha_3 = -\frac{1}{2}\alpha_1 - \frac{5}{2}\alpha_2, \quad \alpha_4 = 2\alpha_1 - \alpha_2,$$

所以α_1, α_2是该向量组的一个最大线性无关组，且$R(\alpha_1, \alpha_2, \alpha_3, \alpha_4) = 2$.

二、矩阵的秩

如果把矩阵的每一行看成一个向量，那么矩阵就可以认为是由这些行向量组成的. 同样，如果把每一列看成一个向量，那么矩阵也可以认为是由列向量组成的，于是可以利用向量组的秩来引入矩阵的秩.

定义 3.3.3　矩阵的行向量组的秩称为**矩阵的行秩**，矩阵的列向量组的秩称为**矩阵的列秩**.

例如，矩阵

$$A=\begin{pmatrix}1&1&3&1\\0&2&-1&4\\0&0&0&5\\0&0&0&0\end{pmatrix}$$

的行向量组是

$$\boldsymbol{\alpha}_1=(1,1,3,1),\ \boldsymbol{\alpha}_2=(0,2,-1,4),\ \boldsymbol{\alpha}_3=(0,0,0,5),\ \boldsymbol{\alpha}_4=(0,0,0,0).$$

可以证明它的一个部分组$\boldsymbol{\alpha}_1, \boldsymbol{\alpha}_2, \boldsymbol{\alpha}_3$线性无关. 事实上，由

$$k_1\boldsymbol{\alpha}_1+k_2\boldsymbol{\alpha}_2+k_3\boldsymbol{\alpha}_3=\mathbf{0},$$

即

$$(k_1, k_1+2k_2, 3k_1-k_2, k_1+4k_2+5k_3)=(0,0,0,0),$$

可得$k_1=k_2=k_3=0$，故部分组$\boldsymbol{\alpha}_1, \boldsymbol{\alpha}_2, \boldsymbol{\alpha}_3$线性无关. 又$\boldsymbol{\alpha}_4$是零向量，把$\boldsymbol{\alpha}_4$添进去就线性相关了，因此$R(\boldsymbol{\alpha}_1,\boldsymbol{\alpha}_2,\boldsymbol{\alpha}_3,\boldsymbol{\alpha}_4)=3$.

用同样的方法可证，在矩阵$\boldsymbol{A}$的列向量组

$$\boldsymbol{\beta}_1=\begin{pmatrix}1\\0\\0\\0\end{pmatrix},\quad \boldsymbol{\beta}_2=\begin{pmatrix}1\\2\\0\\0\end{pmatrix},\quad \boldsymbol{\beta}_3=\begin{pmatrix}3\\-1\\0\\0\end{pmatrix},\quad \boldsymbol{\beta}_4=\begin{pmatrix}1\\4\\5\\0\end{pmatrix}$$

中，其部分组$\boldsymbol{\beta}_1, \boldsymbol{\beta}_2, \boldsymbol{\beta}_4$线性无关，而$\boldsymbol{\beta}_3=\dfrac{7}{2}\boldsymbol{\beta}_1-\dfrac{1}{2}\boldsymbol{\beta}_2$，所以把$\boldsymbol{\beta}_3$添进去就线性相关了，因此$R(\boldsymbol{\beta}_1,\boldsymbol{\beta}_2,\boldsymbol{\beta}_3,\boldsymbol{\beta}_4)=3$.

矩阵$\boldsymbol{A}$的行秩等于列秩，这并非偶然，下面来说明一般性的结果.

定义 3.3.4 在$m\times n$矩阵$\boldsymbol{A}$中，任取k行与k列($k\leqslant m,\ k\leqslant n$)，位于这些行列交叉处的$k^2$个元素，不改变它们在$\boldsymbol{A}$中所处的位置次序而得到的$k$阶行列式，称为矩阵$\boldsymbol{A}$的$k$阶子式.

$m\times n$矩阵$\boldsymbol{A}$的k阶子式共有$C_m^k\cdot C_n^k$个.

设矩阵$\boldsymbol{A}$中有一个不等于0的r阶子式D，且所有$r+1$阶子式（如果存在的话）全等于0，则D称为**矩阵$\boldsymbol{A}$的最高阶非零子式**. 因为由行列式按一行展开的公式可知，这时$\boldsymbol{A}$的$r+2$阶子式（如果存在的话）也一定等于0，从而$\boldsymbol{A}$的所有阶数大于r的子式全为0.

定理 3.3.1 若矩阵$\boldsymbol{A}=(a_{ij})$的最高阶非零子式的阶数为r，则

$\boldsymbol{A}$的行秩$=\boldsymbol{A}$的列秩$=r$.

证 不妨设位于$\boldsymbol{A}$左上角的r阶子式

$$D=\begin{vmatrix}a_{11}&a_{12}&\cdots&a_{1r}\\a_{21}&a_{22}&\cdots&a_{2r}\\\vdots&\vdots&\ddots&\vdots\\a_{r1}&a_{r2}&\cdots&a_{rr}\end{vmatrix}\neq 0,$$

而$\boldsymbol{A}$的所有阶数大于r的子式全为0.

由于$D\neq 0$，D的r个行向量组线性无关. 根据向量组线性无关的定义推知，若在D的每个行向量上添$n-r$个分量构成$\boldsymbol{A}$的前r个行向量

$$\boldsymbol{\alpha}_i=(a_{i1},a_{i2},\cdots,a_{in})\ (i=1,2,\cdots,r),$$

则 $\boldsymbol{A}$ 的前 r 个行向量 $\boldsymbol{\alpha}_1,\boldsymbol{\alpha}_2,\cdots,\boldsymbol{\alpha}_r$ 也线性无关.

任取 $\boldsymbol{A}$ 的行向量

$$\boldsymbol{\alpha}_k=(a_{k1},a_{k2},\cdots,a_{kn})\ (k=r+1,\cdots,n),$$

则由 $\boldsymbol{\alpha}_1,\boldsymbol{\alpha}_2,\cdots,\boldsymbol{\alpha}_r,\boldsymbol{\alpha}_k$ 的前 r 个分量和第 $j(j=1,2,\cdots,n)$ 个分量组成的 $r+1$ 阶行列式

$$D_{r+1}=\begin{vmatrix} a_{11} & a_{12} & \cdots & a_{1r} & a_{1j} \\ a_{21} & a_{22} & \cdots & a_{2r} & a_{2j} \\ \vdots & \vdots & \ddots & \vdots & \vdots \\ a_{r1} & a_{r2} & \cdots & a_{rr} & a_{rj} \\ a_{k1} & a_{k2} & \cdots & a_{kr} & a_{kj} \end{vmatrix}=0.$$

若 $1\leqslant j\leqslant r$，则 D_{r+1} 中有两列相同，行列式为 0；若 $r<j\leqslant n$，则 D_{r+1} 是 $\boldsymbol{A}$ 的 $r+1$ 阶子式，由假设得它等于 0.

当取 $j=1,2,\cdots,n$ 时，将 D_{r+1} 按最后一列展开得

$$a_{1j}\lambda_1+a_{2j}\lambda_2+\cdots+a_{rj}\lambda_r+a_{kj}D=0,\quad j=1,2,\cdots,n$$

其中，$\lambda_1,\lambda_2,\cdots,\lambda_r,D$ 分别是 D_{r+1} 中最后一列各元的代数余子式. 由这 n 个等式得到

$$\lambda_1\boldsymbol{\alpha}_1+\lambda_2\boldsymbol{\alpha}_2+\cdots+\lambda_r\boldsymbol{\alpha}_r+D\boldsymbol{\alpha}_k=\boldsymbol{0},$$

由于 $D\neq 0$，故 $\boldsymbol{\alpha}_k\ (k=r+1,\cdots,n)$ 可经向量组 $\boldsymbol{\alpha}_1,\boldsymbol{\alpha}_2,\cdots,\boldsymbol{\alpha}_r$ 线性表出. 随之推出 $\boldsymbol{\alpha}_1,\boldsymbol{\alpha}_2,\cdots,\boldsymbol{\alpha}_r$ 是 $\boldsymbol{A}$ 的行向量组的一个最大线性无关组，因此 $\boldsymbol{A}$ 的行秩=r.

同理可证，$\boldsymbol{A}$ 的列秩=r.

因为行秩等于列秩，所以下面将其统称为**矩阵的秩**. 矩阵 $\boldsymbol{A}$ 的秩记作 $R(\boldsymbol{A})$.

对于 n 阶矩阵 $\boldsymbol{A}$，由于 $\boldsymbol{A}$ 的 n 阶子式只有一个 $|\boldsymbol{A}|$，故当 $|\boldsymbol{A}|\neq 0$ 时，$R(\boldsymbol{A})=n$；当 $|\boldsymbol{A}|=0$ 时，$R(\boldsymbol{A})<n$，即可逆矩阵的秩等于矩阵的阶数，不可逆矩阵的秩小于矩阵的阶数. 因此，可逆矩阵（非奇异矩阵）又称**满秩矩阵**，不可逆矩阵（奇异矩阵）又称**降秩矩阵**.

例 3.3.2　求矩阵 $\boldsymbol{A}$ 和 $\boldsymbol{B}$ 的秩，其中

$$\boldsymbol{A}=\begin{pmatrix} 1 & 2 & 3 \\ 2 & 3 & -5 \\ 4 & 7 & 1 \end{pmatrix},\ \boldsymbol{B}=\begin{pmatrix} 2 & -1 & 0 & 3 & -2 \\ 0 & 3 & 1 & -2 & 5 \\ 0 & 0 & 0 & 4 & -3 \\ 0 & 0 & 0 & 0 & 0 \end{pmatrix}.$$

解　容易算出 $|\boldsymbol{A}|=0$，而 $\boldsymbol{A}$ 中有一个 2 阶子式 $\begin{vmatrix} 1 & 2 \\ 2 & 3 \end{vmatrix}\neq 0$，因此 $R(\boldsymbol{A})=2$.

$\boldsymbol{B}$ 是一个行阶梯形矩阵，容易看出 $\boldsymbol{B}$ 的所有 4 阶子式全为 0，且有一个 3 阶子式

$$\begin{vmatrix} 2 & -1 & 3 \\ 0 & 3 & -2 \\ 0 & 0 & 4 \end{vmatrix}\neq 0,$$

因此，$R(\boldsymbol{B})=3$. $\boldsymbol{A}$ 和 $\boldsymbol{B}$ 都是降秩矩阵.

当矩阵的行数与列数较高时，按定理 3.3.1 求秩一般计算量较大. 然而对于行阶梯形矩阵，它的秩就等于非零行的行数，一看便知毋须计算. 因此自然想到用初等变换把矩阵化为行阶梯

形矩阵，但两个等价矩阵的秩是否相等呢？我们有下面的定理.

定理 3.3.2 若 $\boldsymbol{A} \sim \boldsymbol{B}$，则 $R(\boldsymbol{A})=R(\boldsymbol{B})$.

推论 若存在可逆矩阵 $\boldsymbol{P}, \boldsymbol{Q}$，使得 $\boldsymbol{PAQ}=\boldsymbol{B}$，则 $R(\boldsymbol{A})=R(\boldsymbol{B})$.

于是，为求矩阵的秩，只需用初等行变换把矩阵变成行阶梯形矩阵，行阶梯形矩阵中非零行的行数即为该矩阵的秩. 当然，也可以用初等列变换把矩阵变成列阶梯形矩阵来求矩阵的秩.

例 3.3.3 设

$$\boldsymbol{A}=\begin{pmatrix} 3 & 2 & 0 & 5 & 0 \\ 3 & -2 & 3 & 6 & -1 \\ 2 & 0 & 1 & 5 & -3 \\ 1 & 6 & -4 & -1 & 4 \end{pmatrix},$$

求矩阵 $\boldsymbol{A}$ 的秩.

解 对矩阵 $\boldsymbol{A}$ 做如下初等行变换

$$\boldsymbol{A}=\begin{pmatrix} 3 & 2 & 0 & 5 & 0 \\ 3 & -2 & 3 & 6 & -1 \\ 2 & 0 & 1 & 5 & -3 \\ 1 & 6 & -4 & -1 & 4 \end{pmatrix} \sim \begin{pmatrix} 1 & 6 & -4 & -1 & 4 \\ 0 & -4 & 3 & 1 & -1 \\ 0 & -12 & 9 & 7 & -11 \\ 0 & -16 & 12 & 8 & -12 \end{pmatrix}$$

$$\sim \begin{pmatrix} 1 & 6 & -4 & -1 & 4 \\ 0 & -4 & 3 & 1 & -1 \\ 0 & 0 & 0 & 4 & -8 \\ 0 & 0 & 0 & 4 & -8 \end{pmatrix} \sim \begin{pmatrix} 1 & 6 & -4 & -1 & 4 \\ 0 & -4 & 3 & 1 & -1 \\ 0 & 0 & 0 & 4 & -8 \\ 0 & 0 & 0 & 0 & 0 \end{pmatrix}.$$

因为行阶梯形矩阵有 3 个非零行，所以 $R(\boldsymbol{A})=3$.

例 3.3.4 设

$$\boldsymbol{A}=\begin{pmatrix} 1 & -2 & 2 & -1 \\ 2 & -4 & 8 & 0 \\ -2 & 4 & -2 & 3 \\ 3 & -6 & 0 & -6 \end{pmatrix}, \quad \boldsymbol{b}=\begin{pmatrix} 1 \\ 2 \\ 3 \\ 4 \end{pmatrix},$$

求矩阵 $\boldsymbol{A}$ 及矩阵 $\boldsymbol{B}=(\boldsymbol{A},\boldsymbol{b})$ 的秩.

解 矩阵 $\boldsymbol{B}=(\boldsymbol{A},\boldsymbol{b})$ 可看作是矩阵 $\boldsymbol{A}$ 和向量 $\boldsymbol{b}$ 的分块，对 $\boldsymbol{B}=(\boldsymbol{A},\boldsymbol{b})$ 做如下初等行变换

$$\boldsymbol{B}=\begin{pmatrix} 1 & -2 & 2 & -1 & 1 \\ 2 & -4 & 8 & 0 & 2 \\ -2 & 4 & -2 & 3 & 3 \\ 3 & -6 & 0 & -6 & 4 \end{pmatrix} \sim \begin{pmatrix} 1 & -2 & 2 & -1 & 1 \\ 0 & 0 & 4 & 2 & 0 \\ 0 & 0 & 2 & 1 & 5 \\ 0 & 0 & -6 & -3 & 1 \end{pmatrix}$$

$$\sim \begin{pmatrix} 1 & -2 & 2 & -1 & 1 \\ 0 & 0 & 2 & 1 & 0 \\ 0 & 0 & 0 & 0 & 5 \\ 0 & 0 & 0 & 0 & 1 \end{pmatrix} \sim \begin{pmatrix} 1 & -2 & 2 & -1 & 1 \\ 0 & 0 & 2 & 1 & 0 \\ 0 & 0 & 0 & 0 & 1 \\ 0 & 0 & 0 & 0 & 0 \end{pmatrix}.$$

易知 $R(\boldsymbol{A})=2, R(\boldsymbol{B})=3$.

三、矩阵秩的性质

矩阵的秩有如下常用的性质：

（1）$0 \leqslant R(A_{m\times n}) \leqslant \min\{m,n\}$；

（2）$R(A^{\mathrm{T}}) = R(A)$；

（3）若 $A \sim B$，则 $R(A) = R(B)$；

（4）$\max\{R(A), R(B)\} \leqslant R(A,B) \leqslant R(A) + R(B)$，

特别地，当 $B = b$ 为非零列向量时，有

$$R(A) \leqslant R(A,b) \leqslant R(A)+1 .$$

（5）$0 \leqslant R(A_{m\times n}) \leqslant \min\{m,n\}$；

（6）$R(A+B) \leqslant R(A) + R(B)$；

（7）A 为 $m\times n$ 矩阵，B 为 $n\times p$ 矩阵，如果 $AB = O$，则 $R(A)+R(B) \leqslant n$.

性质（1）～（3）是易知结论. 我们来证明性质（4），性质（5）～（7）的证明留给读者.

证　（4）因为矩阵 A 的最高阶非零子式总是矩阵 (A,B) 的最高阶非零子式，所以 $R(A) \leqslant R(A,B)$，同理有 $R(B) \leqslant R(A,B)$，因此

$$\max\{R(A), R(B)\} \leqslant R(A,B).$$

设 $R(A) = r$，$R(B) = s$，把矩阵 A 和 B 分别做初等列变换化为列阶梯型 $\tilde{A}$ 和 $\tilde{B}$，则 $\tilde{A}$ 和 $\tilde{B}$ 中分别含 r 个和 s 个非零列，设为

$$A \overset{c}{\sim} \tilde{A} = (\tilde{\alpha}_1, \tilde{\alpha}_2, \cdots, \tilde{\alpha}_r, 0, \cdots, 0)，\quad B \overset{c}{\sim} \tilde{B} = (\tilde{\beta}_1, \tilde{\beta}_2, \cdots, \tilde{\beta}_s, 0, \cdots, 0)，$$

于是

$$(A,B) \overset{c}{\sim} (\tilde{A}, \tilde{B}).$$

由于 $(\tilde{A},\tilde{B})$ 中只含 $r+s$ 个非零列，故 $R(\tilde{A},\tilde{B}) \leqslant r+s$，从而推出

$$R(A,B) = R(\tilde{A},\tilde{B}) \leqslant r+s,$$

即

$$R(A,B) \leqslant R(A)+R(B) .$$

例 3.3.5　设 A 为 n 阶矩阵，证明：$R(A+E)+R(A-E) \geqslant n$.

证　因为 $(A+E)+(E-A)=2E$，由矩阵秩的性质（5）可得

$$R(A+E)+R(E-A) \geqslant R(2E) = n.$$

而 $R(E-A) = R(A-E)$，所以 $R(A+E)+R(A-E) \geqslant n$.

例 3.3.6　设 A 为 n 阶矩阵，证明 $R(A^*) = \begin{cases} n, R(A) = n, \\ 1, R(A) = n-1, \\ 0, R(A) \leqslant n-2. \end{cases}$

证　若 $R(A) = n$，则 $|A| \neq 0$，推出矩阵 A 可逆，于是 $A^* = |A|A^{-1}$ 可逆，故 $R(A^*) = n$.

若 $R(A) \leqslant n-2$，则 $|A|$ 中所有 $n-1$ 阶行列式全为 0，于是 $A^* = O$，即 $R(A^*) = 0$.

若 $R(A) = n-1$，则 $|A| = 0$，但存在 $n-1$ 阶子式不为 0，因此 $A^* \neq O$，$R(A^*) \geqslant 1$，又因为 $AA^* = |A|E = O$，根据矩阵秩的性质（7）可得 $R(A)+R(A^*) \leqslant n$，即 $R(A^*) \leqslant n-R(A) = 1$，

所以 $R(A^*)=1$.

例 3.3.7 证明：若 $\boldsymbol{A}_{m\times n}\boldsymbol{B}_{n\times l}=\boldsymbol{C}$，且 $R(\boldsymbol{A})=n$，则 $R(\boldsymbol{B})=R(\boldsymbol{C})$.

证 因 $R(\boldsymbol{A})=n$，知 $\boldsymbol{A}$ 的行最简形矩阵为 $\begin{pmatrix}\boldsymbol{E}_n\\\boldsymbol{O}\end{pmatrix}_{m\times n}$，并有 m 阶可逆矩阵 $\boldsymbol{P}$，使 $\boldsymbol{PA}=\begin{pmatrix}\boldsymbol{E}_n\\\boldsymbol{O}\end{pmatrix}$，于是

$$\boldsymbol{PC}=\boldsymbol{PAB}=\begin{pmatrix}\boldsymbol{E}_n\\\boldsymbol{O}\end{pmatrix}\boldsymbol{B}=\begin{pmatrix}\boldsymbol{B}\\\boldsymbol{O}\end{pmatrix}.$$

因此

$$R(\boldsymbol{C})=R(\boldsymbol{PC})=R\begin{pmatrix}\boldsymbol{B}\\\boldsymbol{O}\end{pmatrix}=R(\boldsymbol{B}).$$

例 3.3.7 中的矩阵 $\boldsymbol{A}$ 的秩等于它的列数，这样的矩阵称为列满秩矩阵．当 $\boldsymbol{A}$ 为方阵时，列满秩矩阵就是满秩矩阵，即可逆矩阵.

例 3.3.7 的一个重要的特殊情形是 $\boldsymbol{C}=\boldsymbol{O}$，这时结论为：设 $\boldsymbol{AB}=\boldsymbol{O}$，若 $\boldsymbol{A}$ 为列满秩矩阵，则 $\boldsymbol{B}=\boldsymbol{O}$.

这是因为按例 3.3.7 的结论有 $R(\boldsymbol{B})=\boldsymbol{0}$，故 $\boldsymbol{B}=\boldsymbol{O}$．这一结论通常称为矩阵乘法的消去律.

§3.4 向量空间

本节讨论含无限多个向量的向量组，引出向量空间的概念.

考虑由 n 维向量组成的一个非空集合 V，在集合 V 中进行向量的加法与数乘两种运算，如果满足

（1）若 $\boldsymbol{\alpha}\in V,\boldsymbol{\beta}\in V$，则 $\boldsymbol{\alpha}+\boldsymbol{\beta}\in V$；

（2）若 $\boldsymbol{\alpha}\in V$，$\lambda\in\boldsymbol{R}$，则 $\lambda\boldsymbol{\alpha}\in V$.

就称集合 V 对于加法与数乘两种运算封闭.

定义 3.4.1 设 V 为 n 维向量的集合，如果集合 V 非空，且集合 V 对于加法与数乘两种运算封闭，则称集合 V 为**向量空间**.

例 3.4.1 集合

$$V=\left\{\boldsymbol{x}=(0,x_2,\cdots,x_n)\big|\ x_2,\cdots,x_n\in\mathbf{R}\right\}.$$

是一个向量空间．因为 $\mathbf{0}=(0,0,\cdots,0)\in V$．$V$ 是一个非空集合．若

$$\boldsymbol{\alpha}=(0,a_2,\cdots,a_n)\in V,\quad \boldsymbol{\beta}=(0,b_2,\cdots,b_n)\in V,$$

则

$$\boldsymbol{\alpha}+\boldsymbol{\beta}=(0,a_2+b_2,\cdots,a_n+b_n)\in V,$$
$$\lambda\boldsymbol{\alpha}=(0,\lambda a_2,\cdots,\lambda a_n)\in V(\boldsymbol{\lambda}\in\mathbf{R}).$$

例 3.4.2 设 $\boldsymbol{a},\boldsymbol{b}$ 为两个已知的 n 维向量，则集合

$$L=\left\{\boldsymbol{x}=\lambda\boldsymbol{a}+\mu\boldsymbol{b}\big|\lambda,\mu\in\mathbf{R}\right\}$$

是一个向量空间.

易知 $\boldsymbol{a},\boldsymbol{b}\in L$，$L$ 是一个非空集合．若

$$x_1=\lambda_1 a+\mu_1 b\in L\text{，}\quad x_2=\lambda_2 a+\mu_2 b\in L\text{，}$$

则

$$x_1+x_2=(\lambda_1+\lambda_2)a+(\mu_1+\mu_2)b\in L\text{；}$$
$$kx_1=(k\lambda_1)a+(k\mu_1)b\in V(k\in\mathbf{R})\text{.}$$

这个向量空间称为由向量 $\boldsymbol{a},\boldsymbol{b}$ 所生成的向量空间.

一般地，由向量组 $\boldsymbol{a}_1,\boldsymbol{a}_2,\cdots,\boldsymbol{a}_m$ 所生成的向量空间可写为：

$$L=\left\{x=\lambda_1 a_1+\lambda_2 a_2+\cdots+\lambda_m a_m \,\middle|\, \lambda_1,\lambda_2,\cdots,\lambda_m\in\mathbf{R}\right\}.$$

定义 3.4.2　设 V 是一个向量空间，如果 r 个向量 $\boldsymbol{a}_1,\boldsymbol{a}_2,\cdots,\boldsymbol{a}_r\in V$，且满足

（1）$\boldsymbol{a}_1,\boldsymbol{a}_2,\cdots,\boldsymbol{a}_r$ 线性无关；

（2）V 中任一向量都可经 $\boldsymbol{a}_1,\boldsymbol{a}_2,\cdots,\boldsymbol{a}_r$ 线性表出.

则向量组 $\boldsymbol{a}_1,\boldsymbol{a}_2,\cdots,\boldsymbol{a}_r$ 称为向量空间 V 的**一组基**，r 称为向量空间 V 的**维数**，并称 V 为 **r 维向量空间**.

由向量空间的定义知，若向量空间 V 没有基，那么 V 的维数为 0；0 维向量空间只含一个零向量 $\mathbf{0}$.

若把向量空间 V 看作向量组，那么 V 的一组基就是向量组的最大线性无关组，V 的维数就是向量组的秩，因此向量空间的基一般是不唯一的.

若向量组 $\boldsymbol{a}_1,\boldsymbol{a}_2,\cdots,\boldsymbol{a}_r$ 是向量空间 V 的一组基，则 V 可表示为

$$V=\left\{x=\lambda_1 a_1+\lambda_2 a_2+\cdots+\lambda_r a_r \,\middle|\, \lambda_1,\cdots,\lambda_r\in\mathbf{R}\right\}.$$

即 V 是由这组基所生成的向量空间.

例 3.4.3　向量空间

$$V=\left\{x=(0,x_2,\cdots,x_n) \,\middle|\, x_2,\cdots,x_n\in\mathbf{R}\right\}.$$

是一个 $n-1$ 维向量空间. 因为

（1）向量组 $e_2=(0,1,0,\cdots,0)$，$e_3=(0,0,1,\cdots,0),\cdots,e_n=(0,0,0,\cdots,1)$ 线性无关；

（2）V 中任一向量 $\alpha=(0,a_2,\cdots,a_n)$ 都可经 $\boldsymbol{e}_2,\boldsymbol{e}_3,\cdots,\boldsymbol{e}_n$ 线性表出

$$\alpha=a_2e_2+a_3e_3+\cdots+a_ne_n\text{.}$$

$\boldsymbol{e}_2,\boldsymbol{e}_3,\cdots,\boldsymbol{e}_n$ 是空间 V 的一组基.

例 3.4.4　n 维向量的全体 $\boldsymbol{R}^n$ 是一个 **n 维向量空间**，n 维单位向量组

$$e_1=(1,0,\cdots,0),\ e_2=(0,1,\cdots,0),\cdots,e_n=(0,0,\cdots,1)$$

是 $\boldsymbol{R}^n$ 的一组基，对 $\forall\alpha=(a_1,a_2,\cdots,a_n)\in\boldsymbol{R}^n$ 有

$$\alpha=a_1e_1+a_2e_2+\cdots+a_ne_n\text{.}$$

又易知

$$\varepsilon_1=(1,1,\cdots,1),\ \varepsilon_2=(0,1,\cdots,1),\cdots,\varepsilon_n=(0,0,\cdots,1)$$

也是 $\boldsymbol{R}^n$ 的一组基，对 $\forall\alpha=(a_1,a_2,\cdots,a_n)\in\boldsymbol{R}^n$ 有

$$\alpha=a_1\varepsilon_1+(a_2-a_1)\varepsilon_2+\cdots+(a_n-a_{n-1})\varepsilon_n\text{.}$$

定义 3.4.3　设 $\boldsymbol{a}_1,\boldsymbol{a}_2,\cdots,\boldsymbol{a}_r$ 是 r 维向量空间 V 的一组基，那么 V 中任一向量 $\boldsymbol{x}$ 可唯一地表示为

$$\boldsymbol{x}=\lambda_1\boldsymbol{a}_1+\lambda_2\boldsymbol{a}_2+\cdots+\lambda_r\boldsymbol{a}_r .$$

数组$\lambda_1,\lambda_2,\cdots,\lambda_r$称为向量$\boldsymbol{x}$在基$\boldsymbol{a}_1,\boldsymbol{a}_2,\cdots,\boldsymbol{a}_r$下的**坐标**.

由例 3.4.4 可知，在n维向量空间$\boldsymbol{R}^n$中，向量$\boldsymbol{\alpha}=(a_1,a_2,\cdots,a_n)$在不同基下的坐标是不相同的. 当取$n$维单位向量组$\boldsymbol{e}_1,\boldsymbol{e}_2,\cdots,\boldsymbol{e}_n$为基时，$\boldsymbol{\alpha}$的坐标是$a_1,a_2,\cdots,a_n$，而在另一组基$\boldsymbol{\varepsilon}_1,\boldsymbol{\varepsilon}_2,\cdots,\boldsymbol{\varepsilon}_n$下，$\boldsymbol{\alpha}$的坐标是$a_1,a_2-a_1,\cdots,a_n-a_{n-1}$. 显而易见，$\boldsymbol{\alpha}$在基$\boldsymbol{e}_1,\boldsymbol{e}_2,\cdots,\boldsymbol{e}_n$下的坐标比较简明，它的坐标就是该向量的分量，这种向量的坐标表示与几何空间$\boldsymbol{R}^3$中向量的坐标表示是一致的. 因此，$\boldsymbol{e}_1,\boldsymbol{e}_2,\cdots,\boldsymbol{e}_n$通常称为$n$维向量空间$\boldsymbol{R}^n$中的**自然基**.

在n维向量空间$\boldsymbol{R}^n$中，由于基的选取不是唯一的，所以我们需要了解：随着基的变化，向量的坐标是怎样变化的.

设$\boldsymbol{\alpha}_1,\boldsymbol{\alpha}_2,\cdots,\boldsymbol{\alpha}_n$是$\boldsymbol{R}^n$的一组基，$\forall\boldsymbol{\alpha}\in\boldsymbol{R}^n$，它在基$\boldsymbol{\alpha}_1,\boldsymbol{\alpha}_2,\cdots,\boldsymbol{\alpha}_n$下的坐标是$x_1,x_2,\cdots,x_n$，则

$$\boldsymbol{\alpha}=x_1\boldsymbol{\alpha}_1+x_2\boldsymbol{\alpha}_2+\cdots+x_n\boldsymbol{\alpha}_n .$$

或采用向量的记号写为

$$\boldsymbol{\alpha}=(\boldsymbol{\alpha}_1,\boldsymbol{\alpha}_2,\cdots,\boldsymbol{\alpha}_n)\begin{pmatrix}x_1\\x_2\\\vdots\\x_n\end{pmatrix}.$$

现设$\boldsymbol{\alpha}_1,\boldsymbol{\alpha}_2,\cdots,\boldsymbol{\alpha}_n$与$\boldsymbol{\beta}_1,\boldsymbol{\beta}_2,\cdots,\boldsymbol{\beta}_n$是$\boldsymbol{R}^n$的两组基，并且

$$\boldsymbol{\beta}_j=c_{1j}\boldsymbol{\alpha}_1+c_{2j}\boldsymbol{\alpha}_2+\cdots+c_{nj}\boldsymbol{\alpha}_n\ (j=1,2,\cdots,n),$$

采用向量和矩阵的记号写为

$$(\boldsymbol{\beta}_1,\boldsymbol{\beta}_2,\cdots,\boldsymbol{\beta}_n)=(\boldsymbol{\alpha}_1,\boldsymbol{\alpha}_2,\cdots,\boldsymbol{\alpha}_n)\boldsymbol{C} \tag{3.1}$$

其中，系数矩阵

$$\boldsymbol{C}=\begin{pmatrix}c_{11}&c_{12}&\cdots&c_{1n}\\c_{21}&c_{22}&\cdots&c_{2n}\\\vdots&\vdots&\ddots&\vdots\\c_{n1}&c_{n2}&\cdots&c_{nn}\end{pmatrix}$$

是可逆的，称为由基$\boldsymbol{\alpha}_1,\boldsymbol{\alpha}_2,\cdots,\boldsymbol{\alpha}_n$到基$\boldsymbol{\beta}_1,\boldsymbol{\beta}_2,\cdots,\boldsymbol{\beta}_n$的**过渡矩阵**. 式（3.1）称为从基$\boldsymbol{\alpha}_1,\boldsymbol{\alpha}_2,\cdots,\boldsymbol{\alpha}_n$到基$\boldsymbol{\beta}_1,\boldsymbol{\beta}_2,\cdots,\boldsymbol{\beta}_n$的**基变换公式**.

若向量$\boldsymbol{\gamma}$是$\boldsymbol{R}^n$的任一向量，它在基$\boldsymbol{\alpha}_1,\boldsymbol{\alpha}_2,\cdots,\boldsymbol{\alpha}_n$和基$\boldsymbol{\beta}_1,\boldsymbol{\beta}_2,\cdots,\boldsymbol{\beta}_n$下的坐标分别是$x_1,x_2,\cdots,x_n$和$y_1,y_2,\cdots,y_n$，即

$$\boldsymbol{\gamma}=(\boldsymbol{\alpha}_1,\boldsymbol{\alpha}_2,\cdots,\boldsymbol{\alpha}_n)\begin{pmatrix}x_1\\x_2\\\vdots\\x_n\end{pmatrix},\quad \boldsymbol{\gamma}=(\boldsymbol{\beta}_1,\boldsymbol{\beta}_2,\cdots,\boldsymbol{\beta}_n)\begin{pmatrix}y_1\\y_2\\\vdots\\y_n\end{pmatrix},$$

令$\boldsymbol{B}=(\boldsymbol{\beta}_1,\boldsymbol{\beta}_2,\cdots,\boldsymbol{\beta}_n)$，$\boldsymbol{A}=(\boldsymbol{\alpha}_1,\boldsymbol{\alpha}_2,\cdots,\boldsymbol{\alpha}_n)$，则上式写为

$$\boldsymbol{A}\begin{pmatrix}x_1\\x_2\\\vdots\\x_n\end{pmatrix}=\boldsymbol{B}\begin{pmatrix}y_1\\y_2\\\vdots\\y_n\end{pmatrix},$$

或

$$\begin{pmatrix} y_1 \\ y_2 \\ \vdots \\ y_n \end{pmatrix} = \boldsymbol{B}^{-1}\boldsymbol{A}\begin{pmatrix} x_1 \\ x_2 \\ \vdots \\ x_n \end{pmatrix}.$$

由于 $\boldsymbol{B}=\boldsymbol{AC}$，故

$$\begin{pmatrix} y_1 \\ y_2 \\ \vdots \\ y_n \end{pmatrix} = \boldsymbol{C}^{-1}\begin{pmatrix} x_1 \\ x_2 \\ \vdots \\ x_n \end{pmatrix}. \tag{3.2}$$

式（3.2）称为从坐标 $x_1, x_2, \cdots, x_n$ 到坐标 $y_1, y_2, \cdots, y_n$ 的**坐标变换公式**.

定理 3.4.1　设 $\boldsymbol{\alpha}_1, \boldsymbol{\alpha}_2, \cdots, \boldsymbol{\alpha}_n$ 与 $\boldsymbol{\beta}_1, \boldsymbol{\beta}_2, \cdots, \boldsymbol{\beta}_n$ 是 $\boldsymbol{R}^n$ 的两组基，向量 $\boldsymbol{\gamma}\in\boldsymbol{R}^n$ 在这两组基下的坐标分别为 $(x_1, x_2, \cdots, x_n)^{\mathrm{T}}$ 和 $(y_1, y_2, \cdots, y_n)^{\mathrm{T}}$，则在基变换公式（3.1）下，向量 $\boldsymbol{\gamma}$ 的坐标变换公式为式（3.2）.

例 3.4.5　设 $\boldsymbol{\alpha}_1=\begin{pmatrix}1\\1\end{pmatrix}, \boldsymbol{\alpha}_2=\begin{pmatrix}1\\0\end{pmatrix}$ 和 $\boldsymbol{\beta}_1=\begin{pmatrix}2\\3\end{pmatrix}, \boldsymbol{\beta}_2=\begin{pmatrix}3\\1\end{pmatrix}$，求由二维向量空间 $\boldsymbol{R}^2$ 的一组基 $\boldsymbol{\alpha}_1, \boldsymbol{\alpha}_2$ 到另一组基 $\boldsymbol{\beta}_1, \boldsymbol{\beta}_2$ 的过渡矩阵 $\boldsymbol{C}$.

解　根据过渡矩阵的定义可得

$$(\boldsymbol{\beta}_1, \boldsymbol{\beta}_2) = (\boldsymbol{\alpha}_1, \boldsymbol{\alpha}_2)\boldsymbol{C},$$

即

$$\begin{pmatrix} 2 & 3 \\ 3 & 1 \end{pmatrix} = \begin{pmatrix} 1 & 1 \\ 1 & 0 \end{pmatrix}\boldsymbol{C},$$

于是

$$\boldsymbol{C} = \begin{pmatrix} 1 & 1 \\ 1 & 0 \end{pmatrix}^{-1}\begin{pmatrix} 2 & 3 \\ 3 & 1 \end{pmatrix} = \begin{pmatrix} 3 & 1 \\ -1 & 2 \end{pmatrix}.$$

例 3.4.6　已知三维向量空间 $\boldsymbol{R}^3$ 的两组基

$$\boldsymbol{\alpha}_1=\begin{pmatrix}1\\0\\-1\end{pmatrix}, \boldsymbol{\alpha}_2=\begin{pmatrix}2\\1\\1\end{pmatrix}, \boldsymbol{\alpha}_3=\begin{pmatrix}1\\1\\1\end{pmatrix} \text{与 } \boldsymbol{\beta}_1=\begin{pmatrix}0\\1\\1\end{pmatrix}, \boldsymbol{\beta}_2=\begin{pmatrix}-1\\1\\0\end{pmatrix}, \boldsymbol{\beta}_3=\begin{pmatrix}1\\2\\1\end{pmatrix}.$$

（1）求从基 $\boldsymbol{\alpha}_1, \boldsymbol{\alpha}_2, \boldsymbol{\alpha}_3$ 到基 $\boldsymbol{\beta}_1, \boldsymbol{\beta}_2, \boldsymbol{\beta}_3$ 的过渡矩阵；

（2）求向量 $\boldsymbol{\gamma}=\begin{pmatrix}9\\6\\5\end{pmatrix}$ 在这两组基下的坐标.

解　（1）

$$(\boldsymbol{\alpha}_1, \boldsymbol{\alpha}_2, \boldsymbol{\alpha}_3) = (\boldsymbol{e}_1, \boldsymbol{e}_2, \boldsymbol{e}_3)\begin{pmatrix} 1 & 2 & 1 \\ 0 & 1 & 1 \\ -1 & 1 & 1 \end{pmatrix},$$

$$(\boldsymbol{\beta}_1,\boldsymbol{\beta}_2,\boldsymbol{\beta}_3)=(\boldsymbol{e}_1,\boldsymbol{e}_2,\boldsymbol{e}_3)\begin{pmatrix}0&-1&1\\1&1&2\\1&0&1\end{pmatrix},$$

其中

$$\boldsymbol{e}_1=\begin{pmatrix}1\\0\\0\end{pmatrix},\quad \boldsymbol{e}_2=\begin{pmatrix}0\\1\\0\end{pmatrix},\quad \boldsymbol{e}_3=\begin{pmatrix}0\\0\\1\end{pmatrix}.$$

推出

$$\begin{aligned}(\boldsymbol{\beta}_1,\boldsymbol{\beta}_2,\boldsymbol{\beta}_3)&=(\boldsymbol{\alpha}_1,\boldsymbol{\alpha}_2,\boldsymbol{\alpha}_3)\begin{pmatrix}1&2&1\\0&1&1\\-1&1&1\end{pmatrix}^{-1}\begin{pmatrix}0&-1&1\\1&1&2\\1&0&1\end{pmatrix}\\&=(\boldsymbol{\alpha}_1,\boldsymbol{\alpha}_2,\boldsymbol{\alpha}_3)\begin{pmatrix}1&2&1\\0&1&1\\-1&1&1\end{pmatrix}^{-1}\begin{pmatrix}0&-1&1\\1&1&2\\1&0&1\end{pmatrix}\\&=(\boldsymbol{\alpha}_1,\boldsymbol{\alpha}_2,\boldsymbol{\alpha}_3)\begin{pmatrix}0&1&-1\\1&-2&1\\-1&3&-1\end{pmatrix}\begin{pmatrix}0&-1&1\\1&1&2\\1&0&1\end{pmatrix}\\&=(\boldsymbol{\alpha}_1,\boldsymbol{\alpha}_2,\boldsymbol{\alpha}_3)\begin{pmatrix}0&1&1\\-1&-3&-2\\2&4&4\end{pmatrix}.\end{aligned}$$

从基$\boldsymbol{\alpha}_1,\boldsymbol{\alpha}_2,\boldsymbol{\alpha}_3$到基$\boldsymbol{\beta}_1,\boldsymbol{\beta}_2,\boldsymbol{\beta}_3$的过渡矩阵为

$$\begin{pmatrix}0&1&1\\-1&-3&-2\\2&4&4\end{pmatrix}.$$

（2）

$$\begin{aligned}\boldsymbol{\gamma}=(\boldsymbol{e}_1,\boldsymbol{e}_2,\boldsymbol{e}_3)\begin{pmatrix}9\\6\\5\end{pmatrix}&=(\boldsymbol{\alpha}_1,\boldsymbol{\alpha}_2,\boldsymbol{\alpha}_3)\begin{pmatrix}1&2&1\\0&1&1\\-1&1&1\end{pmatrix}^{-1}\begin{pmatrix}9\\6\\5\end{pmatrix}\\&=(\boldsymbol{\alpha}_1,\boldsymbol{\alpha}_2,\boldsymbol{\alpha}_3)\begin{pmatrix}0&1&-1\\1&-2&1\\-1&3&-1\end{pmatrix}\begin{pmatrix}9\\6\\5\end{pmatrix}\\&=(\boldsymbol{\alpha}_1,\boldsymbol{\alpha}_2,\boldsymbol{\alpha}_3)\begin{pmatrix}1\\2\\4\end{pmatrix}.\end{aligned}$$

所以，向量$\boldsymbol{\gamma}$在基$\boldsymbol{\alpha}_1,\boldsymbol{\alpha}_2,\boldsymbol{\alpha}_3$下的坐标为 1, 2, 4.

类似求出$\boldsymbol{\gamma}$在基$\boldsymbol{\beta}_1,\boldsymbol{\beta}_2,\boldsymbol{\beta}_3$下的坐标为 0, −4, 5.

例 3.4.7 设$\boldsymbol{\alpha}_1,\boldsymbol{\alpha}_2,\boldsymbol{\alpha}_3$为三维向量空间$\boldsymbol{R}^3$的一组基，其中$\boldsymbol{\beta}_1=2\boldsymbol{\alpha}_1+2k\boldsymbol{\alpha}_3$，$\boldsymbol{\beta}_2=2\boldsymbol{\alpha}_2$，$\boldsymbol{\beta}_3=\boldsymbol{\alpha}_1+(k+1)\boldsymbol{\alpha}_3$．证明$\boldsymbol{\beta}_1,\boldsymbol{\beta}_2,\boldsymbol{\beta}_3$也是$\boldsymbol{R}^3$的一组基．

证明　由于

$$(\boldsymbol{\beta}_1,\boldsymbol{\beta}_2,\boldsymbol{\beta}_3)=(\boldsymbol{\alpha}_1,\boldsymbol{\alpha}_2,\boldsymbol{\alpha}_3)\begin{pmatrix}2 & 0 & 1\\ 0 & 2 & 0\\ 2k & 0 & k+1\end{pmatrix},$$

而

$$\begin{vmatrix}2 & 0 & 1\\ 0 & 2 & 0\\ 2k & 0 & k+1\end{vmatrix}=4\neq 0,$$

可知向量组$\boldsymbol{\alpha}_1,\boldsymbol{\alpha}_2,\boldsymbol{\alpha}_3$可经向量组$\boldsymbol{\beta}_1,\boldsymbol{\beta}_2,\boldsymbol{\beta}_3$线性表出，故

$$(\boldsymbol{\beta}_1,\boldsymbol{\beta}_2,\boldsymbol{\beta}_3)\sim(\boldsymbol{\alpha}_1,\boldsymbol{\alpha}_2,\boldsymbol{\alpha}_3).$$

所以向量组$\boldsymbol{\beta}_1,\boldsymbol{\beta}_2,\boldsymbol{\beta}_3$也是$\boldsymbol{R}^3$的一组基.

习　题　3

1．已知向量组$\boldsymbol{\alpha}_1,\boldsymbol{\alpha}_2,\boldsymbol{\alpha}_3,\boldsymbol{\alpha}_4$线性无关，则命题正确的是（　　）.

A．$\boldsymbol{\alpha}_1+\boldsymbol{\alpha}_2,\boldsymbol{\alpha}_2+\boldsymbol{\alpha}_3,\boldsymbol{\alpha}_3+\boldsymbol{\alpha}_4,\boldsymbol{\alpha}_4+\boldsymbol{\alpha}_1$线性无关.

B．$\boldsymbol{\alpha}_1-\boldsymbol{\alpha}_2,\boldsymbol{\alpha}_2-\boldsymbol{\alpha}_3,\boldsymbol{\alpha}_3-\boldsymbol{\alpha}_4,\boldsymbol{\alpha}_4-\boldsymbol{\alpha}_1$线性无关.

C．$\boldsymbol{\alpha}_1+\boldsymbol{\alpha}_2,\boldsymbol{\alpha}_2+\boldsymbol{\alpha}_3,\boldsymbol{\alpha}_3-\boldsymbol{\alpha}_4,\boldsymbol{\alpha}_4-\boldsymbol{\alpha}_1$线性无关.

D．$\boldsymbol{\alpha}_1+\boldsymbol{\alpha}_2,\boldsymbol{\alpha}_2-\boldsymbol{\alpha}_3,\boldsymbol{\alpha}_3-\boldsymbol{\alpha}_4,\boldsymbol{\alpha}_4-\boldsymbol{\alpha}_1$线性无关.

2．设$\boldsymbol{\alpha}_1,\boldsymbol{\alpha}_2,\cdots,\boldsymbol{\alpha}_s$是$n$维向量，则下列命题中正确的是（　　）.

A．如果$\boldsymbol{\alpha}_s$不能用$\boldsymbol{\alpha}_1,\boldsymbol{\alpha}_2,\cdots,\boldsymbol{\alpha}_{s-1}$线性表出，则$\boldsymbol{\alpha}_1,\boldsymbol{\alpha}_2,\cdots,\boldsymbol{\alpha}_s$线性无关.

B．如果$\boldsymbol{\alpha}_1,\boldsymbol{\alpha}_2,\cdots,\boldsymbol{\alpha}_s$线性相关，$\boldsymbol{\alpha}_s$不能用$\boldsymbol{\alpha}_1,\boldsymbol{\alpha}_2,\cdots,\boldsymbol{\alpha}_{s-1}$线性表出，则$\boldsymbol{\alpha}_1,\boldsymbol{\alpha}_2,\cdots,\boldsymbol{\alpha}_{s-1}$线性相关.

C．如果$\boldsymbol{\alpha}_1,\boldsymbol{\alpha}_2,\cdots,\boldsymbol{\alpha}_s$中，任意$s-1$个向量都线性无关，则$\boldsymbol{\alpha}_1,\boldsymbol{\alpha}_2,\cdots,\boldsymbol{\alpha}_s$无关.

D．零向量不能用$\boldsymbol{\alpha}_1,\boldsymbol{\alpha}_2,\cdots,\boldsymbol{\alpha}_s$线性表出.

3．若$R(\boldsymbol{\alpha}_1,\boldsymbol{\alpha}_2,\cdots,\boldsymbol{\alpha}_s)=r$，则（　　）.

A．向量组中任意$r-1$个向量均线性无关.

B．向量组中任意r个向量均线性无关.

C．向量组中任意$r+1$个向量均线性相关.

D．向量组中向量个数必大于r.

4．设$\boldsymbol{\alpha}_1=\begin{pmatrix}0\\0\\c_1\end{pmatrix},\boldsymbol{\alpha}_2=\begin{pmatrix}0\\1\\c_2\end{pmatrix},\boldsymbol{\alpha}_3=\begin{pmatrix}1\\-1\\c_3\end{pmatrix},\boldsymbol{\alpha}_4=\begin{pmatrix}-1\\1\\c_4\end{pmatrix}$，其中$c_1,c_2,c_3,c_4$为任意常数，则下列向量组线性相关的是（　　）.

A．$\boldsymbol{\alpha}_1,\boldsymbol{\alpha}_2,\boldsymbol{\alpha}_3$　　B．$\boldsymbol{\alpha}_1,\boldsymbol{\alpha}_2,\boldsymbol{\alpha}_4$　　C．$\boldsymbol{\alpha}_1,\boldsymbol{\alpha}_3,\boldsymbol{\alpha}_4$　　D．$\boldsymbol{\alpha}_2,\boldsymbol{\alpha}_3,\boldsymbol{\alpha}_4$

5．设$\boldsymbol{A}$为$m\times n$矩阵，$\boldsymbol{B}$为$n\times m$矩阵，$\boldsymbol{E}$为m阶单位矩阵，若$\boldsymbol{AB}=\boldsymbol{E}$，则（　　）.

A. $R(\boldsymbol{A})=m, R(\boldsymbol{B})=m$　　B. $R(\boldsymbol{A})=m, R(\boldsymbol{B})=n$

C. $R(\boldsymbol{A})=n, R(\boldsymbol{B})=m$　　D. $R(\boldsymbol{A})=n, R(\boldsymbol{B})=n$

6. 已知 $\boldsymbol{A}=\begin{pmatrix}1 & 3 & 2 & a\\ 2 & 7 & a & 3\\ 0 & a & 5 & -5\end{pmatrix}$，如果 $R(\boldsymbol{A})=2$，则 a 必为（　　）.

A. $\dfrac{5}{2}$　　B. 5　　C. -1　　D. 1

7. 把向量 $\boldsymbol{\beta}$ 表示成向量组 $\boldsymbol{\alpha}_1, \boldsymbol{\alpha}_2, \boldsymbol{\alpha}_3, \boldsymbol{\alpha}_4$ 的线性组合：

（1）$\boldsymbol{\beta}=(1,2,1,1),\ \boldsymbol{\alpha}_1=(1,1,1,1), \boldsymbol{\alpha}_2=(1,1,-1,-1),$

$\boldsymbol{\alpha}_3=(1,-1,1,-1), \boldsymbol{\alpha}_4=(1,-1,-1,1)$；

（2）$\boldsymbol{\beta}=(0,0,0,1),\ \boldsymbol{\alpha}_1=(1,1,0,1), \boldsymbol{\alpha}_2=(2,1,3,1),\ \boldsymbol{\alpha}_3=(1,1,0,0), \boldsymbol{\alpha}_4=(0,1,-1,-1)$；

8. 判断下列向量组是否线性相关；如果线性相关，写出向量之间的关系式.

（1）$\boldsymbol{a}_1=\begin{pmatrix}-1\\3\\1\end{pmatrix}, \boldsymbol{a}_2=\begin{pmatrix}2\\1\\0\end{pmatrix}, \boldsymbol{a}_3=\begin{pmatrix}1\\4\\1\end{pmatrix}$；（2）$\boldsymbol{a}_1=\begin{pmatrix}2\\3\\0\end{pmatrix}, \boldsymbol{a}_2=\begin{pmatrix}-1\\4\\0\end{pmatrix}, \boldsymbol{a}_3=\begin{pmatrix}0\\0\\2\end{pmatrix}$.

9. 当 a 取何值时，下列向量组线性相关？

$$\boldsymbol{\alpha}_1=\begin{pmatrix}a\\1\\1\end{pmatrix}, \boldsymbol{\alpha}_2=\begin{pmatrix}1\\a\\-1\end{pmatrix}, \boldsymbol{\alpha}_3=\begin{pmatrix}1\\-1\\a\end{pmatrix}.$$

10. 已知两向量组 $\boldsymbol{\beta}_1=\begin{pmatrix}0\\1\\-1\end{pmatrix}, \boldsymbol{\beta}_2=\begin{pmatrix}a\\2\\1\end{pmatrix}, \boldsymbol{\beta}_3=\begin{pmatrix}b\\1\\0\end{pmatrix}$ 与 $\boldsymbol{\alpha}_1=\begin{pmatrix}1\\2\\-3\end{pmatrix}, \boldsymbol{\alpha}_2=\begin{pmatrix}3\\0\\1\end{pmatrix}, \boldsymbol{\alpha}_3=\begin{pmatrix}9\\6\\-7\end{pmatrix}$ 具有相同的秩，且 $\boldsymbol{\beta}_3$ 可由 $\boldsymbol{\alpha}_1, \boldsymbol{\alpha}_2, \boldsymbol{\alpha}_3$ 线性表出，求 a, b 的值.

11. 设 $\boldsymbol{b}_1=\boldsymbol{a}_1+\boldsymbol{a}_2, \boldsymbol{b}_2=\boldsymbol{a}_2+\boldsymbol{a}_3, \boldsymbol{b}_3=\boldsymbol{a}_3+\boldsymbol{a}_4, \boldsymbol{b}_4=\boldsymbol{a}_4+\boldsymbol{a}_1$，证明：向量组 $\boldsymbol{b}_1, \boldsymbol{b}_2, \boldsymbol{b}_3, \boldsymbol{b}_4$ 线性相关.

12. 已知 $\boldsymbol{a}_1, \boldsymbol{a}_2, \boldsymbol{a}_3$ 线性无关，证明：$2\boldsymbol{a}_1+3\boldsymbol{a}_2, \boldsymbol{a}_2-\boldsymbol{a}_3, \boldsymbol{a}_1+\boldsymbol{a}_2+\boldsymbol{a}_3$ 线性无关.

13. 求下列向量组的秩，并求一个最大线性无关组：

（1）$\boldsymbol{a}_1=\begin{pmatrix}1\\2\\1\\3\end{pmatrix}, \boldsymbol{a}_2=\begin{pmatrix}4\\-1\\-5\\-6\end{pmatrix}, \boldsymbol{a}_3=\begin{pmatrix}1\\-3\\-4\\-7\end{pmatrix}$；

（2）$\boldsymbol{a}_1=\begin{pmatrix}1\\1\\4\\2\end{pmatrix}, \boldsymbol{a}_2=\begin{pmatrix}1\\-1\\-2\\4\end{pmatrix}, \boldsymbol{a}_3=\begin{pmatrix}-3\\2\\3\\-11\end{pmatrix}, \boldsymbol{a}_4=\begin{pmatrix}1\\3\\10\\0\end{pmatrix}$.

14. 利用初等行变换求下列矩阵的列向量组的一个最大无关组，并把其余列向量用最大线性无关组线性表示.

（1）$\begin{pmatrix} 25 & 31 & 17 & 43 \\ 75 & 94 & 53 & 132 \\ 75 & 94 & 54 & 134 \\ 25 & 32 & 20 & 48 \end{pmatrix}$；（2）$\begin{pmatrix} 1 & 1 & 2 & 2 & 1 \\ 0 & 2 & 1 & 5 & -1 \\ 2 & 0 & 3 & -1 & 3 \\ 1 & 1 & 0 & 4 & -1 \end{pmatrix}$.

15．设向量组 $\boldsymbol{\alpha}_1 = \begin{pmatrix} 1 \\ -1 \\ 3 \\ 0 \end{pmatrix}, \boldsymbol{\alpha}_2 = \begin{pmatrix} -2 \\ 1 \\ a \\ 1 \end{pmatrix}, \boldsymbol{\alpha}_3 = \begin{pmatrix} 1 \\ 1 \\ -5 \\ -2 \end{pmatrix}$ 的秩为 2，求 a.

16．设向量组 $\boldsymbol{\alpha}_1 = \begin{pmatrix} a \\ 3 \\ 1 \end{pmatrix}, \boldsymbol{\alpha}_2 = \begin{pmatrix} 2 \\ b \\ 3 \end{pmatrix}, \boldsymbol{\alpha}_3 = \begin{pmatrix} 1 \\ 2 \\ 1 \end{pmatrix}, \boldsymbol{\alpha}_4 = \begin{pmatrix} 2 \\ 3 \\ 1 \end{pmatrix}$ 的秩为 2，求 a 和 b.

17．设 $\boldsymbol{A}$ 是 n 阶矩阵，$\boldsymbol{A}^2 = \boldsymbol{E}$，证明：$R(\boldsymbol{A}+\boldsymbol{E}) + R(\boldsymbol{A}-\boldsymbol{E}) = n$.

18．设 $\boldsymbol{A}$ 是 $m \times n$ 矩阵，$\boldsymbol{B}$ 是 $n \times s$ 矩阵，$\boldsymbol{C}$ 是 $m \times s$ 矩阵，满足 $\boldsymbol{AB} = \boldsymbol{C}$，如果 $R(\boldsymbol{A}) = n$，证明：$R(\boldsymbol{B}) = R(\boldsymbol{C})$.

19．设 $\boldsymbol{\alpha}, \boldsymbol{\beta}$ 为三维列向量，矩阵 $\boldsymbol{A} = \boldsymbol{\alpha}\boldsymbol{\alpha}^{\mathrm{T}} + \boldsymbol{\beta}\boldsymbol{\beta}^{\mathrm{T}}$，其中 $\boldsymbol{\alpha}^{\mathrm{T}}, \boldsymbol{\beta}^{\mathrm{T}}$ 分别是 $\boldsymbol{\alpha}, \boldsymbol{\beta}$ 的转置，证明：（1）$R(\boldsymbol{A}) \leqslant 2$；（2）若 $\boldsymbol{\alpha}, \boldsymbol{\beta}$ 线性相关，则 $R(\boldsymbol{A}) < 2$.

20．已知 $\boldsymbol{\alpha}_1 = \begin{pmatrix} 1 \\ 1 \\ 1 \\ 1 \end{pmatrix}, \boldsymbol{\alpha}_2 = \begin{pmatrix} 1 \\ 1 \\ -1 \\ -1 \end{pmatrix}, \boldsymbol{\alpha}_3 = \begin{pmatrix} 1 \\ -1 \\ 1 \\ -1 \end{pmatrix}, \boldsymbol{\alpha}_4 = \begin{pmatrix} 1 \\ -1 \\ -1 \\ 1 \end{pmatrix}$ 是四维向量空间 $\boldsymbol{R}^4$ 的一组基，求 $\boldsymbol{\beta} = \begin{pmatrix} 1 \\ 2 \\ 1 \\ 1 \end{pmatrix}$ 在这组基下的坐标.

21．已知三维向量空间 $\boldsymbol{R}^3$ 的两组基为

$$\boldsymbol{\alpha}_1 = \begin{pmatrix} 1 \\ 1 \\ 1 \end{pmatrix}, \boldsymbol{\alpha}_2 = \begin{pmatrix} 1 \\ 0 \\ -1 \end{pmatrix}, \boldsymbol{\alpha}_3 = \begin{pmatrix} 1 \\ 0 \\ 1 \end{pmatrix} \text{与} \boldsymbol{\beta}_1 = \begin{pmatrix} 1 \\ 2 \\ 1 \end{pmatrix}, \boldsymbol{\beta}_2 = \begin{pmatrix} 2 \\ 3 \\ 4 \end{pmatrix}, \boldsymbol{\beta}_3 = \begin{pmatrix} 3 \\ 4 \\ 3 \end{pmatrix}.$$

求从基 $\boldsymbol{\alpha}_1, \boldsymbol{\alpha}_2, \boldsymbol{\alpha}_3$ 到基 $\boldsymbol{\beta}_1, \boldsymbol{\beta}_2, \boldsymbol{\beta}_3$ 的过渡矩阵 $\boldsymbol{C}$.

第 4 章　线性方程组

线性代数的第一个问题是关于解线性方程组的问题，而线性方程组理论的发展又促成了作为工具的矩阵论和行列式理论的创立和发展. 在有了向量和矩阵的理论基础之后，本章讲述线性方程组的理论，内容包括线性方程组解的情况的判定、线性方程组解的结构以及线性方程组的求解方法.

§4.1　线性方程组的表达形式及解的判定

线性方程组的一般形式为

$$\begin{cases} a_{11}x_1 + a_{12}x_2 + \cdots + a_{1n}x_n = b_1, \\ a_{21}x_1 + a_{22}x_2 + \cdots + a_{2n}x_n = b_2, \\ \qquad\cdots\cdots \\ a_{m1}x_1 + a_{m2}x_2 + \cdots + a_{mn}x_n = b_m, \end{cases} \tag{4.1}$$

当右边的常数项 $b_1, b_2, \cdots, b_m$ 全为 0 时，式（4.1）称为**齐次线性方程组**；否则，称它为**非齐次线性方程组**.

采用矩阵 $\boldsymbol{A} = (a_{ij})_{m\times n}$ 和向量

$$\boldsymbol{x} = \begin{pmatrix} x_1 \\ x_2 \\ \vdots \\ x_n \end{pmatrix}, \quad \boldsymbol{b} = \begin{pmatrix} b_1 \\ b_2 \\ \vdots \\ b_m \end{pmatrix}$$

的记号，就可以把上面的线性方程组记作

$$\boldsymbol{Ax} = \boldsymbol{b}, \tag{4.2}$$

称为线性方程组的矩阵形式. 其中 $\boldsymbol{A}$ 称为系数矩阵，$\boldsymbol{B} = (\boldsymbol{A}, \boldsymbol{b})$ 称为增广矩阵，$\boldsymbol{x}$ 称为未知向量，$\boldsymbol{b}$ 称为常数项向量，而式（4.2）的解也称为解向量.

如果对系数矩阵 $\boldsymbol{A}$ 按列分块，线性方程组（4.1）又可以有向量形式

$$x_1\boldsymbol{\alpha}_1 + x_2\boldsymbol{\alpha}_2 + \cdots + x_n\boldsymbol{\alpha}_n = \boldsymbol{b}. \tag{4.3}$$

后面，线性方程组的各种形式将混同使用而不加区别，解与解向量的说法也不加区别.

利用系数矩阵 $\boldsymbol{A}$ 和增广矩阵 $\boldsymbol{B} = (\boldsymbol{A}, \boldsymbol{b})$ 的秩，容易得到线性方程组解的情况的判定.

定理 4.1.1　线性方程组（4.1）有解的充分必要条件是它的系数矩阵 $\boldsymbol{A}$ 和增广矩阵 $\boldsymbol{B} = (\boldsymbol{A}, \boldsymbol{b})$ 有相同的秩.

证　先证必要性，设线性方程组（4.1）有解，由式（4.3）知，$\boldsymbol{b}$ 可经 $\boldsymbol{\alpha}_1, \boldsymbol{\alpha}_2, \cdots, \boldsymbol{\alpha}_n$ 线性表出. 由于 $\boldsymbol{\alpha}_1, \boldsymbol{\alpha}_2, \cdots, \boldsymbol{\alpha}_n$ 线性无关，故向量组 $\boldsymbol{\alpha}_1, \boldsymbol{\alpha}_2, \cdots, \boldsymbol{\alpha}_n$ 与向量组 $\boldsymbol{\alpha}_1, \boldsymbol{\alpha}_2, \cdots, \boldsymbol{\alpha}_n, \boldsymbol{b}$ 等价. 这两个向量组分别是矩阵 $\boldsymbol{A}$ 和 $\boldsymbol{B} = (\boldsymbol{A}, \boldsymbol{b})$ 的列向量组，因此 $\boldsymbol{A}$ 和 $\boldsymbol{B} = (\boldsymbol{A}, \boldsymbol{b})$ 有相同的秩.

再证充分性. 设 $\boldsymbol{A}$ 和 $\boldsymbol{B}=(\boldsymbol{A},\boldsymbol{b})$ 有相同的秩，即它们的列向量组 $\boldsymbol{\alpha}_1,\boldsymbol{\alpha}_2,\cdots,\boldsymbol{\alpha}_n$ 与 $\boldsymbol{\alpha}_1,\boldsymbol{\alpha}_2,\cdots,\boldsymbol{\alpha}_n,\boldsymbol{b}$ 有相同的秩. 令它们的秩为 r，不妨设 $\boldsymbol{\alpha}_1,\boldsymbol{\alpha}_2,\cdots,\boldsymbol{\alpha}_r$ 是 $\boldsymbol{\alpha}_1,\boldsymbol{\alpha}_2,\cdots,\boldsymbol{\alpha}_n$ 的一个最大线性无关组，显然 $\boldsymbol{\alpha}_1,\boldsymbol{\alpha}_2,\cdots,\boldsymbol{\alpha}_r$ 也是 $\boldsymbol{\alpha}_1,\boldsymbol{\alpha}_2,\cdots,\boldsymbol{\alpha}_n,\boldsymbol{b}$ 的一个最大线性无关组，因此，$\boldsymbol{b}$ 可经 $\boldsymbol{\alpha}_1,\boldsymbol{\alpha}_2,\cdots,\boldsymbol{\alpha}_r$ 线性表出，从而也可经 $\boldsymbol{\alpha}_1,\boldsymbol{\alpha}_2,\cdots,\boldsymbol{\alpha}_n$ 线性表出. 所以线性方程组（4.1）有解.

推论　线性方程组（4.1）无解的充分必要条件是 $R(\boldsymbol{A})<R(\boldsymbol{B})$.

定理 4.1.2　当 $R(\boldsymbol{A})=R(\boldsymbol{A},\boldsymbol{b})=n$ 时，线性方程组（4.1）有唯一解；当 $R(\boldsymbol{A})=R(\boldsymbol{A},\boldsymbol{b})<n$ 时，线性方程组（4.1）有无穷多个解.

证　设 $R(\boldsymbol{A})=R(\boldsymbol{A},\boldsymbol{b})=r$，而 D 是矩阵 $\boldsymbol{A}$ 的一个不为零的 r 阶子式. 不妨设位于 $\boldsymbol{A}$ 的左上角的 r 阶子式

$$D=\begin{vmatrix} a_{11} & a_{12} & \cdots & a_{1r} \\ a_{21} & a_{22} & \cdots & a_{2r} \\ \vdots & \vdots & \ddots & \vdots \\ a_{r1} & a_{r2} & \cdots & a_{rr} \end{vmatrix}\neq 0,$$

则 $\boldsymbol{B}=(\boldsymbol{A},\boldsymbol{b})$ 的前 r 行就是一个最大线性无关组，第 $r+1,r+2,\cdots,m$ 行都可经它们线性表出. 因此，方程组（4.1）与

$$\begin{cases} a_{11}x_1+\cdots+a_{1r}x_r+\cdots+a_{1n}x_n=b_1, \\ a_{21}x_1+\cdots+a_{2r}x_r+\cdots+a_{2n}x_n=b_2, \\ \cdots\cdots \\ a_{r1}x_1+\cdots+a_{rr}x_r+\cdots+a_{rn}x_n=b_r, \end{cases} \tag{4.4}$$

同解.

当 $r=n$ 时，由克拉默法则，方程组（4.4）有唯一解，即方程组（4.1）有唯一解.

当 $r<n$ 时，将方程组（4.4）改写为

$$\begin{cases} a_{11}x_1+\cdots+a_{1r}x_r=b_1-a_{1,r+1}x_{r+1}-\cdots-a_{1n}x_n, \\ a_{21}x_1+\cdots+a_{2r}x_r=b_2-a_{2,r+1}x_{r+1}-\cdots-a_{2n}x_n, \\ \cdots\cdots \\ a_{r1}x_1+\cdots+a_{rr}x_r=b_r-a_{r,r+1}x_{r+1}-\cdots-a_{rn}x_n, \end{cases} \tag{4.5}$$

式(4.5)作为 $x_1,x_2,\cdots,x_r$ 的一个方程组，它的系数行列式 $D\neq 0$. 由克拉默法则，对于 $x_{r+1},\cdots,x_n$ 的任意一组值，方程组（4.5）也就是方程组（4.1）都有唯一解. 换句话说，$x_{r+1},\cdots,x_n$ 是方程组（4.1）的一组自由未知量，由于它们取值的任意性，所以方程组（4.1）有无穷多个解.

§4.2　齐次线性方程组

齐次线性方程组

$$\begin{cases} a_{11}x_1+a_{12}x_2+\cdots+a_{1n}x_n=0, \\ a_{21}x_1+a_{22}x_2+\cdots+a_{2n}x_n=0, \\ \cdots\cdots \\ a_{m1}x_1+a_{m2}x_2+\cdots+a_{mn}x_n=0 \end{cases}$$

写成矩阵形式为

$$\boldsymbol{A}\boldsymbol{x}=\boldsymbol{0}\,, \tag{4.6}$$

其中，$\boldsymbol{A}=(a_{ij})_{m\times n}$ 为系数矩阵，$\boldsymbol{0}$ 为 m 维零向量.

显然，$\boldsymbol{x}=\boldsymbol{0}$ 是式（4.6）的解，因此齐次线性方程组总是有解的．若式（4.6）有非零解，则解不唯一．由定理 4.1.2，即得

定理 4.2.1　方程（4.6）有非零解的充分必要条件是系数矩阵 $\boldsymbol{A}$ 的秩 $R(\boldsymbol{A})<n$.

定理 4.2.2　当 $\boldsymbol{A}$ 是 n 阶方阵时，方程（4.6）有非零解的充分必要条件是 $|\boldsymbol{A}|=0$.

下面我们来研究齐次线性方程组解的结构，并给出基础解系的概念．方程（4.6）有如下两个重要性质：

性质 4.2.1　若 $\boldsymbol{x}=\boldsymbol{\xi}_1,\boldsymbol{x}=\boldsymbol{\xi}_2$ 是方程（4.6）的两个解，则 $\boldsymbol{x}=\boldsymbol{\xi}_1+\boldsymbol{\xi}_2$ 也是方程（4.6）的解.

证　只要验证 $\boldsymbol{x}=\boldsymbol{\xi}_1+\boldsymbol{\xi}_2$ 满足方程（4.6）：

$$\boldsymbol{A}(\boldsymbol{\xi}_1+\boldsymbol{\xi}_2)=\boldsymbol{A}\boldsymbol{\xi}_1+\boldsymbol{A}\boldsymbol{\xi}_2=\boldsymbol{0}+\boldsymbol{0}=\boldsymbol{0}\,.$$

性质 4.2.2　若 $\boldsymbol{x}=\boldsymbol{\xi}_1$ 为方程（4.6）的解，k 为实数，则 $\boldsymbol{x}=k\boldsymbol{\xi}_1$ 也是方程（4.6）的解.

证

$$\boldsymbol{A}(k\boldsymbol{\xi}_1)=k\boldsymbol{A}\boldsymbol{\xi}_1=k\boldsymbol{0}=\boldsymbol{0}\,.$$

把方程（4.6）的所有解组成的集合记作 S，则上面的讨论表明，方程（4.6）的解集合 S 构成一个向量空间，称它为方程（4.6）的**解空间**.

定义 4.2.1　设 $\boldsymbol{\xi}_1, \boldsymbol{\xi}_2, \cdots, \boldsymbol{\xi}_r$ 是方程（4.6）的一组解，如果

（1）$\boldsymbol{\xi}_1, \boldsymbol{\xi}_2, \cdots, \boldsymbol{\xi}_r$ 线性无关；

（2）方程（4.6）的任一个解都可经 $\boldsymbol{\xi}_1, \boldsymbol{\xi}_2, \cdots, \boldsymbol{\xi}_r$ 线性表出，则称 $\boldsymbol{\xi}_1, \boldsymbol{\xi}_2, \cdots, \boldsymbol{\xi}_r$ 是方程（4.6）的一个**基础解系**.

由定义可知，方程（4.6）的一个基础解系 $\boldsymbol{\xi}_1, \boldsymbol{\xi}_2, \cdots, \boldsymbol{\xi}_r$ 其实就是方程（4.6）的解空间 S 的一组基，即方程（4.6）的解向量所组成的向量组的一个最大线性无关组．于是方程（4.6）的所有解可表示为

$$\boldsymbol{x}=k_1\boldsymbol{\xi}_1+k_2\boldsymbol{\xi}_2+\cdots+k_r\boldsymbol{\xi}_r\,, \tag{4.7}$$

其中，$k_1, k_2, \cdots, k_r$ 为任意常数，式（4.7）称为方程（4.6）的**通解**.

因此，要求齐次线性方程组的通解，只需求出它的基础解系.

定理 4.2.3　如果 $R(\boldsymbol{A})=r<n$，则方程（4.6）有基础解系，并且基础解系由 $n-r$ 个解向量组成.

证　对矩阵 $\boldsymbol{A}$ 施行初等行变换，将 $\boldsymbol{A}$ 转化为行最简形矩阵．因为矩阵 $\boldsymbol{A}$ 的秩为 r，不妨设

$$\boldsymbol{A}\sim\begin{pmatrix} 1 & 0 & \cdots & 0 & c_{11} & \cdots & c_{1,n-r} \\ \vdots & \vdots & \ddots & \vdots & \vdots & \ddots & \vdots \\ 0 & 0 & \cdots & 1 & c_{r1} & \cdots & c_{r,n-r} \\ 0 & 0 & \cdots & 0 & 0 & \cdots & 0 \\ \vdots & \vdots & \ddots & \vdots & \vdots & \ddots & \vdots \\ 0 & 0 & \cdots & 0 & 0 & \cdots & 0 \end{pmatrix}.$$

于是得方程（4.6）的同解方程组

$$\begin{cases} x_1 = -c_{11}x_{r+1} - \cdots - c_{1,n-r}x_n, \\ x_2 = -c_{21}x_{r+1} - \cdots - c_{2,n-r}x_n, \\ \qquad \cdots\cdots \\ x_r = -c_{r1}x_{r+1} - \cdots - c_{r,n-r}x_n, \end{cases} \tag{4.8}$$

其中，$x_{r+1}, x_{r+2}, \cdots, x_n$ 为自由未知量.

在方程组（4.8）中，取自由未知量 $(x_{r+1}, x_{r+2}, \cdots, x_n)$ 分别为如下 $n-r$ 组数

$$(1,0,\cdots,0),\ (0,1,\cdots,0),\ \cdots,\ (0,0,\cdots,1),$$

就得到方程组（4.8），也就是方程（4.6）的 $n-r$ 个解

$$\xi_1 = \begin{pmatrix} -c_{11} \\ -c_{21} \\ \vdots \\ -c_{r1} \\ 1 \\ 0 \\ \vdots \\ 0 \end{pmatrix},\ \xi_2 = \begin{pmatrix} -c_{12} \\ -c_{22} \\ \vdots \\ -c_{r2} \\ 0 \\ 1 \\ \vdots \\ 0 \end{pmatrix},\ \cdots,\ \xi_{n-r} = \begin{pmatrix} -c_{1,n-r} \\ -c_{2,n-r} \\ \vdots \\ -c_{r,n-r} \\ 0 \\ 0 \\ \vdots \\ 1 \end{pmatrix}.$$

下面证明 $\xi_1, \xi_2, \cdots, \xi_{n-r}$ 就是方程（4.6）的一个基础解系.

事实上，若以 $\xi_1, \xi_2, \cdots, \xi_{n-r}$ 为列向量构成矩阵

$$\boldsymbol{C} = (\xi_1, \xi_2, \cdots, \xi_{n-r}),$$

则 $\boldsymbol{C}$ 有一个 $n-r$ 阶子式 $|\boldsymbol{E}_{n-r}| \neq 0$，故 $R(\boldsymbol{C}) = n-r$，即向量组 $\xi_1, \xi_2, \cdots, \xi_{n-r}$ 的秩为 $n-r$. 所以 $\xi_1, \xi_2, \cdots, \xi_{n-r}$ 线性无关.

再证方程（4.6）的任一解

$$\xi = (d_1, d_2, \cdots, d_r, d_{r+1}, \cdots, d_n)^{\mathrm{T}}$$

都可经 $\xi_1, \xi_2, \cdots, \xi_{n-r}$ 线性表出.

根据解的性质，

$$\boldsymbol{\mu} = d_{r+1}\xi_1 + d_{r+2}\xi_2 + \cdots + d_n\xi_{n-r}$$

是方程（4.6）的解，进而推出

$$\xi - \boldsymbol{\mu} = \begin{pmatrix} d_1 + d_{r+1}c_{11} + \cdots + d_n c_{1,n-r} \\ d_2 + d_{r+1}c_{21} + \cdots + d_n c_{2,n-r} \\ \vdots \\ d_r + d_{r+1}c_{r1} + \cdots + d_n c_{r,n-r} \\ 0 \\ 0 \\ \vdots \\ 0 \end{pmatrix},$$

也是方程（4.6）的解，并且自由未知量取为$x_{r+1}=x_{r+2}=\cdots=x_n=0$，因此$\boldsymbol{\xi}-\boldsymbol{\mu}=\mathbf{0}$，即

$$\boldsymbol{\xi}=d_{r+1}\boldsymbol{\xi}_1+d_{r+2}\boldsymbol{\xi}_2+\cdots+d_n\boldsymbol{\xi}_{n-r},$$

这就证明了$\boldsymbol{\xi}_1,\boldsymbol{\xi}_2,\cdots,\boldsymbol{\xi}_{n-r}$是方程（4.6）的一个基础解系.

从上面的证明过程看出，由于$n-r$个自由未知量的选取不是唯一的，故方程（4.6）的任意$n-r$个线性无关的解都可构成它的基础解系，从而方程（4.6）的通解形式也不是唯一的.

把定理 4.2.3 换个说法，即得

定理 4.2.4 如果$R(\boldsymbol{A})=r<n$，则方程（4.6）的解空间是$n-r$维的.

例 4.2.1 求齐次线性方程组

$$\begin{cases}2x_1-4x_2+2x_3+7x_4=0,\\3x_1-6x_2+4x_3+3x_4=0,\\5x_1-10x_2+4x_3+25x_4=0.\end{cases}$$

的基础解系与通解.

解 对系数矩阵$\boldsymbol{A}$做初等行变换，变为行最简矩阵，有

$$\boldsymbol{A}=\begin{pmatrix}2&-4&2&7\\3&-6&4&3\\5&-10&4&25\end{pmatrix}\sim\begin{pmatrix}1&-2&1&\frac{7}{2}\\3&-6&4&3\\5&-10&4&25\end{pmatrix}$$

$$\sim\begin{pmatrix}1&-2&1&\frac{7}{2}\\0&0&1&-\frac{15}{2}\\0&0&-1&\frac{15}{2}\end{pmatrix}\sim\begin{pmatrix}1&-2&0&11\\0&0&1&-\frac{15}{2}\\0&0&0&0\end{pmatrix}.$$

原方程组与

$$\begin{cases}x_1-2x_2+11x_4=0,\\x_3-\dfrac{15}{2}x_4=0.\end{cases}$$

同解. 取x_2,x_4为自由未知量，令$x_2=1,\ x_4=0$，得$x_1=2,\ x_3=0$；令$x_2=0,\ x_4=1$，得$x_1=-11,\ x_3=\dfrac{15}{2}$，即得基础解系

$$\boldsymbol{\xi}_1=(2,1,0,0)^{\mathrm{T}},\quad \boldsymbol{\xi}_2=\left(-11,0,\frac{15}{2},1\right)^{\mathrm{T}}$$

方程组的通解为

$$\begin{pmatrix}x_1\\x_2\\x_3\\x_4\end{pmatrix}=c_1\boldsymbol{\xi}_1+c_2\boldsymbol{\xi}_2=c_1\begin{pmatrix}2\\1\\0\\0\end{pmatrix}+c_2\begin{pmatrix}-11\\0\\\frac{15}{2}\\1\end{pmatrix}\quad(c_1,c_2\in\mathbf{R}).$$

例 4.2.2　求解齐次线性方程组

$$\begin{cases}3x_1+5x_2+6x_3-4x_4=0,\\x_1+2x_2+4x_3-3x_4=0,\\4x_1+5x_2-2x_3+3x_4=0,\\3x_1+8x_2+24x_3-19x_4=0.\end{cases}$$

解　对系数矩阵 $\boldsymbol{A}$ 做初等行变换，变为行最简矩阵，有

$$\boldsymbol{A}=\begin{pmatrix}3&5&6&-4\\1&2&4&-3\\4&5&-2&3\\3&8&24&-19\end{pmatrix}\sim\begin{pmatrix}1&2&4&-3\\0&-1&-6&5\\0&-3&-18&15\\0&2&12&-10\end{pmatrix}\sim\begin{pmatrix}1&0&-8&7\\0&1&6&-5\\0&0&0&0\\0&0&0&0\end{pmatrix}.$$

得

$$\begin{cases}x_1-8x_3+7x_4=0,\\x_2+6x_3-5x_4=0.\end{cases}$$

取 x_3,x_4 为自由未知量，令 $\begin{pmatrix}x_3\\x_4\end{pmatrix}=\begin{pmatrix}1\\0\end{pmatrix}$ 及 $\begin{pmatrix}0\\1\end{pmatrix}$，得 $\begin{pmatrix}x_1\\x_2\end{pmatrix}=\begin{pmatrix}8\\-6\end{pmatrix}$ 及 $\begin{pmatrix}-7\\5\end{pmatrix}$.

基础解系为

$$\boldsymbol{\xi}_1=(8,-6,1,0)^{\mathrm{T}},\quad \boldsymbol{\xi}_2=(-7,5,0,1)^{\mathrm{T}}.$$

由此写出方程组的通解

$$\begin{pmatrix}x_1\\x_2\\x_3\\x_4\end{pmatrix}=c_1\boldsymbol{\xi}_1+c_2\boldsymbol{\xi}_2=c_1\begin{pmatrix}8\\-6\\1\\0\end{pmatrix}+c_2\begin{pmatrix}-7\\5\\0\\1\end{pmatrix}\quad(c_1,c_2\in\mathbf{R}).$$

例 4.2.3　设 n 元齐次线性方程组 $\boldsymbol{Ax}=\boldsymbol{0}$ 与 $\boldsymbol{Bx}=\boldsymbol{0}$ 同解，证明 $R(\boldsymbol{A})=R(\boldsymbol{B})$.

证　由定理 4.2.4 可知，方程组 $\boldsymbol{Ax}=\boldsymbol{0}$ 和 $\boldsymbol{Bx}=\boldsymbol{0}$ 的解空间的维数分别为 $n-R(\boldsymbol{A})$ 和 $n-R(\boldsymbol{B})$. 由于方程组 $\boldsymbol{Ax}=\boldsymbol{0}$ 与 $\boldsymbol{Bx}=\boldsymbol{0}$ 同解，它们有相同的解空间，从而维数相等，即 $n-R(\boldsymbol{A})=n-R(\boldsymbol{B})$，随之得 $R(\boldsymbol{A})=R(\boldsymbol{B})$.

例 4.2.4　设 $\boldsymbol{\xi}_1,\boldsymbol{\xi}_2,\boldsymbol{\xi}_3$ 是方程组 $\boldsymbol{Ax}=\boldsymbol{0}$ 的一个基础解系，证明 $\boldsymbol{\xi}_1+\boldsymbol{\xi}_2,\boldsymbol{\xi}_2+\boldsymbol{\xi}_3,\boldsymbol{\xi}_3+\boldsymbol{\xi}_1$ 也是该方程组的一个基础解系.

证　由解的性质可知，$\boldsymbol{\xi}_1+\boldsymbol{\xi}_2,\boldsymbol{\xi}_2+\boldsymbol{\xi}_3,\boldsymbol{\xi}_3+\boldsymbol{\xi}_1$ 也都是 $\boldsymbol{Ax}=\boldsymbol{0}$ 的解. 设

$$k_1(\boldsymbol{\xi}_1+\boldsymbol{\xi}_2)+k_2(\boldsymbol{\xi}_2+\boldsymbol{\xi}_3)+k_3(\boldsymbol{\xi}_3+\boldsymbol{\xi}_1)=\boldsymbol{0},$$

即

$$(k_1+k_3)\boldsymbol{\xi}_1+(k_1+k_2)\boldsymbol{\xi}_2+(k_2+k_3)\boldsymbol{\xi}_3=\boldsymbol{0},$$

由于 $\boldsymbol{\xi}_1,\boldsymbol{\xi}_2,\boldsymbol{\xi}_3$ 线性无关，从而有

$$\begin{cases}k_1+k_3=0,\\k_1+k_2=0,\\k_2+k_3=0.\end{cases}$$

解得 $k_1=k_2=k_3=0$，所以 $\boldsymbol{\xi}_1+\boldsymbol{\xi}_2,\boldsymbol{\xi}_2+\boldsymbol{\xi}_3,\boldsymbol{\xi}_3+\boldsymbol{\xi}_1$ 也线性无关.

又 $\boldsymbol{Ax}=\boldsymbol{0}$ 的基础解系含有 3 个解向量，因此$\boldsymbol{\xi}_1+\boldsymbol{\xi}_2$, $\boldsymbol{\xi}_2+\boldsymbol{\xi}_3$, $\boldsymbol{\xi}_3+\boldsymbol{\xi}_1$ 也是方程组 $\boldsymbol{Ax}=\boldsymbol{0}$ 的一个基础解系.

§4.3 非齐次线性方程组

非齐次线性方程组

$$\begin{cases} a_{11}x_1+a_{12}x_2+\cdots+a_{1n}x_n=b_1, \\ a_{21}x_1+a_{22}x_2+\cdots+a_{2n}x_n=b_2, \\ \qquad\cdots\cdots \\ a_{m1}x_1+a_{m2}x_2+\cdots+a_{mn}x_n=b_m \end{cases} \tag{4.1}$$

的矩阵形式为

$$\boldsymbol{Ax}=\boldsymbol{b}, \tag{4.2}$$

其中 m 维向量 $\boldsymbol{b}\neq\boldsymbol{0}$，当 $\boldsymbol{b}=\boldsymbol{0}$ 时

$$\boldsymbol{Ax}=\boldsymbol{0} \tag{4.6}$$

也称为与式（4.2）**对应的齐次线性方程组或导出组**.

非齐次线性方程组的解与它的导出组的解之间有密切关系.

性质 4.3.1 若 $\boldsymbol{x}=\boldsymbol{\eta}_1$, $\boldsymbol{x}=\boldsymbol{\eta}_2$ 是方程（4.2）的解，则 $\boldsymbol{x}=\boldsymbol{\eta}_1-\boldsymbol{\eta}_2$ 是它的导出组（4.6）的解.

证

$$\boldsymbol{A}(\boldsymbol{\eta}_1-\boldsymbol{\eta}_2)=\boldsymbol{A\eta}_1-\boldsymbol{A\eta}_2=\boldsymbol{b}-\boldsymbol{b}=\boldsymbol{0},$$

即 $\boldsymbol{x}=\boldsymbol{\eta}_1-\boldsymbol{\eta}_2$ 满足方程（4.6）.

性质 4.3.2 若 $\boldsymbol{x}=\boldsymbol{\eta}$ 是式（4.2）的解，$\boldsymbol{x}=\boldsymbol{\xi}$ 是它的导出组（4.6）的解，则 $\boldsymbol{x}=\boldsymbol{\xi}+\boldsymbol{\eta}$ 仍是式（4.2）的解.

证

$$\boldsymbol{A}(\boldsymbol{\xi}+\boldsymbol{\eta})=\boldsymbol{A\xi}+\boldsymbol{A\eta}=\boldsymbol{0}+\boldsymbol{b}=\boldsymbol{b},$$

即 $\boldsymbol{x}=\boldsymbol{\xi}+\boldsymbol{\eta}$ 满足方程（4.2）.

进一步可得非齐次线性方程组的解的结构定理.

定理 4.3.1 若 $\boldsymbol{\eta}^*$ 是方程（4.2）的一个解，$\boldsymbol{\xi}_1, \boldsymbol{\xi}_2, \cdots, \boldsymbol{\xi}_{n-r}$ 是它的导出组（4.6）的一个基础解系，则方程（4.2）的通解为

$$\boldsymbol{x}=c_1\boldsymbol{\xi}_1+c_2\boldsymbol{\xi}_2+\cdots+c_{n-r}\boldsymbol{\xi}_{n-r}+\boldsymbol{\eta}^*, \tag{4.9}$$

其中，$c_1,c_2,\cdots,c_{n-r}$ 为任意常数.

证 由性质 4.3.2 知，对给定的一组常数 $c_1,c_2,\cdots,c_{n-r}$，表达式（4.9）是方程（4.2）的一个解.

现取方程（4.2）的任一解 $\tilde{\boldsymbol{x}}$，由性质 4.3.1 知，$\tilde{\boldsymbol{x}}-\boldsymbol{\eta}^*$ 是它的导出组（4.6）的一个解，从而可经$\boldsymbol{\xi}_1, \boldsymbol{\xi}_2, \cdots, \boldsymbol{\xi}_{n-r}$ 线性表出，即存在一组常数 $\tilde{c}_1,\tilde{c}_2,\cdots,\tilde{c}_{n-r}$，使得

$$\tilde{\boldsymbol{x}}-\boldsymbol{\eta}^*=\tilde{c}_1\boldsymbol{\xi}_1+\tilde{c}_2\boldsymbol{\xi}_2+\cdots+\tilde{c}_{n-r}\boldsymbol{\xi}_{n-r},$$

所以，$\tilde{\boldsymbol{x}}$ 可表示为表达式（4.9）的形式

$$\tilde{\boldsymbol{x}}=\tilde{c}_1\boldsymbol{\xi}_1+\tilde{c}_2\boldsymbol{\xi}_2+\cdots+\tilde{c}_{n-r}\boldsymbol{\xi}_{n-r}+\boldsymbol{\eta}^*.$$

定理获证.

综合上述讨论，求解非齐次线性方程组 $\boldsymbol{Ax}=\boldsymbol{b}$ 的一般步骤可如下进行：

（1）写出增广矩阵 $\boldsymbol{B}=(\boldsymbol{A},\boldsymbol{b})$；

（2）对 $\boldsymbol{B}$ 进行初等行变换，变成行阶梯形矩阵，求出 $R(\boldsymbol{A}), R(\boldsymbol{B})$，并判断是否有解；

（3）在有解的情况下，设 $R(\boldsymbol{A})=R(\boldsymbol{B})=r$，若 $r=n$，则 $\boldsymbol{Ax}=\boldsymbol{b}$ 只有唯一解；若 $r<n$，求出对应齐次线性方程组 $\boldsymbol{Ax}=\boldsymbol{0}$ 的一个基础解系 $\xi_1, \xi_2, \cdots, \xi_{n-r}$；

（4）求出 $\boldsymbol{Ax}=\boldsymbol{b}$ 的一个特解 $\boldsymbol{\eta}^*$，再根据定理 4.3.1 写出它的通解（4.9）.

例 4.3.1 求解非齐次线性方程组

$$\begin{cases} x_1+3x_2-3x_3=-8, \\ 3x_1-x_2+2x_3=10, \\ 7x_1+x_2+x_3=6. \end{cases}$$

解 对增广矩阵 $\boldsymbol{B}$ 施行初等行变换：

$$\boldsymbol{B}=\begin{pmatrix} 1 & 3 & -3 & -8 \\ 3 & -1 & 2 & 10 \\ 7 & 1 & 1 & 6 \end{pmatrix} \sim \begin{pmatrix} 1 & 3 & -3 & -8 \\ 0 & -10 & 11 & 34 \\ 0 & 0 & 0 & -6 \end{pmatrix}.$$

可见，$R(\boldsymbol{A})<R(\boldsymbol{B})$，故方程组无解.

例 4.3.2 求解非齐次线性方程组

$$\begin{cases} x_1-x_2+x_3+x_4=1, \\ 2x_1+x_2+4x_3+5x_4=6, \\ x_1+2x_2+3x_3+4x_4=5. \end{cases}$$

解 对增广矩阵 $\boldsymbol{B}$ 施行初等行变换：

$$\boldsymbol{B}=\begin{pmatrix} 1 & -1 & 1 & 1 & 1 \\ 2 & 1 & 4 & 5 & 6 \\ 1 & 2 & 3 & 4 & 5 \end{pmatrix} \sim \begin{pmatrix} 1 & -1 & 1 & 1 & 1 \\ 0 & 3 & 2 & 3 & 4 \\ 0 & 0 & 0 & 0 & 0 \end{pmatrix} \sim \begin{pmatrix} 1 & 0 & \frac{5}{3} & 2 & \frac{7}{3} \\ 0 & 1 & \frac{2}{3} & 1 & \frac{4}{3} \\ 0 & 0 & 0 & 0 & 0 \end{pmatrix}.$$

可见，$R(\boldsymbol{A})=R(\boldsymbol{B})=2<4$，方程组有无穷多个解，并且

$$\begin{cases} x_1=\dfrac{7}{3}-\dfrac{5}{3}x_3-2x_4, \\ x_2=\dfrac{4}{3}-\dfrac{2}{3}x_3-x_4. \end{cases}$$

取 $x_3=x_4=0$，则 $x_1=\dfrac{7}{3}, x_2=\dfrac{4}{3}$，即得方程组的一个特解

$$\boldsymbol{\eta}^*=\left(\frac{7}{3}, \frac{4}{3}, 0, 0\right)^{\mathrm{T}}.$$

对应的齐次线性方程组为

$$\begin{cases} x_1=-\dfrac{5}{3}x_3-2x_4, \\ x_2=-\dfrac{2}{3}x_3-x_4. \end{cases}$$

取$\begin{pmatrix} x_3 \\ x_4 \end{pmatrix}=\begin{pmatrix} 1 \\ 0 \end{pmatrix}$及$\begin{pmatrix} 0 \\ 1 \end{pmatrix}$，则$\begin{pmatrix} x_1 \\ x_2 \end{pmatrix}=\begin{pmatrix} -\frac{5}{3} \\ -\frac{2}{3} \end{pmatrix}$及$\begin{pmatrix} -2 \\ -1 \end{pmatrix}$. 得齐次线性方程组的基础解系

$$\boldsymbol{\xi}_1=\begin{pmatrix} -\frac{5}{3} \\ -\frac{2}{3} \\ 1 \\ 0 \end{pmatrix},\ \boldsymbol{\xi}_2=\begin{pmatrix} -2 \\ -1 \\ 0 \\ 1 \end{pmatrix}.$$

于是，所求通解为

$$\begin{pmatrix} x_1 \\ x_2 \\ x_3 \\ x_4 \end{pmatrix}=c_1\begin{pmatrix} -\frac{5}{3} \\ -\frac{2}{3} \\ 1 \\ 0 \end{pmatrix}+c_2\begin{pmatrix} -2 \\ -1 \\ 0 \\ 1 \end{pmatrix}+\begin{pmatrix} \frac{7}{3} \\ \frac{4}{3} \\ 0 \\ 0 \end{pmatrix},$$

其中，c_1,c_2为任意常数.

例 4.3.3 设有线性方程组

$$\begin{cases} (1+\lambda)x_1+x_2+x_3=0, \\ x_1+(1+\lambda)x_2+x_3=3, \\ x_1+x_2+(1+\lambda)x_3=\lambda. \end{cases}$$

问λ取何值时，此方程组

（1）有唯一解；

（2）无解；

（3）有无穷多个解，在有无穷多个解时求出它的通解.

解法 1 对增广矩阵$\boldsymbol{B}=(\boldsymbol{A},\boldsymbol{b})$做初等行变换把它变为行阶梯形矩阵，有

$$\boldsymbol{B}=\begin{pmatrix} 1+\lambda & 1 & 1 & 0 \\ 1 & 1+\lambda & 1 & 3 \\ 1 & 1 & 1+\lambda & \lambda \end{pmatrix}\sim\begin{pmatrix} 1 & 1 & 1+\lambda & \lambda \\ 1 & 1+\lambda & 1 & 3 \\ 1+\lambda & 1 & 1 & 0 \end{pmatrix}$$

$$\sim\begin{pmatrix} 1 & 1 & 1+\lambda & \lambda \\ 0 & \lambda & -\lambda & 3-\lambda \\ 0 & -\lambda & -\lambda(2+\lambda) & -\lambda(1+\lambda) \end{pmatrix}$$

$$\sim\begin{pmatrix} 1 & 1 & 1+\lambda & \lambda \\ 0 & \lambda & -\lambda & 3-\lambda \\ 0 & 0 & -\lambda(3+\lambda) & (1-\lambda)(3+\lambda) \end{pmatrix}.$$

当$\lambda\neq 0$且$\lambda\neq -3$时，$R(\boldsymbol{A})=R(\boldsymbol{B})=3$，方程组有唯一解；

当$\lambda=0$时，$R(\boldsymbol{A})=1$，$R(\boldsymbol{B})=2$，方程组无解；

当$\lambda=-3$时，$R(\boldsymbol{A})=R(\boldsymbol{B})=2$，方程组有无穷多解. 这时

$$\boldsymbol{B}\sim\begin{pmatrix}1&1&-2&-3\\0&-3&3&6\\0&0&0&0\end{pmatrix}\sim\begin{pmatrix}1&0&-1&-1\\0&1&-1&-2\\0&0&0&0\end{pmatrix}$$

可得

$$\begin{cases}x_1=x_3-1,\\x_2=x_3-2.\end{cases}$$

方程组的通解为

$$\begin{pmatrix}x_1\\x_2\\x_3\end{pmatrix}=c\begin{pmatrix}1\\1\\1\end{pmatrix}+\begin{pmatrix}-1\\-2\\0\end{pmatrix}(c\in\mathbf{R}).$$

解法 2　系数矩阵 $\boldsymbol{A}$ 为方阵，

$$|\boldsymbol{A}|=\begin{vmatrix}1+\lambda&1&1\\1&1+\lambda&1\\1&1&1+\lambda\end{vmatrix}=(3+\lambda)\begin{vmatrix}1&1&1\\1&1+\lambda&1\\1&1&1+\lambda\end{vmatrix}$$

$$=(3+\lambda)\begin{vmatrix}1&1&1\\0&\lambda&0\\0&0&\lambda\end{vmatrix}=(3+\lambda)\lambda^2.$$

（1）当 $\lambda\neq0$ 且 $\lambda\neq-3$ 时，$|\boldsymbol{A}|\neq0$，方程组有唯一解.

（2）当 $\lambda=0$ 时，

$$\boldsymbol{B}=\begin{pmatrix}1&1&1&0\\1&1&1&3\\1&1&1&0\end{pmatrix}\sim\begin{pmatrix}1&1&1&0\\0&0&0&1\\0&0&0&0\end{pmatrix},$$

可知 $R(\boldsymbol{A})=1, R(\boldsymbol{B})=2$，故方程组无解.

（3）当 $\lambda=-3$ 时，

$$\boldsymbol{B}=\begin{pmatrix}-2&1&1&0\\1&-2&1&3\\1&1&-2&-3\end{pmatrix}\sim\begin{pmatrix}1&0&-1&-1\\0&1&-1&-2\\0&0&0&0\end{pmatrix},$$

可知 $R(\boldsymbol{A})=R(\boldsymbol{B})=2$，故方程组有无穷多解，且通解为

$$\begin{pmatrix}x_1\\x_2\\x_3\end{pmatrix}=c\begin{pmatrix}1\\1\\1\end{pmatrix}+\begin{pmatrix}-1\\-2\\0\end{pmatrix}(c\in\mathbf{R}).$$

解法 2 虽然比较简单，但是它只适用于系数矩阵为方阵的情形.

例 4.3.4　设

$$\boldsymbol{A}=\begin{pmatrix}\lambda&1&1\\0&\lambda-1&0\\1&1&\lambda\end{pmatrix},\boldsymbol{b}=\begin{pmatrix}a\\1\\1\end{pmatrix},$$

已知线性方程组 $\boldsymbol{Ax}=\boldsymbol{b}$ 存在 2 个不同的解，

（1）求 λ, a；

（2）求方程组 $\boldsymbol{Ax}=\boldsymbol{b}$ 的通解.

解 （1）因为线性方程组 $\boldsymbol{Ax}=\boldsymbol{b}$ 有 2 个不同的解，所以 $R(\boldsymbol{A})=R(\boldsymbol{A},\boldsymbol{b})<3$.

由

$$|\boldsymbol{A}|=\begin{vmatrix}\lambda & 1 & 1\\ 0 & \lambda-1 & 0\\ 1 & 1 & \lambda\end{vmatrix}=(\lambda-1)\begin{vmatrix}\lambda & 1\\ 1 & \lambda\end{vmatrix}=(\lambda+1)(\lambda-1)^2=0,$$

解得 $\lambda=1$ 或 $\lambda=-1$.

当 $\lambda=1$ 时，易知 $R(\boldsymbol{A})=1, R(\boldsymbol{A},\boldsymbol{b})=2$，方程组 $\boldsymbol{Ax}=\boldsymbol{b}$ 无解.

当 $\lambda=-1$ 时，

$$(\boldsymbol{A},\boldsymbol{b})=\begin{pmatrix}-1 & 1 & 1 & a\\ 0 & -2 & 0 & 1\\ 1 & 1 & -1 & 1\end{pmatrix}\sim\begin{pmatrix}1 & 1 & -1 & 1\\ 0 & -2 & 0 & 1\\ 0 & 0 & 0 & a+2\end{pmatrix},$$

分两种情形：

若 $a\neq-2$，则 $R(\boldsymbol{A})=2, R(\boldsymbol{A},\boldsymbol{b})=3$，方程组 $\boldsymbol{Ax}=\boldsymbol{b}$ 无解；

若 $a=-2$，则 $R(\boldsymbol{A})=R(\boldsymbol{A},\boldsymbol{b})=2<3$，方程组 $\boldsymbol{Ax}=\boldsymbol{b}$ 有无穷多个解.

故 $\lambda=-1, a=-2$.

（2）当 $\lambda=-1, a=-2$ 时，

$$(\boldsymbol{A},\boldsymbol{b})\sim\begin{pmatrix}1 & 0 & -1 & \frac{3}{2}\\ 0 & 1 & 0 & -\frac{1}{2}\\ 0 & 0 & 0 & 0\end{pmatrix}.$$

所以方程组 $\boldsymbol{Ax}=\boldsymbol{b}$ 的通解为

$$\begin{pmatrix}x_1\\ x_2\\ x_3\end{pmatrix}=c\begin{pmatrix}1\\ 0\\ 1\end{pmatrix}+\begin{pmatrix}\frac{3}{2}\\ -\frac{1}{2}\\ 0\end{pmatrix}(c\in\mathbf{R})$$

例 4.3.5 设 $\boldsymbol{A}$ 是秩为 3 的 5×4 矩阵，$\boldsymbol{\eta}_1,\boldsymbol{\eta}_2,\boldsymbol{\eta}_3$ 是非齐次线性方程组 $\boldsymbol{Ax}=\boldsymbol{b}$ 的 3 个不同的解，若 $\boldsymbol{\eta}_1+\boldsymbol{\eta}_2+2\boldsymbol{\eta}_3=(2,0,0,0)^{\mathrm{T}}, 3\boldsymbol{\eta}_1+\boldsymbol{\eta}_2=(2,4,6,8)^{\mathrm{T}}$，求该方程组的通解.

解 由于 $R(\boldsymbol{A})=3$，所以对应的齐次线性方程组 $\boldsymbol{Ax}=\boldsymbol{0}$ 的基础解系所含解向量的个数为 $4-3=1$. 因为

$$(\boldsymbol{\eta}_1+\boldsymbol{\eta}_2+2\boldsymbol{\eta}_3)-(3\boldsymbol{\eta}_1+\boldsymbol{\eta}_2)=2(\boldsymbol{\eta}_3-\boldsymbol{\eta}_1)=(0,-4,-6,-8)^{\mathrm{T}}$$

是 $\boldsymbol{Ax}=\boldsymbol{0}$ 的解，故基础解系可取为 $(0,2,3,4)^{\mathrm{T}}$. 又由

$$\boldsymbol{A}(\boldsymbol{\eta}_1+\boldsymbol{\eta}_2+2\boldsymbol{\eta}_3)=\boldsymbol{A\eta}_1+\boldsymbol{A\eta}_2+2\boldsymbol{A\eta}_3=4\boldsymbol{b}$$

推知 $\frac{1}{4}(\boldsymbol{\eta}_1+\boldsymbol{\eta}_2+2\boldsymbol{\eta}_3)$ 是方程组 $\boldsymbol{Ax}=\boldsymbol{b}$ 的一个解，因此根据非齐次线性方程组解的结构可知

$$c(0,2,3,4)^{\mathrm{T}}+\left(\frac{1}{2},0,0,0\right)^{\mathrm{T}}\ (c\in\mathbf{R})$$

是方程组 $\boldsymbol{Ax}=\boldsymbol{b}$ 的通解.

例 4.3.6　设 $\boldsymbol{\eta}_1,\boldsymbol{\eta}_2,\cdots,\boldsymbol{\eta}_s$ 是非齐次线性方程组 $\boldsymbol{Ax}=\boldsymbol{b}$ 的 s 个解，$k_1,k_2,\cdots,k_s$ 为实数，满足 $k_1+k_2+\cdots+k_s=1$. 证明 $\boldsymbol{x}=k_1\boldsymbol{\eta}_1+k_2\boldsymbol{\eta}_2+\cdots+k_s\boldsymbol{\eta}_s$ 也是 $\boldsymbol{Ax}=\boldsymbol{b}$ 的解.

证　
$$\begin{aligned}\boldsymbol{Ax}&=\boldsymbol{A}(k_1\boldsymbol{\eta}_1+k_2\boldsymbol{\eta}_2+\cdots+k_s\boldsymbol{\eta}_s)=k_1\boldsymbol{A\eta}_1+k_2\boldsymbol{A\eta}_2+\cdots+k_s\boldsymbol{A\eta}_s\\&=k_1\boldsymbol{b}+k_2\boldsymbol{b}+\cdots+k_s\boldsymbol{b}=(k_1+k_2+\cdots+k_s)\boldsymbol{b}=\boldsymbol{b}.\end{aligned}$$

所以，$\boldsymbol{x}=k_1\boldsymbol{\eta}_1+k_2\boldsymbol{\eta}_2+\cdots+k_s\boldsymbol{\eta}_s$ 也是 $\boldsymbol{Ax}=\boldsymbol{b}$ 的解.

习　题　4

1．已知 $\boldsymbol{\eta}_1,\boldsymbol{\eta}_2,\boldsymbol{\eta}_3,\boldsymbol{\eta}_4$ 是齐次线性方程组 $\boldsymbol{Ax}=\boldsymbol{0}$ 的基础解系，则此方程组的基础解系还可选用（　　）.

A．$\boldsymbol{\eta}_1+\boldsymbol{\eta}_2,\boldsymbol{\eta}_2+\boldsymbol{\eta}_3,\boldsymbol{\eta}_3+\boldsymbol{\eta}_4,\boldsymbol{\eta}_4+\boldsymbol{\eta}_1$

B．$\boldsymbol{\eta}_1,\boldsymbol{\eta}_2,\boldsymbol{\eta}_3,\boldsymbol{\eta}_4$ 的等价向量组 $\boldsymbol{\alpha}_1,\boldsymbol{\alpha}_2,\boldsymbol{\alpha}_3,\boldsymbol{\alpha}_4$

C．$\boldsymbol{\eta}_1,\boldsymbol{\eta}_2,\boldsymbol{\eta}_3,\boldsymbol{\eta}_4$ 的等秩向量组 $\boldsymbol{\alpha}_1,\boldsymbol{\alpha}_2,\boldsymbol{\alpha}_3,\boldsymbol{\alpha}_4$

D．$\boldsymbol{\eta}_1+\boldsymbol{\eta}_2,\boldsymbol{\eta}_2+\boldsymbol{\eta}_3,\boldsymbol{\eta}_3-\boldsymbol{\eta}_4,\boldsymbol{\eta}_4-\boldsymbol{\eta}_1$

2．设 $\boldsymbol{A}$ 是 5×4 矩阵，$\boldsymbol{A}=(\boldsymbol{\alpha}_1,\boldsymbol{\alpha}_2,\boldsymbol{\alpha}_3,\boldsymbol{\alpha}_4)$，若 $\boldsymbol{\eta}_1=(1,1,-2,1)^{\mathrm{T}}$，$\boldsymbol{\eta}_2=(0,1,0,1)^{\mathrm{T}}$ 是 $\boldsymbol{Ax}=\boldsymbol{0}$ 的基础解系，则 $\boldsymbol{A}$ 的列向量组的最大线性无关组是（　　）.

A．$\boldsymbol{\alpha}_1,\boldsymbol{\alpha}_3$　　B．$\boldsymbol{\alpha}_2,\boldsymbol{\alpha}_4$　　C．$\boldsymbol{\alpha}_2,\boldsymbol{\alpha}_3$　　D．$\boldsymbol{\alpha}_1,\boldsymbol{\alpha}_2,\boldsymbol{\alpha}_4$

3．设 $\boldsymbol{A}$ 是 $m\times n$ 矩阵，$\boldsymbol{Ax}=\boldsymbol{0}$ 是非齐次线性方程组 $\boldsymbol{Ax}=\boldsymbol{b}$ 所对应的齐次线性方程组，则下列结论正确的是（　　）.

A．若 $\boldsymbol{Ax}=\boldsymbol{0}$ 仅有零解，则 $\boldsymbol{Ax}=\boldsymbol{b}$ 有唯一解.

B．若 $\boldsymbol{Ax}=\boldsymbol{0}$ 有非零解，则 $\boldsymbol{Ax}=\boldsymbol{b}$ 有无穷多个解.

C．若 $\boldsymbol{Ax}=\boldsymbol{b}$ 有无穷多个解，则 $\boldsymbol{Ax}=\boldsymbol{0}$ 仅有零解.

D．若 $\boldsymbol{Ax}=\boldsymbol{b}$ 有无穷多个解，则 $\boldsymbol{Ax}=\boldsymbol{0}$ 有非零解.

4．非齐次线性方程组 $\boldsymbol{Ax}=\boldsymbol{b}$ 中未知量个数为 n，方程个数为 m，系数矩阵 $\boldsymbol{A}$ 的秩为 r，则有（　　）.

A．$r=m$ 时，方程组 $\boldsymbol{Ax}=\boldsymbol{b}$ 有解.

B．$r=n$ 时，方程组 $\boldsymbol{Ax}=\boldsymbol{b}$ 有唯一解.

C．$m=n$ 时，方程组 $\boldsymbol{Ax}=\boldsymbol{b}$ 有唯一解.

D．$r<n$ 时，方程组 $\boldsymbol{Ax}=\boldsymbol{b}$ 有无穷多个解.

5．已知 $\boldsymbol{\beta}_1,\boldsymbol{\beta}_2$ 是 $\boldsymbol{Ax}=\boldsymbol{b}$ 的两个不同的解，$\boldsymbol{\alpha}_1,\boldsymbol{\alpha}_2$ 是相应齐次线性方程组 $\boldsymbol{Ax}=\boldsymbol{0}$ 的基础解系，k_1,k_2 是任意常数，则 $\boldsymbol{Ax}=\boldsymbol{b}$ 的通解是（　　）.

A．$k_1\boldsymbol{\alpha}_1+k_2(\boldsymbol{\alpha}_1+\boldsymbol{\alpha}_2)+\dfrac{\boldsymbol{\beta}_1-\boldsymbol{\beta}_2}{2}$． B．$k_1\boldsymbol{\alpha}_1+k_2(\boldsymbol{\alpha}_1-\boldsymbol{\alpha}_2)+\dfrac{\boldsymbol{\beta}_1+\boldsymbol{\beta}_2}{2}$．

C．$k_1\boldsymbol{\alpha}_1+k_2(\boldsymbol{\beta}_1-\boldsymbol{\beta}_2)+\dfrac{\boldsymbol{\beta}_1-\boldsymbol{\beta}_2}{2}$． D．$k_1\boldsymbol{\alpha}_1+k_2(\boldsymbol{\beta}_1-\boldsymbol{\beta}_2)+\dfrac{\boldsymbol{\beta}_1+\boldsymbol{\beta}_2}{2}$．

6．设 $\boldsymbol{A}=(\boldsymbol{\alpha}_1,\boldsymbol{\alpha}_2,\boldsymbol{\alpha}_3,\boldsymbol{\alpha}_4)$ 是 4 阶矩阵，$\boldsymbol{A}^*$为 $\boldsymbol{A}$ 的伴随矩阵．若 $(1,0,1,0)^{\mathrm{T}}$ 是方程组 $\boldsymbol{Ax}=\boldsymbol{0}$ 的一个基础解系，则方程组 $\boldsymbol{A}^*\boldsymbol{x}=\boldsymbol{0}$ 的基础解系可为（　　）．

A．$\boldsymbol{\alpha}_1,\boldsymbol{\alpha}_3$． B．$\boldsymbol{\alpha}_1,\boldsymbol{\alpha}_2$． C．$\boldsymbol{\alpha}_1,\boldsymbol{\alpha}_2,\boldsymbol{\alpha}_3$． D．$\boldsymbol{\alpha}_2,\boldsymbol{\alpha}_3,\boldsymbol{\alpha}_4$．

7．设 $\boldsymbol{A}=\begin{pmatrix}1&2&3\\4&5&6\\7&8&9\end{pmatrix}$，$\boldsymbol{A}^*$为 $\boldsymbol{A}$ 的伴随矩阵，则 $\boldsymbol{A}^*\boldsymbol{x}=\boldsymbol{0}$ 的通解是________．

8．已知$\boldsymbol{\alpha}_1,\boldsymbol{\alpha}_2,\boldsymbol{\alpha}_3,\boldsymbol{\alpha}_4$是线性方程组 $\boldsymbol{Ax}=\boldsymbol{0}$ 的一个基础解系，若 $\boldsymbol{\beta}_1=\boldsymbol{\alpha}_1+t\boldsymbol{\alpha}_2$，$\boldsymbol{\beta}_2=\boldsymbol{\alpha}_2+t\boldsymbol{\alpha}_3$，$\boldsymbol{\beta}_3=\boldsymbol{\alpha}_3+t\boldsymbol{\alpha}_4,\boldsymbol{\beta}_4=\boldsymbol{\alpha}_4+t\boldsymbol{\alpha}_1$，当 t 满足________时，$\boldsymbol{\beta}_1,\boldsymbol{\beta}_2,\boldsymbol{\beta}_3,\boldsymbol{\beta}_4$ 也是 $\boldsymbol{Ax}=\boldsymbol{0}$ 的一个基础解系．

9．已知方程组$\begin{pmatrix}a&1&1\\1&a&1\\1&1&a\end{pmatrix}\begin{pmatrix}x_1\\x_2\\x_3\end{pmatrix}=\begin{pmatrix}1\\1\\-2\end{pmatrix}$有无穷多个解，则 $a=$________．

10．设 $\boldsymbol{\alpha}_1,\boldsymbol{\alpha}_2,\boldsymbol{\alpha}_3$ 是四元非齐次线性方程组 $\boldsymbol{Ax}=\boldsymbol{b}$ 的三个解向量，且秩 $R(\boldsymbol{A})=3$，$\boldsymbol{\alpha}_1=(1,2,3,4)^{\mathrm{T}},\boldsymbol{\alpha}_2+\boldsymbol{\alpha}_3=(0,1,2,3)^{\mathrm{T}}$，$c$ 表示任意常数，则线性方程组 $\boldsymbol{Ax}=\boldsymbol{b}$ 的通解为________．

11．求下列齐次线性方程组的一个基础解系和通解：

（1）$\begin{cases}x_1+x_2-x_3-x_4=0,\\2x_1-5x_2+3x_3+2x_4=0,\\7x_1-7x_2+3x_3+x_4=0.\end{cases}$ （2）$\begin{cases}x_1-x_2+5x_3-x_4=0,\\x_1+x_2-2x_3+3x_4=0,\\3x_1-x_2+8x_3+x_4=0,\\x_1+3x_2-9x_3+7x_4=0.\end{cases}$

（3）$\begin{cases}x_1-2x_2+x_3+x_4-x_5=0,\\2x_1-x_2-x_3-x_4+x_5=0,\\x_1+7x_2-5x_3-5x_4+5x_5=0,\\3x_1-x_2-2x_3+x_4-x_5=0.\end{cases}$ （4）$nx_1+(n-1)x_2+\cdots+2x_{n-1}+x_n=0$.

12．求解下列非齐次线性方程组的解：

（1）$\begin{cases}x_1+x_2=5,\\2x_1+x_2+x_3+2x_4=1,\\5x_1+3x_2+2x_3+2x_4=3.\end{cases}$ （2）$\begin{cases}x_1-5x_2+2x_3-3x_4=11,\\5x_1+3x_2+6x_3-x_4=-1,\\2x_1+4x_2+2x_3+x_4=-6.\end{cases}$

（3）$\begin{cases}2x_1+7x_2+3x_3+x_4=6,\\3x_1+5x_2+2x_3+2x_4=4,\\9x_1+4x_2+x_3+7x_4=2.\end{cases}$ （4）$\begin{cases}x_1+3x_2+5x_3-4x_4=1,\\x_1+3x_2+2x_3-2x_4+x_5=-1,\\x_1-2x_2+x_3-x_4-x_5=3,\\x_1-4x_2+x_3+x_4-x_5=3,\\x_1+2x_2+x_3-x_4+x_5=-1.\end{cases}$

13．λ 取何值时，非齐次线性方程组

$$\begin{cases}\lambda x_1 + x_2 + x_3 = 1,\\ x_1 + \lambda x_2 + x_3 = \lambda,\\ x_1 + x_2 + \lambda x_3 = \lambda^2.\end{cases}$$

（1）有唯一的解；（2）无解；（3）有无穷多个解？

14．λ 取何值时，非齐次线性方程组

$$\begin{cases}(2-\lambda)x_1 + 2x_2 - 2x_3 = 1,\\ 2x_1 + (5-\lambda)x_2 - 4x_3 = 2,\\ -2x_1 - 4x_2 + (5-\lambda)x_3 = -\lambda - 1.\end{cases}$$

有唯一的解、无解或无穷多个解？并在有无穷多个解时求其通解.

15．设矩阵 $\boldsymbol{A} = \begin{pmatrix} 1 & -1 & -1 \\ 2 & a & 1 \\ -1 & 1 & a \end{pmatrix}$，$\boldsymbol{B} = \begin{pmatrix} 2 & 2 \\ 1 & a \\ -a-1 & -2 \end{pmatrix}$，当 a 为何值时，方程 $\boldsymbol{A}\boldsymbol{x} = \boldsymbol{B}$ 无解、有唯一解、有无穷多个解？有解时，解此方程.

16．已知齐次线性方程组

$$\text{（I）}\quad \begin{cases} x_1 + x_2 = 0,\\ x_2 - x_4 = 0.\end{cases}$$

又已知齐次线性方程组（II）的通解为

$$\boldsymbol{\eta} = c_1\begin{pmatrix}0\\1\\1\\0\end{pmatrix} + c_2\begin{pmatrix}-1\\2\\2\\1\end{pmatrix}，\quad c_1, c_2 \text{ 为任意常数}.$$

（1）求齐次线性方程组（I）的基础解系；

（2）线性方程组（I）和（II）是否有公共非零解？若有，求出所有公共解；若没有，说明理由.

17．设 $\boldsymbol{A} = \begin{pmatrix} 1 & a & 0 & 0 \\ 0 & 1 & a & 0 \\ 0 & 0 & 1 & a \\ a & 0 & 0 & 1 \end{pmatrix}$，$\boldsymbol{\beta} = \begin{pmatrix} 1 \\ -1 \\ 0 \\ 0 \end{pmatrix}$.

（1）计算行列式 $|\boldsymbol{A}|$；

（2）当实数 a 为何值时，方程组 $\boldsymbol{A}\boldsymbol{x} = \boldsymbol{\beta}$ 有无穷多个解，并求其通解.

18．已知非齐次线性方程组

$$\begin{cases} x_1 + x_2 + x_3 + x_4 = -1,\\ 4x_1 + 3x_2 + 5x_3 - x_4 = -1,\\ ax_1 + x_2 + 3x_3 + bx_4 = 1.\end{cases}$$

有 3 个线性无关的解.

（1）证明：方程组系数矩阵 $\boldsymbol{A}$ 的秩 $R(\boldsymbol{A}) = 2$；

（2）求 a,b 的值及方程组的通解.

19．已知 $\boldsymbol{A}$ 是 $m\times n$ 矩阵，其 m 个行向量是齐次线性方程组 $\boldsymbol{Cx}=\boldsymbol{0}$ 的基础解系，$\boldsymbol{B}$ 是 m 阶可逆矩阵，证明：$\boldsymbol{BA}$ 的行向量也是齐次线性方程组 $\boldsymbol{Cx}=\boldsymbol{0}$ 的基础解系.

20．证明：与基础解系等价的线性无关的向量组也是基础解系.

21．设 $\boldsymbol{\eta}^*$ 是非齐次线性方程组 $\boldsymbol{Ax}=\boldsymbol{b}$ 的一个解，$\xi_1,\cdots,\xi_{n-r}$ 是对应的齐次线性方程组的一个基础解系．证明：

（1）$\boldsymbol{\eta}^*,\boldsymbol{\xi}_1,\cdots,\boldsymbol{\xi}_{n-r}$ 线性无关；

（2）$\boldsymbol{\eta}^*,\boldsymbol{\eta}^*+\boldsymbol{\xi}_1,\cdots,\boldsymbol{\eta}^*+\boldsymbol{\xi}_{n-r}$ 线性无关.

22．设方程组 $\boldsymbol{Ax}=\boldsymbol{b}$ 的系数矩阵的秩 $R(\boldsymbol{A})=r$，且 $\boldsymbol{\eta}_1,\boldsymbol{\eta}_2,\cdots,\boldsymbol{\eta}_{n-r+1}$ 是它的 $n-r+1$ 个线性无关的解，试证明它的任一解可表示为 $\boldsymbol{x}=k_1\boldsymbol{\eta}_1+k_2\boldsymbol{\eta}_2+\cdots+k_{n-r+1}\boldsymbol{\eta}_{n-r+1}$，其中 $k_1+k_2+\cdots+k_{n-r+1}=1$.

第 5 章　矩阵的特征值与特征向量

在许多实际问题的研究中，往往需要将一个矩阵化为与之相似的对角形矩阵.什么样的矩阵才能与对角形矩阵相似？为了解决这一问题，需要用到矩阵的特征值与特征向量的知识，而且特征值理论的应用领域极其广泛，如工程技术中的振动问题和稳定性问题，经济管理中的主成分分析（PCA）、图像（信息）处理中的存取问题等，也包括数学中微分方程组求解和迭代法的收敛性问题的讨论.

本章主要讲述矩阵的特征值与特征向量、相似矩阵及矩阵的对角化等问题，其中涉及向量的内积、长度以及向量组的标准正交化等相关内容.

§5.1　向量的内积

几何空间中两向量 $\boldsymbol{x}=(x_1, x_2, x_3)$，$\boldsymbol{y}=(y_1, y_2, y_3)$的数量积

$$\boldsymbol{x}\cdot\boldsymbol{y}=|\boldsymbol{x}||\boldsymbol{y}|\cos\theta$$

在直角坐标系下表示为

$$\boldsymbol{x}\cdot\boldsymbol{y}=x_1y_1+x_2y_2+x_3y_3\ ,$$

现在把它推广到 n 维向量空间的情形.

定义 5.1.1　在 n 维向量空间 $\boldsymbol{R}^n$ 中，对于任意的两个向量 $\boldsymbol{x}=(x_1, x_2,\cdots, x_n)^{\mathrm{T}}$，$\boldsymbol{y}=(y_1, y_2,\cdots, y_n)^{\mathrm{T}}$，称 $\boldsymbol{x}^{\mathrm{T}}\boldsymbol{y}=x_1y_1+x_2y_2+\cdots+x_ny_n$ 为向量 $\boldsymbol{x}$ 与 $\boldsymbol{y}$ 的**内积**，记作$[\boldsymbol{x}, \boldsymbol{y}]$.

容易验证内积具有以下性质：

（1）$[\boldsymbol{x}, \boldsymbol{y}]=[\boldsymbol{y}, \boldsymbol{x}]$；

（2）$[\lambda\boldsymbol{x}, \boldsymbol{y}]=\lambda[\boldsymbol{x}, \boldsymbol{y}]$；

（3）$[\boldsymbol{x}+\boldsymbol{y}, \boldsymbol{z}]=[\boldsymbol{x}, \boldsymbol{z}]+[\boldsymbol{y}, \boldsymbol{z}]$；

（4）$[\boldsymbol{x}, \boldsymbol{x}]\geqslant 0$，当且仅当 $\boldsymbol{x}=0$ 时，$[\boldsymbol{x}, \boldsymbol{x}]=0$，

其中，$\boldsymbol{x}, \boldsymbol{y}, \boldsymbol{z}\in\boldsymbol{R}^n$，$\lambda$ 为实数.

利用 n 维向量的内积，我们来定义 n 维向量的长度和夹角的概念.

定义 5.1.2　非负实数 $\sqrt{[\boldsymbol{x},\boldsymbol{x}]}=\sqrt{x_1^2+x_2^2+\cdots+x_n^2}$ 称为向量 $\boldsymbol{x}=(x_1, x_2,\cdots, x_n)^{\mathrm{T}}$ 的**长度**或**模**，记作$\|\boldsymbol{x}\|$.

特别地，当$\|\boldsymbol{x}\|=1$时，称 $\boldsymbol{x}$ 为单位向量，显然对任意 n 维非零向量 $\boldsymbol{x}$，$\dfrac{\boldsymbol{x}}{\|\boldsymbol{x}\|}$是单位向量，通常称为**把 $\boldsymbol{x}$ 单位化**.

向量长度具有以下性质：

（1）非负性：当 $\boldsymbol{x}\neq\boldsymbol{0}$ 时，$\|\boldsymbol{x}\|>0$；当 $\boldsymbol{x}=\boldsymbol{0}$ 时，$\|\boldsymbol{x}\|=0$；

（2）齐次性：$\|\lambda\boldsymbol{x}\|=|\lambda|\|\boldsymbol{x}\|$；

（3）三角不等式：$\|\boldsymbol{x}+\boldsymbol{y}\|\leqslant\|\boldsymbol{x}\|+\|\boldsymbol{y}\|$；

（4）施瓦兹（Schwarz）不等式：$\|[\boldsymbol{x},\boldsymbol{y}]\|\leqslant\|\boldsymbol{x}\|+\|\boldsymbol{y}\|$，其中 $\boldsymbol{x},\boldsymbol{y}\in\boldsymbol{R}^n$.

由性质（4）可知，$\left|\dfrac{[\boldsymbol{x},\boldsymbol{y}]}{\|\boldsymbol{x}\|\|\boldsymbol{y}\|}\right|\leqslant 1$，因而可以定义两个非零向量之间的夹角$\theta$，当 $\boldsymbol{x}\neq\boldsymbol{0},\boldsymbol{y}\neq\boldsymbol{0}$ 时，令

$$\theta=\arccos\frac{[\boldsymbol{x},\boldsymbol{y}]}{\|\boldsymbol{x}\|\|\boldsymbol{y}\|}$$

称为 n 维向量 $\boldsymbol{x}$ 与 $\boldsymbol{y}$ 的**夹角**.

特别地，当$[\boldsymbol{x},\boldsymbol{y}]=0$ 时，$\theta=90^\circ$，此时称 n 维向量 $\boldsymbol{x}$ 与 $\boldsymbol{y}$ **正交**.

显然，若 $\boldsymbol{x}=\boldsymbol{0}$，则 $\boldsymbol{x}$ 与任意向量都正交，一组 n 维非零向量$\boldsymbol{\alpha}_1,\boldsymbol{\alpha}_2,\cdots,\boldsymbol{\alpha}_m$ 如果两两正交，则称$\boldsymbol{\alpha}_1,\boldsymbol{\alpha}_2,\cdots,\boldsymbol{\alpha}_m$ 为**正交向量组**.

下面讨论正交向量组的性质.

定理 5.1.1 $\boldsymbol{R}^n$ 中的非零正交向量组$\boldsymbol{\alpha}_1,\boldsymbol{\alpha}_2,\cdots,\boldsymbol{\alpha}_m$ 是线性无关的.

证 设

$$k_1\boldsymbol{\alpha}_1+k_2\boldsymbol{\alpha}_2+\cdots+k_m\boldsymbol{\alpha}_m=0,$$

上式两边用$\boldsymbol{\alpha}_i=(i=1,2,\cdots,m)$作内积

$$k_1[\boldsymbol{\alpha}_i,\boldsymbol{\alpha}_1]+k_2[\boldsymbol{\alpha}_i,\boldsymbol{\alpha}_2]+\cdots+k_m[\boldsymbol{\alpha}_i,\boldsymbol{\alpha}_m]=0,$$

得

$$k_1[\boldsymbol{\alpha}_i,\boldsymbol{\alpha}_i]=0\ \ (i=1,2,\cdots,m).$$

因为$\boldsymbol{\alpha}_i\neq\boldsymbol{0}$，故$[\boldsymbol{\alpha}_i,\boldsymbol{\alpha}_i]\neq 0$，所以 $k_i=0(i=1,2,\cdots,m)$. 于是向量组$\boldsymbol{\alpha}_1,\boldsymbol{\alpha}_2,\cdots,\boldsymbol{\alpha}_m$ 线性无关.

例 5.1.1 已知向量空间 $\boldsymbol{R}^3$ 中两个向量

$$\boldsymbol{\alpha}_1=\begin{pmatrix}1\\1\\1\end{pmatrix},\ \boldsymbol{\alpha}_2=\begin{pmatrix}1\\-2\\1\end{pmatrix}$$

正交，试求一个非零向量$\boldsymbol{\alpha}_3$，使$\boldsymbol{\alpha}_1,\boldsymbol{\alpha}_2,\boldsymbol{\alpha}_3$ 两两正交.

解 设$\boldsymbol{\alpha}_3=(x_1,x_2,x_3)^{\mathrm{T}}$，由$[\boldsymbol{\alpha}_1,\boldsymbol{\alpha}_3]=0,[\boldsymbol{\alpha}_2,\boldsymbol{\alpha}_3]=0$，得

$$\begin{cases}x_1+x_2+x_3=0,\\x_1-2x_2+x_3=0.\end{cases}$$

对系数矩阵 $\boldsymbol{A}=\begin{pmatrix}1&1&1\\1&-2&1\end{pmatrix}$做初等行变换

$$\boldsymbol{A}\sim\begin{pmatrix}1&1&1\\1&-3&0\end{pmatrix}\sim\begin{pmatrix}1&0&1\\0&1&0\end{pmatrix},$$

得

$$\begin{cases}x_1=-x_3,\\x_2=0.\end{cases}$$

令 $x_3=1$，则$\boldsymbol{\alpha}_3=(-1,0,1)^{\mathrm{T}}$ 即为所求.

定义 5.1.3　设 n 维向量 $\boldsymbol{e}_1, \boldsymbol{e}_2, \cdots, \boldsymbol{e}_r$ 是向量空间 $V \subset \boldsymbol{R}^n$ 的一组基，如果 $\boldsymbol{e}_1, \boldsymbol{e}_2, \cdots, \boldsymbol{e}_r$ 两两正交，且都是单位向量，则称 $\boldsymbol{e}_1, \boldsymbol{e}_2, \cdots, \boldsymbol{e}_r$ 是 V 的一组**标准正交基**.

例如，在 $\boldsymbol{R}^3$ 中，易知

$$\boldsymbol{\alpha}_1 = \begin{pmatrix} 1 \\ 0 \\ 1 \end{pmatrix},\ \boldsymbol{\alpha}_2 = \begin{pmatrix} 0 \\ 2 \\ 0 \end{pmatrix},\ \boldsymbol{\alpha}_3 = \begin{pmatrix} -1 \\ 0 \\ 1 \end{pmatrix}.$$

线性无关且两两正交，所以是 $\boldsymbol{R}^3$ 的一组正交基；而

$$\boldsymbol{e}_1 = \begin{pmatrix} \frac{1}{\sqrt{2}} \\ 0 \\ \frac{1}{\sqrt{2}} \end{pmatrix},\ \boldsymbol{e}_2 = \begin{pmatrix} 0 \\ 1 \\ 0 \end{pmatrix},\ \boldsymbol{e}_3 = \begin{pmatrix} -\frac{1}{\sqrt{2}} \\ 0 \\ \frac{1}{\sqrt{2}} \end{pmatrix}.$$

是 $\boldsymbol{R}^3$ 的一组标准正交基.

设 $\boldsymbol{e}_1, \boldsymbol{e}_2, \cdots, \boldsymbol{e}_r$ 是向量空间 V 的一组标准正交基，则对 V 中任一向量 $\boldsymbol{\alpha}$ 有

$$\boldsymbol{\alpha} = \lambda_1\boldsymbol{e}_1 + \lambda_2\boldsymbol{e}_2 + \cdots + \lambda_r\boldsymbol{e}_r,$$

其中，$\lambda_1, \lambda_2, \cdots, \lambda_r$ 为向量 $\boldsymbol{\alpha}$ 在基 $\boldsymbol{e}_1, \boldsymbol{e}_2, \cdots, \boldsymbol{e}_r$ 下的坐标.

用 $\boldsymbol{e}_i\,(i = 1,2,\cdots,r)$ 对上式作内积，得

$$[\boldsymbol{e}_i, \boldsymbol{\alpha}] = \lambda_1[\boldsymbol{e}_i, \boldsymbol{e}_1] + \cdots + \lambda_i[\boldsymbol{e}_i, \boldsymbol{e}_i] + \cdots + \lambda_r[\boldsymbol{e}_i, \boldsymbol{e}_r] = \lambda_i,$$

即

$$\lambda_i = [\boldsymbol{e}_i, \boldsymbol{\alpha}]\,(i = 1,2,\cdots,r)\,. \tag{5.1}$$

利用式（5.1）容易算出向量 $\boldsymbol{\alpha}$ 在标准正交基 $\boldsymbol{e}_1, \boldsymbol{e}_2, \cdots, \boldsymbol{e}_r$ 下的坐标.

我们可以将向量空间 $V \subset \boldsymbol{R}^n$ 的一组基 $\boldsymbol{\alpha}_1, \boldsymbol{\alpha}_2, \cdots, \boldsymbol{\alpha}_r$ 先正交化再单位化，从而得到与其等价的一组标准正交基 $\boldsymbol{e}_1, \boldsymbol{e}_2, \cdots, \boldsymbol{e}_r$，这一过程称为把一组基 $\boldsymbol{\alpha}_1, \boldsymbol{\alpha}_2, \cdots, \boldsymbol{\alpha}_r$ **标准正交化**.

下面讲述**施密特（Schmidt）正交化过程**.

设 $\boldsymbol{\alpha}_1, \boldsymbol{\alpha}_2, \cdots, \boldsymbol{\alpha}_r$ 是向量空间 $V \subset \boldsymbol{R}^n$ 的一组基，可以分两步把 $\boldsymbol{\alpha}_1, \boldsymbol{\alpha}_2, \cdots, \boldsymbol{\alpha}_r$ 标准正交化.

（1）**正交化**

令　$\boldsymbol{\beta}_1 = \boldsymbol{\alpha}_1$；

$$\boldsymbol{\beta}_2 = \boldsymbol{\alpha}_2 - \frac{[\boldsymbol{\alpha}_2, \boldsymbol{\beta}_1]}{[\boldsymbol{\beta}_1, \boldsymbol{\beta}_1]}\boldsymbol{\beta}_1;$$

$$\boldsymbol{\beta}_3 = \boldsymbol{\alpha}_3 - \frac{[\boldsymbol{\alpha}_3, \boldsymbol{\beta}_1]}{[\boldsymbol{\beta}_1, \boldsymbol{\beta}_1]}\boldsymbol{\beta}_1 - \frac{[\boldsymbol{\alpha}_3, \boldsymbol{\beta}_2]}{[\boldsymbol{\beta}_2, \boldsymbol{\beta}_2]}\boldsymbol{\beta}_2;$$

……

$$\boldsymbol{\beta}_r = \boldsymbol{\alpha}_r - \frac{[\boldsymbol{\alpha}_r, \boldsymbol{\beta}_1]}{[\boldsymbol{\beta}_1, \boldsymbol{\beta}_1]}\boldsymbol{\beta}_1 - \frac{[\boldsymbol{\alpha}_r, \boldsymbol{\beta}_2]}{[\boldsymbol{\beta}_2, \boldsymbol{\beta}_2]}\boldsymbol{\beta}_2 - \cdots - \frac{[\boldsymbol{\alpha}_r, \boldsymbol{\beta}_{r-1}]}{[\boldsymbol{\beta}_{r-1}, \boldsymbol{\beta}_{r-1}]}\boldsymbol{\beta}_{r-1}.$$

容易验证 $\boldsymbol{\beta}_1, \boldsymbol{\beta}_2, \cdots, \boldsymbol{\beta}_r$ 两两正交，且 $\boldsymbol{\alpha}_1, \boldsymbol{\alpha}_2, \cdots, \boldsymbol{\alpha}_r$ 与 $\boldsymbol{\beta}_1, \boldsymbol{\beta}_2, \cdots, \boldsymbol{\beta}_r$ 等价.

（2）**单位化**

$$e_1=\frac{\beta_1}{\|\beta_1\|},\quad e_2=\frac{\beta_2}{\|\beta_2\|},\quad \cdots,\quad e_r=\frac{\beta_r}{\|\beta_r\|},$$

则向量组 $e_1, e_2, \cdots, e_r$ 就是所求的一组标准正交基.

例 5.1.2 已知 R^3 的一组基 $\alpha_1=(1,1,1)^T$，$\alpha_2=(0,1,2)^T$，$\alpha_3=(2,0,3)^T$，求 R^3 的一组标准正交基.

解 取 $\beta_1=\alpha_1$，则

$$\beta_2=\alpha_2-\frac{[\alpha_2,\beta_1]}{[\beta_1,\beta_1]}\beta_1=\begin{pmatrix}0\\1\\2\end{pmatrix}-\frac{3}{3}\begin{pmatrix}1\\1\\1\end{pmatrix}=\begin{pmatrix}-1\\0\\1\end{pmatrix},$$

$$\begin{aligned}\beta_3&=\alpha_3-\frac{[\alpha_3,\beta_1]}{[\beta_1,\beta_1]}\beta_1-\frac{[\alpha_3,\beta_2]}{[\beta_2,\beta_2]}\beta_2\\&=\begin{pmatrix}2\\0\\3\end{pmatrix}-\frac{5}{3}\begin{pmatrix}1\\1\\1\end{pmatrix}=-\frac{1}{2}\begin{pmatrix}-1\\0\\1\end{pmatrix}=-\frac{5}{6}\begin{pmatrix}1\\-2\\1\end{pmatrix}.\end{aligned}$$

再把 $\beta_1, \beta_2, \beta_3$ 单位化

$$e_1=\frac{\beta_1}{\|\beta_1\|}=\frac{1}{\sqrt{3}}\begin{pmatrix}1\\1\\1\end{pmatrix},\quad e_2=\frac{\beta_2}{\|\beta_2\|}=\frac{1}{\sqrt{2}}\begin{pmatrix}-1\\0\\1\end{pmatrix},\quad e_3=\frac{\beta_3}{\|\beta_3\|}=\frac{1}{\sqrt{6}}\begin{pmatrix}1\\-2\\1\end{pmatrix},$$

则 e_1, e_2, e_3 是 R^3 的一组标准正交基.

例 5.1.3 已知 $\alpha_1=(1,1,1)^T$，试把 α_1 扩充成 R^3 的一组标准正交基.

解 求非零向量 α_2, α_3，使 α_2, α_3 满足方程 $\alpha_1^T x=0$，即

$$x_1+x_2+x_3=0.$$

它的一个基础解系为

$$\xi_1=(-1,1,0)^T,\quad \xi_2=(-1,0,1)^T.$$

把 α_1, ξ_1, ξ_2 正交化，因为 $[\alpha_1, \xi_1]=0$，可取

$$\alpha_2=\xi_1;$$

$$\alpha_3=\xi_2-\frac{[\xi_2,\alpha_2]}{[\alpha_2,\alpha_2]}\alpha_2=\begin{pmatrix}-1\\0\\1\end{pmatrix}-\frac{1}{2}\begin{pmatrix}-1\\1\\0\end{pmatrix}=\frac{1}{2}\begin{pmatrix}-1\\-1\\2\end{pmatrix}.$$

$\alpha_1, \alpha_2, \alpha_3$ 构成 R^3 的一组正交基，再单位化

$$e_1=\frac{\alpha_1}{\|\alpha_1\|}=\frac{1}{\sqrt{3}}\begin{pmatrix}1\\1\\1\end{pmatrix},\quad e_2=\frac{\alpha_2}{\|\alpha_2\|}=\frac{1}{\sqrt{2}}\begin{pmatrix}-1\\1\\0\end{pmatrix},\quad e_3=\frac{\alpha_3}{\|\alpha_3\|}=\frac{1}{\sqrt{6}}\begin{pmatrix}-1\\-1\\2\end{pmatrix}.$$

则 e_1, e_2, e_3 是 R^3 的一组标准正交基.

定义 5.1.4 如果 n 阶矩阵 A 满足

$$A^T A=E\ (\text{即 } A^{-1}=A^T),$$

则称 A 为**正交矩阵**，简称**正交阵**.

定理 5.1.2　n 阶矩阵 $\boldsymbol{A}$ 为正交阵的充分必要条件是 $\boldsymbol{A}$ 的列向量组是 $\boldsymbol{R}^n$ 的一组标准正交基.

证　令 $\boldsymbol{A}=(\boldsymbol{\alpha}_1,\boldsymbol{\alpha}_2,\cdots,\boldsymbol{\alpha}_n)$，则

$$\boldsymbol{A}^{\mathrm{T}}\boldsymbol{A}=\begin{pmatrix}\boldsymbol{\alpha}_1^{\mathrm{T}}\\\boldsymbol{\alpha}_2^{\mathrm{T}}\\\vdots\\\boldsymbol{\alpha}_n^{\mathrm{T}}\end{pmatrix}(\boldsymbol{\alpha}_1,\boldsymbol{\alpha}_2,\cdots,\boldsymbol{\alpha}_n)=\begin{pmatrix}\boldsymbol{\alpha}_1^{\mathrm{T}}\boldsymbol{\alpha}_1 & \boldsymbol{\alpha}_1^{\mathrm{T}}\boldsymbol{\alpha}_2 & \cdots & \boldsymbol{\alpha}_1^{\mathrm{T}}\boldsymbol{\alpha}_n\\\boldsymbol{\alpha}_2^{\mathrm{T}}\boldsymbol{\alpha}_1 & \boldsymbol{\alpha}_2^{\mathrm{T}}\boldsymbol{\alpha}_2 & \cdots & \boldsymbol{\alpha}_2^{\mathrm{T}}\boldsymbol{\alpha}_n\\\vdots & \vdots & \ddots & \vdots\\\boldsymbol{\alpha}_n^{\mathrm{T}}\boldsymbol{\alpha}_1 & \boldsymbol{\alpha}_n^{\mathrm{T}}\boldsymbol{\alpha}_2 & \cdots & \boldsymbol{\alpha}_n^{\mathrm{T}}\boldsymbol{\alpha}_n\end{pmatrix}.$$

于是，$\boldsymbol{A}^{\mathrm{T}}\boldsymbol{A}=\boldsymbol{E}$ 的充分必要条件是

$$\begin{pmatrix}\boldsymbol{\alpha}_1^{\mathrm{T}}\boldsymbol{\alpha}_1 & \boldsymbol{\alpha}_1^{\mathrm{T}}\boldsymbol{\alpha}_2 & \cdots & \boldsymbol{\alpha}_1^{\mathrm{T}}\boldsymbol{\alpha}_n\\\boldsymbol{\alpha}_2^{\mathrm{T}}\boldsymbol{\alpha}_1 & \boldsymbol{\alpha}_2^{\mathrm{T}}\boldsymbol{\alpha}_2 & \cdots & \boldsymbol{\alpha}_2^{\mathrm{T}}\boldsymbol{\alpha}_n\\\vdots & \vdots & \ddots & \vdots\\\boldsymbol{\alpha}_n^{\mathrm{T}}\boldsymbol{\alpha}_1 & \boldsymbol{\alpha}_n^{\mathrm{T}}\boldsymbol{\alpha}_2 & \cdots & \boldsymbol{\alpha}_n^{\mathrm{T}}\boldsymbol{\alpha}_n\end{pmatrix}=\begin{pmatrix}1 & 0 & \cdots & 0\\0 & 1 & \cdots & 0\\\vdots & \vdots & \ddots & \vdots\\0 & 0 & \cdots & 1\end{pmatrix}.$$

即

$$\boldsymbol{\alpha}_i^{\mathrm{T}}\boldsymbol{\alpha}_j=0\ (i\neq j);$$
$$\boldsymbol{\alpha}_i^{\mathrm{T}}\boldsymbol{\alpha}_i=1\ (i=1,2\cdots,n).$$

所以 $\boldsymbol{A}$ 的列向量组 $\boldsymbol{\alpha}_1,\boldsymbol{\alpha}_2,\cdots,\boldsymbol{\alpha}_n$ 是 $\boldsymbol{R}^n$ 的一组标准正交基.

例如，4 阶矩阵

$$\boldsymbol{P}=\begin{pmatrix}\frac{1}{2} & -\frac{1}{2} & \frac{1}{2} & -\frac{1}{2}\\\frac{1}{2} & -\frac{1}{2} & -\frac{1}{2} & \frac{1}{2}\\\frac{1}{\sqrt{2}} & \frac{1}{\sqrt{2}} & 0 & 0\\0 & 0 & \frac{1}{\sqrt{2}} & \frac{1}{\sqrt{2}}\end{pmatrix}$$

的每个列向量都是单位向量，且两两正交，所以 $\boldsymbol{P}$ 是正交阵.

容易验证正交阵有如下性质：

（1）若 $\boldsymbol{A}$ 为正交阵，则 $\boldsymbol{A}^{-1}=\boldsymbol{A}^{\mathrm{T}}$ 也是正交阵，且 $|\boldsymbol{A}|=1$ 或-1.

（2）若 $\boldsymbol{A}$ 与 $\boldsymbol{B}$ 都是正交阵，则 $\boldsymbol{AB}$ 与 $\boldsymbol{BA}$ 也是正交阵.

§5.2　特征值与特征向量

定义 5.2.1　设 $\boldsymbol{A}$ 是 n 阶矩阵，如果存在数λ和 n 维非零列向量 $\boldsymbol{x}$，使得

$$\boldsymbol{Ax}=\lambda\boldsymbol{x}$$

成立，则称数λ为矩阵 $\boldsymbol{A}$ 的**特征值**，非零向量 $\boldsymbol{x}$ 称为 $\boldsymbol{A}$ 的属于（或对应于）特征值λ的**特征向量**.

应该注意到，特征向量 $\boldsymbol{x}\neq\boldsymbol{0}$；特征值问题是对方阵而言的，本章的矩阵如不加说明，都是方阵.

根据定义，n 阶矩阵 $\boldsymbol{A}$ 的特征值，就是使 n 元齐次线性方程组

$$(\lambda \boldsymbol{E}-\boldsymbol{A})\boldsymbol{x}=0$$

有非零解的λ值，而该方程组有非零解的充分必要条件是系数行列式

$$|\lambda \boldsymbol{E}-\boldsymbol{A}|=0. \tag{5.2}$$

定义 5.2.2 设 n 阶矩阵 $\boldsymbol{A}=(a_{ij})$，则

$$|\lambda \boldsymbol{E}-\boldsymbol{A}|=\begin{pmatrix} \lambda-a_{11} & -a_{12} & \cdots & -a_{1n} \\ -a_{21} & \lambda-a_{22} & \cdots & -a_{2n} \\ \vdots & \vdots & \ddots & \vdots \\ -a_{n1} & -a_{n2} & \cdots & \lambda-a_{nn} \end{pmatrix}$$

称为矩阵 $\boldsymbol{A}$ 的**特征多项式**，记作 $f(\lambda)$，即

$$f(\lambda)=|\lambda \boldsymbol{E}-\boldsymbol{A}|,$$

称 $\lambda \boldsymbol{E}-\boldsymbol{A}$ 为矩阵 $\boldsymbol{A}$ 的**特征矩阵**，式（5.2）称为矩阵 $\boldsymbol{A}$ 的**特征方程**.

显然，$\boldsymbol{A}$ 的特征值就是 $\boldsymbol{A}$ 的特征方程的根. 特征方程（5.2）在复数范围内有且仅有 n 个根（重根按重数计算）. 求矩阵 $\boldsymbol{A}$ 的特征值与特征向量的一般步骤为：

（1）写出 $\boldsymbol{A}$ 的特征多项式 $f(\lambda)=|\lambda \boldsymbol{E}-\boldsymbol{A}|$；

（2）求特征方程 $|\lambda \boldsymbol{E}-\boldsymbol{A}|=0$ 的根，即矩阵 $\boldsymbol{A}$ 的全部特征值；

（3）对每个特征值λ_i，求解齐次线性方程组$(\lambda_i\boldsymbol{E}-\boldsymbol{A})\boldsymbol{x}=0$，该方程组的基础解系所含解向量就是 $\boldsymbol{A}$ 的对应于特征值λ_i的线性无关的特征向量，从而得到矩阵 $\boldsymbol{A}$ 的全部特征值及其相应的特征向量.

例 5.2.1 求矩阵

$$\boldsymbol{A}=\begin{pmatrix} 1 & 0 & 1 \\ 0 & 1 & 2 \\ -2 & 3 & -2 \end{pmatrix}$$

的特征值与特征向量.

解 $\boldsymbol{A}$ 的特征多项式为

$$|\lambda \boldsymbol{E}-\boldsymbol{A}|=\begin{pmatrix} \lambda-1 & 0 & -1 \\ 0 & \lambda-1 & -2 \\ 2 & -3 & \lambda+2 \end{pmatrix}=(\lambda-1)(\lambda-2)(\lambda-3),$$

所以 $\boldsymbol{A}$ 的特征值为$\lambda_1=1, \lambda_2=2, \lambda_3=-3$.

当$\lambda_1=1$ 时，解$(\boldsymbol{E}-\boldsymbol{A})\boldsymbol{x}=0$. 由

$$\boldsymbol{E}-\boldsymbol{A}=\begin{pmatrix} 0 & 0 & -1 \\ 0 & 0 & -2 \\ 2 & -3 & 4 \end{pmatrix}\overset{r}{\sim}\begin{pmatrix} 2 & -3 & 3 \\ 0 & 0 & -1 \\ 0 & 0 & 0 \end{pmatrix}$$

得基础解系$\boldsymbol{\xi}_1=(3,2,0)^{\mathrm{T}}$ 对应于$\lambda_1=1$ 的全部特征向量为 $k\boldsymbol{\xi}_1(k\neq 0)$.

当$\lambda_2=2$ 时，解$(2\boldsymbol{E}-\boldsymbol{A})\boldsymbol{x}=0$. 由

$$2\boldsymbol{E}-\boldsymbol{A}=\begin{pmatrix} 1 & 0 & -1 \\ 0 & 1 & -2 \\ 2 & -3 & 4 \end{pmatrix}\overset{r}{\sim}\begin{pmatrix} 1 & 0 & -1 \\ 0 & 1 & -2 \\ 0 & 0 & 0 \end{pmatrix}$$

得基础解系$\xi_2=(1,2,1)^T$. 对应于$\lambda_2=2$ 的全部特征向量为 $k\xi_2(k\neq 0)$.

当$\lambda_3=-3$ 时，解$(-3E-A)x=0$. 由

$$-3E-A=\begin{pmatrix}-4&0&-1\\0&-4&-2\\2&-3&-1\end{pmatrix}\overset{r}{\sim}\begin{pmatrix}4&0&1\\0&2&1\\0&0&0\end{pmatrix}$$

得基础解系$\xi_3=(1,2,-4)^T$. 对应于$\lambda_3=-3$ 的全部特征向量为 $k\xi_3(k\neq 0)$.

例 5.2.2　求矩阵

$$A=\begin{pmatrix}-1&1&0\\-4&3&0\\1&0&2\end{pmatrix}$$

的特征值与特征向量.

解　A 的特征多项式为

$$|\lambda E-A|=\begin{pmatrix}\lambda+1&-1&0\\4&\lambda-3&0\\-1&0&\lambda-2\end{pmatrix}=(\lambda-2)(\lambda-1)^2$$

所以 A 的特征值为$\lambda_1=2,\ \lambda_2=\lambda_3=1$.

当$\lambda_1=2$ 时，解$(2E-A)x=0$. 由

$$2E-A=\begin{pmatrix}3&-1&0\\4&-1&0\\-1&0&0\end{pmatrix}\overset{r}{\sim}\begin{pmatrix}1&0&0\\0&1&0\\0&0&0\end{pmatrix}$$

得基础解系$\xi_1=(0,0,1)^T$. 对应于$\lambda_1=2$ 的全部特征向量为 $k\xi_1(k\neq 0)$.

当$\lambda_2=\lambda_3=1$ 时，解$(E-A)x=0$. 由

$$E-A=\begin{pmatrix}2&-1&0\\4&-2&0\\-1&0&-1\end{pmatrix}\overset{r}{\sim}\begin{pmatrix}1&0&1\\0&1&2\\0&0&0\end{pmatrix}$$

得基础解系$\xi_2=(1,2,-1)^T$. 对应于$\lambda_2=\lambda_3=1$ 的全部特征向量为 $k\xi_2(k\neq 0)$.

例 5.2.3　求矩阵

$$A=\begin{pmatrix}-2&1&1\\0&2&0\\-4&1&3\end{pmatrix}$$

的特征值和特征向量.

解　A 的特征多项式为

$$|\lambda E-A|=\begin{pmatrix}\lambda+2&-1&-1\\0&\lambda-2&0\\4&-1&\lambda-3\end{pmatrix}=(\lambda+1)(\lambda-2)^2,$$

所以，A 的特征值为$\lambda_1=-1,\ \lambda_2=\lambda_3=2$.

当$\lambda_1=-1$ 时，解$(-E-A)x=0$. 由

$$-\boldsymbol{E}-\boldsymbol{A}=\begin{pmatrix}1 & -1 & -1\\ 0 & -3 & 0\\ 4 & -1 & -4\end{pmatrix}\overset{r}{\sim}\begin{pmatrix}1 & 0 & -1\\ 0 & 1 & 0\\ 0 & 0 & 0\end{pmatrix}$$

得基础解系$\boldsymbol{\xi}_1=(1,0,1)^{\mathrm{T}}$. 对应于$\lambda_1=-1$的全部特征向量为$k\boldsymbol{\xi}_1(k\neq 0)$.

当$\lambda_2=\lambda_3=2$时，解$(2\boldsymbol{E}-\boldsymbol{A})\boldsymbol{x}=0$. 由

$$2\boldsymbol{E}-\boldsymbol{A}=\begin{pmatrix}4 & -1 & -1\\ 0 & 0 & 0\\ 4 & -1 & -1\end{pmatrix}\overset{r}{\sim}\begin{pmatrix}4 & -1 & -1\\ 0 & 0 & 0\\ 0 & 0 & 0\end{pmatrix}$$

得基础解系$\boldsymbol{\xi}_2=(0,1,-1)^{\mathrm{T}},\boldsymbol{\xi}_3=(1,0,4)^{\mathrm{T}}$. 对应于$\lambda_2=\lambda_3=2$的全部特征向量为$k_2\boldsymbol{\xi}_2+k_3\boldsymbol{\xi}_3$ (k_2,k_3不同时为0).

例 5.2.4　证明：一向量$\boldsymbol{x}$不能同时是方阵$\boldsymbol{A}$的对应于不同特征值的特征向量.

证　设$\boldsymbol{x}$同时是方阵$\boldsymbol{A}$的对应于特征值λ_1和$\lambda_2(\lambda_1\neq\lambda_2)$的特征向量，则$\boldsymbol{x}\neq\boldsymbol{0}$，且有

$$\boldsymbol{A}\boldsymbol{x}=\lambda_1\boldsymbol{x}\text{ 和 }\boldsymbol{A}\boldsymbol{x}=\lambda_2\boldsymbol{x},$$

于是

$$(\lambda_1-\lambda_2)\boldsymbol{x}=\boldsymbol{0}.$$

但$\boldsymbol{x}\neq\boldsymbol{0}$，因此只有$(\lambda_1-\lambda_2)=0$，即$\lambda_1=\lambda_2$.

定理 5.2.1　设n阶矩阵$\boldsymbol{A}=(a_{ij})$的n个特征值为$\lambda_1,\lambda_2,\cdots,\lambda_n$，则

（1）$\lambda_1\lambda_2\cdots\lambda_n=|\boldsymbol{A}|$；

（2）$\lambda_1+\lambda_2+\cdots+\lambda_n=a_{11}+a_{22}+\cdots+a_{nn}$，其中，$a_{11}+a_{22}+\cdots+a_{nn}$是$\boldsymbol{A}$的主对角元素之和，称为矩阵$\boldsymbol{A}$的**迹**，记作$\mathrm{tr}(\boldsymbol{A})$.

证　（1）根据多项式的因式分解与方程的根之间的关系，有

$$f(\lambda)=|\lambda\boldsymbol{E}-\boldsymbol{A}|=(\lambda-\lambda_1)(\lambda-\lambda_2)\cdots(\lambda-\lambda_n) \tag{5.3}$$

令$\lambda=0$，得

$$|-\boldsymbol{A}|=(-\lambda_1)(-\lambda_2)\cdots(-\lambda_n)=(-1)^n\lambda_1\lambda_2\cdots\lambda_n,$$

即

$$|\boldsymbol{A}|=\lambda_1\lambda_2\cdots\lambda_n$$

（2）$f(\lambda)$展开式中有一项是$|\lambda\boldsymbol{E}-\boldsymbol{A}|$的主对角元素的乘积

$$(\lambda-a_{11})(\lambda-a_{22})\cdots(\lambda-a_{nn}), \tag{5.4}$$

其余各项至多包含$n-2$个主对角元素，因此$f(\lambda)$展开式中含λ^{n-1}的项只能出现在式（5.4）中，其系数为$-(a_{11}+a_{22}+\cdots+a_{nn})$，比较式（5.3）两边$\lambda^{n-1}$的系数得

$$\lambda_1+\lambda_2+\cdots+\lambda_n=a_{11}+a_{22}+\cdots+a_{nn}.$$

例 5.2.5　设矩阵

$$\boldsymbol{A}=\begin{pmatrix}1 & -1 & 0\\ 2 & x & 0\\ 4 & 2 & 1\end{pmatrix}$$

已知$\boldsymbol{A}$有特征值$\lambda_1=1,\lambda_2=2$，求x的值和$\boldsymbol{A}$的另一个特征值λ_3.

解　根据定理 5.2.1，有

$$\lambda_1+\lambda_2+\lambda_3=1+x+1,\ \lambda_1\lambda_2\lambda_3=|\boldsymbol{A}|,$$

而

$$|\boldsymbol{A}|=\begin{vmatrix}1 & -1 & 0\\ 2 & x & 0\\ 4 & 2 & 1\end{vmatrix}=x+2,$$

所以

$$1+2+\lambda_3=2+x, 2\lambda_3=x+2,$$

解得 $x=4, \lambda_3=3$.

矩阵的特征值和特征向量还有以下性质.

定理 5.2.2　若λ是方阵 $\boldsymbol{A}$ 的特征值，$\boldsymbol{x}$ 是 $\boldsymbol{A}$ 的对应于特征值λ的特征向量，则

（1）$k\lambda$是 $k\boldsymbol{A}$ 的特征值（k 为任意常数）;

（2）λ^m 是 $\boldsymbol{A}^m$ 的特征值（k 为正整数）;

（3）当 $\boldsymbol{A}$ 可逆时，$\dfrac{1}{\lambda}$ 是 $\boldsymbol{A}^{-1}$ 的特征值；且 $\boldsymbol{x}$ 仍是矩阵 $k\boldsymbol{A}, \boldsymbol{A}^m, \boldsymbol{A}^{-1}$ 的分别对应于特征值 $k\lambda, \lambda^m, \dfrac{1}{\lambda}$ 的特征向量.

证明留给读者练习.

定理 5.2.3　n 阶矩阵 $\boldsymbol{A}$ 与它的转置矩阵 $\boldsymbol{A}^{\mathrm{T}}$ 有相同的特征值.

证　由于 $(\lambda\boldsymbol{E}-\boldsymbol{A})^{\mathrm{T}}=(\lambda\boldsymbol{E})^{\mathrm{T}}-\boldsymbol{A}^{\mathrm{T}}=\lambda\boldsymbol{E}-\boldsymbol{A}^{\mathrm{T}}$，故

$$|\lambda\boldsymbol{E}-\boldsymbol{A}|=|(\lambda\boldsymbol{E}-\boldsymbol{A})^{\mathrm{T}}|=|\lambda\boldsymbol{E}-\boldsymbol{A}^{\mathrm{T}}|.$$

$\boldsymbol{A}$ 与 $\boldsymbol{A}^{\mathrm{T}}$ 有相同的特征多项式，所以它们的特征值相同.

定理 5.2.4　方阵 $\boldsymbol{A}$ 的对应于不同特征值的特征向量线性无关.

证　设 $\boldsymbol{A}$ 的 m 个互不相同特征值为$\lambda_1, \lambda_2, \cdots, \lambda_m$，其对应的特征向量分别为$\boldsymbol{\xi}_1, \boldsymbol{\xi}_2, \cdots, \boldsymbol{\xi}_m$. 若存在常数 $k_1, k_2, \cdots, k_m$ 使得

$$k_1\boldsymbol{\xi}_1+k_2\boldsymbol{\xi}_2+\cdots+k_m\boldsymbol{\xi}_m=\boldsymbol{0}$$

则用 $\boldsymbol{A}$ 左乘上式，得

$$k_1\boldsymbol{A}\boldsymbol{\xi}_1+k_2\boldsymbol{A}\boldsymbol{\xi}_2+\cdots+k_m\boldsymbol{A}\boldsymbol{\xi}_m=\boldsymbol{0}$$

即

$$\lambda_1k_1\boldsymbol{\xi}_1+\lambda_2k_2\boldsymbol{\xi}_2+\cdots+\lambda_mk_m\boldsymbol{\xi}_m=\boldsymbol{0}$$

再用 $\boldsymbol{A}$ 左乘上式，得

$$\lambda_1^2k_1\boldsymbol{\xi}_1+\lambda_2^2k_2\boldsymbol{\xi}_2+\cdots+\lambda_m^2k_m\boldsymbol{\xi}_m=\boldsymbol{0}$$

继续施行上述步骤直到 $m-1$ 次，得

$$\lambda_1^{m-1}k_1\boldsymbol{\xi}_1+\lambda_2^{m-1}k_2\boldsymbol{\xi}_2+\cdots+\lambda_m^{m-1}k_m\boldsymbol{\xi}_m=\boldsymbol{0}$$

把上列各式写成矩阵形式

$$\begin{pmatrix} 1 & 1 & 1 & \cdots & 1 \\ \lambda_1 & \lambda_2 & \lambda_3 & \cdots & \lambda_m \\ \lambda_1^2 & \lambda_2^2 & \lambda_3^2 & \cdots & \lambda_m^2 \\ \vdots & \vdots & \vdots & \ddots & \vdots \\ \lambda_1^{m-1} & \lambda_2^{m-1} & \lambda_3^{m-1} & \cdots & \lambda_m^{m-1} \end{pmatrix} \begin{pmatrix} k_1\boldsymbol{\xi}_1 \\ k_2\boldsymbol{\xi}_2 \\ k_3\boldsymbol{\xi}_3 \\ \vdots \\ k_m\boldsymbol{\xi}_m \end{pmatrix} = \begin{pmatrix} \mathbf{0} \\ \mathbf{0} \\ \mathbf{0} \\ \vdots \\ \mathbf{0} \end{pmatrix},$$

其中系数行列式为范德蒙德行列式，由于$\lambda_1, \lambda_2, \cdots, \lambda_m$互不相同，该范德蒙德行列式不为 0，从而得

$$\begin{pmatrix} k_1\boldsymbol{\xi}_1 \\ k_2\boldsymbol{\xi}_2 \\ \vdots \\ k_m\boldsymbol{\xi}_m \end{pmatrix} = \begin{pmatrix} \mathbf{0} \\ \mathbf{0} \\ \vdots \\ \mathbf{0} \end{pmatrix},$$

即 $k_i\boldsymbol{\xi}_i = \mathbf{0}(i=1,2,\cdots m)$．因为 $\boldsymbol{\xi}_i \neq \mathbf{0}$，所以 $k_i = 0(i=1,2,\cdots m)$，因此，$\boldsymbol{\xi}_1, \boldsymbol{\xi}_2, \cdots, \boldsymbol{\xi}_m$ 线性无关.

§5.3 相似矩阵

定义 5.3.1 设 $\boldsymbol{A}$ 与 $\boldsymbol{B}$ 都是 n 阶矩阵，若存在 n 阶可逆矩阵 $\boldsymbol{P}$，使

$$\boldsymbol{P}^{-1}\boldsymbol{AP} = \boldsymbol{B},$$

则称 $\boldsymbol{A}$ **相似于** $\boldsymbol{B}$，记作 $\boldsymbol{A} \simeq \boldsymbol{B}$.

例如，已知

$$\boldsymbol{A} = \begin{pmatrix} 2 & 1 \\ -1 & 0 \end{pmatrix}, \ \boldsymbol{B} = \begin{pmatrix} 1 & 1 \\ 0 & 1 \end{pmatrix},$$

问 $\boldsymbol{A}$ 是否相似于 $\boldsymbol{B}$？

因为存在可逆矩阵

$$\boldsymbol{P} = \begin{pmatrix} 1 & -1 \\ -1 & 2 \end{pmatrix}$$

使得

$$\begin{pmatrix} 1 & -1 \\ -1 & 2 \end{pmatrix}^{-1} \begin{pmatrix} 2 & 1 \\ -1 & 0 \end{pmatrix} \begin{pmatrix} 1 & -1 \\ -1 & 2 \end{pmatrix} = \begin{pmatrix} 1 & 1 \\ 0 & 1 \end{pmatrix},$$

即 $\boldsymbol{P}^{-1}\boldsymbol{AP} = \boldsymbol{B}$，所以 $\boldsymbol{A} \simeq \boldsymbol{B}$.

相似是矩阵之间的一种关系，具有以下 3 个性质：

（1）反身性：$\boldsymbol{A} \simeq \boldsymbol{A}$；

（2）对称性：若 $\boldsymbol{A} \simeq \boldsymbol{B}$，则 $\boldsymbol{B} \simeq \boldsymbol{A}$；

（3）传递性：若 $\boldsymbol{A} \simeq \boldsymbol{B}$，$\boldsymbol{B} \simeq \boldsymbol{C}$，则 $\boldsymbol{A} \simeq \boldsymbol{C}$，其中 $\boldsymbol{A}, \boldsymbol{B}, \boldsymbol{C}$ 都是 n 阶矩阵.

定理 5.3.1 若 n 阶矩阵 $\boldsymbol{A}$ 与 $\boldsymbol{B}$ 相似，则有

（1）$R(\boldsymbol{A}) = R(\boldsymbol{B})$；

（2）$|\boldsymbol{A}| = |\boldsymbol{B}|$；

（3）$\boldsymbol{A}$ 与 $\boldsymbol{B}$ 的特征多项式相同，从而 $\boldsymbol{A}$ 与 $\boldsymbol{B}$ 的特征值也相同.

证　性质（1）、性质（2）显然成立，下面证明性质（3）.
因为矩阵 $\boldsymbol{A}$ 与 $\boldsymbol{B}$ 相似，故存在可逆矩阵 $\boldsymbol{P}$，使 $\boldsymbol{P}^{-1}\boldsymbol{A}\boldsymbol{P}=\boldsymbol{B}$，则

$$\begin{aligned}|\lambda\boldsymbol{E}-\boldsymbol{B}|&=|\boldsymbol{P}^{-1}(\lambda\boldsymbol{E})\boldsymbol{P}-\boldsymbol{P}^{-1}\boldsymbol{A}\boldsymbol{P}|=|\boldsymbol{P}^{-1}(\lambda\boldsymbol{E}-\boldsymbol{A})\boldsymbol{P}|\\&=|\boldsymbol{P}^{-1}||\lambda\boldsymbol{E}-\boldsymbol{A}||\boldsymbol{P}|=|\lambda\boldsymbol{E}-\boldsymbol{A}|.\end{aligned}$$

即 $\boldsymbol{A}$ 与 $\boldsymbol{B}$ 有相同的特征多项式，从而 $\boldsymbol{A}$ 与 $\boldsymbol{B}$ 的特征值也相同.

推论　若 n 阶矩阵 $\boldsymbol{A}$ 与对角阵

$$\boldsymbol{\Lambda}=\begin{pmatrix}\lambda_1&&&\\&\lambda_2&&\\&&\ddots&\\&&&\lambda_n\end{pmatrix}$$

相似，则 $\lambda_1,\lambda_2,\cdots,\lambda_n$ 是 $\boldsymbol{A}$ 的 n 个特征值.

证　容易看出 $\lambda_1,\lambda_2,\cdots,\lambda_n$ 是 $\boldsymbol{\Lambda}$ 的 n 个特征值，由定理 5.3.1 知 $\lambda_1,\lambda_2,\cdots,\lambda_n$ 也是 $\boldsymbol{A}$ 的 n 个特征值.

例 5.3.1　设矩阵

$$\boldsymbol{A}=\begin{pmatrix}1&-2&-4\\-2&x&-2\\-4&-2&1\end{pmatrix}\text{与}\boldsymbol{B}=\begin{pmatrix}5&&\\&y&\\&&-4\end{pmatrix}$$

相似，求 x,y.

解　因为矩阵 $\boldsymbol{A}\simeq\boldsymbol{B}$，所以 $|\boldsymbol{A}|=|\boldsymbol{B}|$，得到方程

$$3x-4y+8=0.$$

又由 $\mathrm{tr}(\boldsymbol{A})=\mathrm{tr}(\boldsymbol{B})$，得到

$$2+x=y+1,$$

解得 $x=4,\ y=5$.

设 $\boldsymbol{A}$ 为 n 阶矩阵，若 $\boldsymbol{A}$ 与对角阵相似，即存在可逆矩阵 $\boldsymbol{P}$，使 $\boldsymbol{P}^{-1}\boldsymbol{A}\boldsymbol{P}=\boldsymbol{\Lambda}$ 为对角阵，则称 $\boldsymbol{A}$ **可对角化**. 下面讨论：对给定的 n 阶矩阵，能否找到可逆矩阵 $\boldsymbol{P}$，使 $\boldsymbol{P}^{-1}\boldsymbol{A}\boldsymbol{P}=\boldsymbol{\Lambda}$.

定理 5.3.2　n 阶矩阵 $\boldsymbol{A}$ 与对角阵相似（即 $\boldsymbol{A}$ 可对角化）的充分必要条件是 $\boldsymbol{A}$ 有 n 个线性无关的特征向量.

证　**必要性**　若 $\boldsymbol{A}$ 与对角阵相似，则存在可逆矩阵 $\boldsymbol{P}$，使

$$\boldsymbol{P}^{-1}\boldsymbol{A}\boldsymbol{P}=\begin{pmatrix}\lambda_1&&&\\&\lambda_2&&\\&&\ddots&\\&&&\lambda_n\end{pmatrix}\triangleq\boldsymbol{\Lambda},$$

即

$$\boldsymbol{A}\boldsymbol{P}=\boldsymbol{P}\boldsymbol{\Lambda},$$

将矩阵 $\boldsymbol{P}$ 用列向量表示为 $\boldsymbol{P}=(\xi_1,\xi_2,\cdots,\xi_n)$，就有

$$A(\xi_1,\xi_2,\cdots,\xi_n)=(\xi_1,\xi_2,\cdots,\xi_n)\begin{pmatrix}\lambda_1 & & & \\ & \lambda_2 & & \\ & & \ddots & \\ & & & \lambda_n\end{pmatrix}=(\lambda_1\xi_1,\lambda_2\xi_2,\cdots,\lambda_n\xi_n).$$

于是

$$A\xi_i=\lambda_i\xi_i \quad (i=1,2,\cdots,n),$$

即ξ_i是 A 的对应于 λ_i 的特征向量. 因为 P 可逆，所以$\xi_1, \xi_2, \cdots, \xi_n$ 线性无关.

充分性 设 A 有 n 个线性无关的特征向量$\xi_1, \xi_2, \cdots, \xi_n$，且

$$A\xi_i=\lambda_i\xi_i \quad (i=1,2,\cdots,n).$$

以$\xi_1, \xi_2, \cdots, \xi_n$为列向量作矩阵 P，则 P 可逆，且

$$AP=A(\xi_1,\xi_2,\cdots,\xi_n)=(\lambda_1\xi_1,\lambda_2\xi_2,\cdots,\lambda_n\xi_n)=P\begin{pmatrix}\lambda_1 & & & \\ & \lambda_2 & & \\ & & \ddots & \\ & & & \lambda_n\end{pmatrix},$$

或

$$P^{-1}AP=\begin{pmatrix}\lambda_1 & & & \\ & \lambda_2 & & \\ & & \ddots & \\ & & & \lambda_n\end{pmatrix}.$$

所以 A 与对角阵相似.

推论 若 n 阶矩阵 A 的 n 个特征值互不相等，则 A 与对角阵相似.

例 5.3.2 设

$$A=\begin{pmatrix}-2 & 1 & 1\\ 0 & 2 & 0\\ -4 & 1 & 3\end{pmatrix},$$

问 A 能否可对角化. 若可对角化，试求可逆矩阵 P，使得 $P^{-1}AP$ 为对角阵.

解 由

$$|\lambda E-A|=\begin{vmatrix}\lambda+2 & -1 & -1\\ 0 & \lambda-2 & 0\\ 4 & -1 & \lambda-3\end{vmatrix}=(\lambda+1)(\lambda-2)^2,$$

可得 A 的特征值为$\lambda_1=-1, \lambda_2=\lambda_3=2$.

当$\lambda_1=-1$时，由$(-E-A)x=0$求出对应的特征向量为$\xi_1=(1,0,1)^{\mathrm T}$；

当$\lambda_2=\lambda_3=2$ 时，由$(2E-A)x=0$ 求出对应的特征向量为

$$\xi_2=(0,1,-1)^{\mathrm T},\ \xi_3=(1,0,4)^{\mathrm T}.$$

由于ξ_1, ξ_2, ξ_3线性无关，所以矩阵 A 可对角化. 令

$$P=\begin{pmatrix}1 & 0 & 1\\ 0 & 1 & 0\\ 1 & -1 & 4\end{pmatrix},$$

则

$$P^{-1}AP=\begin{pmatrix}-1 & & \\ & 2 & \\ & & 2\end{pmatrix}.$$

例 5.3.3　设

$$A=\begin{pmatrix}0 & 0 & 1\\ 1 & 1 & x\\ 1 & 0 & 0\end{pmatrix},$$

问 x 为何值时矩阵 A 可对角化？

解　由

$$|\lambda E-A|=\begin{vmatrix}\lambda & 0 & -1\\ -1 & \lambda-1 & -x\\ -1 & 0 & \lambda\end{vmatrix}=(\lambda-1)^2(\lambda+1),$$

得 $\lambda_1=-1, \lambda_2=\lambda_3=1$.

当 $\lambda_1=-1$ 时，对应的线性无关的特征向量只有一个．若矩阵 A 可对角化，则对应于 $\lambda_2=\lambda_3=1$ 应有两个线性无关的特征向量，即方程 $(E-A)x=0$ 有两个线性无关的解，从而系数矩阵的秩 $R(E-A)=1$．由

$$E-A=\begin{pmatrix}1 & 0 & -1\\ -1 & 0 & -x\\ -1 & 0 & 1\end{pmatrix}\overset{r}{\sim}\begin{pmatrix}1 & 0 & -1\\ 0 & 0 & x+1\\ 0 & 0 & 0\end{pmatrix}$$

可知必须满足 $x+1=0$，即 $x=-1$．所以当 $x=-1$ 时，矩阵 A 可对角化.

例 5.3.4　已知 3 阶矩阵 A 的特征值 $\lambda_1=0, \lambda_2=1, \lambda_3=3$ 相应的特征向量是

$$\eta_1=\begin{pmatrix}1\\ 1\\ 1\end{pmatrix},\ \eta_2=\begin{pmatrix}1\\ 0\\ -1\end{pmatrix},\ \eta_3=\begin{pmatrix}1\\ -2\\ 1\end{pmatrix}$$

求矩阵 A.

解　由于 A 有 3 个互不相同的特征值，故对应的 3 个特征向量线性无关，所以 A 可对角化，即存在可逆矩阵

$$P=(\eta_1,\eta_2,\eta_3)=\begin{pmatrix}1 & 1 & 1\\ 1 & 0 & -2\\ 1 & -1 & 1\end{pmatrix}$$

使得

$$P^{-1}AP=\Lambda=\begin{pmatrix}0 & & \\ & 1 & \\ & & 3\end{pmatrix}.$$

容易求出

$$P^{-1}=\frac{1}{6}\begin{pmatrix}2 & 2 & 2\\ 3 & 0 & -3\\ 1 & -2 & 1\end{pmatrix},$$

则

$$\begin{aligned}A=P\Lambda P^{-1}&=\frac{1}{6}\begin{pmatrix}1 & 1 & 1\\ 1 & 0 & -2\\ 1 & -1 & 1\end{pmatrix}\begin{pmatrix}0 & & \\ & 1 & \\ & & 3\end{pmatrix}\begin{pmatrix}2 & 2 & 2\\ 3 & 0 & -3\\ 1 & -2 & 1\end{pmatrix}\\ &=\begin{pmatrix}1 & -1 & 0\\ -1 & 2 & -1\\ 0 & -1 & 1\end{pmatrix}.\end{aligned}$$

§5.4 实对称矩阵的对角化

实对称矩阵的概念在第 2 章已给出，这里强调如下.

定义 5.4.1 设 $\boldsymbol{A}$ 为 n 阶实矩阵，若 $\boldsymbol{A}^{\mathrm{T}}=\boldsymbol{A}$，则称 $\boldsymbol{A}$ 为**实对称矩阵**或**实对称阵**.

我们已经知道，不是任何矩阵都与对角阵相似. 但如果是实对称阵，则一定可对角化，而且具有其他一些重要结论.

定理 5.4.1 实对称阵的特征值都是实数.

设 $\boldsymbol{A}$ 为实对称阵，若 λ_i 是 $\boldsymbol{A}$ 的特征值，则 λ_i 为实数，相应的齐次线性方程组

$$(\lambda_i\boldsymbol{E}-\boldsymbol{A})\boldsymbol{x}=0$$

是实系数方程组. 由 $|\lambda_i\boldsymbol{E}-\boldsymbol{A}|=0$ 知必有实的基础解系，从而对应的特征向量可以取实向量.

定理 5.4.2 实对称阵的不同特征值所对应的特征向量必正交.

证 设 λ_1,λ_2 为实对称阵 $\boldsymbol{A}$ 的两个特征值，且 $\lambda_1\neq\lambda_2$，$\boldsymbol{\xi}_1,\boldsymbol{\xi}_2$ 为其对应的特征向量，则

$$\boldsymbol{A}\boldsymbol{\xi}_1=\lambda_1\boldsymbol{\xi}_1,\boldsymbol{A}\boldsymbol{\xi}_2=\lambda_2\boldsymbol{\xi}_2.$$

由于 $\boldsymbol{A}$ 为对称阵，故

$$\lambda_1\boldsymbol{\xi}_1^{\mathrm{T}}=(\lambda_1\boldsymbol{\xi}_1)^{\mathrm{T}}=(\boldsymbol{A}\boldsymbol{\xi}_1)^{\mathrm{T}}=\boldsymbol{\xi}_1^{\mathrm{T}}\boldsymbol{A}^{\mathrm{T}}=\boldsymbol{\xi}_1^{\mathrm{T}}\boldsymbol{A},$$

推出

$$\lambda_1\boldsymbol{\xi}_1^{\mathrm{T}}\boldsymbol{\xi}_2=\boldsymbol{\xi}_1^{\mathrm{T}}\boldsymbol{A}\boldsymbol{\xi}_2=\boldsymbol{\xi}_1^{\mathrm{T}}(\lambda_2\boldsymbol{\xi}_2)=\lambda_2\boldsymbol{\xi}_1^{\mathrm{T}}\boldsymbol{\xi}_2,$$

即

$$(\lambda_1-\lambda_2)\boldsymbol{\xi}_1^{\mathrm{T}}\boldsymbol{\xi}_2=0.$$

由 $\lambda_1\neq\lambda_2$，得 $\boldsymbol{\xi}_1^{\mathrm{T}}\boldsymbol{\xi}_2=0$，所以 $\boldsymbol{\xi}_1$ 与 $\boldsymbol{\xi}_2$ 正交.

例 5.4.1 设 1,1,−1 是三阶实对称阵 $\boldsymbol{A}$ 的 3 个特征值，$\boldsymbol{\alpha}_1=(1,1,1)^{\mathrm{T}}$，$\boldsymbol{\alpha}_2=(2,2,1)^{\mathrm{T}}$ 是 $\boldsymbol{A}$ 的对应于特征值 1 的特征向量，求 $\boldsymbol{A}$ 的对应于特征值−1 的特征向量.

解　设 $\boldsymbol{\alpha}_3=(x,y,z)$ 为 $\boldsymbol{A}$ 的对应于特征值-1 的特征向量，则 $\boldsymbol{\alpha}_1^{\mathrm{T}}\boldsymbol{\alpha}_3=0$，$\boldsymbol{\alpha}_2^{\mathrm{T}}\boldsymbol{\alpha}_3=0$，

$$\begin{cases}x+y+z=0,\\2x+2y+z=0,\end{cases}$$

得 $\boldsymbol{\alpha}_3=k(1,-1,0)^{\mathrm{T}}$，其中 k 为任意非零实数.

定理 5.4.3　设 $\boldsymbol{A}$ 为 n 阶实对称阵，则必有正交阵 $\boldsymbol{Q}$，使得

$$\boldsymbol{Q}^{-1}\boldsymbol{A}\boldsymbol{Q}=\boldsymbol{Q}^{\mathrm{T}}\boldsymbol{A}\boldsymbol{Q}=\begin{pmatrix}\lambda_1&&&\\&\lambda_2&&\\&&\ddots&\\&&&\lambda_n\end{pmatrix},$$

其中，$\lambda_1,\lambda_2,\cdots,\lambda_n$ 为 $\boldsymbol{A}$ 的全部特征值.

推论　设 $\boldsymbol{A}$ 为 n 阶实对称阵，λ是 $\boldsymbol{A}$ 的特征方程的 k 重根，则矩阵 $\lambda\boldsymbol{E}-\boldsymbol{A}$ 的秩 $R(\lambda\boldsymbol{E}-\boldsymbol{A})=n-k$，从而对应特征值$\lambda$ 的线性无关的特征向量恰有 k 个.

证　由定理 5.4.3 可知 $\boldsymbol{A}$ 与对角阵 $\boldsymbol{\Lambda}=\mathrm{diag}(\lambda_1,\lambda_2,\lambda_3,\cdots,\lambda_n)$ 相似，从而 $\lambda\boldsymbol{E}-\boldsymbol{A}$ 与 $\lambda\boldsymbol{E}-\boldsymbol{\Lambda}=\mathrm{diag}(\lambda-\lambda_1,\lambda-\lambda_2,\cdots,\lambda-\lambda_n)$ 相似.

当 λ 是 $\boldsymbol{A}$ 的 k 重特征根时，$\lambda_1,\lambda_2,\cdots,\lambda_n$ 这 n 个特征值中有 k 个等于λ，有 $n-k$ 个不等于λ，从而对角阵 $\lambda\boldsymbol{E}-\boldsymbol{\Lambda}$ 的对角元素恰有 k 个等于 0，于是

$$R(\lambda\boldsymbol{E}-\boldsymbol{\Lambda})=n-k.$$

由于 $R(\lambda\boldsymbol{E}-\boldsymbol{A})=R(\lambda\boldsymbol{E}-\boldsymbol{\Lambda})$，所以 $R(\lambda\boldsymbol{E}-\boldsymbol{A})=n-k$.

把对称阵 $\boldsymbol{A}$ 对角化的一般步骤为：

（1）求出 $\boldsymbol{A}$ 的全部特征值，其中 $\boldsymbol{A}$ 有 m 个互不相同的特征值$\lambda_1,\lambda_2,\cdots,\lambda_m$，且它们的重数依次为 $k_1,k_2,\cdots,k_m(k_1+k_2+\cdots k_m=n)$；

（2）对每一个 k_i 重特征值 λ_i，求方程 $(\lambda_i\boldsymbol{E}-\boldsymbol{A})\boldsymbol{x}=\boldsymbol{0}$ 的基础解系，得到 k_i 个线性无关的特征向量，再把它们正交化、单位化，合起来共得到 n 个两两正交的单位特征向量.

（3）将这 n 个特征向量作为列向量构成正交阵 $\boldsymbol{Q}$，便得 $\boldsymbol{Q}^{-1}\boldsymbol{A}\boldsymbol{Q}=\boldsymbol{\Lambda}$.

例 5.4.2　设

$$\boldsymbol{A}=\begin{pmatrix}2&-2&0\\-2&1&-2\\0&-2&0\end{pmatrix},$$

求一个正交阵 $\boldsymbol{Q}$，使 $\boldsymbol{Q}^{-1}\boldsymbol{A}\boldsymbol{Q}=\boldsymbol{\Lambda}$ 为对角阵.

解　由

$$|\lambda\boldsymbol{E}-\boldsymbol{A}|=\begin{vmatrix}\lambda-2&2&0\\2&\lambda-1&2\\0&2&\lambda\end{vmatrix}=(\lambda-1)(\lambda-4)(\lambda+2),$$

得特征值为 $\lambda_1=-2,\lambda_2=1,\lambda_3=4$.

当 $\lambda_1=-2$ 时，解方程组 $(-2\boldsymbol{E}-\boldsymbol{A})\boldsymbol{x}=\boldsymbol{0}$，得基础解系 $\boldsymbol{\xi}_1=(1,2,2)^{\mathrm{T}}$.

当 $\lambda_2=1$ 时，解方程组 $(\boldsymbol{E}-\boldsymbol{A})\boldsymbol{x}=\boldsymbol{0}$，得基础解系 $\boldsymbol{\xi}_2=(2,1,-2)^{\mathrm{T}}$.

当 $\lambda_3=4$ 时，解方程组 $(4\boldsymbol{E}-\boldsymbol{A})\boldsymbol{x}=\boldsymbol{0}$，得基础解系 $\boldsymbol{\xi}_3=(2,-2,1)^{\mathrm{T}}$.

把 $\boldsymbol{\xi}_1,\boldsymbol{\xi}_2,\boldsymbol{\xi}_3$ 单位化

$$\boldsymbol{\beta}_1=\frac{1}{3}\begin{pmatrix}1\\2\\2\end{pmatrix},\boldsymbol{\beta}_2=\frac{1}{3}\begin{pmatrix}2\\1\\-2\end{pmatrix},\boldsymbol{\beta}_3=\frac{1}{3}\begin{pmatrix}2\\-2\\1\end{pmatrix},$$

得正交阵

$$\boldsymbol{Q}=(\boldsymbol{\beta}_1,\boldsymbol{\beta}_2,\boldsymbol{\beta}_3)=\frac{1}{3}\begin{pmatrix}1&2&2\\2&1&-2\\2&-2&1\end{pmatrix},$$

且有

$$\boldsymbol{Q}^{-1}\boldsymbol{A}\boldsymbol{Q}=\begin{pmatrix}-2&0&0\\0&1&0\\0&0&4\end{pmatrix}.$$

注 正交矩阵 $\boldsymbol{Q}$ 的构成不是唯一的. 例如，上例中若取

$$\boldsymbol{Q}=(\boldsymbol{\beta}_2,\boldsymbol{\beta}_1,\boldsymbol{\beta}_3)=\frac{1}{3}\begin{pmatrix}2&1&2\\1&2&-2\\-2&2&1\end{pmatrix},$$

则

$$\boldsymbol{Q}^{-1}\boldsymbol{A}\boldsymbol{Q}=\begin{pmatrix}1&0&0\\0&-2&0\\0&0&4\end{pmatrix}.$$

例 5.4.3 设三阶实对称矩阵 $\boldsymbol{A}$ 的特征值为$\lambda_1,\lambda_2,\lambda_3$，已知 $\lambda_1=2,\lambda_2=-3$，对应的特征向量分别为 $\boldsymbol{\alpha}_1=(-1,1,0)^{\mathrm{T}},\boldsymbol{\alpha}_2=(1,1,1)^{\mathrm{T}},R(\boldsymbol{A})=2$，求 λ_3 的值及矩阵 $\boldsymbol{A}$.

解 由 $R(\boldsymbol{A})=2$ 可知，$|\boldsymbol{A}|=\lambda_1\lambda_2\lambda_3=0$，故 $\lambda_3=0$.

设 $\lambda_3=0$ 的特征向量为 $\boldsymbol{\alpha}_3=(x_1,x_2,x_3)^{\mathrm{T}}$，由 $\boldsymbol{\alpha}_1^{\mathrm{T}}\boldsymbol{\alpha}_3=0,\boldsymbol{\alpha}_1^{\mathrm{T}}\boldsymbol{\alpha}_3=0$ 得

$$\begin{cases}x_1-x_2=0,\\x_1+x_2+x_3=0,\end{cases}$$

方程组的一个基础解系为 $\boldsymbol{\alpha}_3=(1,1,-2)^{\mathrm{T}}$. 把$\boldsymbol{\alpha}_1,\boldsymbol{\alpha}_2,\boldsymbol{\alpha}_3$ 单位化

$$\boldsymbol{\beta}_1=\frac{1}{\sqrt{2}}\begin{pmatrix}-1\\1\\0\end{pmatrix},\ \boldsymbol{\beta}_2=\frac{1}{\sqrt{3}}\begin{pmatrix}1\\1\\1\end{pmatrix},\boldsymbol{\beta}_3=\frac{1}{2}\begin{pmatrix}1\\1\\-2\end{pmatrix},$$

取正交阵

$$\boldsymbol{Q}=(\boldsymbol{\beta}_1,\boldsymbol{\beta}_2,\boldsymbol{\beta}_3)=\begin{pmatrix}-\frac{1}{\sqrt{2}}&\frac{1}{\sqrt{3}}&\frac{1}{2}\\\frac{1}{\sqrt{2}}&\frac{1}{\sqrt{3}}&\frac{1}{2}\\0&\frac{1}{\sqrt{3}}&-1\end{pmatrix},$$

则

$$Q^{-1}AQ=\Lambda=\begin{pmatrix}2&0&0\\0&-3&0\\0&0&0\end{pmatrix}.$$

因此

$$A=Q\Lambda Q^{-1}=\begin{pmatrix}0&-2&-1\\-2&0&-1\\-1&-1&-1\end{pmatrix}.$$

例 5.4.4　设 $A=\begin{pmatrix}2&-1\\-1&2\end{pmatrix}$，求 A^n.

解　由 A 为实对称阵，故可对角化，即存在正交阵 Q 使得

$$Q^{-1}AQ=Q^{\mathrm{T}}AQ=\Lambda,$$

于是 $A=Q\Lambda Q^{-1}$，从而 $A^n=Q\Lambda^nQ^{-1}$. 由

$$|\lambda E-A|=\begin{vmatrix}\lambda-2&1\\1&\lambda-2\end{vmatrix}=(\lambda-1)(\lambda-3),$$

得 A 的特征值 $\lambda_1=1,\lambda_2=3$.

当 $\lambda_1=1$ 时，解方程组 $(E-A)x=0$，得基础解系 $\xi_1=(1,1)^{\mathrm{T}}$.

当 $\lambda_1=3$ 时，解方程组 $(3E-A)x=0$，得基础解系 $\xi_2=(1,-1)^{\mathrm{T}}$.

把 ξ_1,ξ_2 单位化

$$\beta_1=\frac{1}{\sqrt{2}}\begin{pmatrix}1\\1\end{pmatrix},\ \beta_2=\frac{1}{\sqrt{2}}\begin{pmatrix}1\\-1\end{pmatrix},$$

得正交阵

$$Q=(\beta_1,\beta_2)=\frac{1}{\sqrt{2}}\begin{pmatrix}1&1\\1&-1\end{pmatrix},$$

使得

$$Q^{-1}AQ=\Lambda=\begin{pmatrix}1&0\\0&3\end{pmatrix}.$$

由于 $\Lambda^n=\begin{pmatrix}1&0\\0&3^n\end{pmatrix}$，于是

$$A^n=Q\Lambda^nQ^{-1}=\frac{1}{2}\begin{pmatrix}1&1\\1&-1\end{pmatrix}\begin{pmatrix}1&0\\0&3^n\end{pmatrix}\begin{pmatrix}1&1\\1&-1\end{pmatrix}=\frac{1}{2}\begin{pmatrix}1+3^n&1-3^n\\1-3^n&1+3^n\end{pmatrix}$$

习　题　5

1．求下列矩阵的特征值和特征向量：

（1）$\begin{pmatrix}2&-3\\-3&1\end{pmatrix}$；（2）$\begin{pmatrix}3&-1&1\\2&0&1\\1&-1&2\end{pmatrix}$；

（3）$\begin{pmatrix} 2 & 0 & 0 \\ 1 & 1 & 1 \\ 1 & -1 & 3 \end{pmatrix}$；（4）$\begin{pmatrix} 4 & 5 & -2 \\ -2 & -2 & 1 \\ -1 & -1 & 1 \end{pmatrix}$.

2．已知矩阵

$$\boldsymbol{A}=\begin{pmatrix} 7 & 4 & -1 \\ 4 & 7 & -1 \\ -4 & -4 & x \end{pmatrix}$$

的特征值 $\lambda_1=3$（二重），$\lambda_2=12$，求 x 的值，并求其特征向量.

3．设 $\boldsymbol{A}$ 可逆，讨论 $\boldsymbol{A}$ 和 $\boldsymbol{A}^*$ 的特征值（特征向量）之间的互相关系.

4．若 $\boldsymbol{P}^{-1}\boldsymbol{AP}=\boldsymbol{B}$，问：$\boldsymbol{P}^{-1}(\boldsymbol{A}-2\boldsymbol{E})\boldsymbol{P}=\boldsymbol{B}-2\boldsymbol{E}$ 是否成立？

5．已知 $\boldsymbol{A}\simeq\boldsymbol{\Lambda}=\begin{pmatrix} -1 & 0 \\ 0 & 2 \end{pmatrix}$，求 $\det(\boldsymbol{A}-\boldsymbol{E})$.

6．已知 $\boldsymbol{P}=\begin{pmatrix} 2 & -1 \\ 3 & -2 \end{pmatrix}, \boldsymbol{P}^{-1}\boldsymbol{AP}=\begin{pmatrix} -1 & 0 \\ 0 & 2 \end{pmatrix}$，求 $\boldsymbol{A}^n$.

7. 设三阶矩阵 $\boldsymbol{A}$ 有二重特征值 λ_1，若 $\boldsymbol{x}_1=(1,0,1)^{\mathrm{T}}$，$\boldsymbol{x}_2=(-1,0,-1)^{\mathrm{T}}$，$\boldsymbol{x}_3=(1,1,0)^{\mathrm{T}}$，$\boldsymbol{x}_4=(0,1,-1)^{\mathrm{T}}$，都是对应 λ_1 的特征向量，问 $\boldsymbol{A}$ 可否可对角化？

8．已知 $\boldsymbol{A}=\begin{pmatrix} -3 & 2 \\ -2 & 2 \end{pmatrix}$，求 $\boldsymbol{A}^4, \boldsymbol{A}^k$（$k$ 为正整数）.

9．已知 $\boldsymbol{A}=\begin{pmatrix} 3 & 4 & 0 & 0 \\ 4 & -3 & 0 & 0 \\ 0 & 0 & 2 & 4 \\ 0 & 0 & 0 & 2 \end{pmatrix}$，求 $\boldsymbol{A}^k$（k 为正整数）（提示：按对角块矩阵求解）.

10．对下列实对称矩阵 $\boldsymbol{A}$，求正交矩阵 $\boldsymbol{T}$ 和对角矩阵 $\boldsymbol{\Lambda}$，使 $\boldsymbol{T}^{-1}\boldsymbol{AT}=\boldsymbol{\Lambda}$.

（1）$\begin{pmatrix} 3 & 2 & 4 \\ 2 & 0 & 2 \\ 4 & 2 & 3 \end{pmatrix}$；　（2）$\begin{pmatrix} 1 & 3 & 0 \\ 3 & 4 & -1 \\ 0 & -1 & 1 \end{pmatrix}$；

（3）$\begin{pmatrix} 1 & 0 & 2 \\ 0 & 1 & 2 \\ 2 & 2 & -1 \end{pmatrix}$；（4）$\begin{pmatrix} 0 & 0 & 4 & 1 \\ 0 & 0 & 1 & 4 \\ 4 & 1 & 0 & 0 \\ 1 & 4 & 0 & 0 \end{pmatrix}$.

11．已知 $\boldsymbol{A}=\begin{pmatrix} 2 & 0 & 0 \\ 0 & 0 & 1 \\ 0 & 1 & x \end{pmatrix}$ 与 $\boldsymbol{B}=\begin{pmatrix} 2 & 0 & 0 \\ 0 & y & 0 \\ 0 & 0 & -1 \end{pmatrix}$ 相似，求 x, y.

12．已知 $\boldsymbol{A}=\begin{pmatrix} 2 & -1 & 2 \\ 5 & a & 3 \\ -1 & b & -2 \end{pmatrix}$ 的一个特征向量 $\boldsymbol{\xi}=(1,1,-1)^{\mathrm{T}}$，求：

（1）确定 a,b 及 $\boldsymbol{\xi}$ 对应的特征值；

（2）$\boldsymbol{A}$ 是否相似于对角矩阵？说明理由.

13．设 $\boldsymbol{A}=\begin{pmatrix} a & -1 & c \\ 5 & b & 3 \\ 1-c & 0 & -a \end{pmatrix}$，已知 $|\boldsymbol{A}|=1$，且 $\boldsymbol{A}^*$ 有一特征值 λ_0，其特征向量 $x=(-1,-1,1)^{\mathrm{T}}$，试求 a,b,c 及 λ_0.

14．设 $\boldsymbol{A}=\begin{pmatrix} 1 & -1 & 1 \\ x & 4 & y \\ -3 & -3 & 5 \end{pmatrix}$，已知 $\boldsymbol{A}$ 有 3 个线性无关的特征向量，且 $\lambda_1=2$ 是其二重特征值，求 $\boldsymbol{P}$，使 $P^{-1}\boldsymbol{AP}=\boldsymbol{\Lambda}$.

15．设 $\boldsymbol{\alpha}=(a_1,a_2,\cdots,a_n)^{\mathrm{T}}$, $\boldsymbol{\beta}=(b_1,b_2,\cdots,b_n)^{\mathrm{T}}$ 均为非零向量，已知 $\boldsymbol{\alpha}^{\mathrm{T}}\boldsymbol{\beta}=0, \boldsymbol{A}=\boldsymbol{\alpha}\boldsymbol{\beta}^{\mathrm{T}}$，试求：

（1）$\boldsymbol{A}^2$；（2）$\boldsymbol{A}$ 的特征值与特征向量.

16．证明：反对称实矩阵的特征值是 0 或纯虚数.

17．已知 $2,4,6,\cdots,2n$ 是 n 阶矩阵 $\boldsymbol{A}$ 的 n 个特征值，试求行列式 $|\boldsymbol{A}-3\boldsymbol{E}|$ 的值.

第 6 章 二 次 型

在解析几何中，二次曲线的一般方程为

$$ax^2+2bxy+cy^2+dx+ey+f=0,$$

其中，二次齐次项部分 $ax^2+2bxy+cy^2$ 称为二元二次型. 从代数的角度来说，本章要解决的问题是如何通过变量代换使得 n 元二次型只含平方项，即转化为标准形；并且利用二次型与实对称阵之间的一一对应关系，通过它们之间的相互转化解决问题.

§6.1 二次型的定义和矩阵表示及合同矩阵

定义 6.1.1 含有 n 个变元 $x_1,x_2,\cdots,x_n$ 的实系数二次齐次函数

$$\begin{aligned}f(x_1,x_2,\cdots,x_n)=a_{11}x_1^2&+2a_{12}x_1x_2+\cdots+2a_{1n}x_1x_n\\&+a_{22}x_2^2+\cdots+2a_{2n}x_2x_n\\&+\cdots\\&+a_{nn}x_{nn}^2\end{aligned}$$

称为 **n 元实二次型**，简称为**二次型**.

例如

$$f(x_1,x_2,x_3)=2x_1^2+4x_2^2+5x_3^2-4x_1x_3;$$
$$f(x_1,x_2,x_3)=x_1x_2+x_1x_3+x_2x_3$$

都是二次型. 令 $a_{ji}=a_{ij}(i<j)$，则

$$\begin{aligned}f(x_1,x_2,\cdots,x_n)&=a_{11}x_1^2+a_{12}x_1x_2+\cdots+a_{1n}x_1x_n\\&\quad+a_{21}x_2x_1+a_{22}x_2^2+\cdots+a_{2n}x_2x_n\\&\quad+\cdots+a_{n1}x_nx_1+a_{n2}x_nx_2+\cdots+a_{nn}x_n^2\\&=\sum_{i=1}^{n}\sum_{j=1}^{n}a_{ij}x_ix_j.\end{aligned}\tag{6.1}$$

把式（6.1）的系数排成一个 n 阶矩阵

$$\boldsymbol{A}=\begin{pmatrix}a_{11}&a_{12}&\cdots&a_{1n}\\a_{21}&a_{22}&\cdots&a_{2n}\\\vdots&\vdots&\ddots&\vdots\\a_{n1}&a_{n2}&\cdots&a_{nn}\end{pmatrix},$$

因为 $a_{ij}=a_{ji}(i,j=1,2,\cdots,n)$，即 $\boldsymbol{A}^{\mathrm{T}}=\boldsymbol{A}$，所以 $\boldsymbol{A}$ 为实对称阵.

二次型（6.1）可进一步改写为

$$\begin{aligned}f(x_1,x_2,\cdots,x_n) &= x_1(a_{11}x_1+a_{12}x_2+\cdots+a_{1n}x_n)\\ &\quad +x_2(a_{21}x_1+a_{22}x_2+\cdots+a_{2n}x_n)\\ &\quad +\cdots\\ &\quad +x_n(a_{n1}x_1+a_{n2}x_2+\cdots+a_{nn}x_n)\\ &=(x_1,x_2,\cdots,x_n)\begin{pmatrix}a_{11}x_1+a_{12}x_2+\cdots+a_{1n}x_n\\ a_{21}x_1+a_{22}x_2+\cdots+a_{2n}x_n\\ \vdots \quad\quad \vdots \quad\quad \ddots \quad\quad \vdots\\ a_{n1}x_1+a_{n2}x_2+\cdots+a_{nn}x_n\end{pmatrix}\\ &=(x_1,x_2,\cdots,x_n)\begin{pmatrix}a_{11}&a_{12}&\cdots&a_{1n}\\ a_{21}&a_{22}&\cdots&a_{2n}\\ \vdots&\vdots&\ddots&\vdots\\ a_{n1}&a_{n2}&\cdots&a_{nn}\end{pmatrix}\begin{pmatrix}x_1\\ x_2\\ \vdots\\ x_n\end{pmatrix}\end{aligned}$$

记 $\boldsymbol{x}=(x_1,x_2,\cdots,x_n)^{\mathrm{T}}$，则二次型（6.1）写为

$$f(x_1,x_2,\cdots,x_n)=\boldsymbol{x}^{\mathrm{T}}\boldsymbol{A}\boldsymbol{x}.$$

容易看出，二次型 f 与矩阵 $\boldsymbol{A}$ 是相互唯一决定的. 因此，通常把 $\boldsymbol{A}$ 称为**二次型 f 的矩阵**，$\boldsymbol{A}$ 的秩也称为二次型 f 的秩.

例 6.1.1　设二次型

$$f(x_1,x_2,x_3)=2x_1^2-4x_1x_2+3x_2^2+10x_2x_3-x_3^2,$$

求 $f(x_1,x_2,x_3)$ 所对应的矩阵.

解

$$\begin{aligned}f(x_1,x_2,x_3)&=2x_1^2-4x_1x_2+3x_2^2+10x_2x_3-x_3^2\\ &=(x_1,x_2,x_3)\begin{pmatrix}2&-2&0\\ -2&3&5\\ 0&5&-1\end{pmatrix}\begin{pmatrix}x_1\\ x_2\\ x_3\end{pmatrix}\end{aligned}$$

因此，二次型 $f(x_1,x_2,x_3)$ 所对应的矩阵为

$$\boldsymbol{A}=\begin{pmatrix}2&-2&0\\ -2&3&5\\ 0&5&-1\end{pmatrix}.$$

定义 6.1.2　在 $\boldsymbol{R}^n$ 中，线性变换

$$\boldsymbol{x}=\boldsymbol{C}\boldsymbol{y} \tag{6.2}$$

称为**非奇异的**，如果 n 阶系数矩阵 $\boldsymbol{C}=(c_{ij})$ 是非奇异的，即 $|\boldsymbol{C}|\neq 0$. 其中

$$\boldsymbol{x}=(x_1,x_2,\cdots x_n)^{\mathrm{T}},\quad \boldsymbol{y}=(y_1,y_2,\cdots y_n)^{\mathrm{T}}.$$

与解析几何一样，我们希望通过非奇异的线性变换（6.2）来化简二次型.

将 $\boldsymbol{x}=\boldsymbol{C}\boldsymbol{y}$ 代入 $f=\boldsymbol{x}^{\mathrm{T}}\boldsymbol{A}\boldsymbol{x}$，得

$$f=\boldsymbol{x}^{\mathrm{T}}\boldsymbol{A}\boldsymbol{x}=(\boldsymbol{C}\boldsymbol{y})^{\mathrm{T}}\boldsymbol{A}(\boldsymbol{C}\boldsymbol{y})=\boldsymbol{y}^{\mathrm{T}}(\boldsymbol{C}^{\mathrm{T}}\boldsymbol{A}\boldsymbol{C})\boldsymbol{y}=\boldsymbol{y}^{\mathrm{T}}\boldsymbol{B}\boldsymbol{y},$$

其中 $\boldsymbol{B}=\boldsymbol{C}^{\mathrm{T}}\boldsymbol{A}\boldsymbol{C}$. 由于

$$\boldsymbol{B}^{\mathrm{T}}=(\boldsymbol{C}^{\mathrm{T}}\boldsymbol{A}\boldsymbol{C})^{\mathrm{T}}=\boldsymbol{C}^{\mathrm{T}}\boldsymbol{A}\boldsymbol{C}=\boldsymbol{B},$$

故 $\boldsymbol{B}$ 仍为实对称阵，$\boldsymbol{y}^{\mathrm{T}}\boldsymbol{B}\boldsymbol{y}$ 仍为二次型，因此有如下结论.

定理 6.1.1 二次型 $\boldsymbol{x}^{\mathrm{T}}\boldsymbol{A}\boldsymbol{x}$ 可经非线性变换（6.2）化为二次型 $\boldsymbol{y}^{\mathrm{T}}\boldsymbol{B}\boldsymbol{y}$，其中 $\boldsymbol{B}=\boldsymbol{C}^{\mathrm{T}}\boldsymbol{A}\boldsymbol{C}$.

定义 6.1.3 设 $\boldsymbol{A}$ 和 $\boldsymbol{B}$ 是 n 阶矩阵，若存在可逆矩阵 $\boldsymbol{C}$，使得 $\boldsymbol{B}=\boldsymbol{C}^{\mathrm{T}}\boldsymbol{A}\boldsymbol{C}$ ，则称 $\boldsymbol{A}$ **合同于** $\boldsymbol{B}$ 或 $\boldsymbol{A},\boldsymbol{B}$ **是合同矩阵**，记作 $\boldsymbol{A}\cong\boldsymbol{B}$.

容易验证矩阵之间的合同关系具有下列性质：

（1）反身性： $\boldsymbol{A}\cong\boldsymbol{A}$；

（2）对称性：若 $\boldsymbol{A}\cong\boldsymbol{B}$ ，则 $\boldsymbol{B}\cong\boldsymbol{A}$；

（3）传递性：若 $\boldsymbol{A}\cong\boldsymbol{B}$ ， $\boldsymbol{B}\cong\boldsymbol{C}$ ，则 $\boldsymbol{A}\cong\boldsymbol{C}$.

因此，经非奇异线性变换（6.2），新二次型的矩阵与原二次型的矩阵是合同的. 由于变换（6.2）是非奇异的，故可通过逆变换 $\boldsymbol{y}=\boldsymbol{C}^{-1}\boldsymbol{x}$ ，把所得二次型还原. 这样就使得我们从所得新二次型的性质推断原来二次型的一些性质.

§6.2 化二次型为标准形

定义 6.2.1 只含平方项的二次型

$$f=d_1y_1^2+d_2y_2^2+\cdots+d_ny_n^2 \tag{6.3}$$

称为**二次型的标准形**.

例如

$$f(x_1,x_2,x_3)=x_1^2-4x_2^2+2x_3^2$$

为二次型的标准形.

显然，标准形（6.3）的矩阵为对角形矩阵

$$\boldsymbol{D}=\begin{pmatrix} d_1 & & & \\ & d_2 & & \\ & & \ddots & \\ & & & d_n \end{pmatrix},$$

它的秩等于 $\boldsymbol{D}$ 的主对角线上非零元的个数，即标准形（6.3）中非零平方项的个数.

直接利用配方法可以证明

定理 6.2.1 秩为 r 的二次型 $f=\boldsymbol{x}^{\mathrm{T}}\boldsymbol{A}\boldsymbol{x}$ 必可经非线性变换（6.2）化为标准形.

$$f=d_1{y_1}^2+\cdots+d_p{y_p}^2-d_{p+1}{y_{p+1}}^2-\cdots-d_r{y_r}^2, \tag{6.4}$$

其中， $d_i>0\,(i=1,2,\cdots,r)$.

若再做非奇异线性变换

$$y_1=\frac{1}{\sqrt{d_1}}z_1,\cdots,y_p=\frac{1}{\sqrt{d_p}}z_p,\ y_{p+1}=z_{p+1},\cdots,y_r=z_r,$$

标准形（6.4）就变成

$$f={z_1}^2+\cdots+{z_p}^2-{z_{p+1}}^2-\cdots-{z_r}^2 \tag{6.5}$$

式（6.5）称为**二次型的规范形**.

定理 6.2.2（惯性定理） 在秩为 r 的二次型的标准形中，正平方项的个数 p 是唯一确定的，从而负平方项的个数 $r-p$ 也是唯一确定的.

二次型的标准形中正平方项的个数称为它的**正惯性指数**，负平方项的个数称为它的**负惯性指数**，正负惯性指数之差称为它的**符号差**.

由定理 6.2.1 及定理 6.2.2 推出，二次型 f 的规范形是唯一确定的. 从而两个二次型等价的充分必要条件是：它们有相同的秩与正惯性指数.

若把二次型的问题转化为实对称阵的问题，则有下述结论

定理 6.2.3　秩为 r 的 n 阶矩阵 $\boldsymbol{A}$ 必合同于对角形矩阵

$$\boldsymbol{D}=\begin{pmatrix} d_1 & & & & & \\ & \ddots & & & & \\ & & d_r & & & \\ & & & 0 & & \\ & & & & \ddots & \\ & & & & & 0 \end{pmatrix},$$

即存在变换矩阵 $\boldsymbol{C}$，使 $\boldsymbol{C}^{\mathrm{T}}\boldsymbol{A}\boldsymbol{C}=\boldsymbol{D}$，其中 $d_i \neq 0\ (i=1,2,\cdots,r)$.

下面举例说明化二次型为标准形的常用方法.

一、配方法

例 6.2.1　用配方法把二次型

$$f=x_1^2-2x_1x_2+3x_2^2-4x_1x_3+6x_3^2$$

化为标准形，并求所用的坐标变换 $\boldsymbol{x}=\boldsymbol{C}\boldsymbol{y}$ 及变换矩阵 $\boldsymbol{C}$.

解　f 中含有平方项，先把 x_1^2 及含有 x_1 的混合项配成完全平方

$$\begin{aligned} f&=(x_1^2-2x_1x_2-4x_1x_3)+3x_2^2+6x_3^2\\ &=(x_1-x_2-2x_3)^2-4x_2x_3-x_2^2-4x_3^2+3x_2^2+6x_3^2\\ &=(x_1-x_2-2x_3)^2+2x_2^2-4x_2x_3+2x_3^2. \end{aligned}$$

再对含 x_2 的项进行配方，则

$$f=(x_1-x_2-2x_3)^2+2(x_2-x_3)^2.$$

令

$$\begin{cases} y_1=x_1-x_2-2x_3,\\ y_2=\sqrt{2}(x_2-x_3),\\ y_2=x_3. \end{cases}$$

或

$$\begin{cases} x_1=y_1+\dfrac{1}{\sqrt{2}}y_2+3y_3,\\ x_2=\dfrac{1}{\sqrt{2}}y_2+y_3,\\ x_3=y_3. \end{cases}$$

得二次型的标准形

$$f = y_1^2 + y_2^2 .$$

所用的变换矩阵为

$$C = \begin{pmatrix} 1 & \frac{1}{\sqrt{2}} & 3 \\ 0 & \frac{1}{\sqrt{2}} & 1 \\ 0 & 0 & 1 \end{pmatrix}$$

例 6.2.2 用配方法把二次型

$$f = x_1x_2 + x_1x_3 - 3x_2x_3$$

化为标准形，并求所用的坐标变换 $\boldsymbol{x} = \boldsymbol{C}\boldsymbol{y}$.

解 由于 f 中不含平方项，先做如下的线性变换

$$\begin{cases} x_1 = y_1 - y_2, \\ x_2 = y_1 + y_2, \\ x_3 = y_3. \end{cases}$$

或

$$\boldsymbol{x} = \begin{pmatrix} 1 & 1 & 0 \\ 1 & -1 & 0 \\ 0 & 0 & 1 \end{pmatrix} \boldsymbol{y} ,$$

代入 f，得

$$f = y_1^2 - y_2^2 - 2y_1y_3 + 4y_2y_3 .$$

按例 6.2.1 的方法配方

$$f = (y_1 - y_3)^2 - (y_2 - 2y_3)^2 + 3y_3^2 .$$

令

$$\begin{cases} z_1 = y_1 - y_3, \\ z_2 = y_2 - 2y_3, \\ z_3 = y_3. \end{cases}$$

或

$$\boldsymbol{z} = \begin{pmatrix} 1 & 0 & -1 \\ 0 & 1 & -2 \\ 0 & 0 & 1 \end{pmatrix} \boldsymbol{y} ,$$

得二次型的标准形

$$f = z_1^2 - z_2^2 + 3z_3^2 .$$

所用的坐标变换

$$x=\begin{pmatrix}1&1&0\\1&-1&0\\0&0&1\end{pmatrix}\begin{pmatrix}1&0&-1\\0&1&-2\\0&0&1\end{pmatrix}^{-1}z,$$

即

$$x=\begin{pmatrix}1&1&3\\1&-1&-1\\0&0&1\end{pmatrix}z.$$

二、正交变换法

把第 5 章定理 5.4.3 关于实对称阵的问题转化为二次型问题，得到如下定理.

定理 6.2.4　任给二次型 $f=\sum_{i,j=1}^{n}a_{ij}x_ix_j(a_{ij}=a_{ji})$，必存在正交变换 $\boldsymbol{x}=\boldsymbol{P}\boldsymbol{y}(\boldsymbol{P}^{-1}=\boldsymbol{P}^{\mathrm{T}})$，把 f 化为标准形

$$f=\lambda_1y_1^2+\lambda_2y_2^2+\cdots+\lambda_ny_n^2,$$

其中，$\lambda_1,\lambda_2,\cdots,\lambda_n$ 是 f 的矩阵 $\boldsymbol{A}=(a_{ij})$ 的全部特征值.

用正交变换化二次型为标准形的一般步骤为：

（1）写出二次型的矩阵 $\boldsymbol{A}$；

（2）求出 $\boldsymbol{A}$ 的所有相异的特征值 $\lambda_1,\lambda_2,\cdots,\lambda_m$；它们的重数依次为 $k_1,k_2,\cdots,k_m(k_1+k_2+\cdots+k_m=n)$；

（3）对每一个 k_i 重特征值 λ_i，求方程 $(\lambda_i\boldsymbol{E}-\boldsymbol{A})\boldsymbol{x}=\boldsymbol{0}$ 的基础解系，得到 k_i 个线性无关的特征向量，再把它们正交化、单位化，合起来共得到 n 个两两正交的单位特征向量 $\xi_1,\xi_2,\cdots,\xi_n$.

（4）做正交变换 $\boldsymbol{x}=\boldsymbol{P}\boldsymbol{y}$，其中 $\boldsymbol{P}=(\xi_1,\xi_2,\cdots,\xi_n)$，即把二次型化为标准形

$$f=\lambda_1y_1^2+\lambda_2y_2^2+\cdots+\lambda_ny_n^2.$$

例 6.2.3　求一个正交变换 $\boldsymbol{x}=\boldsymbol{P}\boldsymbol{y}$，把二次型

$$f=2x_1^2+3x_2^2+3x_3^2+4x_2x_3$$

化为标准形.

解　二次型的矩阵为

$$\boldsymbol{A}=\begin{pmatrix}2&0&0\\0&3&2\\0&2&3\end{pmatrix},$$

$$|\boldsymbol{A}-\lambda\boldsymbol{E}|=\begin{vmatrix}2-\lambda&0&0\\0&3-\lambda&2\\0&2&3-\lambda\end{vmatrix}=(2-\lambda)(5-\lambda)(1-\lambda),$$

A 的特征值为 $\lambda_1 = 2$，$\lambda_2 = 5$，$\lambda_3 = 1$.

当 $\lambda_1 = 2$ 时，解方程 $(A-2E)x = \mathbf{0}$，由

$$A-2E = \begin{pmatrix} 0 & 0 & 0 \\ 0 & 1 & 2 \\ 0 & 2 & 1 \end{pmatrix} \sim \begin{pmatrix} 0 & 1 & 2 \\ 0 & 0 & 1 \\ 0 & 0 & 0 \end{pmatrix},$$

得基础解系 $\xi_1 = \begin{pmatrix} 1 \\ 0 \\ 0 \end{pmatrix}$. 取 $\eta_1 = \begin{pmatrix} 1 \\ 0 \\ 0 \end{pmatrix}$

当 $\lambda_2 = 5$ 时，解方程 $(A-5E)x = \mathbf{0}$，由

$$A-5E = \begin{pmatrix} -3 & 0 & 0 \\ 0 & -2 & 2 \\ 0 & 2 & -2 \end{pmatrix} \sim \begin{pmatrix} 1 & 0 & 0 \\ 0 & 1 & -1 \\ 0 & 0 & 0 \end{pmatrix}$$

得基础解系 $\xi_2 = \begin{pmatrix} 0 \\ 1 \\ 1 \end{pmatrix}$. 取 $\eta_2 = \frac{1}{\sqrt{2}}\begin{pmatrix} 0 \\ 1 \\ 1 \end{pmatrix}$.

当 $\lambda_3 = 1$ 时，解方程 $(A-E)x = \mathbf{0}$，由

$$A-E = \begin{pmatrix} 1 & 0 & 0 \\ 0 & 2 & 2 \\ 0 & 2 & 2 \end{pmatrix} \sim \begin{pmatrix} 1 & 0 & 0 \\ 0 & 1 & 1 \\ 0 & 0 & 0 \end{pmatrix}$$

得基础解系 $\xi_3 = \begin{pmatrix} 0 \\ -1 \\ 1 \end{pmatrix}$. 取 $\eta_3 = \frac{1}{\sqrt{2}}\begin{pmatrix} 0 \\ -1 \\ 1 \end{pmatrix}$,

于是得正交变换

$$\begin{pmatrix} x_1 \\ x_2 \\ x_3 \end{pmatrix} = \frac{1}{\sqrt{2}}\begin{pmatrix} \sqrt{2} & 0 & 0 \\ 0 & 1 & -1 \\ 0 & 1 & 1 \end{pmatrix}\begin{pmatrix} y_1 \\ y_2 \\ y_3 \end{pmatrix}.$$

把二次型 f 化成标准形

$$f = 2y_1^2 + 5y_2^2 + y_3^2 .$$

进一步，若要把二次型 f 化为规范形，则令

$$\begin{cases} y_1 = \dfrac{1}{\sqrt{2}} z_1; \\ y_2 = \dfrac{1}{\sqrt{5}} z_2; \\ y_3 = z_3. \end{cases}$$

即得 f 的规范形

$$f = z_1^2 + z_2^2 + z_3^2 .$$

例 6.2.4　若二次型

$$f = x_1^2 + x_2^2 + x_3^2 + 2\alpha x_1 x_2 + 2\beta x_2 x_3 + 2x_1 x_3$$

经正交变换 $\boldsymbol{x} = \boldsymbol{P}\boldsymbol{y}$ 化为标准形

$$f = y_2^2 + 2y_3^2 ,$$

求 α, β.

解　与二次型对应的矩阵为

$$\boldsymbol{A} = \begin{pmatrix} 1 & \alpha & 1 \\ \alpha & 1 & \beta \\ 1 & \beta & 1 \end{pmatrix},$$

与标准形对应的对角阵为

$$\boldsymbol{\Lambda} = \begin{pmatrix} 0 & 0 & 0 \\ 0 & 1 & 0 \\ 0 & 0 & 2 \end{pmatrix},$$

由于 $\boldsymbol{A} \cong \boldsymbol{\Lambda}$，$\boldsymbol{A}$ 的特征值为 0,1,2，则有

$$\begin{cases} |\boldsymbol{A}| = 0 \\ |\boldsymbol{A} - \boldsymbol{E}| = 0 \end{cases}$$

即

$$\begin{cases} 2\alpha\beta - \alpha^2 - \beta^2 = 0, \\ 2\alpha\beta = 0, \end{cases}$$

解得 $\alpha = 0, \beta = 0$.

三、合同变换法

采用如下所述的**合同变换法**求出相应的变换矩阵 $\boldsymbol{C}$ 和对角矩阵 $\boldsymbol{D}$，使 $\boldsymbol{C}^{\mathrm{T}}\boldsymbol{A}\boldsymbol{C} = \boldsymbol{D}$.

根据定理 2.5.2，变换矩阵 $\boldsymbol{C}$ 可表示为若干个初等矩阵的乘积. 设

$$\boldsymbol{C} = \boldsymbol{P}_1\boldsymbol{P}_2\cdots\boldsymbol{P}_k ,$$

则由 $\boldsymbol{C}^{\mathrm{T}}\boldsymbol{A}\boldsymbol{C} = \boldsymbol{D}$ ，得

$$\boldsymbol{P}_k^{\mathrm{T}}\cdots\boldsymbol{P}_2^{\mathrm{T}}\boldsymbol{P}_1^{\mathrm{T}}\boldsymbol{A}\boldsymbol{P}_1\boldsymbol{P}_2\cdots\boldsymbol{P}_k = \boldsymbol{D} .$$

当对 $\boldsymbol{A}$ 进行合同变换时，对 $\boldsymbol{E}$ 只施行相应的列变换，就有

$$\begin{pmatrix} \boldsymbol{A} \\ \boldsymbol{E} \end{pmatrix} \xrightarrow[\boldsymbol{E}\boldsymbol{P}_1\boldsymbol{P}_2\cdots\boldsymbol{P}]{\boldsymbol{P}_k^{\mathrm{T}}\cdots\boldsymbol{P}_2^{\mathrm{T}}\boldsymbol{P}_1^{\mathrm{T}}\boldsymbol{A}\boldsymbol{P}_1\boldsymbol{P}_2\cdots\boldsymbol{P}} \begin{pmatrix} \boldsymbol{D} \\ \boldsymbol{C} \end{pmatrix}.$$

例 6.2.5　利用合同变换法把二次型

$$f(x_1, x_2, x_3) = x_1^2 + 2x_1x_2 + 2x_1x_3 + x_2^2 + 6x_2x_3 + 6x_3^2$$

化为标准形.

解 二次型 $f(x_1,x_2,x_3)$ 对应的矩阵为

$$A=\begin{pmatrix}1&1&1\\1&2&3\\1&3&6\end{pmatrix},$$

于是

$$\begin{pmatrix}A\\E\end{pmatrix}=\begin{pmatrix}1&1&1\\1&2&3\\1&3&6\\1&0&0\\0&1&0\\0&0&1\end{pmatrix}\xrightarrow[r_3-r_1]{r_2-r_1}\begin{pmatrix}1&1&1\\0&1&2\\0&2&5\\1&0&0\\0&1&0\\0&0&1\end{pmatrix}$$

$$\xrightarrow[c_3-c_1]{c_2-c_1}\begin{pmatrix}1&0&0\\0&1&2\\0&2&5\\1&-1&-1\\0&1&0\\0&0&1\end{pmatrix}\xrightarrow{r_3-2r_2}\begin{pmatrix}1&0&0\\0&1&2\\0&0&1\\1&-1&-1\\0&1&0\\0&0&1\end{pmatrix}$$

$$\xrightarrow{c_3-2c_2}\begin{pmatrix}1&0&0\\0&1&0\\0&0&1\\1&-1&1\\0&1&-2\\0&0&1\end{pmatrix}$$

令 $C=\begin{pmatrix}1&-1&1\\0&1&-2\\0&0&1\end{pmatrix}$，则 $C^{\mathrm{T}}AC=\begin{pmatrix}1&0&0\\0&1&0\\0&0&1\end{pmatrix}$，二次型的标准形为

$$f(y_1,y_2,y_3)=y_1^2+y_2^2+y_3^2.$$

也可以构造矩阵(A, E)，对 A 每施行一次初等列变换，随之对(A, E)施行一次相应的初等行变换. 当 A 化为对角阵时，E 即化为所求的可逆矩阵 C^{T}.

例 6.2.6 用合同变换法化二次型

$$f(x_1,x_2,x_3)=x_1^2+2x_2^2-x_3^2+2x_1x_2-2x_1x_3$$

为标准形.

解 二次型 $f(x_1,x_2,x_3)$ 的矩阵为

$$A=\begin{pmatrix}1&1&-1\\1&2&0\\-1&0&-1\end{pmatrix}.$$

于是

$$(\boldsymbol{A},\boldsymbol{E})=\begin{pmatrix}1&1&-1&1&0&0\\1&2&0&0&1&0\\-1&0&-1&0&0&1\end{pmatrix}\xrightarrow[c_3+c_1]{c_2-c_1}\begin{pmatrix}1&0&0&1&0&0\\1&1&1&0&1&0\\-1&1&-2&0&0&1\end{pmatrix}$$

$$\xrightarrow[r_3+r_1]{r_2-r_1}\begin{pmatrix}1&0&0&1&0&0\\0&1&1&-1&1&0\\0&1&-2&1&0&1\end{pmatrix}\xrightarrow{c_3-c_2}\begin{pmatrix}1&0&0&1&0&0\\0&1&0&-1&1&0\\0&1&-3&1&0&1\end{pmatrix}$$

$$\xrightarrow{r_3-r_2}\begin{pmatrix}1&0&0&1&0&0\\0&1&0&-1&1&0\\0&0&-3&2&-1&1\end{pmatrix}.$$

令 $\boldsymbol{C}^{\mathrm{T}}=\begin{pmatrix}1&0&0\\-1&1&0\\2&-1&1\end{pmatrix}$，则 $\boldsymbol{C}^{\mathrm{T}}\boldsymbol{AC}=\begin{pmatrix}1&0&0\\0&1&0\\0&0&-3\end{pmatrix}$，二次型的标准形为

$$f(y_1,y_2,y_3)=y_1^2+y_2^2-3y_3^2.$$

§6.3 正定二次型

定义 6.3.1 给定实二次型 $f=\boldsymbol{x}^{\mathrm{T}}\boldsymbol{Ax}$，

若对任意的 $\boldsymbol{x}\neq\boldsymbol{0}$，恒有

（1） $f>0$，则称二次型 f 为**正定二次型**，二次型 f 的矩阵 $\boldsymbol{A}$ 称为**正定矩阵**;

（2） $f<0$，则称二次型 f 为**负定二次型**，二次型 f 的矩阵 $\boldsymbol{A}$ 称为**负定矩阵**.

显然，二次型 $f=\boldsymbol{x}^{\mathrm{T}}\boldsymbol{Ax}$ 为负定二次型的充分必要条件是 $-\boldsymbol{x}^{\mathrm{T}}\boldsymbol{Ax}=\boldsymbol{x}^{\mathrm{T}}(-\boldsymbol{A})\boldsymbol{x}$ 为正定二次型，因此我们只要研究判定正定二次型的条件.

定理 6.3.1 n 元实二次型 $f=\boldsymbol{x}^{\mathrm{T}}\boldsymbol{Ax}$ 为正定二次型的充分必要条件是其正惯性指数等于 n.

证 设二次型 $f=\boldsymbol{x}^{\mathrm{T}}\boldsymbol{Ax}$ 经非奇异线性变换 $\boldsymbol{x}=\boldsymbol{Cy}$ 化为标准形

$$f=d_1y_1^2+d_2y_2^2+\cdots+d_ny_n^2=\boldsymbol{y}^{\mathrm{T}}\boldsymbol{By}.$$

若 $f=\boldsymbol{x}^{\mathrm{T}}\boldsymbol{Ax}$ 为正定二次型，则对任意 $\boldsymbol{y}\neq0$，由于 $\boldsymbol{C}$ 是非奇异的，有 $\boldsymbol{x}=\boldsymbol{Cy}\neq0$，从而

$$\boldsymbol{y}^{\mathrm{T}}\boldsymbol{By}=d_1y_1^2+d_2y_2^2+\cdots+d_ny_n^2=\boldsymbol{x}^{\mathrm{T}}\boldsymbol{Ax}>0,$$

即 $\boldsymbol{y}^{\mathrm{T}}\boldsymbol{By}$ 是正定二次型，所以平方项系数 $d_i>0\,(i=1,2,\cdots,n)$，因此正惯性指数等于 n. 反之，若标准形中的 n 个平方项的系数均大于零，则对任意 $\boldsymbol{x}\neq\boldsymbol{0}$，有 $\boldsymbol{y}=\boldsymbol{C}^{-1}\boldsymbol{x}\neq0$，使得

$$\boldsymbol{x}^{\mathrm{T}}\boldsymbol{Ax}=d_1y_1^2+d_2y_2^2+\cdots+d_ny_n^2=\boldsymbol{y}^{\mathrm{T}}\boldsymbol{By}>0,$$

所以，二次型 $f=\boldsymbol{x}^{\mathrm{T}}\boldsymbol{Ax}$ 为正定二次型.

定理 6.3.2 n 元实二次型 $f=\boldsymbol{x}^{\mathrm{T}}\boldsymbol{Ax}$ 为正定二次型（或实对称矩阵 $\boldsymbol{A}$ 为正定矩阵）的充分必要条件是 $\boldsymbol{A}$ 的 n 个特征值 $\lambda_1,\lambda_2,\cdots,\lambda_n$ 全大于零.

推论 1 二次型 $f = \boldsymbol{x}^{\mathrm{T}}\boldsymbol{A}\boldsymbol{x}$ 为正定二次型的充分必要条件是存在非奇异线性变换 $\boldsymbol{x} = \boldsymbol{C}\boldsymbol{y}$，使得

$$\boldsymbol{x}^{\mathrm{T}}\boldsymbol{A}\boldsymbol{x} = y_1^2 + y_2^2 + \cdots + y_n^2 .$$

推论 2 实对称矩阵 $\boldsymbol{A}$ 为正定矩阵的充分必要条件是它与单位矩阵合同，即存在可逆矩阵 $\boldsymbol{C}$，使 $\boldsymbol{C}^{\mathrm{T}}\boldsymbol{A}\boldsymbol{C} = \boldsymbol{E}$.

推论 3 正定矩阵的行列式大于零.

证 设 $\boldsymbol{A}$ 为正定矩阵，则 $\boldsymbol{A}$ 与单位矩阵 $\boldsymbol{E}$ 合同，即存在可逆矩阵 $\boldsymbol{C}$，使 $\boldsymbol{C}^{\mathrm{T}}\boldsymbol{A}\boldsymbol{C} = \boldsymbol{E}$. 两边取行列式，就有

$$|\boldsymbol{C}^{\mathrm{T}}||\boldsymbol{A}||\boldsymbol{C}| = |\boldsymbol{E}| = 1,$$

即

$$|\boldsymbol{C}|^2 |\boldsymbol{A}| = 1 .$$

因为 $|\boldsymbol{C}| \neq 0$ ，所以 $|\boldsymbol{A}| > 0$.

但 $|\boldsymbol{A}| > 0$ 不是二次型 $\boldsymbol{x}^{\mathrm{T}}\boldsymbol{A}\boldsymbol{x}$ 为正定的充分必要条件. 例如矩阵

$$\boldsymbol{A} = \begin{pmatrix} 1 & & \\ & -1 & \\ & & -1 \end{pmatrix}$$

的行列式大于零，但它的二次型 $x_1^2 - x_2^2 - x_3^2$ 不是正定的.

为了利用二次型的矩阵判断其正定性，我们引入顺序主子式的概念.

定义 6.3.2 子式

$$\boldsymbol{A} = \begin{vmatrix} a_{11} & a_{12} & \cdots & a_{1i} \\ a_{21} & a_{22} & \cdots & a_{2i} \\ \vdots & \vdots & \ddots & \vdots \\ a_{i1} & a_{i2} & \cdots & a_{ii} \end{vmatrix} \quad (i = 1, 2, \cdots, n)$$

称为矩阵 $\boldsymbol{A} = (a_{ij})_{n \times n}$ 的 i 阶顺序主子式，记为 $\varDelta_i$. 例如，设

$$\boldsymbol{A} = \begin{pmatrix} 1 & 3 & 2 \\ 2 & -1 & 3 \\ 1 & 2 & 1 \end{pmatrix},$$

则 $\boldsymbol{A}$ 的顺序主子式分别为

$$\varDelta_1 = |1|,\ \varDelta_2 = \begin{vmatrix} 1 & 3 \\ 2 & -1 \end{vmatrix},\ \varDelta_3 = |\boldsymbol{A}| = \begin{vmatrix} 1 & 3 & 2 \\ 2 & -1 & 3 \\ 1 & 2 & 1 \end{vmatrix}.$$

定理 6.3.3 n 元实二次型 $f = \boldsymbol{x}^{\mathrm{T}}\boldsymbol{A}\boldsymbol{x}$ 为正定二次型（或实对称矩阵 $\boldsymbol{A}$ 为正定矩阵）的充分必要条件是 $\boldsymbol{A}$ 的顺序主子式全大于零，即

$$\varDelta_1 = a_{11} > 0, \varDelta_2 = \begin{vmatrix} a_{11} & a_{12} \\ a_{21} & a_{22} \end{vmatrix} > 0, \cdots, \varDelta_n = |\boldsymbol{A}| = \begin{vmatrix} a_{11} & a_{12} & \cdots & a_{1n} \\ a_{21} & a_{22} & \cdots & a_{2n} \\ \vdots & \vdots & \ddots & \vdots \\ a_{n1} & a_{n2} & \cdots & a_{nn} \end{vmatrix} > 0$$

推论　n 元实二次型 $f=\boldsymbol{x}^{\mathrm{T}}\boldsymbol{A}\boldsymbol{x}$ 为负定二次型（或实对称矩阵 $\boldsymbol{A}$ 为负定矩阵）的充分必要条件是 $\boldsymbol{A}$ 的奇数阶顺序主子式都为负，偶数阶主子式都为正，即

$$(-1)^k \varDelta_k=(-1)^k\begin{vmatrix} a_{11} & a_{12} & \cdots & a_{1k} \\ a_{21} & a_{22} & \cdots & a_{2k} \\ \vdots & \vdots & \ddots & \vdots \\ a_{k1} & a_{k2} & \cdots & a_{kk}\end{vmatrix}>0(k=1,2,\cdots,n).$$

例 6.3.1　判别二次型 $f=x_1^2+2x_2^2+5x_3^2+2x_1x_2-4x_2x_3$ 的正定性.

解　二次型 f 对应的矩阵为

$$\boldsymbol{A}=\begin{pmatrix} 1 & 1 & 0 \\ 1 & 2 & -2 \\ 0 & -2 & 5\end{pmatrix}$$

$\boldsymbol{A}$ 的各阶顺序主子式

$$a_{11}=1>0,\quad \begin{vmatrix} 1 & 1 \\ 1 & 2\end{vmatrix}=1>0,\quad |\boldsymbol{A}|>0,$$

根据定理 6.3.3 可知，f 为正定二次型.

例 6.3.2　判别二次型 $f=-2x_1^2-6x_2^2-4x_3^2+2x_1x_2+2x_1x_3$ 的正定性.

解　二次型 f 对应的矩阵为

$$\boldsymbol{A}=\begin{pmatrix} -2 & 1 & 1 \\ 1 & -6 & 0 \\ 1 & 0 & -4\end{pmatrix}$$

$\boldsymbol{A}$ 的各阶顺序主子式

$$a_{11}=-2<0,\quad \begin{vmatrix} -2 & 1 \\ 1 & -6\end{vmatrix}=11>0,\quad \begin{vmatrix} -2 & 1 & 1 \\ 1 & -6 & 0 \\ 1 & 0 & -4\end{vmatrix}=-38<0,$$

根据定理 6.3.3 的推论可知 f 为负定二次型.

例 6.3.3　问 t 取何值时，二次型 $f(x_1,x_2,x_3)=2x_1^2+x_2^2+x_3^2+2x_1x_2+tx_2x_3$ 是正定的.

解　二次型 f 的矩阵为

$$\boldsymbol{A}=\begin{pmatrix} 2 & 1 & 0 \\ 1 & 1 & \dfrac{t}{2} \\ 0 & \dfrac{t}{2} & 1\end{pmatrix}$$

因为 f 正定，所以 $\boldsymbol{A}$ 的顺序主子式全为正，得

$$\Delta_1=|2|=2>0,\ \Delta_2=\begin{vmatrix}2 & 1\\ 1 & 1\end{vmatrix}=1>0,\ \Delta_3=|\boldsymbol{A}|=1-\frac{t^2}{2}>0$$

解得$-\sqrt{2}<t<\sqrt{2}$.

习 题 6

1．用矩阵记号表示下列二次型：

（1） $f=x^2+4xy+4y^2+2xz+z^2+4yz$；

（2） $f=x_1^2+x_2^2+x_3^2+x_4^2-2x_1x_2+4x_1x_3-2x_1x_4+6x_3x_4-4x_2x_4$.

2．用配方法化下列二次型为规范形，并写出所用变换的矩阵：

（1） $f(x_1,x_2,x_3)=x_1^2+2x_3^2+2x_1x_3+2x_2x_3$；

（2） $f(x_1,x_2,x_3)=2x_1^2+x_2^2+4x_3^2+2x_1x_2-2x_2x_3$.

3．用正交变换法化下列二次型为标准形，并写出所用变换的矩阵：

（1） $f=4x_1^2+3x_2^2+2x_2x_3+3x_3^2$；

（2） $f=x_1^2+x_2^2+x_3^2+x_4^2+2x_1x_2-2x_1x_4-2x_2x_3+2x_3x_4$.

4．证明：二次型 $f=\boldsymbol{X}^{\mathrm{T}}\boldsymbol{A}\boldsymbol{X}$ 在 $\|\boldsymbol{X}\|=1$ 时的最大值为方阵 $\boldsymbol{A}$ 的最大特征值.

5．设 $f(x_1,x_2,x_3)=\boldsymbol{X}^{\mathrm{T}}\boldsymbol{A}\boldsymbol{X}=x_1^2+ax_2^2+x_3^2+4x_1x_2+4x_1x_3+2bx_2x_3$，$\boldsymbol{\xi}=(1,1,1)^{\mathrm{T}}$ 是 $\boldsymbol{A}$ 的特征向量，用正交变换化二次型为标准形，并求当 $\boldsymbol{X}$ 满足 $\boldsymbol{X}^{\mathrm{T}}\boldsymbol{X}=x_1^2+x_2^2+x_3^2=1$ 时，$f(x_1, x_2, x_3)$的最大值.

6．判别下列二次型的正定性：

（1） $f=-2x_1^2-6x_2^2-4x_3^2+2x_1x_2+2x_1x_3$；

（2） $f=x_1^2+3x_2^2+9x_3^2+19x_4^2-2x_1x_2+4x_1x_3+2x_1x_4-6x_2x_3-12x_3x_4$.

7．设 $\boldsymbol{U}$ 为可逆矩阵，$\boldsymbol{A}=\boldsymbol{U}^{\mathrm{T}}\boldsymbol{U}$，证明：$f=\boldsymbol{X}^{\mathrm{T}}\boldsymbol{A}\boldsymbol{X}$ 为正定二次型.

8．设对称阵 $\boldsymbol{A}$ 为正定阵，证明：存在可逆矩阵 $\boldsymbol{U}$，使 $\boldsymbol{A}=\boldsymbol{U}^{\mathrm{T}}\boldsymbol{U}$.

9．试证：

（1）$\boldsymbol{A}$ 正定，则 $\boldsymbol{A}^{-1}$ 与 $\boldsymbol{A}^*$ 也正定；

（2）$\boldsymbol{A}$ 与 $\boldsymbol{B}$ 均为 n 阶正定阵，则 $\boldsymbol{A}+\boldsymbol{B}$ 为正定阵.

10．设 $\boldsymbol{A}$ 是实对称矩阵，满足 $\boldsymbol{A}^2=2\boldsymbol{A}$，$r(A)=m$.

（1）证明：$\boldsymbol{A}+\boldsymbol{E}$ 是正定阵；

（2）计算 $|\boldsymbol{E}+\boldsymbol{A}+\boldsymbol{A}^2|$ 的值.

11．确定 t 的取值范围，使得二次型

$$f(x_1,x_2,x_3)=5x_1^2+x_2^2+x_3^2+4x_1x_2-2x_1x_3+2tx_2x_3$$

正定.

12．用合同变换法化下列二次型为标准形，并写出所用变换的矩阵：

（1） $f(x_1,x_2,x_3)=2x_1^2+3x_2^2+3x_3^2+4x_2x_3$；

（2） $f(x_1,x_2,x_3)=2x_1^2+3x_2^2+x_3^2+4x_1x_2-4x_1x_3-8x_2x_3$.

13．设 $\boldsymbol{A}=\begin{pmatrix} a_1 & & \\ & a_2 & \\ & & a_3 \end{pmatrix}, \boldsymbol{B}=\begin{pmatrix} a_3 & & \\ & a_1 & \\ & & a_2 \end{pmatrix}$，问 $\boldsymbol{A},\boldsymbol{B}$ 是否合同？若合同，求可逆矩阵 $\boldsymbol{C}$，使得 $\boldsymbol{C}^{\mathrm{T}}\boldsymbol{A}\boldsymbol{C}=\boldsymbol{B}$.

14．若实对称矩阵 $\boldsymbol{A}$ 与矩阵 $\boldsymbol{B}=\begin{pmatrix} 0 & 1 & 0 \\ 1 & 0 & 0 \\ 0 & 0 & 2 \end{pmatrix}$ 合同，求二次型 $f=\boldsymbol{X}^{\mathrm{T}}\boldsymbol{A}\boldsymbol{X}$ 的规范形.

15．设实对称矩阵 $\boldsymbol{A}=\begin{pmatrix} 0 & 1 & 0 & 0 \\ 1 & 0 & 0 & 0 \\ 0 & 0 & y & 1 \\ 0 & 0 & 1 & 2 \end{pmatrix}$

（1）已知的一个特征值为 3，试求 y.

（2）求可逆矩阵 $\boldsymbol{P}$，使得$(\boldsymbol{AP})^{\mathrm{T}}\boldsymbol{AP}$ 为对称矩阵.

第二篇　概率论与数理统计

“概率论与数理统计”是研究随机现象统计规律的一门数学学科，它已广泛应用于工农业生产和科学技术之中，并与其他数学分支相互渗透与结合.

一般来说，概率论是根据大量同类的随机现象的统计规律，对随机现象出现某一结果的可能性做出一种客观的科学判断，并对这种可能性的大小做出数量上的描述，比较这些可能性的大小，研究它们之间的联系，从而形成一套数学理论和方法. 数理统计是应用概率论的结果，更深入地分析研究统计资料，通过对某些现象出现的频率进行观察，发现该现象的内在规律性，并做出一定精确程度的判断和预测. 概率论的主要特点是根据问题提出数学模型，然后研究它们的性质、特征和内在规律性；而数理统计的主要特点是以概率论为基础，利用对随机现象的观察所取得的数据资料来研究数学模型.

本课程的主要任务是使学生掌握概率论与数理统计的基本概念，了解它的基本理论和方法，从而使学生初步掌握处理随机现象的基本思想和方法，培养学生运用概率统计方法分析和处理实际不确定问题的基本技能和基本素质，为以后学习其他学科打下良好的数学基础.

第 7 章 随机事件与概率

在自然界和人类社会生活中存在着两类现象：一类是在一定条件下必然出现的现象，称之为**确定性现象**或**必然现象**，比如，水能在标准大气压力下被加热到 100℃，同性电荷相互排斥，异性电荷相互吸引等；另一类则是事先无法准确预知其结果的现象，称之为**随机现象**或**偶然现象**，比如，明天是否会下雨，抛硬币落下后是正面还是反面等.

随机现象是客观存在的．一切事物的发展过程既包含着必然性，也包含着偶然性，它们是互相对立而又互相联系的．科学的任务在于，要从看起来错综复杂的偶然性中揭示出潜在的必然性，即事物的客观规律性．概率论与数理统计就是研究随机现象统计规律的一门数学学科．

本章着重讲述两个基本概念——事件与概率，接着讨论古典概型和几何概型的概率计算方法，然后介绍条件概率、乘法公式、全概率公式和贝叶斯公式，最后讨论事件的独立性.

§7.1 随机事件

一、随机试验与样本空间

对随机现象进行观察或试验称为**随机试验**，简称**试验**，常用 E 表示．它具有下列特征：

（1）可以在相同条件下重复进行；

（2）所有可能的结果是事前已知的，并且不止一个；

（3）在每次具体实验之前无法预知会出现哪个结果.

例如，抛一枚硬币，记录其结果是正面朝上还是反面朝上，测试灯泡使用寿命的长短，购买福利彩票是中奖还是不中奖等，都可看成是随机试验.

随机试验的每一个可能的结果都可称为**样本点**，记作 ω．由所有样本点组成的集合称为**样本空间**，记作 Ω．

例 7.1.1 （1）掷一枚骰子，用 i 表示面朝上出现的点数，则有样本点

$$\omega_i = i \ \ (i = 1, 2, 3, 4, 5, 6),$$

样本空间为

$$\Omega = \{1, 2, 3, 4, 5, 6\}.$$

（2）观察单位时间内在某公交车站候车的人数，则有样本点

$$\omega_i = i \ (i = 0, 1, 2, \cdots),$$

其表示“单位时间内有 i 人到达车站候车”，样本空间为

$$\Omega = \{0, 1, 2, \cdots\}.$$

（3）从一批灯泡中任取一只，测试这只灯泡的使用寿命 t，则样本点 t 为任一正数，样本空间为

$$\Omega=\{t \mid t\geqslant 0\}.$$

（4）向一目标射击，观察弹着点的位置，则一个弹着点（x,y）就是一个样本点，样本空间为

$$\Omega=\{(x,y) \mid -\infty<x<+\infty,-\infty<y<+\infty\}.$$

二、随机事件

在随机试验中可能出现也可能不出现的结果称为**随机事件**，简称**事件**. 通常用大写字母 A、B、C 等表示.

随机事件由样本空间中的元素即样本点组成，由一个样本点组成的子集是最简单事件，称为**基本事件**. 因此，随机事件也可看成是由基本事件组成的.

如果一次试验的结果出现事件 A 中所包含的某一个基本事件 ω，则称事件 A 发生，记作 $\omega\in A$.

把 Ω 看成一事件，则在每次试验中，必有 Ω 中的某一基本事件（即样本点）发生，也就是 Ω 在每次试验中必然发生，那么称 Ω 为**必然事件**.

把不包含任何样本点的空集 $\varnothing$ 看成一个事件，若在每次试验中，$\varnothing$ 必不发生，则称 $\varnothing$ 为**不可能事件**.

例 7.1.2　在掷一枚骰子的试验中，观察面朝上出现的点数，则 $A=\{2\}$，$B=\{5, 6\}$，$C=\{2, 4, 6\}$等都是随机事件. $\Omega=\{1,2,3,4,5,6\}$是必然事件，{出现的点数是 7}是不可能事件.

三、事件的运算

设在试验 E 中有两个事件 A 和 B，则 A 和 B 有如下关系.

（1）若 A 发生必然导致 B 发生，则称事件 B **包含**事件 A，记作 $B\supset A$（或 $A\subset B$）.

（2）若 $A\subset B$ 且 $B\subset A$，则称事件 A 与事件 B **相等**，记作 $A=B$.

（3）事件 A 和 B 至少有一个发生所构成的事件称为 A 与 B 的**和或并**，记作 $A\cup B$.

（4）事件 A 与 B 同时发生所构成的事件称为 A 与 B 的**积或交**，记作 $A\cap B$ 或 AB.

（5）若事件 A、B 不能同时发生，即 $AB=\varnothing$，则称事件 A 与 B 是**互斥事件**或**互不相容事件**.

（6）若事件 A 与事件 B 互斥，并且它们中必有一事件发生，即 $A\cup B=\Omega$，$AB=\varnothing$，则称事件 A 与 B 为**互逆事件**或**对立事件**，记作 $B=\overline{A}$.

（7）事件 A 发生而 B 不发生所构成的事件称为 A 与 B 的**差**，记作 $A\setminus B$ 或 $A\overline{B}$.

特别地，若 A 与 B 互斥，则 A 与 B 的和记作 $A+B$；若 $A\supset B$，则 A 与 B 的差记作 $A-B$.

例 7.1.3　在测试灯泡使用寿命的试验中，令 $A=\{t \mid 0<t\leqslant 1000\}$（使用寿命不超过 1 000 小时），$B=\{t \mid 0<t\leqslant 500\}$（使用寿命不超过 500 小时），$C=\{t \mid t>500\}$（使用寿命大于 500 小时），则

$$A\cup B=A=\{t \mid 0<t\leqslant 1000\},\ A\cup C=B+C=\Omega=\{t \mid t>0\},$$

$$AB=B=\{t \mid 0<t\leqslant 500\},\ AC=\{t \mid 500<t\leqslant 1000\},\ BC=\varnothing,$$

$$A-B=\{t \mid 500<t\leqslant 1000\},\ A\setminus C=\{t \mid 0<t\leqslant 500\}.$$

例 7.1.4　掷一枚骰子，设 A={出现奇数点}，B={出现 4 点}，C={出现偶数点}，则 $AB=\varnothing$，$AC=\varnothing$，即 A 与 B 互斥，A 与 C 互斥．又因为 $A\cup C=\{1, 2, 3, 4, 5, 6\}=\Omega$，所以 $C=\overline{A}$，即 C 与 A 是互逆事件．

事件的和与积可以推广到任意有限个或可数个的情形．设 $\{A_i\}$ 为一列事件，则事件 $\bigcup\limits_{i=1}^{n}A_i$ 表示“$A_1,A_2,\cdots,A_n$ 中至少有一个发生”，事件 $\bigcup\limits_{i=1}^{\infty}A_i$ 表示“$A_1,A_2,\cdots,A_n,\cdots$ 中至少有一个发生”．

特别地，当 $A_1,A_2,\cdots$ 两两互斥时，即

$$A_i\cap A_j=\varnothing\ (i\neq j;\ i,j=1,2,\cdots),$$

则事件 $\bigcup\limits_{i=1}^{n}A_i$ 记作 $\sum\limits_{i=1}^{n}A_i$，事件 $\bigcup\limits_{i=1}^{\infty}A_i$ 记作 $\sum\limits_{i=1}^{\infty}A_i$．

（8）设有限个或可数个事件 $A_1,A_2,\cdots$ 满足下面的关系式：

$$A_i\cap A_j=\varnothing\,(i\neq j;\ i,j=1,2,\cdots),\quad \sum_i A_i=\Omega,$$

则称 $A_1,A_2,\cdots$ 是一个**完备事件组**．

显然，A 与 $\overline{A}$ 构成一个完备事件组．

容易验证事件的运算满足下述规则．

（1）交换律：$A\cup B=B\cup A$，$AB=BA$．

（2）结合律：$(A\cup B)\cup C=A\cup(B\cup C)$；$(AB)C=A(BC)$．

（3）分配律：$(A\cup B)\ C=AC\cup BC$；$(AB)\cup C=(A\cup C)(B\cup C)$．

（4）对偶律：$\overline{A\cup B}=\overline{A}\cap\overline{B}$；$\overline{A\cap B}=\overline{A}\cup\overline{B}$（可以推广到任意多个事件的情形）．

直观上常用几何图形表示集合，事件间的关系和运算也可以用几何图形来直观表示，如图 7.1 所示．

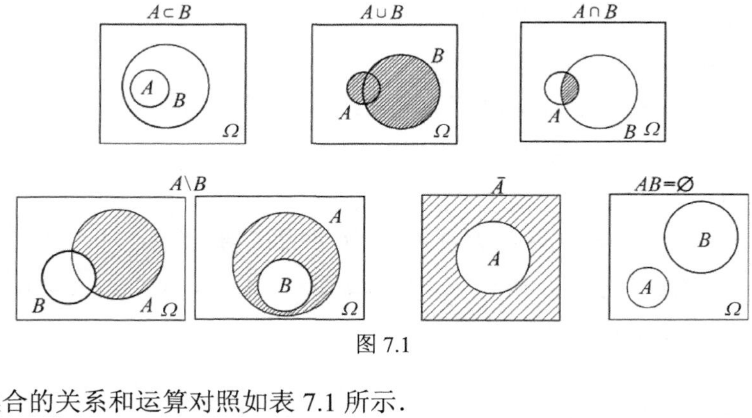

图 7.1

事件与集合的关系和运算对照如表 7.1 所示．

表 7.1

记号	概率论	集合论
Ω	样本空间，必然事件	全集
$\varnothing$	不可能事件	空集

续表

记号	概率论	集合论
ω	样本点	元素
A	事件	子集
$\overline{A}$	A 的对立事件	A 的余集
$A\subset B$	事件 A 发生导致事件 B 发生	集合 A 是集合 B 的子集
$A=B$	事件 A 与事件 B 相等	集合 A 与集合 B 相等
$A\cup B$	事件 A 与事件 B 至少有一个发生	A 与 B 的和集
AB	事件 A 与事件 B 同时发生	A 与 B 的交集
$A\backslash B$	事件 A 发生而事件 B 不发生	A 与 B 的差集
$AB=\varnothing$	事件 A 和事件 B 互不相容	A 与 B 没有相同的元素

例 7.1.5 设 A、B、C 是样本空间 Ω 中的 3 个随机事件，试用 A、B、C 的运算表达式表示下列事件：

（1）A 与 B 发生但 C 不发生；

（2）事件 A、B、C 中至少有 1 个发生；

（3）事件 A、B、C 中至少有两个发生；

（4）事件 A、B、C 中恰好有两个发生；

（5）事件 A、B、C 中不多于 1 个事件发生.

解 （1）$AB\overline{C}$；（2）$A\cup B\cup C$；（3）$AB\cup BC\cup AC$；

（4）$AB\overline{C}+A\overline{B}C+\overline{A}BC$；（5）$\overline{A}\overline{B}\overline{C}+A\overline{B}\overline{C}+\overline{A}B\overline{C}+\overline{A}\overline{B}C$.

例 7.1.6 在机械工程学院的学生中任选一名学生．设事件 A 表示被选学生是男生，事件 B 表示该生是三年级学生，事件 C 表示该生是运动员.

（1）叙述 $AB\overline{C}$ 的意义.

（2）在什么条件下 $ABC=C$ 成立？

（3）在什么条件下 $\overline{A}\subset B$ 成立？

解 （1）该生是三年级男生，但不是运动员.

（2）全院运动员都是三年级男生.

（3）全院女生都在三年级.

例 7.1.7 设事件 A 表示“甲种产品畅销，乙种产品滞销”，求其对立事件 $\overline{A}$.

解 设 $B=$“甲种产品畅销”，$C=$“乙种产品滞销”，则 $A=BC$，故 $\overline{A}=\overline{BC}=\overline{B}\cup\overline{C}=$“甲种产品滞销或乙种产品畅销”.

§7.2 随机事件的概率

一、随机事件的频率

随机事件在一次试验中可能发生，也可能不发生，具有不确定性，但在大量重复试验中却存在着某种客观规律性，即频率的稳定性.

设事件 A 在 n 次试验中发生了 n_A 次，则比值 $\frac{n_A}{n}$ 称为该 n 次试验中事件 A 发生的**频率**，记作 $f_n(A)$．

容易证明频率具有下列性质：

（1）$0 \leqslant f_n(A) \leqslant 1$；

（2）$f_n(\Omega)=1$；

（3）若 $AB=\varnothing$，则 $f_n(A \cup B)=f_n(A)+f_n(B)$．

经验表明，在不同的试验序列中，当试验次数足够大时，频率 $f_n(A)$ 常在一个确定的数字附近摆动．例如，德摩根（De Morgan）、蒲丰（Buffon）和皮尔逊（Pearson）等试验者曾进行过大量的掷硬币试验，所得结果如表 7.2 所示．

表 7.2

掷硬币次数 n	出现正面次数 n_A	出现正面的频率 $\frac{n_A}{n}$
2 048	1 061	0.518 1
4 040	2 048	0.506 9
12 000	6 019	0.501 6
24 000	12 012	0.500 5

可见，当试验次数较大时，出现正面的频率 $\frac{n_A}{n}$ 在 0.5 附近摆动．这种频率的稳定性客观地刻画出了事件 $A=\{$正面朝上$\}$在一次掷硬币试验中发生的可能性大小的度量．

二、随机事件的概率

定义 7.2.1　事件 A 发生的可能性大小的度量（数值），称为事件 A 发生的**概率**，记作 $P(A)$．

对于一个随机事件来说，它发生的可能性大小的度量是由它自身决定的，并且是客观存在的．概率的存在性好比一根木棒有长度、一块土地有面积，是事件的固有属性．一根木棒的长度可以利用测量工具来测量，而事件的概率也可以通过频率来“测量”，或者说概率是频率的一个近似．于是我们有理由要求频率的一些性质也是概率所应具有的，由此引出概率的公理化定义．

定义 7.2.2　设试验 E 的样本空间为 Ω，对于每个事件 A，定义一个实数 $P(A)$与之对应，且 $P(A)$满足如下 3 个条件．

（1）非负性：对任意事件 A，$P(A) \geqslant 0$；

（2）规范性：$P(\Omega)=1$；

（3）可列可加性：对于两两互斥的事件列 $A_1, A_2, \cdots, A_n, \cdots$，有

$$P\left(\sum_{i=1}^{\infty} A_i\right)=\sum_{i=1}^{\infty} P(A_i)\text{.}$$

则称 $P(A)$为事件 A 的**概率**．

从概率的公理化定义出发，可推出概率具有以下性质．

性质 7.2.1 $P(\varnothing)=0$.

性质 7.2.2（有限可加性） 对于两两互斥的有限个事件 $A_1, A_2, \cdots, A_n$，有

$$P\left(\sum_{i=1}^{n} A_i\right)=\sum_{i=1}^{n} P(A_i).$$

性质 7.2.3 对任意事件 A，有 $P(\overline{A})=1-P(A)$.

性质 7.2.4 若 $A \subset B$，则 $P(A) \leqslant P(B)$.

性质 7.2.5 对任意事件 A，有 $0 \leqslant P(A) \leqslant 1$.

性质 7.2.6（加法公式） 设 A、B 为任意两个事件，则

$$P(A \cup B)=P(A)+P(B)-P(AB). \tag{7.1}$$

证 设 A、B 为任意两个事件，则 $A \cup B=A\overline{B}+\overline{A}B+AB$，由有限可加性得

$$P(A \cup B)=P(A\overline{B})+P(\overline{A}B)+P(AB). \tag{7.2}$$

由事件 $A=AB+A\overline{B}$，有 $P(A)=P(AB)+P(A\overline{B})$，推出

$$P(A\overline{B})=P(A)-P(AB). \tag{7.3}$$

同理可得

$$P(\overline{A}B)=P(B)-P(AB). \tag{7.4}$$

综合式（7.2）～式（7.4），即得式（7.1）.

加法公式可以推广到有限个情形，例如，设 A、B、C 为任意 3 个事件，则

$$P(A \cup B \cup C)=P(A)+P(B)+P(C)-P(AB)-P(AC)-P(BC)+P(ABC).$$

性质 7.2.7（减法公式） 设 A、B 为任意两个事件，则

$$P(A \setminus B)=P(A)-P(AB).$$

特别地，当 $A \supset B$ 时，有

$$P(A-B)=P(A)-P(B).$$

例 7.2.1 设 $P(A)=\dfrac{1}{3}$，$P(B)=\dfrac{1}{2}$，分别在下列条件下求 $P(\overline{A}B)$：

（1）$P(AB)=\dfrac{1}{8}$；（2）A 与 B 互斥；（3）$A \subset B$.

解 （1）$P(AB)=\dfrac{1}{8}$，则 $P(\overline{A}B)=P(B)-P(AB)=\dfrac{1}{2}-\dfrac{1}{8}=\dfrac{3}{8}$；

（2）若 A、B 互斥，则 $P(AB)=0$，推出 $P(\overline{A}B)=P(B)-P(AB)=\dfrac{1}{2}$；

（3）$A \subset B$，则 $P(AB)=P(A)$，推出

$$P(\overline{A}B)=P(B)-P(AB)=P(B)-P(A)=\frac{1}{6}.$$

例 7.2.2 设 A、B 为两事件，$P(A)=0.5,\ P(B)=0.3,\ P(AB)=0.1$，求：

（1）A 发生但 B 不发生的概率；

（2）A 不发生但 B 发生的概率；

（3）至少有一个事件发生的概率；

（4）A、B 都不发生的概率；

（5）至少有一个事件不发生的概率．

解　（1） $P(A\overline{B})=P(A)-P(AB)=0.4;$

（2） $P(\overline{A}B)=P(B)-P(AB)=0.2;$

（3） $P(A\cup B)=P(A)+P(B)-P(AB)=0.5+0.3-0.1=0.7;$

（4） $P(\overline{A}\,\overline{B})=P(\overline{A\cup B})=1-P(A\cup B)=1-0.7=0.3;$

（5） $P(\overline{A}\cup\overline{B})=P(\overline{AB})=1-P(AB)=1-0.1=0.9.$

例 7.2.3　设事件 A、B 和 $A\cup B$ 的概率分别为 0.2、0.3 和 0.4，求 $P(A\overline{B})$．

解　已知 $P(A)=0.2$，$P(B)=0.3$，$P(A\cup B)=0.4$. 由加法公式，得

$$P(AB)=P(A)+P(B)-P(A\cup B)=0.1\ .$$

再由减法公式，得

$$P(A\overline{B})=P(A)-P(AB)=0.2-0.1=0.1.$$

§7.3　古典概型与几何概型

一、古典概型

定义 7.3.1　如果随机试验有下述特征：

（1）样本空间是有限的；

（2）每个基本事件发生的可能性相等，

则称该试验为**古典概型**.

在古典概型中，设样本空间 $\Omega=\{\omega_1,\omega_2,\cdots,\omega_n\}$，则

$$P(\{\omega_1\})=P(\{\omega_2\})=\cdots=P(\{\omega_n\})=\frac{1}{n}\ .$$

若随机事件 A 中含有 k 个基本事件，则事件 A 的概率为

$$P(A)=\frac{k}{n}\ ,$$

其中，n 为样本空间 Ω 所包含的基本事件总数．

古典概型有许多实际应用，其中抽球问题、分房问题、随机取数问题是几个基本模型．

例 7.3.1（抽球问题）　设盒中有 3 个白球、两个红球，现从盒中任取两个球，求取出的两个球都是白球的概率．

解　样本空间 Ω 所包含的基本事件总数为 $C_5^2=10$．设事件 A 表示取出的两个球都是白球，则它所含的基本事件数为 $C_3^2=3$．因此，所求的概率

$$P(A)=\frac{3}{10}\ .$$

例 7.3.2　设一批产品共有 N 件，内有 M 件次品，现从中任取 n 件产品，求恰有 m 件次品的概率．

解　本例可看作是例 7.3.1 的一般情形．基本事件总数为 C_N^n．设事件 A 表示取出 n 件产品中恰有 m 件次品，则它所含的基本事件数为 $C_M^m \cdot C_{N-M}^{n-m}$，因此

$$P(A)=\frac{C_M^m \cdot C_{N-M}^{n-m}}{C_N^n}.$$

例 7.3.3（分房问题）　设有 n 个人，每个人都等可能地分配到 N 个房间中的任意一间去住（$n \leqslant N$），求下列事件的概率：

（1）指定的 n 个房间各住 1 人；

（2）恰好有 n 个房间，其中各住 1 人．

解　因为每个人有 N 个房间供选择，所以基本事件总数为 N^n．在第一个事件中，指定的 n 个房间各住 1 人，所含的基本事件数为 $n!$，因此

$$P_1=\frac{n!}{N^n}.$$

在第二个事件中，n 个房间可以在 N 个房间中任意选取，有 C_N^n 种取法，对选定的 n 个房间，其中各住 1 人有 $n!$ 种分配方式，于是

$$P(A)=\frac{C_N^n \cdot n!}{N^n}=\frac{N!}{N^n(N-n)!}.$$

例 7.3.4　某班级有 $n(n \leqslant 365)$ 个人，求至少有两个人生日在同一天的概率．

解　假定一年按 365 天计算，把 365 天当作 365 个房间，则问题就可以归结为例 7.3.3．n 个人的生日各不相同的概率为

$$P_1=\frac{C_{365}^n \cdot n!}{365^n},$$

所以 n 个人中至少有两个人生日在同一天的概率为

$$P=1-P_1=1-\frac{C_{365}^n \cdot n!}{365^n}.$$

当 $n=64$ 时，算出 $P=0.997$，这表示当班级人数达到 64 时，“至少有两人生日在同一天”几乎总是会出现的．

例 7.3.5（随机取数问题）　从 $0,1,2,\cdots,9$ 这 10 个数字中任取 1 个，取后还原，然后再取，这样有放回地连取 7 个数字，求下列事件的概率：

（1）7 个数字全部不相同；

（2）不含 0 和 1；

（3）0 恰好出现 2 次．

解　基本事件总数为 10^7．第 1 个事件可看作 $0,1,2,\cdots,9$ 这 10 个数字的“无重复排列”，所含的基本事件数为 P_{10}^7，因此

$$P_1=\frac{P_{10}^7}{10^7}.$$

第 2 个事件可看作 $2,3,\cdots,9$ 这 8 个数字的“有重复排列”，所含的基本事件数为 8^7，因此

$$P_2 = \frac{8^7}{10^7}.$$

在第 3 个事件中，0 恰好出现 2 次，有 C_7^2 种可能方式，两个 0 的位置排定后，其余 5 个位置可以是 $1,2,\cdots,9$ 这 9 个数字中的任何一个，有 9^5 种可能方式，所含的基本事件数为 $C_7^2 \cdot 9^5$，所以

$$P_3 = \frac{C_7^2 \cdot 9^5}{10^7}.$$

例 7.3.6　一条公交车线路，中途设有 9 个车站，最后到达终点站．已知在起点站上有 20 位乘客上车，求在第 1 站恰有 4 位乘客下车的概率（假设每位乘客在各车站下车是等可能的）．

解　基本事件总数为 10^{20}．设事件 A 表示"第 1 站恰有 4 位乘客下车"，他们可以是 20 位乘客中的任意 4 位，有 C_{20}^4 种可能方式，其余 16 人将在第 1 站以后的 9 个站（含终点站）下车，有 9^{16} 种可能方式，所含的基本事件数为 $C_{20}^4 \cdot 9^{16}$，因此

$$P(A) = \frac{C_{20}^4 \cdot 9^{16}}{10^{20}} = 0.089\,8.$$

例 7.3.7　一个正方体的木块，6 面均涂有红色，将其锯为 125 个大小相同的正方体小木块，从中任取一个小木块，求

（1）所取的小木块至少有两面涂有红色的概率；

（2）小木块上最多有两面涂有红色的概率．

解　分析易知，处于原正方体角上的 8 个小木块上三面涂有红色，处于原正方体 12 个棱上的 3×12 个小木块上（去掉 8 个角上的小木块）两面涂有红色．其余小木块至多有一面涂有红色．样本空间所包含的基本事件总数为 125，设事件 A_i 表示"小木块上有 i 面涂有红色"，$i = 0,1,2,3$，则 A_2, A_3 所含的基本事件数分别为 36, 8，因此

（1）$P(A_2 \cup A_3) = \dfrac{36+8}{125} = \dfrac{44}{125}$；

（2）$P(A_0 \cup A_1 \cup A_2) = 1 - P(A_3) = 1 - \dfrac{8}{125} = \dfrac{117}{125}$．

二、几何概型

几何概型将等可能事件的概念从有限向无限延伸，是区别于古典概型的另一类等可能概型．

定义 7.3.2　设试验的样本空间是一个可度量的几何区域 Ω，$L(\Omega) > 0$ 表示 Ω 的度量（如长度、面积、体积等）．向区域 Ω 内随机地投点，如果投点落在 Ω 内任一区域 A 的可能性大小只与 A 的度量 $L(A)$ 成正比，而与 A 的位置和形状无关，则称该试验为**几何概型**．

由定义可知，如果"投点落在 Ω 中区域 A 内"的事件仍用 A 表示，则事件 A 的概率

$$P(A) = \frac{L(A)}{L(\Omega)}.$$

例 7.3.8（会面问题）　甲、乙两人约定在下午 4:00 到 5:00 之间在某地会面，并约定先到者应等另一人 15 分钟，过时即可离去，试求两人能会面的概率，如图 7.2 所示．

解 设 x, y 分别表示甲、乙两人到达约会地点的时间，则样本空间

$$\Omega = \left\{(x,y) \mid 0 \leqslant x \leqslant 60,\ 0 \leqslant y \leqslant 60\right\}.$$

而事件 A 表示"两人能会面"，相当于

$$A = \{(x,y) \| x-y | \leqslant 15\}.$$

所求的概率为

$$P(A) = \frac{60^2 - 45^2}{60^2} = \frac{7}{16}.$$

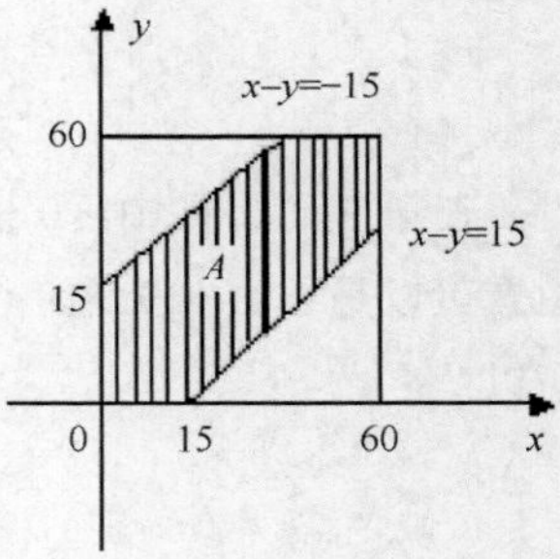

图 7.2

例 7.3.9 将长为 L 的木棒随机地折成 3 段，求 3 段构成三角形的概率.

解 将长为 L 的木棒随机地折成 3 段，以 x, y 分别表示其中两段的长度，则第 3 段的长度为 $L-x-y$. 于是有

$$0 < x < L,\ 0 < y < L,\ 0 < L-x-y < L,$$

样本空间为

$$\Omega = \left\{(x,y) \mid 0 < x < L,\ 0 < y < L,\ 0 < x+y < L\right\}.$$

若事件 A 表示"3 段构成三角形"，则下列条件必须满足

$$\begin{cases} 0 < x < y + (L-x-y), \\ 0 < y < x + (L-x-y), \\ 0 < L-x-y < x+y. \end{cases}$$

整理得

$$A = \left\{(x,y) \middle| 0 < x < \frac{L}{2},\ 0 < y < \frac{L}{2},\ \frac{L}{2} < x+y < L\right\}.$$

如图 7.3 所示，所求概率为

$$P(M) = \frac{L(A)}{L(\Omega)} = \frac{\frac{1}{2}\cdot\left(\frac{L}{2}\right)^2}{\frac{L^2}{2}} = \frac{1}{4}.$$

例 7.3.10 在区间（0,1）内任取两个数，求这两个数的乘积小于 $\frac{1}{4}$ 的概率，如图 7.4 所示.

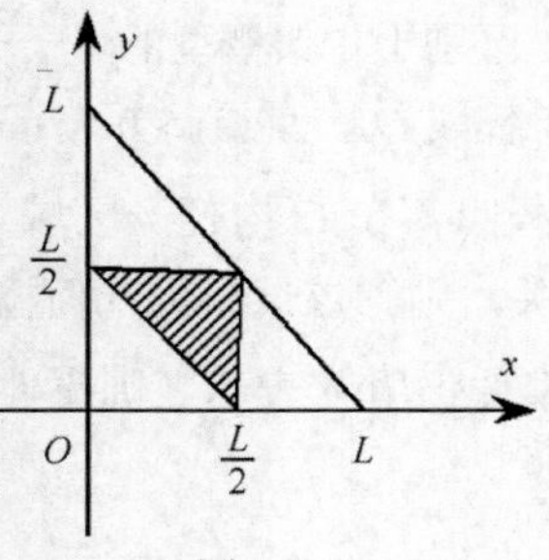

图 7.3

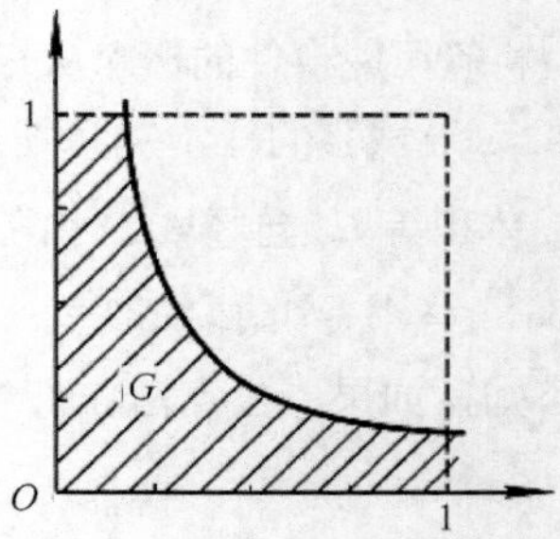

图 7.4

解 设在(0, 1)内任取两个数为 x, y，则 $0 < x < 1, 0 < y < 1$，即样本空间

$$\Omega=\{(x,y)\mid 0<x<1,\ 0<y<1\}.$$

令 A 表示事件“两个数乘积小于 $\frac{1}{4}$”，则

$$A=\left\{(x,y)\middle|0<xy<\frac{1}{4},\ 0<x<1,\ 0<y<1\right\},$$

所求概率为

$$P(A)=\frac{\frac{1}{4}+\int_{\frac{1}{4}}^{1}\frac{1}{4x}\mathrm{d}x}{1}=\frac{1}{4}+\frac{1}{2}\ln 2.$$

§7.4　条件概率

一、条件概率与乘法公式

在实际问题中，有时需要考察在某些附加条件下的试验结果，这些附加条件通常以“某个事件已经发生”的形式给出，即在某事件发生的条件下，求另一事件的概率.

定义 7.4.1　设 A,B 为试验 E 的两个事件，且 $P(B)>0$，则称

$$P(A\mid B)=\frac{P(AB)}{P(B)}$$

为在事件 B 发生的条件下事件 A 发生的**条件概率**.

容易验证，条件概率 $P(\cdot\mid B)$ 满足概率公理化定义中的 3 条公理

（1）非负性：对任意事件 A，$P(A\mid B)\geqslant 0$；

（2）规范性：$P(\Omega\mid B)=1$；

（3）可列可加性：对于两两互斥的事件列 $A_1, A_2, \cdots, A_n, \cdots$，有

$$P\left(\sum_{i=1}^{\infty}A_i\mid B\right)=\sum_{i=1}^{\infty}P(A_i\mid B).$$

由此可知，$P(\cdot\mid B)$ 具有概率的一切性质，如 $P(\varnothing\mid B)=0$，$P(\overline{A}\mid B)=1-P(A\mid B)$ 等.

例 7.4.1　盒中有 5 个球，其中有 3 个是黑球，2 个是白球，每次任取一球，不放回地取两次.

（1）求第 1 次取到黑球的概率；

（2）已知第 1 次取到的是黑球，求第 2 次仍取到黑球的概率.

解法 1　设事件 A 表示“第 1 次取到黑球”，事件 B 表示“第 2 次取到黑球”，则

（1）$P(A)=\frac{3}{5}$；

（2）$P(AB)=\frac{C_3^2}{C_5^2}=\frac{3}{10}\Rightarrow\ P(B\mid A)=\frac{P(AB)}{P(A)}=\frac{1}{2}$.

解法 2　在第 1 次取到黑球后，盒中剩下 4 个球，其中有 2 个是黑球，2 个是白球，于是第 2 次取球可在缩小的样本空间 Ω_A 上进行．此时基本事件总数为 4，而事件 B 在事件 A 发生

的条件下所含基本事件数为 2，因此

$$P(B|A)=\frac{2}{4}=\frac{1}{2}.$$

例 7.4.2 设某种动物由出生算起活到 20 岁以上的概率为 0.8，活到 25 岁以上的概率为 0.4，如果一只动物现在已经 20 岁，问它能活到 25 岁的概率为多少？

解 设事件 A 表示“活到 20 岁”，事件 B 表示“活到 25 岁”，则

$$P(A)=0.8,\quad P(B)=0.4,$$

因为 $B\subset A$，有 $P(AB)=P(B)=0.4$，所以

$$P(B|A)=\frac{P(AB)}{P(A)}=\frac{0.4}{0.8}=0.5.$$

由条件概率的定义即可得到如下定理.

定理 7.4.1（乘法公式） 设 A、B 是两个事件，若 $P(B)>0$，则

$$P(AB)=P(B)P(A|B).$$

乘法公式可以推广到多个事件的积事件情形．例如，设 $A_1,A_2,\cdots,A_n$ 是 $n(n\geqslant 2)$个事件，且 $P(A_1A_2\cdots A_{n-1})>0$，则

$$P(A_1A_2\cdots A_n)=P(A_1)P(A_2|A_1)P(A_3|A_1A_2)\cdots P(A_n|A_1A_2\cdots A_{n-1}).$$

例 7.4.3 已知 $P(A)=0.5,\ P(B)=0.6,\ P(B|A)=0.8$，求 $P(A\cup B)$ 和 $P(B|\overline{A})$.

解 由乘法公式得

$$P(AB)=P(A)P(B|A)=0.5\times 0.8=0.4,$$

于是

$$P(A\cup B)=P(A)+P(B)-P(AB)=0.5+0.6-0.4=0.7.$$

又 $P(\overline{A})=0.5$，$P(\overline{A}B)=P(B)-P(AB)=0.6-0.4=0.2$，因此

$$P(B\mid\overline{A})=\frac{P(\overline{A}B)}{P(\overline{A})}=0.4.$$

例 7.4.4 为了防止意外，在矿内同时设有甲、乙两种报警系统，每种系统单独使用时其有效的概率如下：系统甲为 0.92，系统乙为 0.93．在系统甲失灵的条件下，系统乙仍有效的概率为 0.85．求：

（1）在发生意外时，这两个报警系统至少有 1 个有效的概率；

（2）在系统乙失灵的条件下，系统甲仍有效的概率．

解 设事件 A 表示“系统甲单独使用时有效”，事件 B 表示“系统乙单独使用时有效”，则

$$P(A)=0.92,\quad P(B)=0.93,\quad P(B|\overline{A})=0.85.$$

于是，

（1）$P(A\cup B)=P(A)+P(\overline{A}B)=P(A)+P(\overline{A})P(B|\overline{A})=0.92+0.08\times 0.85=0.988.$

（2）由于 $P(A\overline{B})=P(A\cup B)-P(B)=0.988-0.93=0.058,$

$$\Rightarrow\quad P(A|\overline{B})=\frac{P(A\overline{B})}{P(\overline{B})}=\frac{0.058}{0.07}=0.83.$$

例 7.4.5 一批彩电，共 100 台，其中有 10 台次品，采用不放回抽样，每次抽 1 台，求第 3 次才抽到合格品的概率.

解 设 $A_i\ (i=1,2,3)$ 表示"第 i 次抽到合格品"，则

$$P(\overline{A_1}\,\overline{A_2}A_3)=P(\overline{A_1})P(\overline{A_2}|\overline{A_1})P(A_3|\overline{A_1}\,\overline{A_2})=\frac{10}{100}\cdot\frac{9}{99}\cdot\frac{90}{98}=0.008\,3\ .$$

例 7.4.6 今有一张大型演唱会门票，5 个人抓阄，求每个人获得门票的概率.

证 设第 i 次抓阄的人为第 i 个人，事件 A_i 表示"第 i 个人抓到演唱会门票"$(i=1,2,3,4,5)$，则

$$P(A_1)=\frac{1}{5};$$

$$P(A_2)=P(\overline{A_1}A_2)=P(\overline{A_1})P(A_2|\overline{A_1})=\frac{4}{5}\cdot\frac{1}{4}=\frac{1}{5};$$

$$P(A_3)=P(\overline{A_1}\,\overline{A_2}A_3)=P(\overline{A_1})P(\overline{A_2}|\overline{A_1})P(A_3|\overline{A_1}\,\overline{A_2})=\frac{4}{5}\cdot\frac{3}{4}\cdot\frac{1}{3}=\frac{1}{5},$$

同理可得

$$P(A_4)=P(A_5)=\frac{1}{5}.$$

可见，每个人获得门票的概率都是一样的，即抓阄与次序无关. 因此，对于抽签（抓阄）问题，不必争先恐后.

例 7.4.7 在空军训练中甲机先向乙机开火，击落乙机的概率为 0.2；若乙机未被击落，即进行还击，则其击落甲机的概率是 0.3；若甲机未被击落，再进攻乙机，则甲机击落乙机的概率是 0.4，求在这 3 个回合中：

（1）甲机被击落的概率；

（2）乙机被击落的概率.

解 设 A_i 表示"第 i 回合射击成功" $(i=1,2,3)$. 事件 A 表示"甲机被击落"，事件 B 表示"乙机被击落"，则 $A=\overline{A_1}A_2$，$B=A_1\cup\overline{A_1}\,\overline{A_2}A_3$，利用乘法公式得

（1）$P(A)=P(\overline{A_1}A_2)=P(\overline{A_1})P(A_2|\overline{A_1})=0.8\times0.3=0.24$;

（2）
$$\begin{aligned}P(B)&=P(A_1\cup\overline{A_1}\,\overline{A_2}A_3)=P(A_1)+P(\overline{A_1}\,\overline{A_2}A_3)\\&=P(A_1)+P(\overline{A_1})P(\overline{A_2}|\overline{A_1})P(A_3|\overline{A_1}\,\overline{A_2})\\&=0.2+0.8\times0.7\times0.4=0.424\ .\end{aligned}$$

例 7.4.8 某人忘记了电话号码的最后一个数字，因而他随意拨号. 求他拨号不超过 3 次而接通电话的概率.

解法 1 设事件 A_i 表示"第 i 次拨号码接通电话" $(i=1,2,3)$，事件 A 表示"拨号不超过 3 次接通电话"，则

$$A=A_1\cup\overline{A_1}A_2\cup\overline{A_1}\,\overline{A_2}A_3.$$

因为

$$P(\overline{A_1}A_2)=P(\overline{A_1})P(A_2|\overline{A_1})=\frac{9}{10}\times\frac{1}{9}=\frac{1}{10},$$

$$P(\overline{A_1}\,\overline{A_2}A_3)=P(\overline{A_1})P(\overline{A_2}|\overline{A_1})P(A_3|\overline{A_1}\,\overline{A_2})=\frac{9}{10}\times\frac{8}{9}\times\frac{1}{8}=\frac{1}{10},$$

所以

$$P(A)=P(A_1)+P(\overline{A_1}A_2)+P(\overline{A_1}\,\overline{A_2}A_3)=\frac{1}{10}+\frac{1}{10}+\frac{1}{10}=\frac{3}{10}.$$

解法 2

$$\begin{aligned}P(A)&=1-P(\overline{A})=1-P(\overline{A_1}\,\overline{A_2}\,\overline{A_3})\\&=1-P(\overline{A_1})P(\overline{A_2}|\overline{A_1})P(\overline{A_3}|\overline{A_1}\,\overline{A_2})=1-\frac{9}{10}\times\frac{8}{9}\times\frac{7}{8}=\frac{3}{10}.\end{aligned}$$

二、全概率公式与贝叶斯公式

概率论的一个重要内容是研究怎样从一些简单事件的概率来推算较复杂事件的概率，全概率公式正好起到了这样的作用.

定理 7.4.2（全概率公式） 设 $B_1,B_2,\cdots,B_n$ 为样本空间 Ω 的一个完备事件组，即 $B_iB_j=\varnothing\ (i\neq j)$，$\sum_{i=1}^{n}B_i=\Omega$，若 $P(B_i)>0\ (i=1,2,\cdots,n)$，则对任一事件 A 有

$$P(A)=\sum_{i=1}^{n}P(B_i)P(A|B_i).$$

例 7.4.9 设有一箱同类型的产品是由 3 家工厂生产的．已知这箱产品总数的 $\frac{1}{2}$ 由第 1 家生产，其他两家各生产 $\frac{1}{4}$，又知 3 家工厂生产的次品率依次为 2%、2%和 4%，现从此箱中任取 1 件产品，问拿到次品的概率是多少？

解 设事件 A 表示“取到的产品是次品”，事件 B_i 表示“取到的是第 i 家产品” $(i=1,2,3)$，则 B_1,B_2,B_3 是一个完备事件组，由全概率公式得

$$\begin{aligned}P(A)&=P(B_1)P(A|B_1)+P(B_2)P(A|B_2)+P(B_3)P(A|B_3)\\&=\frac{1}{2}\times0.02+\frac{1}{4}\times0.02+\frac{1}{4}\times0.04=0.025.\end{aligned}$$

例 7.4.10 甲罐中有 5 个红球和 3 个白球，乙罐中有 4 个红球和 3 个白球，现从甲罐中任取 3 个球放入乙罐，搅匀后再从乙罐中任取 1 个球，求从乙罐中取出的是红球的概率.

解 设事件 A 表示“从乙罐中取出的是红球”，事件 B_i 表示“从甲罐中取出的 3 个球中有 i 个白球” $(i=0,1,2,3)$，则 B_0,B_1,B_2,B_3 是一个完备事件组．易知

$$P(B_0)=\frac{C_5^3}{C_8^3}=\frac{10}{56},\qquad P(B_1)=\frac{C_5^2C_3^1}{C_8^3}=\frac{30}{56},$$

$$P(B_2)=\frac{C_5^1C_3^2}{C_8^3}=\frac{15}{56},\qquad P(B_3)=\frac{C_3^3}{C_8^3}=\frac{1}{56},$$

及

$$P(A|B_0)=\frac{7}{10},\ P(A|B_1)=\frac{6}{10},\ P(A|B_2)=\frac{5}{10},\ P(A|B_3)=\frac{4}{10},$$

所以按全概率公式得

$$P(A)=\sum_{i=0}^{3}P(B_i)P(A|B_i)=\frac{10}{56}\cdot\frac{7}{10}+\frac{30}{56}\cdot\frac{6}{10}+\frac{15}{56}\cdot\frac{5}{10}+\frac{1}{56}\cdot\frac{4}{10}=0.587\,5.$$

例 7.4.11　一批产品，每箱装 20 件，已知每箱不含次品的概率为 80%，含一件次品的概率为 20%．在购买时，随意选一箱，从中随意逐个选出产品进行检查，如果发现次品就退回，如果检查 2 个还未发现次品就买下．求：

（1）顾客买下该箱产品的概率；

（2）在顾客买下的一箱中，确实没有次品的概率．

解　（1）设事件 A_i 表示“从箱中第 i 次取出产品为正品”（$i=1,2$），事件 B_i 表示“任取一箱，该箱含有 i 件次品”（$i=0,1$），则 B_0、B_1 构成一个完备事件组．由于 $B_0\subset A_1A_2$，故

$$A_1A_2=B_0A_1A_2+B_1A_1A_2=B_0+B_1A_1A_2\,.$$

由全概率公式得

$$\begin{aligned}P(A_1A_2)&=P(B_0)+P(B_1A_1A_2)=P(B_0)+P(B_1)P(A_1|B_1)P(A_2|B_1A_1)\\&=0.8+0.2\times\frac{19}{20}\times\frac{18}{19}=0.98.\end{aligned}$$

（2）$P(B_0|A_1A_2)=\dfrac{P(B_0A_1A_2)}{P(A_1A_2)}=\dfrac{P(B_0)}{P(A_1A_2)}=\dfrac{0.8}{0.98}\approx 0.82.$

在全概率公式中，通常称 $P(B_i)$ 为事件 B_i 的**先验概率**，即试验前的假设概率．如果进行一次试验，事件 A 确实发生了，则应当重新估计事件 B_i 的概率，也就是要计算事件 B_i 在事件 A 已发生的条件下的条件概率 $P(B_i\mid A)$．该条件概率被称为事件 B_i 的**后验概率**．贝叶斯公式专门用于计算后验概率．

定理 7.4.3（贝叶斯公式）　设 $B_1,B_2,\cdots,B_n$ 为样本空间 Ω 的一个完备事件组，且 $P(B_i)>0$ $(i=1,2,\cdots,n)$，则对任一事件 A，有

$$P(B_i|A)=\frac{P(B_i)P(A\mid B_i)}{\sum\limits_{j=1}^{n}P(B_j)P(A\mid B_j)}\quad(i=1,2,\cdots,n).$$

例 7.4.12　在某批产品中，甲、乙、丙、丁 4 家工厂生产的产品分别占总量的 15%、20%、30%、35%，4 家工厂的次品率依次为 0.05、0.04、0.03、0.02．从中任取 1 件，求：

（1）取到次品的概率；

（2）取到的次品是甲厂生产的概率．

解　设事件 A 表示“任取一件为次品”，B_1、B_2、B_3、B_4 分别表示产品由甲、乙、丙、丁厂家生产．

（1）由全概率公式得

$$\begin{aligned}P(A)&=\sum_{i=1}^{4}P(B_i)P(A\mid B_i)=0.15\times0.05+0.2\times0.04+0.3\times0.03+0.35\times0.02\\&=0.032\,5.\end{aligned}$$

（2）由贝叶斯公式得

$$P(B_1|A)=\frac{P(B_1)P(A|B_1)}{\sum_{j=1}^{4}P(B_j)P(A|B_j)}=\frac{0.15\times 0.05}{0.032\,5}\approx 0.23.$$

例 7.4.13 在数字通信中，信号是由数字 0 和 1 的长序列组成的. 由于有随机干扰，发送的信号 0 或 1 都有可能被错误地接收为 1 或 0. 现假定发送信号为 0 和 1 的概率均为 0.5，又已知在发送 0 时，将 0 接收为 0 和 1 的概率分别为 0.8 和 0.2；在发送信号为 1 时，将 1 接收为 1 和 0 的概率分别为 0.9 和 0.1. 求：已知收到信号是 0 时，发出的信号是 0（即没有错误接收）的概率.

解 设事件 B_i 表示“发出信号是 i ”（ $i=0,1$ ），事件 A 表示“收到信号是 0”，则

$$P(B_0)=P(B_1)=0.5\,,\quad P(A|B_0)=0.8,\quad P(A|B_1)=0.1\,.$$

由贝叶斯公式得

$$P(B_0|A)=\frac{P(B_0)P(A|B_0)}{P(B_0)P(A|B_0)+P(B_1)P(A|B_1)}$$
$$=\frac{0.5\times 0.8}{0.5\times 0.8+0.5\times 0.1}\approx 0.89.$$

例 7.4.14 根据以往的临床记录，某种诊断癌症的试验具有如下效果：被诊断者有癌症，试验反应为阳性的概率为 0.95；被诊断者没有癌症，试验反应为阴性的概率为 0.95. 现对自然人群进行普查，设被试验的人群中患有癌症的概率为 0.005，求：已知试验反应为阳性，该被诊断者确有癌症的概率.

解 设事件 A 表示“被试验的人群中有人患有癌症”，事件 B 表示“试验反应为阳性”，则

$$P(A)=0.005\,,\quad P(\overline{A})=0.995\,,\quad P(B|A)=0.95\,,$$

$$P(\overline{B}|\overline{A})=0.95\,,\quad P(B|\overline{A})=1-0.95=0.05\,,$$

由贝叶斯公式得

$$P(A|B)=\frac{P(A)P(B|A)}{P(A)P(B|A)+P(\overline{A})P(B|\overline{A})}=0.087\,.$$

§7.5 事件的独立性

一、随机事件的独立性

如果事件 B 发生与否不受事件 A 是否发生的影响，即意味着 $P(B)=P(B|A)$，则乘法公式的形式更加简明

$$P(AB)=P(A)P(B)\,.$$

由此引入如下定义.

定义 7.5.1 对任意的两个事件 A,B ，若

$$P(AB)=P(A)P(B)$$

成立，则称事件 A,B 是**相互独立**的，简称 A 与 B **独立**.

例 7.5.1 证明：若 $P(A|B)=P(A|\overline{B})$，则事件 A 与 B 独立.

证
$$\begin{aligned}P(A)&=P(B)P(A|B)+P(\overline{B})P(A|\overline{B})\\&=P(B)P(A|B)+P(\overline{B})P(A|B)\\&=[P(B)+P(\overline{B})]P(A|B)=P(A|B).\end{aligned}$$
因此，A 与 B 独立.

定理 7.5.1 如果两个事件 A 与 B 独立，则各对事件 A 与 $\overline{B}$、$\overline{A}$ 与 B、$\overline{A}$ 与 $\overline{B}$ 都是相互独立的.

证 因为 A 与 B 独立，有
$$P(AB)=P(A)P(B).$$
于是
$$P(A\overline{B})=P(A)-P(AB)=P(A)-P(A)P(B)=P(A)P(\overline{B}).$$
所以 A 与 $\overline{B}$ 独立．其余各对类似可证.

定义 7.5.2 设有 n 个事件 $A_1,A_2,\cdots,A_n$，如果
$$P(A_iA_j)=P(A_i)P(A_j)$$
对于任意的 $1\leqslant i<j\leqslant n$ 成立，则称这 n 个事件 $A_1,A_2,\cdots,A_n$ **两两独立**.

如果对于任意的 k $(2\leqslant k\leqslant n)$ 个事件 $A_{i_1},A_{i_2},\cdots,A_{i_k}$，总有
$$P(A_{i1}A_{i2}\cdots A_{ik})=P(A_{i1})P(A_{i2})\cdots P(A_{ik})$$
成立，则称这 n 个事件 $A_1,A_2,\cdots,A_n$ **相互独立**.

显然，若 n 个事件相互独立，则这 n 个事件两两独立，但反之不真.

例 7.5.2 设某型号的高射炮，每门炮发射一发炮弹击中飞机的概率为 0.6．现有若干门炮同时发射（每门炮射一发），若以 99%的把握击中来犯的一架敌机，至少需配置几门高射炮？

解 设至少需配置 n 门高射炮．以事件 A_i 表示“第 i 门炮击中敌机”$(i=1,2,\cdots,n)$，事件 A 表示“敌机被击中”，则 $A=A_1\cup A_2\cup\cdots\cup A_n$．依题意得
$$P(A)=P(A_1\cup A_2\cup\cdots\cup A_n)\geqslant 99\%,$$
由于 $\overline{A_1\cup A_2\cup\cdots\cup A_n}=\overline{A_1}\,\overline{A_2}\cdots\overline{A_n}$，而 $\overline{A_1},\overline{A_2},\cdots,\overline{A_n}$ 是相互独立的，故
$$P(A)=1-P(\overline{A})=1-P(\overline{A_1}\,\overline{A_2}\cdots\overline{A_n})=1-P(\overline{A_1})P(\overline{A_2})\cdots P(\overline{A_n})=1-(0.4)^n,$$
因此 $1-(0.4)^n\geqslant 0.99$．即 $(0.4)^n\leqslant 0.01$，或
$$n\geqslant\frac{\lg 0.01}{\lg 0.4}=5.026.$$
可见，至少需配置 6 门高射炮，方能以 99%的把握击中来犯的一架敌机.

例 7.5.3 甲、乙二人轮流投篮，游戏规则规定为先由甲投，且甲每轮只投 1 次，而乙每轮连续投两次，先投中者为胜．设甲、乙每次投篮的命中率分别是 p 与 0.5，求 p 为何值时，甲乙胜负概率相同.

解 设事件 A_i,B_i 分别表示甲、乙在第 i 次投篮时命中，i 为甲、乙二人投篮的总次数，$i=1,2,3,4,\cdots$．记事件 A,B 分别表示甲、乙取胜，则事件 A 可以表示为下列互斥事件之和
$$A=A_1+\overline{A_1}\,\overline{B_2}\,\overline{B_3}A_4+\overline{A_1}\,\overline{B_2}\,\overline{B_3}\,\overline{A_4}\,\overline{B_5}\,\overline{B_6}A_7+\cdots,$$
又各事件 A_i,B_i 相互独立，故

$$\begin{aligned}P(A)&=P(A_1)+P(\overline{A_1}\,\overline{B_2}\,\overline{B_3}A_4)+P(\overline{A_1}\,\overline{B_2}\,\overline{B_3}\,\overline{A_4}\,\overline{B_5}\,\overline{B_6}A_7)+\cdots\\&=P(A_1)+P(\overline{A_1})P(\overline{B_2})P(\overline{B_3})P(A_4)+P(\overline{A_1})P(\overline{B_2})P(\overline{B_3})P(\overline{A_4})P(\overline{B_5})P(\overline{B_6})P(A_7)+\cdots\\&=p+0.5^2(1-p)p+0.5^4(1-p)^2p+\cdots=p+0.25(1-p)p+[0.25(1-p)]^2p+\cdots.\end{aligned}$$

这是一个公比为 $q=0.25(1-p)$ 的几何级数求和问题．由于 $0<0.25(1-p)<1$，所以该级数收敛，且

$$P(A)=\frac{p}{1-0.25(1-p)},$$

令 $\dfrac{p}{1-0.25(1-p)}=0.5$，求得 $p=\dfrac{3}{7}$，即当 $p=\dfrac{3}{7}$ 时，甲、乙的胜负概率相同．

二、伯努利概型

若试验 E 只有两个可能结果：A 和 $\overline{A}$，则称试验 E 为**伯努利试验**．将伯努里试验在相同条件下独立地重复进行 n 次，称为 **n 重伯努利（Bernoulli）试验**，或简称为**伯努利概型**．

定理 7.5.2 设在一次试验中事件 A 发生的概率为 p $(0<p<1)$，则在 n 重伯努利试验中，事件 A 恰好出现了 k 次的概率为

$$P_n(k)=C_n^k p^k q^{n-k}\ (k=0,1,2,\cdots n),$$

其中，$q=1-p$．

证 用 $P_n(k)$ 表示在 n 重伯努利试验中，事件 A 恰好出现了 k 次的概率．事件 A 在指定某 k 次发生而在其余次 $n-k$ 不发生的概率为

$$p^k(1-p)^{n-k},$$

由于事件 A 可能在 n 次试验中的任意 k 次发生，故共有 C_n^k 种不同的发生方式，而这 C_n^k 种情形是互斥的，由概率的有限可加性得

$$P_n(k)=C_n^k p^k q^{n-k}(k=0,1,2,\cdots n,\ q=1-p).$$

例 7.5.4 一张英语试卷，有 10 道选择题，每题有 4 个选择答案，且其中只有一个是正确答案．某同学投机取巧，随意填空，试问他至少填对 6 道题的概率有多大？

解 设事件 B 表示“至少填对 6 道题”．每答一道题有两个可能的结果：A 表示“答对”及 $\overline{A}$ 表示“答错”，则 $P(A)=\dfrac{1}{4}$．这是 $n=10$ 的伯努利概型，所求概率为

$$\begin{aligned}P(B)&=\sum_{k=6}^{10}P_{10}(k)=\sum_{k=6}^{10}C_{10}^k\left(\frac{1}{4}\right)^k\left(\frac{3}{4}\right)^{10-k}\\&=C_{10}^6\left(\frac{1}{4}\right)^6\left(\frac{3}{4}\right)^4+C_{10}^7\left(\frac{1}{4}\right)^7\left(\frac{3}{4}\right)^3+C_{10}^8\left(\frac{1}{4}\right)^8\left(\frac{3}{4}\right)^2+C_{10}^9\left(\frac{1}{4}\right)^9\left(\frac{3}{4}\right)+\left(\frac{1}{4}\right)^{10}=0.019\,73.\end{aligned}$$

例 7.5.5 设每次射击命中率为 0.3，连续进行 4 次射击，如果 4 次均未击中，则目标不会被摧毁；如果击中 1 次、2 次，则目标被摧毁的概率分别为 0.4 与 0.6；如果击中 2 次以上，则目标一定被摧毁．求目标被摧毁的概率．

解 这是 $n=4$，$P=0.3$ 的伯努利概型．设事件 A_k 表示“射击 4 次命中 k 次”（k=0, 1, 2, 3, 4），事件 B 表示“目标被摧毁”，则

$$P(A_i)=C_4^i(0.3)^i(0.7)^{4-i}\ (i=0,1,2,3,4).$$

由此可以算出

$$P(A_0)=0.240\,1,\quad P(A_1)=0.411\,6,\quad P(A_2)=0.264\,6,\quad P(A_3)=0.075\,6,\quad P(A_4)=0.008\,1.$$

由于 A_0,A_1,A_2,A_3,A_4 是一个完备事件组，且由假设知

$$P(B|A_0)=0,\quad P(B|A_1)=0.4,\quad P(B|A_2)=0.6,\quad P(B|A_3)=P(B|A_4)=1,$$

应用全概率公式，得

$$P(B)=\sum_{i=0}^{4}P(A_i)P(B|A_i)=P(A_1)P(B|A_1)+P(A_2)P(B|A_2)+P(A_3)+P(A_4)=0.407\,1.$$

习　题　7

1．设 A,B,C 为 3 个事件，试用 A,B,C 的运算关系式表示下列事件：

（1）A 发生，B,C 都不发生；

（2）A 与 B 发生，C 不发生；

（3）A,B,C 都发生；

（4）A,B,C 至少有一个发生；

（5）A,B,C 都不发生；

（6）A,B,C 不都发生；

（7）A,B,C 中至多有两个发生；

（8）A,B,C 至少有 2 个发生．

2．填空题

（1）设 A,B 为随机事件，且 $AB=\overline{A}\,\overline{B}$，则 $A\cup B=$________，$AB=$________．

（2）已知 $P(A)=P(B)=P(C)=\frac{1}{4}$，$P(AB)=0$，$P(AC)=P(BC)=\frac{1}{16}$，则事件 A,B,C 都不发生的概率为________．

（3）设 A,B 为随机事件，且 $P(A)=0.6$，$P(B-A)=0.2$．当 A 与 B 相互独立时，$P(B)=$________；当 A 与 B 互斥时，$P(B)=$________．

3．单项选择题

（1）在电炉上安装 4 个温控器，各温控器显示温度的误差是随机的．在使用过程中，只要有两个温控器显示的温度不低于临界温度 t_0，电炉就断电，以 E 表示事件“电炉断电”，设 $T_1\leqslant T_2\leqslant T_3\leqslant T_4$ 为 4 个温控器显示的由低到高的温度值，则事件 E 等于（　　）．

A．$\{T_1\geqslant t_0\}$　　B．$\{T_2\geqslant t_0\}$　　C．$\{T_3\geqslant t_0\}$　　D．$\{T_4\geqslant t_0\}$

（2）设 $0<P(A)<1, 0<P(B)<1, P(A|B)+P(\overline{A}|\overline{B})=1$，则下列结论正确的是（　　）．

A．事件 A 与事件 B 互斥　　B．事件 A 与事件 B 互逆

C．事件 A 与事件 B 不相互独立　　D．事件 A 与事件 B 相互独立

（3）设 A,B,C 三事件两两独立，则 A,B,C 相互独立的充分必要条件是（　　）．

A．A 与 BC 独立　　B．AB 与 $A\cup C$ 独立

C. AB 与 AC 独立　　　　　　　　　　　D. $A\cup B$ 与 $A\cup C$ 独立

4. 若 W 表示昆虫出现残翅，E 表示有退化性眼睛，且 $P(W)=0.125, P(E)=0.075, P(WE)=0.025$，求发生下列事件的概率：

（1）昆虫出现残翅或退化性眼睛；

（2）昆虫出现残翅，但没有退化性眼睛；

（3）昆虫未出现残翅，也无退化性眼睛.

5. 随机取来 50 只铆钉用在 10 个部件上，铆钉中有 3 个强度太弱. 每个部件用 3 只铆钉，若将 3 只强度太弱的铆钉都装在一个部件上，则这个部件强度就太弱. 求发生一个部件强度太弱的概率是多少？

6. 房间里有 10 个人，分别佩戴着从 1 号到 10 号的纪念章，任意选 3 个人记录其纪念章的号码.

（1）求最小的号码为 5 的概率；

（2）求最大的号码为 5 的概率.

7. 在 11 张卡片上分别写上 Probability 这个单词的 11 个子母，从中任意连抽 7 张，求其排列结果为 ability 的概率.

8. 从(0, 1)中随机地取两个数，求：

（1）两个数之和小于 $\dfrac{6}{5}$ 的概率；

（2）两个数之积小于 $\dfrac{1}{4}$ 的概率.

9. 若在区间(0, 1)上随机地取两个数 u、v，则关于 x 的一元二次方程 $x^2-2vx+u=0$ 有实根的概率是多少？

10. n 个人排成一队，已知甲总排在乙的前面，求乙恰好紧跟在甲后面的概率.

11. 设坛中有 m 个黑球、n 个白球，从中任取一球，观察其颜色，然后放回，并加进一个与抽出的球同颜色的球，这样连抽三次，求三次都取到黑球的概率.

12. 甲罐中有 2 个白球和 4 个红球，乙罐中有 1 个白球和 2 个红球，现在随机地从甲罐中取出一球放入乙罐，然后从乙罐中随机地取出一球，求从乙罐中取出的是白球的概率.

13. 甲、乙是位于某省的两城市，考察这两城市六月下雨的情况. 以 A、B 分别表示甲、乙两城市出现雨天这一事件. 根据以往气象记录知 $P(A)=P(B)=0.4$，$P(AB)=0.28$，求 $P(A|B)$, $P(B|A)$, $P(A+B)$.

14. 甲、乙、丙 3 人通过抽签决定两张同一场次的参观票的归属，甲先、乙次、丙最后.

（1）求乙抽到参观票的概率；

（2）如果已知乙已经抽到了参观票，求甲也抽到参观票的概率.

15. 某保险公司把被保险人分为三类：“谨慎的”“一般的”“冒失的”. 统计资料表明，上述 3 种人在一年内发生事故的概率依次为 0.05、0.15 和 0.30. 如果“谨慎的”被保险人占 20%，“一般的”占 50%，“冒失的”占 30%，现知某被保险人在一年内出了事故，则他是“谨慎的”的概率是多少？

16. 美国总统常常从经济顾问委员会寻求各种建议. 假设有持 3 种不同经济理论的顾问 A、B、C，美国总统正在考虑采取一项关于工资和价格控制的新政策，并关注这项政策对失业率的影响，每位顾问就这种影响给美国总统一个个人预测结果. 预测结果是以失业率将减少、保持不变或上升的概率来给出的，如题表 7.1 所示.

题表 7.1　　失业率变化的概率

顾问	预测		
	下降	维持原状	上升
A	0.1	0.1	0.8
B	0.6	0.2	0.2
C	0.2	0.6	0.2

用字母 A、B、C 分别表示顾问 A、B、C 的经济理论是正确的事件，根据以往总统与这些顾问一起工作的经验，总统已形成了关于每位顾问持有正确经济理论可能性的一个估计，分别为：$P(A)=\frac{1}{6},P(B)=\frac{1}{3},P(C)=\frac{1}{2}$. 假设总统采纳了所提出的新政策，一年后，失业率上升了，总统应如何调整他对其顾问的理论正确性的估计？

17. 假定根据某种化验指标诊断肝炎，根据以往的临床记录 $P(A|C)=0.95$, $P(\overline{A}|\overline{C})=0.97$，其中 A 表示事件“化验结果为阳性”，C 表示事件“被检查者患有肝炎”，又根据普查的资料知道在某地区肝炎患者占 0.004，即 $P(C)=0.004$. 现有此地区的一人，其化验结果为阳性，试求此人的确患有肝炎的概率.

18. 三战士射击敌机，一个负责射击驾驶员，一个负责射击油箱，一个负责射击发动机，命中的概率分别是 $\frac{1}{3}$、$\frac{1}{2}$、$\frac{1}{2}$，各人射击是独立的，任一射中，敌机即被击落. 求击落敌机的概率.

19. 3 人独立地破译一个密码，他们能破译的概率分别为 $\frac{1}{5}$、$\frac{1}{3}$、$\frac{1}{4}$，求将此密码破译的概率.

20. 假设每个患者对某种药物过敏的概率为 10^{-3}，今有 100 个患者服用此药，求至少有一人过敏的概率.

21. 设每次射击的命中率为 0.2，问至少进行多少次独立射击才能使至少击中一次的概率不小于 0.9？

22. 对同一目标接连进行 3 次独立重复射击，假设至少命中一次的概率为 $\frac{7}{8}$，求每次射击命中目标的概率.

23. 某批产品中有 20%的次品. 进行重复抽样检查，共取 5 件样品，计算：

（1）这 5 件样品中恰有 3 件次品的概率；

（2）这 5 件样品中至多有 3 件次品的概率.

24. 某人的口袋中经常装有两盒火柴，每盒 n 根，使用时，从两盒中等可能地任选一盒，然后从中取一根. 某次，此人取到了一个空盒，问此时另一盒中恰有 r 根火柴的概率是多少？

第 8 章 随机变量及其分布

概率论是从数量上研究随机现象的内在规律性的数学学科．为了便于数学上的推导和计算，需要将任意的随机事件数量化．当把一些非数量表示的随机事件用数字表示时，就需要建立起随机变量的概念．

本章着重讲述两类随机变量——离散型和连续型随机变量，并讨论其概率分布，包括分布列、密度函数、分布函数及随机变量函数的分布．

§8.1 随机变量

一、随机变量的概念

在现实生活中，一些试验结果虽然是描述性的，但可以进行数量化处理．例如“抛一枚硬币，是出现正面还是出现反面？”如果规定“出现正面”记为 1，“出现反面”记为 0，则抛硬币的试验结果就可以表示为“取不同的数值 1 和 0”．我们把用来表示随机现象结果的变量称为随机变量．随机变量的一般定义如下．

定义 8.1.1 设随机试验的样本空间为 Ω，若对每一个 $\omega \in \Omega$，有一个实数 $X(\omega)$ 与之对应，这样就得到一个定义在 Ω 上的单值实值函数，称 $X = X(\omega)$ 为**随机变量**．

常用大写英文字母 $X, Y, Z \cdots$ 或希腊字母 $\xi, \eta, \zeta \cdots$ 表示随机变量．

（1）灯泡的使用寿命 X 是一个随机变量，X 的可能取值充满区间 $[0, +\infty)$；

（2）在掷一枚骰子的试验中，用 X 表示面朝上出现的点数，则 X 是一个随机变量，X 的可能取值为 $1, 2, 3, 4, 5, 6$；

（3）设箱中有 10 个球，其中有 2 个是白球，8 个是红球；从中任意抽取 2 个球，观察试验结果．用 ξ 表示“取得红球的个数”，则 ξ 是一个随机变量，ξ 的可能取值为 0,1,2.

二、分布函数及其性质

为了研究随机变量的理论分布，我们引进随机变量的分布函数的概念．

定义 8.1.2 设 X 是一个随机变量，对任意实数 x，称

$$F(x) = P(X \leqslant x)$$

为随机变量 X 的**分布函数**．

可见，分布函数 $F(x)$ 是定义在 $(-\infty, +\infty)$ 上取值于 $[0, 1]$ 的一个函数，且 $F(x)$ 在 x 处的函数值就是事件 $\{X \leqslant x\}$ 的概率．

对于任意实数 $x_1, x_2\ (x_1 < x_2)$，有

$$P(x_1 < X \leqslant x_2) = P(X \leqslant x_2) - P(X \leqslant x_1) = F(x_2) - F(x_1).$$

这表明，随机变量 X 落在任一区间 $(x_1,x_2]$ 上的概率等于分布函数 $F(x)$ 在该区间上的增量.

例 8.1.1　在一次掷硬币的试验中，规定出现正面的赢 1 元，出现反面的输 1 元，以 X 表示赢钱数（单位：元），试求 X 的分布函数.

解　对任意 $x\in(-\infty,+\infty)$，有

$$\{X\leqslant x\}=\begin{cases}\varnothing, & x<-1;\\ \{\text{出现反面}\}, & -1\leqslant x<1;\\ \Omega, & x\geqslant 1.\end{cases}$$

所以

$$F(x)=\begin{cases}0, & x<-1;\\ \dfrac{1}{2}, & -1\leqslant x<1;\\ 1, & x\geqslant 1.\end{cases}$$

例 8.1.2　等可能地向区间 $[a,b]$ 上投点，记 X 为落点的位置，求 X 的分布函数.

解　当 $x<a$ 时，$\{X\leqslant x\}$ 是不可能事件，故

$$F(x)=P(X\leqslant x)=0;$$

当 $a\leqslant x<b$ 时，$\{X\leqslant x\}=\{a\leqslant X<x\}$，由几何概型知

$$F(x)=P(a\leqslant X<x)=\frac{x-a}{b-a};$$

当 $x\geqslant b$ 时，$\{X\leqslant x\}$ 为必然事件，故

$$F(x)=P(X\leqslant x)=1;$$

所以，X 的分布函数为

$$F(x)=\begin{cases}0, & x<a;\\ \dfrac{x-a}{b-a}, & a\leqslant x<b;\\ 1, & x\geqslant b.\end{cases}$$

容易证明分布函数 $F(x)$ 具有下列性质：

（1）单调性：若 $x_1<x_2$，则 $F(x_1)\leqslant F(x_2)$；

（2）规范性：$F(-\infty)=\lim\limits_{x\to-\infty}F(x)=0$，

$$F(+\infty)=\lim_{x\to+\infty}F(x)=1;$$

（3）右连续性：$F(x^{x})=F(x)$.

有了随机变量 X 的分布函数，则有关 X 的各种事件的概率就都能用分布函数表示出来. 例如对任意实数 a 与 b，有

$$P(a<X\leqslant b)=F(b)-F(a),$$
$$P(a\leqslant X\leqslant b)=F(b)-F(a^-),$$
$$P(a\leqslant X<b)=F(b^-)-F(a^-),$$
$$P(a<X<b)=F(b^-)-F(a),$$

$$P(X=a)=F(a)-F(a^-),$$
$$P(X<a)=F(a)-P(X=a),$$
$$P(X>b)=1-F(b).$$

特别当 $F(x)$ 在 a 与 b 处连续时，有

$$F(a^-)=F(a), F(b^-)=F(b).$$

三、离散型随机变量及其分布列

若随机变量 X 只取有限个或可列个值，则称 X 为**离散型随机变量**.

定义 8.1.3 设 X 为离散型随机变量，其可能取值为 $x_1, x_2, \cdots$，则称 X 取 x_i 的概率

$$p_i=P(x_i)=P(X=x_i)\ (i=1,2,\cdots)$$

为 X 的**概率分布**或简称为**分布列**.

分布列可以用表格形式表示为

X	x_1	x_2	$\cdots$	x_n	$\cdots$
P	p_1	p_2	$\cdots$	p_n	$\cdots$

或记为

$$\begin{pmatrix} x_1, & x_2, & \cdots & x_n, & \cdots \\ p_1, & p_2, & \cdots & p_n, & \cdots \end{pmatrix}.$$

由概率的性质可知，分布列具有以下两个基本性质：

（1）非负性：$p_i \geqslant 0,\quad i=1,2,\cdots$；

（2）规范性：$\sum\limits_i p_i=1$.

若已知离散型随机变量 X 的分布列，则容易求出 X 的分布函数：

$$F(x)=P(X\leqslant x)=\sum_{x_i\leqslant x}P(X=x_i)\ (-\infty<x<+\infty),$$

其中，$\sum$ 表示对于满足 $x_i\leqslant x$ 的 i 求和. 可见分布函数 $F(x)$ 是一个阶梯函数，它在 $x=x_i$ $(i=1,2,\cdots)$ 处有跳跃，其跳跃度为

$$p_i=P(X=x_i)=P(X\leqslant x_i)-P(X<x_i)=F(x_i)-F(x_i^-).$$

反之，若已知离散型随机变量 X 的分布函数，则从上式即可写出 X 的分布列：

$$p_i=F(x_i)-F(x_i^-)\ (i=1,2,\cdots).$$

因此，对于离散型随机变量，用分布列或分布函数均可描述它的统计规律. 不过在求离散型随机变量 X 的有关事件的概率时，用分布列比用分布函数显得更为方便.

例 8.1.3 设离散型随机变量 X 的分布列为

$$P(X=i)=a\left(\frac{2}{3}\right)^i\ (i=1,2,3,\cdots).$$

（1）求 a 的值；

（2）计算 $P(X=2)$，$P(X\leqslant 2.5)$，$P(1\leqslant X\leqslant 3)$.

解　(1) 由分布列的性质得

$$\sum_i a\left(\frac{2}{3}\right)^i = 1,$$

即 $2a = 1$，故 $a = \frac{1}{2}$.

(2) $P(X = 2) = \frac{1}{2}\left(\frac{2}{3}\right)^2 = \frac{2}{9}$,

$$P(X \leqslant 2.5) = P(X = 1) + P(X = 2) = \frac{1}{2}\left[\frac{2}{3} + \left(\frac{2}{3}\right)^2\right] = \frac{5}{9};$$

$$P(1 \leqslant X \leqslant 3) = P(X = 1) + P(X = 2) + P(X = 3) = \frac{1}{2}\left[\frac{2}{3} + \left(\frac{2}{3}\right)^2 + \left(\frac{2}{3}\right)^3\right] = \frac{19}{27}.$$

例 8.1.4　设离散型随机变量 X 的分布函数为

$$F(x) = \begin{cases} 0, & x < 1; \\ \frac{9}{19}, & 1 \leqslant x < 2; \\ \frac{15}{19}, & 2 \leqslant x < 3; \\ 1, & x \geqslant 3. \end{cases}$$

求 X 的分布列.

解　$F(x)$ 有 3 个跳跃点 $1, 2, 3$，跳跃度分别为 $\frac{9}{19}, \frac{6}{19}, \frac{4}{19}$，故 X 的分布列为

$$\begin{pmatrix} 1 & 2 & 3 \\ \frac{9}{19} & \frac{6}{19} & \frac{4}{19} \end{pmatrix}.$$

例 8.1.5　设随机变量 X 的分布列为

$$\begin{pmatrix} 1 & 4 & 6 & 10 \\ \frac{2}{6} & \frac{1}{6} & \frac{2}{6} & \frac{1}{6} \end{pmatrix},$$

求 X 的分布函数 $F(x)$，并利用分布函数求 $P(2 < X \leqslant 6)$, $P(X < 4)$ 和 $P(1 \leqslant X < 5)$.

解　当 $x < 1$ 时，$F(x) = P(X \leqslant x) = 0$;

当 $1 \leqslant x < 4$ 时，$F(x) = P(X \leqslant x) = P(X = 1) = \frac{2}{6}$;

当 $4 \leqslant x < 6$ 时，$F(x) = P(X \leqslant x) = P(X = 1) + P(X = 4) = \frac{3}{6}$;

当 $6 \leqslant x < 10$ 时，$F(x) = P(X \leqslant x) = P(X = 1) + P(X = 4) + P(X = 6) = \frac{5}{6}$;

当 $x \geqslant 10$ 时，$F(x)=P(X \leqslant x)=P(X=1)+P(X=4)+P(X=6)+P(X=10)=1$.

所以

$$F(x)=\begin{cases} 0, & x<1; \\ \dfrac{1}{3}, & 1 \leqslant x<4; \\ \dfrac{1}{2}, & 4 \leqslant x<6; \\ \dfrac{5}{6}, & 6 \leqslant x<10; \\ 1, & x \geqslant 10. \end{cases}$$

由此求出

$$P(2<X \leqslant 6)=F(6)-F(2)=\frac{5}{6}-\frac{1}{3}=\frac{1}{2};$$

$$P(X<4)=F(4)-P(X=4)=\frac{1}{2}-\frac{1}{6}=\frac{1}{3};$$

$$P(1 \leqslant X<5)==F(5^{-})-F(1^{-})=\frac{1}{2}-0=\frac{1}{2}.$$

四、连续型随机变量及其密度函数

定义 8.1.4 设随机变量 X 的分布函数为 $F(x)$，若存在一个非负可积函数 $p(x)$，使得对任意实数 x，有

$$F(x)=\int_{-\infty}^{x} p(t)\,\mathrm{d}t, \quad x \in(-\infty,+\infty),$$

则称 X 为连续型随机变量，$p(x)$ 称为 X 的**概率密度函数**，简称**密度函数**.

由分布函数的性质可知，密度函数具有以下两个基本性质

（1）非负性：$p(x) \geqslant 0, x \in(-\infty,+\infty)$;

（2）规范性：$\int_{-\infty}^{+\infty} p(x) \mathrm{d} x=1$.

反之，一个函数若满足上述两条性质，则该函数一定可以作为某连续型随机变量的密度函数.

由定义 8.1.4 可知，连续型随机变量的分布函数 $F(x)$ 是连续函数，故对任意实数 x，有

$$P(X=x)=0.$$

又对任意实数 $a, b\ (a \leqslant b)$，有

$$\begin{aligned} P(a \leqslant X \leqslant b)=P(a<X<b)=P(a \leqslant X<b)=P(a<X \leqslant b) & \\ =F(b)-F(a) & \\ =\int_{a}^{b} p(x) \mathrm{d} x. & \end{aligned}$$

即连续型随机变量 X 在任一区间 $(a, b]$ 上取值的概率是其密度函数 $p(x)$ 在该区间上的积分. 从

几何上看，此概率值为密度曲线 $y = p(x)$ 在区间 $(a, b]$ 上的曲边梯形（图 8.1 中的阴影部分）的面积.

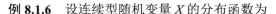

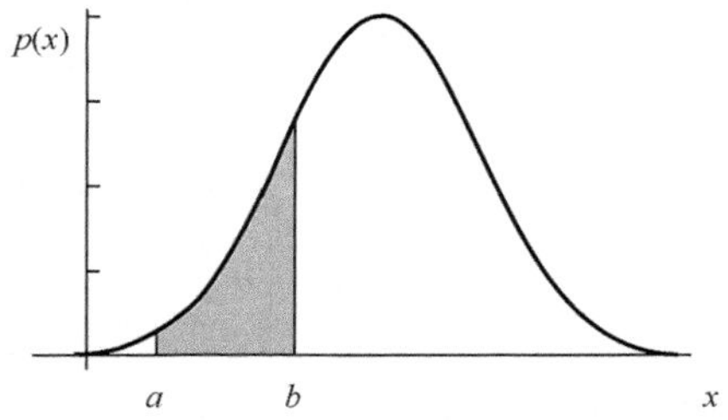

图 8.1

此外，若 $p(x)$ 在 x 处连续，则

$$p(x) = F'(x) .$$

因此，密度函数能够完整地描述连续型随机变量的分布规律.

例 8.1.6　设连续型随机变量 X 的分布函数为

$$F(x) = \begin{cases} 0, & x < -1; \\ A(x+1), & -1 \leqslant x < 1; \\ 1, & x \geqslant 1. \end{cases}$$

求常数 A 及密度函数.

解　由 $F(x)$ 的连续性知，$F(1^-) = F(1)$，推出 $A = \dfrac{1}{2}$；又因为除了 $x = -1, 1$ 两点外，$F(x)$ 均可导，故

$$p(x) = F'(x) = \begin{cases} \dfrac{1}{2}, & -1 < x < 1; \\ 0, & \text{其他}. \end{cases}$$

例 8.1.7　设随机变量 X 具有密度函数

$$p(x) = \frac{B}{1+x^2}.$$

试求:（1）常数 B 的值;（2）X 的分布函数;（3）$P(0 \leqslant X \leqslant 1)$.

解　（1）由密度函数的性质，

$$1 = \int_{-\infty}^{+\infty} \frac{B}{1+x^2} \mathrm{d}x = B \arctan x \Big|_{-\infty}^{+\infty} = B\pi.$$

所以

$$B = \frac{1}{\pi} .$$

（2）$F(x) = \dfrac{1}{\pi} \displaystyle\int_{-\infty}^{x} \frac{1}{1+t^2} \,\mathrm{d}t = \dfrac{1}{\pi} \arctan x + \dfrac{1}{2}$.

（3）$P(0 \leqslant X \leqslant 1) = F(1) - F(0) = \dfrac{1}{4}$.

由密度函数 $p(x) = \dfrac{1}{\pi\,(1+x^2)}$ 所定义的分布称为**柯西（Cauchy）分布**.

例 8.1.8　设随机变量 X 的密度函数为

$$p(x)=\begin{cases}\dfrac{1}{25}x, & 0\leqslant x<5;\\ \dfrac{2}{5}-\dfrac{1}{25}x, & 5\leqslant x<10;\\ 0, & 其他.\end{cases}$$

求分布函数 $F(x)$.

解 当 $x<0$ 时，$F(x)=\int_{-\infty}^{x}p(x)\,\mathrm{d}x=0$;

当 $0\leqslant x<5$ 时，$F(x)=\int_{-\infty}^{x}p(x)\mathrm{d}x=\int_{0}^{x}\dfrac{1}{25}x\,\mathrm{d}x=\dfrac{1}{50}x^2$;

当 $5\leqslant x<10$ 时，$F(x)=\int_{-\infty}^{x}p(x)\mathrm{d}x=\int_{0}^{5}\dfrac{1}{25}x\mathrm{d}x+\int_{5}^{x}\left(\dfrac{2}{5}-\dfrac{1}{25}x\right)\mathrm{d}x=-1+\dfrac{2}{5}x-\dfrac{1}{50}x^2$;

当 $x\geqslant 10$ 时，$F(x)=\int_{-\infty}^{x}p(x)\mathrm{d}x=\int_{0}^{5}\dfrac{1}{25}x\mathrm{d}x+\int_{5}^{10}\left(\dfrac{2}{5}-\dfrac{1}{25}x\right)\mathrm{d}x=1$,

所以

$$F(x)=\begin{cases}0, & x<0;\\ \dfrac{1}{50}x^2, & 0\leqslant x<5;\\ -1+\dfrac{2}{5}x-\dfrac{1}{50}x^2, & 5\leqslant x<10;\\ 1, & x\geqslant 10.\end{cases}$$

§8.2 常用概率分布

一、离散型随机变量

1. 0-1 分布

若随机变量 X 的分布列为

$$\begin{pmatrix}0 & 1\\ 1-p & p\end{pmatrix}\quad(0<p<1),$$

则称 X 服从参数为 p 的 0-1 **分布**或**两点分布**.

例如，在抛掷硬币的试验中，设随机变量 X 表示一次试验中出现正面的次数，则 X 服从 0-1 分布，记作

$$X\sim\begin{pmatrix}0 & 1\\ \dfrac{1}{2} & \dfrac{1}{2}\end{pmatrix}.$$

2. 二项分布

若随机变量 X 的分布列为

$$P(X=k)=C_n^k p^k(1-p)^{n-k}(k=0,1,\cdots,n,\ 0<p<1),$$

则称 X 服从参数为 n,p 的**二项分布**，记作 $X\sim B(n,p)$.

例如，在伯努利概型中，若事件 A 在一次试验中发生的概率 $P(A)=p$，则事件 A 在 n 次独立试验中发生 k 次的概率为

$$P_n(k)=C_n^k p^k(1-p)^{n-k}.$$

故二项分布 $B(n,p)$ 描述了 n 重伯努利试验中事件 A 发生的次数的概率分布，其中 $p=P(A)$．当 $n=1$ 时，二项分布就是 $0-1$ 分布，故 $0-1$ 分布也记为 $B(1,\ p)$.

3. 几何分布

若随机变量 X 的分布列为

$$P(X=k)=(1-p)^{k-1}p,0<p<1,k=1,2,3,\cdots$$

则称 X 服从参数为 p 的**几何分布**．记作 $X\sim G(p)$.

例如，在伯努利试验中，设事件 A 发生的概率为 p，以 X 表示事件 A 首次发生时的试验次数，则 X 服从参数为 p 的**几何分布**.

4. 超几何分布

若随机变量 X 的分布列为

$$P(X=k)=\frac{C_M^k C_{N-M}^{n-k}}{C_N^n}(k=0,1,\cdots,r), \tag{8.1}$$

其中，$r=min(n,M)$，n,N,M 均为正整数且 $M\leqslant N$，$n\leqslant N$，则称 X 服从参数为 n,N,M 的**超几何分布**．记作 $X\sim H(n,M,N)$.

例如，设一批产品共 N 件，其中 M 件次品．从这批产品中任意取出 n 件产品，则取出的 n 件产品中的次品数 X 服从超几何分布 $H(n,M,N)$．

事实上，从一批产品中任意取出 n 件产品，可以有两种不同的方式：

（1）一次任意取出 n 件产品；

（2）每次任意取出一件产品，取出的产品不再放回，如此连续取 n 次，共取出 n 件产品.

对于第（1）种方式，公式（8.1）显然成立；对于第（2）种方式，有

$$P(X=k)=\frac{C_n^k P_M^k P_{N-M}^{n-k}}{P_N^n},$$

利用排列数与组合数的关系式，即得

$$P(X=k)=\frac{C_n^k C_M^k\cdot k!C_{N-M}^{n-k}\cdot(n-k)!}{C_N^n\cdot n!}=\frac{C_M^k C_{N-M}^{n-k}}{C_N^n},$$

公式（8.1）仍成立.

上述第（2）种抽样方式称为**不放回抽样**．若对这批产品进行**放回抽样**，即每次任取一件产品，检查质量后仍放回去，如此连续抽取 n 次，则次品率 $p=\dfrac{M}{N}$，在被抽查的 n 件产品中的次品数 X 服从二项分布 $B(n,p)$.

当一批产品的总数 N 很大，而抽取样品的件数 n 远小于 N（记作 $n\ll N$）时，则每次抽

取后，总体中的次品率 $p=\dfrac{M}{N}$ 改变甚微．于是不放回抽样（样品中的次品数服从超几何分布）可近似地看成放回抽样（样品中的次品数服从二项分布）．可以证明如下定理．

定理 8.2.1 设随机变量 X 服从超几何分布 $H(n,M,N)$，则当 $N\to\infty$ 时，X 近似地服从二项分布 $B(n,p)$，即下面的近似等式成立：

$$\frac{C_M^k C_{N-M}^{n-k}}{C_N^n}\approx C_n^k p^k(1-p)^{n-k},$$

其中，$p=\dfrac{M}{N}$．

有关定理 8.2.1 的证明，可参阅相关参考文献．

5. 泊松分布

若随机变量 X 的分布列为

$$P(X=k)=\frac{\lambda^k}{k!}\mathrm{e}^{-\lambda}\ (\lambda>0;\ k=0,1,2,\cdots),$$

则称 X 服从参数为 λ 的**泊松分布**．记作 $X\sim P(\lambda)$.

泊松分布是一种常用的离散型分布，它是由法国数学家泊松（Poisson）于 1837 年提出的，常与单位时间（或单位面积、单位产品等）上的计数过程相关联．例如，在确定的时间内通过某十字路口的车辆数，在一天内来到某商场的顾客数，宇宙中单位体积内星球的个数，一铸件上的砂眼数等，都服从泊松分布．

泊松分布还有一个非常实用的特性，即可以用泊松分布作为二项分布的一种近似．

定理 8.2.2（泊松定理） 在 n 重伯努利试验中，事件 A 在每次试验中发生的概率为 p_n（与试验次数 n 有关），如果 $n\to\infty$ 时，$np_n\to\lambda$ （$\lambda>0$，为常数)，则

$$\lim_{n\to\infty}C_n^k p_n^k(1-p_n)^{n-k}=\frac{\lambda^k}{k!}\mathrm{e}^{-\lambda}\ (k=0,1,2,\cdots).$$

由于泊松定理是在 $np_n\to\lambda\ (n\to\infty)$ 条件下获得的，故在计算二项分布 $B(n,p)$ 时，当 n 较大，p 较小，乘积 $\lambda=np$ 大小适中时（例如 $n\geqslant 100$，$\lambda=np\leqslant 10$），可以用泊松分布近似，即

$$C_n^k p_n^k(1-p_n)^{n-k}\approx\frac{\lambda^k}{k!}\mathrm{e}^{-\lambda}.$$

例 8.2.1 设一批产品共 2000 件，其中有 40 件次品．随机抽取 100 件样品，如果抽样方式是：（1）不放回抽样；（2）放回抽样．求样品中次品数 X 的概率分布．

解 （1）若不放回抽样，则样品中的次品数 X 服从超几何分布 $H(100,40,2\,000)$，即

$$P(X=k)=\frac{C_{40}^k C_{1\,960}^{100-k}}{C_{2\,000}^{100}}(k=0,1,\cdots,40).$$

因为这批产品总数 $N=2\,000$ 较大，且抽取的样品数 $n=100$ 远小于 N，所以可用定理 8.2.1 近似计算，即

$$P(X=k)\approx C_{100}^k(0.02)^k(0.98)^{100-k}\ (k=0,1,\cdots,40).$$

（2）若是放回抽样，则样品中的次品数服从二项分布 $B(100,0.02)$，即

$$P(X=k)=C_{100}^{k}(0.02)^{k}(0.98)^{100-k}\ (k=0,1,\cdots,100).$$

因为抽取的样品数 $n=100$ 较大，$p=0.02$ 较小，而 $np=2$ 大小适中，所以可用定理 8.2.2 近似计算，即

$$P(X=k)\approx\frac{2^{k}}{k!}\mathrm{e}^{-2}\ (k=0,1,\cdots,100).$$

例 8.2.2 一商店的某种商品月销售量 X 服从参数为 $\lambda=10$ 的泊松分布.

（1）求该商品每月销售 20 件以上的概率.

（2）若以 95%以上的把握保障不脱销，则商店上月底应进货多少件该商品？

解 查附录 A 的泊松分布表知

（1）$P(X\geqslant 20)=\sum\limits_{k=20}^{\infty}\dfrac{10^{k}}{k!}\mathrm{e}^{-10}=1-\sum\limits_{k=0}^{19}\dfrac{10^{k}}{k!}\mathrm{e}^{-10}\approx 0.003\,454$；

（2）$\sum\limits_{k=0}^{14}\dfrac{10^{k}}{k!}\mathrm{e}^{-10}\approx 0.916\,6<0.95$，

$$\sum_{k=0}^{15}\frac{10^{k}}{k!}\mathrm{e}^{-10}\approx 0.951\,3>0.95.$$

故月底至少进货 15 件该商品.

例 8.2.3 某保险公司关于人寿保险的规定为：每人在年初向该公司交付保险费 150 元，如果在这一年内因疾病或意外伤害死亡，则其家属可从保险公司领取 5 万元，如果共有 2000 人参加人寿保险，并且假设每人在这一年内死亡的概率为 0.001，求：

（1）保险公司关于这项人寿保险获利不少于 10 万元的概率；

（2）保险公司关于这项人寿保险亏损的概率.

解 设随机变量表示参加人寿保险的人中在这一年内死亡的人数，因为参加保险的人数很大，而每人死亡的概率又很小，所以可以认为 X 近似地服从泊松分布 $P(\lambda)$，其中

$$\lambda=2\,000\times 0.001=2.$$

设随机变量 $X=x$，则

（1）当 $30-5x\geqslant 10$ 即 $x\leqslant 4$ 时，保险公司关于人寿保险获利不少于 10 万元，概率为

$$P(X\leqslant 4)=\sum_{K=0}^{4}\frac{2^{x}}{x!}\mathrm{e}^{-2}\approx 0.947.$$

（2）当 $5x\geqslant 30$，即 $x>6$ 时，保险公司关于人寿保险将亏损，概率为

$$P(X>6)=1-\sum_{K=0}^{6}\frac{2^{x}}{x!}\mathrm{e}^{-2}\approx 0.005.$$

二、连续型随机变量

1. 均匀分布

若随机变量 X 的密度函数为

$$p(x)=\begin{cases}\dfrac{1}{b-a}, & a<x<b;\\ 0, & \text{其他}.\end{cases}$$

则称 X 服从 (a,b) 上的**均匀分布**．记作 $X\sim U(a,b)$．易知 X 的分布函数为

$$F(x)=\begin{cases}0, & x<a;\\ \dfrac{x-a}{b-a}, & a\leqslant x<b;\\ 1, & x\geqslant b.\end{cases}$$

均匀分布在实际问题中较为常见．例如，在数值计算时四舍五入所造成的误差，以及乘客候车的等候时间等都服从均匀分布．

例 8.2.4　用电子表计时一般准确至 0.01 秒，即以秒为时间的计量单位，则小数点后第 2 位是按“四舍五入”原则得到的．求使用电子表计时产生的随机误差 X 的概率密度，并计算误差的绝对值不超过 0.002 秒的概率．

解　因为随机误差 X 可能取得区间 $(-0.005,0.005]$ 上的任一数值，在此区间上服从均匀分布．所以，X 的密度函数为

$$p(x)=\begin{cases}100, & -0.005\leqslant x\leqslant 0.005;\\ 0, & \text{其他}.\end{cases}$$

误差的绝对值不超过 0.002 秒的概率

$$P(|X|\leqslant 0.002)=\int_{-0.002}^{0.002}100\mathrm{d}x=0.4.$$

2. 指数分布

若随机变量 X 的密度函数为

$$p(x)=\begin{cases}\lambda\mathrm{e}^{-\lambda x}, & x>0;\\ 0, & x\leqslant 0.\end{cases}$$

其中 $\lambda>0$，则称 X 服从参数为 λ 的**指数分布**，记作 $X\sim E(\lambda)$．其分布函数为

$$F(x)=\begin{cases}1-\mathrm{e}^{-\lambda x}, & x>0;\\ 0, & x\leqslant 0.\end{cases}$$

指数分布通常用来描述对某一事件的等待时间．例如，顾客排队时等候服务的时间、电子元器件的寿命、电话的通话事件等都可假定服从指数分布．

例 8.2.5　设电子计算机在毁坏前运行的总时间 X（单位：小时）服从指数分布，其密度函数是

$$p(x)=\begin{cases}\dfrac{1}{10\,000}\mathrm{e}^{-\frac{x}{10\,000}}, & x>0;\\ 0, & x\leqslant 0.\end{cases}$$

求这个计算机在毁坏前能运行 5 000～10 000 小时的概率，以及它的运行时间少于 10 000 小时的概率．

解　运行 5 000～10 000 小时的概率

$$P(5\,000 \leqslant X \leqslant 10\,000)=\int_{5\,000}^{10\,000}\frac{1}{10\,000}e^{-\frac{x}{10\,000}}dx=e^{-0.5}-e^{-1.5}\approx 0.384;$$

运行时间少于 10000 小时的概率

$$P(X<10\,000)=\int_{0}^{10\,000}\frac{1}{10\,000}e^{-\frac{x}{10\,000}}dx=1-e^{-1}\approx 0.633.$$

3. 正态分布

若随机变量 X 的密度函数为

$$p(x)=\frac{1}{\sqrt{2\pi}\,\sigma}e^{-\frac{(x-\mu)^2}{2\sigma^2}}\quad(-\infty<x<+\infty),$$

其中，μ, σ 为常数，$\sigma>0$，则称 X 服从参数为 μ, σ 的**正态分布**，记作 $X\sim N(\mu,\sigma^2)$. X 的分布函数为

$$F(x)=\frac{1}{\sqrt{2\pi}\,\sigma}\int_{-\infty}^{x}e^{-\frac{(t-\mu)^2}{2\sigma^2}}dt\quad(-\infty<x<+\infty).$$

正态分布是概率论中最重要的一个分布. 许多实际问题中的变量，如测量误差、灯泡寿命、农作物收获量，以及人的身高、体重，射击时的弹着点和靶心距离等都服从正态分布. 进一步的理论研究表明，一个随机变量如果是大量的、微小的、独立的随机因素的叠加结果，则这个随机变量一般都可以被认为服从或近似服从正态分布.

正态分布的密度函数具有下列性质：

（1）如图 8.2 所示，$p(x)$的图形关于直线 $x=u$ 对称，且当 $x=u$ 时，$p(x)$达到最大值 $\frac{1}{\sqrt{2\pi}\,\sigma}$；

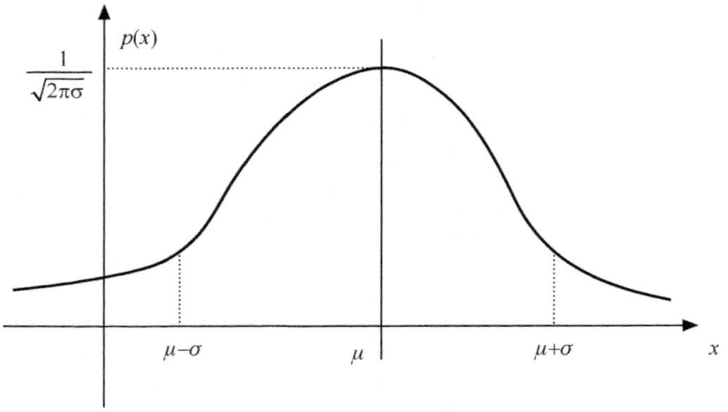

图 8.2

（2）在 $x=u\pm\sigma$ 处，曲线 $y=p(x)$ 有拐点；

（3）当 $x\to\pm\infty$ 时，$p(x)\to 0$，即曲线 $y=p(x)$ 以 x 轴为渐近线；

（4）如图 8.3 所示，若固定 σ，改变 μ 的值，则曲线 $y=p(x)$ 的图形沿 x 轴平行移动，而不改变其形状.

（5）如图 8.4 所示，若固定 μ，改变 σ 的值，则分布的位置不变，曲线 $y=p(x)$ 图形的最高点 $\left(\mu,\frac{1}{\sqrt{2\pi}\,\sigma}\right)$ 随着 σ 的增大而下降，随着 σ 的减小而上升.

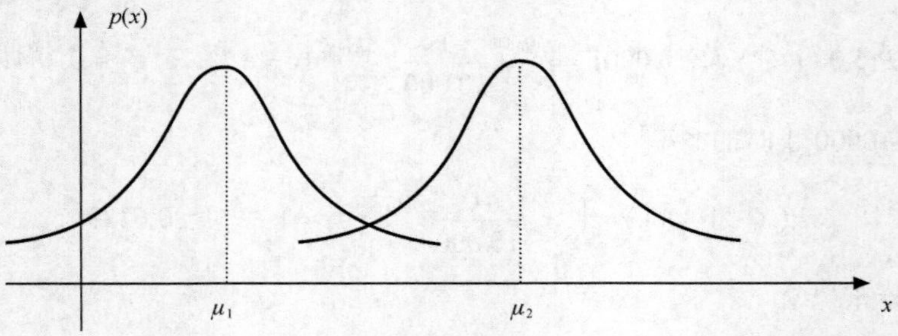

图 8.3

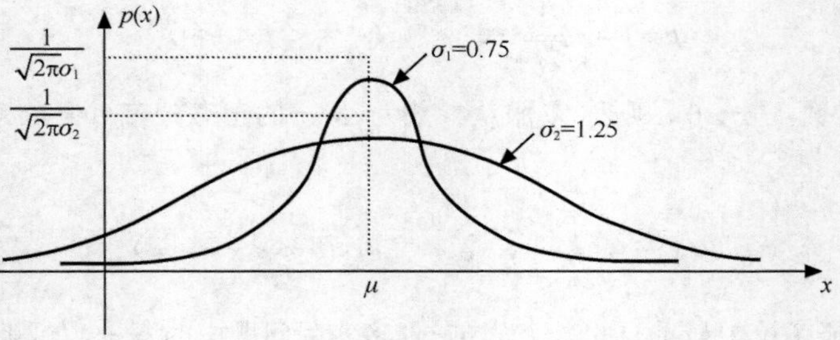

图 8.4

特别地，称 $\mu=0,\ \sigma=1$ 时的正态分布 $N(0,1)$ 为**标准正态分布**．其密度函数和分布函数分别记为 $\varphi(x)$ 和 $\Phi(x)$，即

$$\varphi(x)=\frac{1}{\sqrt{2\pi}}\mathrm{e}^{-\frac{x^2}{2}}\ (-\infty<x<+\infty),$$

$$\Phi(x)=\int_{-\infty}^{x}\frac{1}{\sqrt{2\pi}}\mathrm{e}^{-\frac{t^2}{2}}\mathrm{d}t\ (-\infty<x<+\infty).$$

$\varphi(x)$ 和 $\Phi(x)$ 的图形如图 8.5 所示．

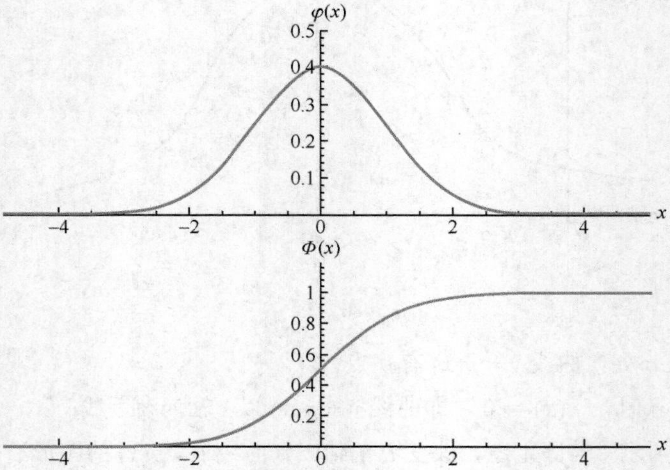

图 8.5

由于标准正态分布的分布函数不含任何未知参数，故对给定的 x，利用数值计算方法可求出 $\Phi(x)$ 的近似值．附录 A 中的附表 3 列出当 $x\geqslant 0$ 时 $\Phi(x)$ 的函数值供查用．对任意实数 x，

有

$$\Phi(-x)=\int_{-\infty}^{-x}\frac{1}{\sqrt{2\pi}}\mathrm{e}^{-\frac{t^2}{2}}\mathrm{d}t=\int_{x}^{+\infty}\frac{1}{\sqrt{2\pi}}\mathrm{e}^{-\frac{\tau^2}{2}}\mathrm{d}\tau$$

$$=1-\int_{-\infty}^{x}\frac{1}{\sqrt{2\pi}}\mathrm{e}^{-\frac{\tau^2}{2}}\mathrm{d}\tau=1-\Phi(x).$$

由此，通过查表可得到当 $x<0$ 时 $\Phi(x)$ 的值.

例 8.2.6 设 $X\sim N(0,1)$，查表计算：

（1）$P(X\leqslant 1.96)$；（2）$P(-1\leqslant X\leqslant 2)$.

解 （1）$P(X\leqslant 1.96)=\Phi(1.96)=0.975$；

（2）$P(-1\leqslant X\leqslant 2)=\Phi(2)-\Phi(-1)=\Phi(2)+\Phi(1)-1=0.818\,55$.

对于一般的正态分布，可以通过线性变换将它化为标准正态分布.

定理 8.2.3 若随机变量 $X\sim N(\mu,\sigma^2)$，则 $Y=\dfrac{X-\mu}{\sigma}\sim N(0,1)$. Y 通常称作 X 的**标准化**.

证 $Y=\dfrac{X-\mu}{\sigma}$ 的分布函数为

$$P(Y\leqslant x)=P\left(\frac{X-\mu}{\sigma}\leqslant x\right)=P(X\leqslant \mu+\sigma x)$$

$$=\frac{1}{\sqrt{2\pi}\,\sigma}\int_{-\infty}^{\mu+\sigma x}\mathrm{e}^{-\frac{(t-\mu)^2}{2\sigma^2}}\mathrm{d}t\ (\text{令}\ \frac{t-\mu}{\sigma}=s)$$

$$=\frac{1}{\sqrt{2\pi}}\int_{-\infty}^{x}\mathrm{e}^{-\frac{s^2}{2}}\mathrm{d}s=\Phi(x)$$

因此，$Y=\dfrac{X-\mu}{\sigma}\sim N(0,1)$.

于是，若 $X\sim N(\mu,\sigma^2)$，则它的分布函数 $F(x)$ 可写为

$$F(x)=P(X\leqslant x)=P\left(\frac{X-\mu}{\sigma}\leqslant\frac{x-\mu}{\sigma}\right)=\Phi\left(\frac{x-\mu}{\sigma}\right).$$

对任意实数 $a,b\ (a\leqslant b)$，有

$$P(a<X\leqslant b)=\Phi\left(\frac{b-\mu}{\sigma}\right)-\Phi\left(\frac{a-\mu}{\sigma}\right).$$

例 8.2.7 测量一条道路长度的误差 X（单位：米）服从正态分布，设 $X\sim N(-5,20^2)$，试求

（1）测量的误差的绝对值不超过 30 的概率；

（2）测得的长度小于道路真实长度的概率.

解 （1）$P(|X|\leqslant 30)=P(-30\leqslant X\leqslant 30)$

$$=\Phi\left(\frac{30-(-5)}{20}\right)-\Phi\left(\frac{-30-(-5)}{20}\right)$$

$$=\Phi(1.75)-\Phi(-1.25)=\Phi(1.75)+\Phi(1.25)-1,$$

查标准正态分布表得

$$\Phi(1.75)=0.959\,9\,,\quad \Phi(1.25)=0.894\,4\,,$$

所以 $P(|X|\leqslant 30)==0.854\,3$.

（2）测量值=真值+误差，故所求概率为

$$P(X<0)==\Phi\left(\frac{0-(-5)}{20}\right)=\Phi(0.25)=0.598\,7\,.$$

例 8.2.8 设随机变量 X 服从正态分布 $N(\mu,\sigma^2)$，求 X 落在 $(\mu-k\sigma,\mu+k\sigma)$ 内的概率，其中 k=1, 2, 3 .

解
$$\begin{aligned}P(|X-\mu|<k\sigma)&=P(\mu-k\sigma<X<\mu+k\sigma)\\&=\Phi\left(\frac{\mu+k\sigma-\mu}{\sigma}\right)-\Phi\left(\frac{\mu-k\sigma-\mu}{\sigma}\right)\\&=\Phi(k)-\Phi(-k)=2\Phi(k)-1\,.\\&=\begin{cases}0.682\,6,k=1;\\0.954\,5,k=2;\\0.997\,3,k=3.\end{cases}\end{aligned}$$

在工程技术中经常会遇到服从正态分布的随机变量. 上述结果表明：尽管正态变量的取值范围是 $(-\infty,+\infty)$，但它的值落在 $(\mu-3\sigma,\mu+3\sigma)$ 之外的概率小于 0.3%，这就是人们所说的 3σ 规则.

§8.3 随机变量函数的分布

在实际问题中，所考虑的随机变量往往依赖于另一个随机变量. 例如，设随机变量 X 是车床加工出来的轴的直径，而随机变量 Y 是轴的横截面的面积，则 Y 是 X 的函数，$Y=\frac{\pi}{4}X^2$.

一般地，设 $y=g(x)$ 是一个实值函数，X 是一个随机变量，则 $Y=g(X)$ 作为 X 的函数也是一个随机变量. 需要解决的问题是：已知随机变量 X 的分布，如何求出另一个随机变量 $Y=g(X)$ 的分布.

一、离散型随机变量函数的分布

设 X 是离散型随机变量，X 的分布列为

$$\begin{pmatrix}x_1 & x_2 & \cdots & x_n & \cdots\\ p_1 & p_2 & \cdots & p_n & \cdots\end{pmatrix}.$$

则函数 $Y=g(X)$ 也是一个离散型随机变量. 当 X 取值 x_i 时，随机变量 Y 取值 $g(x_i)$. 若所有 $g(x_i)$ 的值全不相等，则随机变量 Y 的分布列为

$$\begin{pmatrix}g(x_1) & g(x_2) & \cdots & g(x_n) & \cdots\\ p_1 & p_2 & \cdots & p_n & \cdots\end{pmatrix}.$$

若 $g(x_1)\ g(x_2)\cdots g(x_n)\cdots$ 中有相等的值，则把那些相等的值分别合并，并把对应的概率相加

即可.

例 8.3.1　设随机变量 X 的分布列为

$$\begin{pmatrix} -2 & -1 & 0 & 1 & 2 & 3 \\ 0.1 & 0.2 & 0.25 & 0.2 & 0.15 & 0.1 \end{pmatrix}.$$

求：（1）随机变量 $Y=-2X$ 的分布列；

（2）随机变量 $Y=X^2$ 的分布列.

解　（1）随机变量 $Y=-2X$ 的分布列为

$$\begin{pmatrix} 4 & 2 & 0 & -2 & -4 & -6 \\ 0.1 & 0.2 & 0.25 & 0.2 & 0.15 & 0.1 \end{pmatrix},$$

通常把随机变量的可能取值按从小到大的顺序排列，整理得

$$Y=-2X \sim \begin{pmatrix} -6 & -4 & -2 & 0 & 2 & 4 \\ 0.1 & 0.15 & 0.2 & 0.25 & 0.2 & 0.1 \end{pmatrix}.$$

（2）随机变量 $Y=X^2$ 的分布列为

$$\begin{pmatrix} 4 & 1 & 0 & 1 & 4 & 9 \\ 0.1 & 0.2 & 0.25 & 0.2 & 0.15 & 0.1 \end{pmatrix},$$

再对相等的值合并得

$$Y=X^2 \sim \begin{pmatrix} 0 & 1 & 4 & 9 \\ 0.25 & 0.4 & 0.25 & 0.1 \end{pmatrix}.$$

例 8.3.2　设随机变量 X 的的分布列为

$$p(x)=\frac{1}{2^x}\ (x=1,2,\cdots,n,\cdots).$$

求随机变量函数 $Y=\sin\left(\frac{\pi}{2}X\right)$ 的分布列.

解　因为

$$Y=\sin\left(\frac{\pi}{2}X\right)=\begin{cases} -1, & n=4k-1, \\ 1, & n=4k-3, \quad (k=1,2,3\cdots\cdots) \\ 0, & n=2k, \end{cases}$$

所以，函数 $Y=\sin\left(\frac{\pi}{2}X\right)$ 只有 -1、0、1 三个可能值，取得这些值的概率分别为

$$p(-1)=\frac{1}{2^3}+\frac{1}{2^7}+\frac{1}{2^{11}}+\cdots=\frac{1}{8\left(1-\frac{1}{16}\right)}=\frac{2}{15},$$

$$p(0)=\frac{1}{2^2}+\frac{1}{2^4}+\frac{1}{2^6}+\cdots=\frac{1}{4\left(1-\frac{1}{4}\right)}=\frac{1}{3},$$

$$p(1)=\frac{1}{2}+\frac{1}{2^5}+\frac{1}{2^9}+\cdots=\frac{1}{2\left(1-\frac{1}{16}\right)}=\frac{8}{15}.$$

所以

$$Y=\sin\left(\frac{\pi}{2}X\right)\sim\begin{pmatrix}-1 & 0 & 1\\ \frac{2}{15} & \frac{1}{3} & \frac{8}{15}\end{pmatrix}.$$

二、连续型随机变量函数的分布

已知连续型随机变量 X 的密度函数为 $p(x)$，我们分两种情形讨论随机变量 $Y=g(X)$ 的分布.

当 $y=g(x)$ 为严格单调函数时，有如下定理.

定理 8.3.1 设连续型随机变量 X 的密度函数为 $p(x)$，$Y=g(X)$ 是另一个随机变量. 若 $y=g(x)$ 是严格单调函数，其反函数 $x=h(y)$ 有连续的导数，则 $Y=g(X)$ 仍为连续型随机变量，其密度函数为

$$p_Y(y)=\begin{cases}p[h(y)]|h'(y)|, & y\in(\alpha,\beta);\\ 0, & y\notin(\alpha,\beta).\end{cases}$$

这里的 (α,β) 是函数 $y=g(x)$ 的值域.

例 8.3.3 随机变量 X 在 $\left(-\frac{\pi}{2},\frac{\pi}{2}\right)$ 内服从均匀分布，求随机变量 $Y=\sin X$ 的密度函数.

解 X 的密度函数为

$$p(x)=\begin{cases}\frac{1}{\pi}, & -\frac{\pi}{2}<x<\frac{\pi}{2};\\ 0, & \text{其他}.\end{cases}$$

$g(x)=\sin x$ 在 $\left(-\frac{\pi}{2},\frac{\pi}{2}\right)$ 内严格单增，$g'(x)=\cos x>0$，其值域为$(-1,1)$，且有反函数及其导数

$$h(y)=\arcsin y,\quad h'(y)=\frac{1}{\sqrt{1-y^2}}.$$

根据定理 8.3.1 得 $Y=\sin X$ 的密度函数为

$$p_Y(y)=\begin{cases}\frac{1}{\pi\sqrt{1-y^2}}, & -1<y<1;\\ 0, & \text{其他}.\end{cases}$$

当 $y=g(x)$ 不是单调函数时，可以先写出 Y 的分布函数

$$F_Y(y)=P(Y\leqslant y)=P(g(X)\leqslant y)=P(X\in\{x|g(x)\leqslant y\}),$$

再利用求导的方法，求出随机变量 $Y=g(X)$ 的密度函数 $p_Y(y)$.

例 8.3.4 设随机变量 X 服从正态分布 $N(0,1)$，求随机变量 $Y=X^2$ 的密度函数.

解 X 的密度函数为

$$\varphi(x)=\frac{1}{\sqrt{2\pi}}\mathrm{e}^{-\frac{x^2}{2}}\ (-\infty<x<+\infty).$$

先求 $Y=X^2$ 的分布函数 $F_Y(y)$.

当 $y<0$ 时，

$$F_Y(y)=P(Y\leqslant y)=P(X^2\leqslant y)=0 .$$

当 $y\geqslant 0$ 时，

$$\begin{aligned}F_Y(y)&=P(Y\leqslant y)=P(X^2\leqslant y)=P(-\sqrt{y}\leqslant X\leqslant\sqrt{y})\\&=\int_{-\sqrt{y}}^{\sqrt{y}}\frac{1}{\sqrt{2\pi}}\mathrm{e}^{-\frac{x^2}{2}}\mathrm{d}x=\frac{2}{\sqrt{2\pi}}\int_0^{\sqrt{y}}\mathrm{e}^{-\frac{x^2}{2}}\mathrm{d}x.\end{aligned}$$

因此，$Y=X^2$ 的分布函数为

$$F_Y(y)=\begin{cases}\dfrac{2}{\sqrt{2\pi}}\displaystyle\int_0^{\sqrt{y}}\mathrm{e}^{-\frac{x^2}{2}}\mathrm{d}x, & y\geqslant 0;\\0, & y<0.\end{cases}$$

再利用求导的方法，即得 $Y=X^2$ 的密度函数

$$p_Y(y)=\begin{cases}\dfrac{1}{\sqrt{2\pi}}\dfrac{\mathrm{e}^{-\frac{y}{2}}}{\sqrt{y}}, & y>0;\\0, & y\leqslant 0.\end{cases}$$

习　题　8

1．填空题

（1）已知连续型随机变量 X 的分布函数为 $F(x)$，且密度函数 $p(x)$ 连续，则 $p(x)$=________.

（2）设随机变量 $X\sim U(0,1)$，则 X 的分布函数 $F(x)$=________.

（3）若 $a\mathrm{e}^{-x^2+x}$ 为随机变量 X 的密度函数，则 a=________.

（4）若 $X\sim N(\mu,\sigma^2)$，则 $P(|X-\mu|\leqslant 3\sigma)=$________.

（5）设随机变量 X 服从正态分布 $N(\mu,2^2)$，已知 $3P(X\geqslant 1.5)=2P(X<1.5)$，则 $P(|X-1|\leqslant 2)=$________.

（6）已知随机变量 X 的分布函数为 $F(x)$，密度函数为 $p(x)$，当 $x\leqslant 0$ 时 $p(x)$ 连续且 $p(x)=F(x)$，若 $F(0)=1$，则 $F(x)$=________，$p(x)$=________.

（7）已知随机变量 $Y\sim N(\mu,\sigma^2)$，且方程 $x^2+x+Y=0$ 有实根的概率为 $\frac{1}{2}$，则参数 $\mu=$________.

（8）设随机变量的分布函数为

$$F(x)=\begin{cases}0, & x<-1;\\\dfrac{1}{8}, & x=-1;\\ax+b, & -1<x<1;\\1, & x\geqslant 1.\end{cases}$$

已知 $P(-1 \leqslant X < 1) = \dfrac{5}{8}$， 则 a=________，b=________.

（9）设随机变量 X 的概率密度为

$$p(x) = \begin{cases} Ax, & 1 < x < 2; \\ B, & 2 \leqslant x < 3; \\ 0, & \text{其他}. \end{cases}$$

且 $P(1 < X < 2) = P(2 < X < 3)$，则常数 A=________，B=________.

（10）设 X 服从参数为 λ 的泊松分布，$P(X=1)=P(X=2)$，则概率 $P(1< X< 3)$=________.

2．单项选择题

（1）设 $p(x)$ 为连续型随机变量 X 的密度函数，则 $p(x)$ 一定是（　　）.

A．可积函数　　B．单调函数　　C．连续函数　　D．可导函数

（2）在下列函数中可以作为分布密度函数的是（　　）.

A．$f(x) = \begin{cases} \sin x, & -\dfrac{\pi}{2} < x < \dfrac{\pi}{2} \\ 0, & \text{其他} \end{cases}$　　B．$f(x) = \begin{cases} \sin x, & 0 < x < \dfrac{\pi}{2} \\ 0, & \text{其他} \end{cases}$

C．$f(x) = \begin{cases} \sin x, & 0 < x < \dfrac{3\pi}{2} \\ 0, & \text{其他} \end{cases}$　　D．$f(x) = \begin{cases} \sin x, & 0 < x < \pi \\ 0, & \text{其他} \end{cases}$

（3）设随机变量 X 服从正态分布 $N(\mu, \sigma^2)$，随 σ 的增大，概率 $P(|X-\mu| < \sigma)$ 应该（　　）.

A．单调增加　　B．单调减少　　C．保持不变　　D．增减不确定

（4）设随机变量 X 服从正态分布 $N(\mu, 4^2)$，$Y \sim N(\mu, 5^2)$；记 $p_1 = P(X \leqslant \mu - 4)$，$p_2 = P(Y \leqslant \mu - 5)$，则（　　）.

A．$p_1 = p_2$　　B．$p_1 > p_2$　　C．$p_1 < p_2$　　D．p_1, p_2 无法比较

（5）假设 $F(x)$ 是随机变量 X 的分布函数，则下列结论不正确的是（　　）.

A．如果 $F(a) = 0$，则对任意 $x \leqslant a$ 有 $F(x) = 0$

B．如果 $F(a) = 1$，则对任意 $x \geqslant a$ 有 $F(x) = 1$

C．如果 $F(a) = \dfrac{1}{2}$，则对任意 $p(X \leqslant a) = \dfrac{1}{2}$

D．如果 $F(a) = \dfrac{1}{2}$，则对任意 $p(X \geqslant a) = \dfrac{1}{2}$

（6）设随机变量的密度函数为 $p(x)$，则 $Y=-2X+3$ 的密度函数是（　　）.

A．$-\dfrac{1}{2}p\left(-\dfrac{y-3}{2}\right)$　　B．$\dfrac{1}{2}p\left(-\dfrac{y-3}{2}\right)$　　C．$-\dfrac{1}{2}p\left(-\dfrac{y+3}{2}\right)$　　D．$\dfrac{1}{2}p\left(-\dfrac{y+3}{2}\right)$

3．设随机变量 X 的密度函数

$$p(x) = \begin{cases} Ae^{-2x}, & x > 0; \\ 0, & x \leqslant 0. \end{cases}$$

求（1）A；（2）$P(X > 3)$.

4．一份考卷上有 5 道选择题，每题给出 4 个可供选择的答案，其中只有 1 个答案是正确的．求

（1）某考生全凭感觉猜测答对题数的概率分布；

（2）该考生答对题数不超过两题的概率．

5．某汽车公司的维修站负责该公司 600 辆汽车的维修，已知每辆汽车发生故障的概率为 0.005．

（1）如果该维修站有 4 名维修工人，求汽车发生故障后都能得到及时维修的概率（假定每辆汽车只需要 1 名工人维修）．

（2）该维修站至少应配备多少名维修工人，才能保证汽车发生故障后都能得到及时维修的概率不小于 0.95？

6．设连续型随机变量 X 的密度函数为

$$p(x)=\begin{cases}c+x, & -1\leqslant x<0;\\ c-x, & 0\leqslant x\leqslant 1;\\ 0, & |x|>1.\end{cases}$$

求：（1）常数 c；（2）概率 $P(|X|\leqslant 0.5)$；（3）X 的分布函数．

7．在△ABC 中任取一点 P，P 到 AB 的距离为 X，求 X 的分布函数．

8．设随机变量 X 的密度函数为

$$p(x)=\begin{cases}\dfrac{A}{\sqrt{1-x^2}}, & |x|<1;\\ 0, & |x|\geqslant 1.\end{cases}$$

求：（1）系数 A；

（2）随机变量 X 落在区间 $\left[-\dfrac{1}{2},\dfrac{1}{2}\right]$ 内的概率；

（3）随机变量 X 的分布函数．

9．设随机变量 X 服从 $N(0,1)$，求 $Y=|X|$ 的密度函数．

10．设随机变量 X 的密度函数为

$$p(x)=\begin{cases}\dfrac{2}{\pi(x^2+1)}, & x>0;\\ 0, & x\leqslant 0.\end{cases}$$

求随机变量 $Y=\ln X$ 的密度函数．

11．随机地向半圆 $0<y<\sqrt{2ax-x^2}$（a 为某正数）内掷一点，点落在半圆内任一点的概率与该区域的面积成正比，用 X 表示原点到该点连线与 x 轴正方向的夹角，求 X 的密度函数．

12．某人去银行取号排队等候服务，设随机变量 X（单位：分钟）表示排队等候服务的时间，已知 X 服从指数分布 $E(0.1)$，如果该人在银行最多只等候 15 分钟．

（1）求该人能得到银行服务的概率；

（2）如果该人共去银行 3 次，每次都是在银行最多等待 15 分钟，求他至少有一次能得到

银行服务的概率.

13．设随机变量 X 的分布函数为

$$F(x)=\begin{cases}0, & x<-2;\\ 0.3, & -2\leqslant x<-1;\\ 0.6, & -1\leqslant x<-1;\\ 1, & x\geqslant 1.\end{cases}$$

已知 $Y=\sin\dfrac{\pi X}{12}\cos\dfrac{\pi X}{12}$，求 $|Y|$ 的分布函数.

14．已知随机变量 X 的密度函数为

$$p(x)\begin{cases}x, & 0\leqslant x<1;\\ 2-x, & 1\leqslant x<2;\\ 0, & \text{其他}.\end{cases}$$

（1）求分布函数 $F(x)$;

（2）若令 $Y=F(X)$, 求Y的分布函数$F(y)$.

15．设连续型随机变量 X 的密度函数为 $f(x)$，证明

$$\int_{-\infty}^{+\infty}(x-EX)f(x)\mathrm{d}x=0.$$

第 9 章　多维随机变量

在某些实际问题中，随机试验的结果需要同时用两个或两个以上的随机变量来描述. 例如，炮弹的弹着点要用前后偏差与左右偏差才能确定，一个地区的气象情况需要同时考察气温、气压、湿度等多个随机变量. 要研究这些随机变量及彼此之间的关系，需要将它们作为一个整体来考虑，因此要引入多维随机变量的概念.

本章主要研究二维随机变量及其分布，所得结论可推广到 $n(n>2)$ 维随机变量的情形.

§9.1　二维随机变量及其分布

一、联合分布函数

定义 9.1.1　设 X, Y 是定义在同一个样本空间 Ω 上的两个随机变量，称 (X, Y) 为**二维随机变量**或**二维随机向量**.

定义 9.1.2　设 (X, Y) 是二维随机变量，对于任意实数 x, y，二元函数

$$F(x,y)=P(X\leqslant x, Y\leqslant y)$$

称为二维随机变量 (X, Y) 的**联合分布函数**或**分布函数**，它表示随机事件 $\{X\leqslant x\}$ 与 $\{Y\leqslant y\}$ 同时发生的概率.

将二维随机变量 (X, Y) 看成平面上随机点的坐标，那么分布函数 $F(x,y)$ 在 (x,y) 处的函数值就是随机点 (X, Y) 落在以点 (x,y) 为顶点而位于该点左下方的无穷矩形区域内的概率，如图 9.1 所示.

利用分布函数 $F(x,y)$，容易算出随机点 (X, Y) 落在矩形区域

$$D=\{(x,y)\mid x_1<x\leqslant x_2,\ y_1<y\leqslant y_2\}$$

内（见图 9.2）的概率为

$$P(x_1<X\leqslant x_2, y_1<Y\leqslant y_2)=F(x_2,y_2)-F(x_1,y_2)-F(x_2,y_1)+F(x_1,y_1).$$

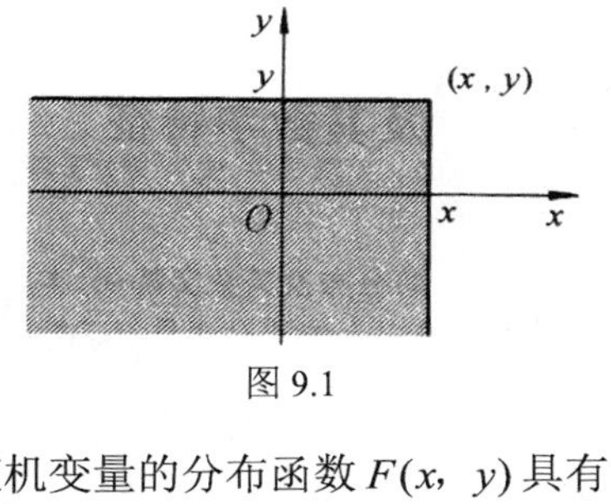

图 9.1

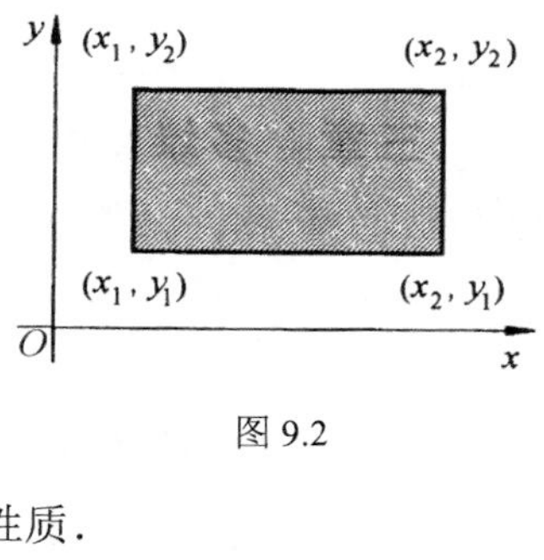

图 9.2

二维随机变量的分布函数 $F(x,\ y)$ 具有以下基本性质.

（1）有界性：$0\leqslant F(x,y)\leqslant 1$，且

$$对任意固定的y，F(-\infty, y)=\lim_{x \to -\infty} F(x, y)=0;$$

$$对任意固定的x，F(x, -\infty)=\lim_{y \to -\infty} F(x, y)=0;$$

$$F(-\infty, -\infty)=0; \quad F(+\infty, +\infty)=1.$$

（2）单调性：$F(x, y)$ 分别对变量 x 和 y 是单调非减的，即

$$当 x_1 < x_2 时，有 F(x_1, y) \leqslant F(x_2, y);$$

$$当 y_1 < y_2 时，有 F(x, y_1) \leqslant F(x, y_2).$$

（3）右连续性：

$$F(x^+, y)=F(x, y), \quad F(x, y^+)=F(x, y).$$

（4）非负性：对于任意 $x_1 < x_2$，$y_1 < y_2$ 恒有

$$P(x_1 < X \leqslant x_2, y_1 < Y \leqslant y_2)=F(x_2, y_2)-F(x_1, y_2)-F(x_2, y_1)+F(x_1, y_1) \geqslant 0.$$

容易将二维随机变量的讨论推广到 $n\ (n>2)$ 维随机变量的情形．设 $X_1, X_2, \cdots, X_n$ 是定义在同一个样本空间 Ω 上的 n 个随机变量，称 $(X_1, X_2, \cdots, X_n)$ 为 **n 维随机变量**或 **n 维随机向量**，称 n 元函数

$$F(X_1, X_2, \cdots, X_n)=P(X_1 \leqslant x_1, X_2 \leqslant x_2, \cdots, X_n \leqslant x_n)$$

为 n 维随机变量 $(X_1, X_2, \cdots, X_n)$ 的**联合分布函数**或**分布函数**．

二、二维离散型随机变量及其分布

定义 9.1.3 如果二维随机变量(X, Y)仅可能取为有限个或可列个值，则称(X, Y)为**二维离散型随机变量**．称

$$P(X=x_i, Y=y_j)=p_{ij} \ (i, j=1,2,\cdots)$$

为二维离散型随机变量(X, Y)的**联合分布列**或**分布列**．

联合分布列常表示如下，称为联合分布表．

X \ Y	y_1	y_2	$\cdots$	y_j	$\cdots$
x_1	p_{11}	p_{12}	$\cdots$	p_{1j}	$\cdots$
x_2	p_{21}	p_{22}	$\cdots$	p_{2j}	$\cdots$
$\vdots$	$\vdots$	$\vdots$		$\vdots$	$\cdots$
x_i	p_{i1}	p_{i2}	$\cdots$	p_{ij}	$\cdots$
$\vdots$	$\vdots$	$\vdots$		$\vdots$	$\cdots$

容易验证，(X, Y)的联合分布列具有以下基本性质．

（1）非负性：$p_{ij} \geqslant 0 (i, j=1,2,\cdots)$;

（2）规范性：$\sum_{i=1}\sum_{j=1} p_{ij}=1$．

二维离散型随机变量(X, Y)的联合分布函数

$$F(x, y)=P(X \leqslant x, Y \leqslant y)=\sum_{x_i \leqslant x}\sum_{y_j \leqslant y} p_{ij},$$

其中，和式是对一切满足条件 $x_i \leqslant x$, $y_j \leqslant y$ 的 i, j 求和.

例 9.1.1　盒子里有 2 个黑球、2 个红球、2 个白球，在其中任取 2 个球，以 X 和 Y 分别表示取得的黑球和红球的个数，试写出 X 和 Y 的联合分布表，并求事件 $\{X+Y \leqslant 1\}$ 的概率.

解　由题设知，X 和 Y 各自可能的取值均为 0,1,2，且 (X, Y) 不可能取得(1,2)、(2,1)和(2,2). 取其他值的概率可由古典概率计算. 从 6 个球中任取 2 个，一共有 $C_6^2 = 15$ 种取法. (X, Y) 取(0,0)表示取得的两个球是白球，其取法只有 1 种，所以其概率为

$$P(X=0, Y=0) = \frac{1}{15},$$

类似地，算出 (X, Y) 取其他几对数组的概率分别为

$$P(X=0, Y=1) = P(X=1, Y=0) = \frac{2 \times 2}{15} = \frac{4}{15},$$

$$P(X=2, Y=0) = P(X=0, Y=2) = \frac{1}{15},$$

$$P(X=1, Y=1) = \frac{4}{15}.$$

(X, Y) 的联合概率分布表为

X \ Y	0	1	2
0	$\frac{1}{15}$	$\frac{4}{15}$	$\frac{1}{15}$
1	$\frac{4}{15}$	$\frac{4}{15}$	0
2	$\frac{1}{15}$	0	0

由于事件 $\{X+Y \leqslant 1\}$ 包含 3 个基本事件，分别对应点(0,1)、(0,1)和(1,0)，所以

$$\begin{aligned} P(X+Y \leqslant 1) &= P(X=0, y=0) + P(X=1, Y=0) + P(X=0, Y=1) \\ &= \frac{1}{15} + \frac{4}{15} + \frac{4}{15} = \frac{3}{5}. \end{aligned}$$

三、二维连续型随机变量及其分布

定义 9.1.4　设二维随机变量 (X, Y) 的分布函数为 $F(x, y)$，如果存在非负可积函数 $p(x, y)$，使对于任意实数 x、y，有

$$F(x, y) = \int_{-\infty}^{x} \int_{-\infty}^{y} p(u, v) \mathrm{d}u \mathrm{d}v,$$

则称 (X, Y) 为**二维连续型随机变量**，称函数 $p(x, y)$ 为 (X, Y) 的**联合密度函数**或**密度函数**.

易知联合密度函数 $p(x, y)$ 具有以下性质.

（1）非负性：$p(x, y) \geqslant 0$；

（2）规范性：$\int_{-\infty}^{+\infty}\int_{-\infty}^{+\infty} p(x,y)\mathrm{d}x\mathrm{d}y=1$，即 $F(+\infty,+\infty)=1$；

（3）设 D 是 xOy 平面上任一区域，则点(x,y)落在 D 内的概率为

$$P\{(X,Y)\in D\}=\iint_D p(x,y)\mathrm{d}\sigma；$$

（4）若 $p(x,y)$ 在点(x,y)处连续，则有 $\dfrac{\partial^2 F(x,y)}{\partial x\partial y}=p(x,y)$．

几何上，二元函数 $z=p(x,y)$ 的图形是空间的一张曲面．$p(x,y)$ 的规范性表明：介于曲面 $z=p(x,y)$ 与 xoy 平面之间的空间区域的体积为 1；$P\{(X,Y)\in D\}$ 的值等于以 D 为底、曲面 $z=p(x,y)$ 为顶的曲顶柱体的体积．

与一维随机变量相类似，二维均匀分布和二维正态分布是常用的多维分布．

设 D 是平面上的有界区域，其面积为 A，若二维随机变量(X,Y)具有密度函数

$$p(x,y)=\begin{cases}\dfrac{1}{A},\ (x,y)\in D;\\ 0,\ \text{其他}.\end{cases}$$

则称(X,Y)在 D 上服从二维均匀分布．

特别地，当区域 $D=\{a\leqslant x\leqslant b,c\leqslant y\leqslant d\}$ 为矩形区域时，称随机变量(X,Y)为服从参数为 a,b,c,d 的二维均匀分布，记作 $(X,Y)\sim U(a,b,c,d)$．其密度函数为

$$p(x,y)=\begin{cases}\dfrac{1}{(b-a)(d-c)},a\leqslant x\leqslant b,\ c\leqslant y\leqslant d;\\ 0,\qquad\qquad\qquad \text{其他}.\end{cases}$$

若二维随机变量(X,Y)的密度函数为

$$p(x,y)=\frac{1}{2\pi\sigma_1\sigma_2\sqrt{1-\rho^2}}\exp\left\{-\frac{1}{2(1-\rho^2)}\left[\frac{(x-\mu_1)^2}{\sigma_1^2}-2\rho\frac{x-\mu_1}{\sigma_1}\cdot\frac{y-\mu_2}{\sigma_2}+\frac{(y-\mu_2)^2}{\sigma_2^2}\right]\right\},$$
$$-\infty<x<+\infty,-\infty<y<+\infty,$$

其中，$\mu_1,\mu_2,\sigma_1,\sigma_2,\rho$ 均为常数，且 $\sigma_1>0,\sigma_2>0,|\rho|<1$，则称$(X,Y)$服从参数为 $\mu_1,\mu_2,\sigma_1,\sigma_2$ 及 ρ 的二维正态分布，记作 $(X,Y)\sim N(\mu_1,\mu_2,\sigma_1^2,\sigma_2^2;\rho)$．

二维正态分布以 (μ_1,μ_2) 为中心，在中心附近具有较高的密度，离中心越远，密度越小，这与实际中的很多现象相吻合．如图 9.3 所示．

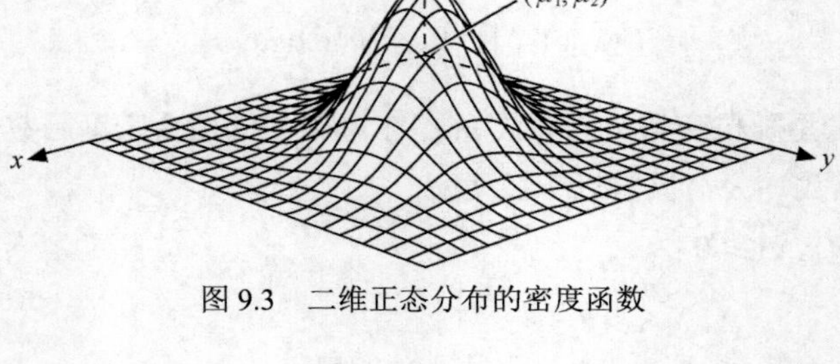

图 9.3　二维正态分布的密度函数

例 9.1.2　设二维随机变量(X, Y)的密度函数为

$$p(x,y)=\begin{cases}Ce^{-(2x+3y)}, & x\geqslant 0,\ y\geqslant 0;\\ 0, & \text{其他}.\end{cases}$$

求：（1）常数 C；（2）(X, Y)的分布函数 $F(x,y)$；（3）$P(X<Y)$．

解　（1）由密度函数的性质，有

$$1=\int_{-\infty}^{+\infty}\int_{-\infty}^{+\infty}p(x,y)\mathrm{d}x\mathrm{d}y=\int_{0}^{+\infty}\int_{0}^{+\infty}Ce^{-(2x+3y)}\mathrm{d}x\mathrm{d}y$$
$$=C\int_{0}^{+\infty}e^{-2x}\mathrm{d}x\int_{0}^{+\infty}e^{-3y}\mathrm{d}y=\frac{C}{6}.$$

推出 $C=6$．

（2）$F(x,y)=\int_{-\infty}^{x}\int_{-\infty}^{y}p(x,y)\mathrm{d}x\mathrm{d}y$

$$=\begin{cases}\int_{0}^{x}\int_{0}^{y}6e^{-(2u+3v)}\mathrm{d}u\mathrm{d}v=(1-e^{-2x})(1-e^{-3y}), & x\geqslant 0,\ y\geqslant 0;\\ 0, & \text{其他}.\end{cases}$$

（3）$P(X<Y)=\iint\limits_{x<y}p(x,y)\mathrm{d}x\mathrm{d}y=\int_{0}^{+\infty}\mathrm{d}x\int_{x}^{+\infty}6e^{-(2x+3y)}\mathrm{d}y=\frac{2}{5}$．

例 9.1.3　设二维随机变量(X, Y)的密度函数为

$$p(x,y)=\begin{cases}4xy, & 0\leqslant x\leqslant 1,\ 0\leqslant y\leqslant 1;\\ 0, & \text{其他}.\end{cases}$$

D 为 xoy 平面内由 x 轴、y 轴和不等式 $x+y<1$ 所确定的区域，求

$$P\{(X,Y)\in D\}.$$

解　如图 9.4 所示，

$$P\{(X,Y)\in D\}=\iint\limits_{D}p(x,y)\mathrm{d}\sigma$$
$$=\int_{0}^{1}\int_{0}^{1-x}4xy\mathrm{d}x\mathrm{d}y=\frac{1}{6}$$

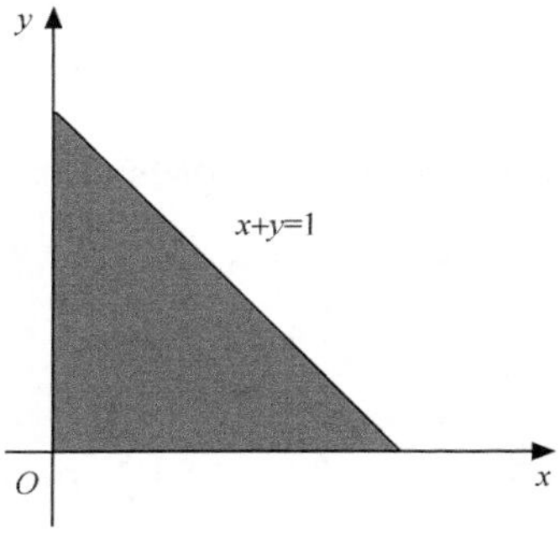

图 9.4

例 9.1.4　设(X, Y)在圆域$\{(x,y)\,|\,x^2+y^2\leqslant 4\}$上服从均匀分布，求

（1）(X, Y)的密度函数；

（2）$P(0<X<1, 0<Y<1)$．

解　（1）圆的面积为 $A=4\pi$，故(X, Y)的密度函数为

$$p(x,y)=\begin{cases}\dfrac{1}{4\pi}, & x^2+y^2\leqslant 4;\\ 0, & \text{其他}.\end{cases}$$

（2）用 G 表示不等式 $0<x<1, 0<y<1$ 所确定的区域，则

$$P(0<X<1, 0<Y<1)=\iint\limits_{G}p(x,y)\mathrm{d}x\mathrm{d}y=\frac{1}{4\pi}.$$

这里，密度函数 $p(x,y)$ 在圆以外的区域都等于 0.

§9.2 边缘分布与随机变量的独立性

一、边缘分布

二维随机变量(X, Y)作为一个整体，具有联合分布函数$F(x, y)$．X和Y都是随机变量，也有各自的分布函数，将它们分别记为$F_X(x)$和$F_Y(y)$，并依次称为二维随机变量(X, Y)关于X和Y的**边缘分布函数**.

边缘分布函数可以由(X, Y)的联合分布函数$F(x, y)$来确定：

$$F_X(x) = P(X \leqslant x) = P(X \leqslant x, Y < +\infty) = F(x, +\infty),$$

即

$$F_X(x) = F(x, +\infty) = \lim_{y \to +\infty} F(x, y).$$

类似地，有

$$F_Y(x) = F(+\infty, y) = \lim_{x \to +\infty} F(x, y).$$

1. 边缘分布列

设二维离散型随机变量(X, Y)的联合分布列为

$$P(X = x_i, Y = y_j) = p_{ij} \ (i, j = 1, 2, \cdots).$$

对上式中的j求和，所得分布列

$$P(X = x_i) = \sum_{j=1}^{\infty} p_{ij} \ (i = 1, 2, \cdots)$$

称为(X, Y)关于X的**边缘分布列**，或写为如下表格形式

X	x_1	x_2	$\cdots$	x_i	$\cdots$
p	$p_{1.}$	$p_{2.}$	$\cdots$	$p_{i.}$	$\cdots$

其中，$p_{i.}=P(X = x_i) = \sum_{j=1}^{\infty} p_{ij} \ (i = 1, 2, \cdots)$.

类似地，对i求和所得分布列

$$P(Y = y_j) = \sum_{i=1}^{\infty} p_{ij} \ (j = 1, 2, \cdots)$$

称为(X, Y)关于Y的**边缘分布列**，表格形式为

Y	y_1	y_2	$\cdots$	y_j	$\cdots$
p	$p_{.1}$	$p_{.2}$	$\cdots$	$p_{.j}$	$\cdots$

其中，$p_{.j}=P(Y = y_j) = \sum_{i=1}^{\infty} p_{ij} \ (j = 1, 2, \cdots)$.

例 9.2.1 设(X, Y)的分布列由下表给出，求X和Y的边缘分布列.

Y \ X	0	1	2
0	0.15	0.30	0.35
1	0.05	0.12	0.03

解 $P(X=0)=0.15+0.30+0.35=0.80$,

$P(X=1)=0.05+0.12+0.03=0.20$,

$P(Y=0)=0.15+0.05=0.20$,

$P(Y=1)=0.30+0.12=0.42$,

$P(Y=2)=0.35+0.03=0.38$.

将 X 和 Y 的边缘分布列入(X, Y)的如下联合分布表中.

Y \ X	0	1	2	p_{i0}
0	0.15	0.30	0.35	0.80
1	0.05	0.12	0.03	0.20
p_{0j}	0.20	0.42	0.38	1

从表中明显看出，边缘分布 $p_{i.}$和 $p_{.j}$ 分别是联合分布表中的第 i 行和第 j 列的各元素之和.

2. 边缘密度函数

设二维连续型随机变量(X, Y)的密度函数为 $p(x,y)$，记

$$p_X(x)=\int_{-\infty}^{+\infty}p(x,y)\,\mathrm{d}y,$$

$$p_Y(y)=\int_{-\infty}^{+\infty}p(x,y)\,\mathrm{d}x,$$

则

$$F_X(x)=F(x,+\infty)=\int_{-\infty}^{x}\left[\int_{-\infty}^{+\infty}p(x,y)\mathrm{d}y\right]\mathrm{d}x=\int_{-\infty}^{x}p_X(x)\mathrm{d}x,$$

$$F_Y(y)=F(+\infty,y)=\int_{-\infty}^{y}\left[\int_{-\infty}^{+\infty}p(x,y)\mathrm{d}x\right]\mathrm{d}y=\int_{-\infty}^{y}p_Y(y)\,\mathrm{d}y.$$

由密度函数的定义可知，$p_X(x)$ 和 $p_Y(y)$ 分别为 $F_X(x)$ 和 $F_Y(y)$ 的密度函数，因此，将它们依次称为(X, Y)关于 X 和 Y 的**边缘密度函数**.

例 9.2.2 设随机变量(X, Y)的密度函数为

$$p(x,y)=\begin{cases}kxy, & 0\leqslant x\leqslant y\leqslant 1;\\ 0, & \text{其他}.\end{cases}$$

试求参数 k 的值及 X 和 Y 的边缘密度函数.

解 由密度函数的性质，有

$$1=\int_{-\infty}^{+\infty}\int_{-\infty}^{+\infty}p(x,y)\,\mathrm{d}x\mathrm{d}y=\int_0^1\int_x^1 kxy\,\mathrm{d}y\mathrm{d}x=\frac{1}{8}k,$$

推出 $k=8$.

当$x<0$或$x>1$时，$p(x,y)=0$，因此$p_X(x)=\int_{-\infty}^{+\infty}p(x,y)\mathrm{d}y=0$.

当$0\leqslant x\leqslant 1$时，$p_X(x)=\int_x^1 8xy\mathrm{d}y=4x(1-x^2)$.

所以X的边缘密度函数为

$$p_X(x)=\begin{cases}4x(1-x^2), & 0\leqslant x\leqslant 1,\\ 0, & \text{其他}.\end{cases}$$

同理求出Y的边缘密度函数为

$$p_Y(y)=\begin{cases}4y^3, & 0\leqslant y\leqslant 1,\\ 0, & \text{其他}.\end{cases}$$

例 9.2.3 设随机变量(X,Y)的密度函数为

$$p(x,y)=\begin{cases}4\mathrm{e}^{-2(x+y)}, & x>0,\ y>0,\\ 0, & \text{其他}.\end{cases}$$

求X和Y的边缘密度函数.

解 当$x\leqslant 0$时，

$$p(x,y)=0;$$

当$x>0$时，

$$p_X(x)=\int_{-\infty}^{+\infty}p(x,y)\mathrm{d}y=\int_0^{+\infty}4\mathrm{e}^{-2(x+y)}\mathrm{d}y=2\mathrm{e}^{-2x}.$$

所以，X的边缘密度函数

$$p_X(x)=\begin{cases}2\mathrm{e}^{-2x}, & x>0,\\ 0, & x\leqslant 0.\end{cases}$$

同理，求出Y的边缘密度函数

$$p_Y(y)=\begin{cases}2\mathrm{e}^{-2y}, & y>0,\\ 0, & y\leqslant 0.\end{cases}$$

例 9.2.4 设$(X,Y)\sim N(\mu_1,\mu_2,\sigma_1^2,\sigma_2^2;\rho)$，求$X$和$Y$的边缘密度.

解 由于

$$\frac{(x-\mu_1)^2}{\sigma_1^2}-2\rho\frac{x-\mu_1}{\sigma_1}\cdot\frac{y-\mu_2}{\sigma_2}+\frac{(y-\mu_2)^2}{\sigma_2^2}$$

$$\left(\frac{y-\mu_2}{\sigma_2}-\rho\frac{x-\mu_1}{\sigma_1}\right)^2-\left(1-\rho^2\right)\left(\frac{x-\mu_1}{\sigma_1}\right)^2,$$

故

$$p_X(x)=\int_{-\infty}^{+\infty}p(x,y)\mathrm{d}y=\frac{1}{2\pi\sigma_1\sigma_2\sqrt{1-\rho^2}}\mathrm{e}^{-\frac{(x-\mu_1)^2}{2\sigma_1^2}}\cdot\int_{-\infty}^{+\infty}\mathrm{e}^{-\frac{1}{2(1-\rho^2)}\left(\frac{y-\mu_2}{\sigma_2}-\rho\frac{x-\mu_1}{\sigma_1}\right)^2}\mathrm{d}y.$$

令

$$t=\frac{1}{\sqrt{1-\rho^2}}\left(\frac{y-\mu_2}{\sigma_2}-\rho\frac{x-\mu_1}{\sigma_1}\right),$$

并利用泊松积分 $\int_{-\infty}^{+\infty} e^{-\frac{t^2}{2}} dt = \sqrt{2\pi}$ ，得

$$p_X(x) = \frac{1}{2\pi\sigma_1} e^{-\frac{(x-\mu_1)^2}{2\sigma_1^2}} \int_{-\infty}^{+\infty} e^{-\frac{t^2}{2}} dt = \frac{1}{\sqrt{2\pi}\sigma_1} e^{-\frac{(x-\mu_1)^2}{2\sigma_1^2}} .$$

这正是一维正态分布 $N(\mu_1, \sigma_1^2)$ 的密度函数，即 $X \sim N(\mu_1, \sigma_1^2)$. 同理可得

$$p_Y(y) = \frac{1}{\sqrt{2\pi}\sigma_2} e^{-\frac{(y-\mu_2)^2}{2\sigma_2^2}} ,$$

即 $Y \sim N(\mu_2, \sigma_2^2)$.

二维正态随机变量(X, Y)关于 X 和 Y 的边缘分布是一维正态分布，即由二维正态分布可以唯一地确定其每个分量的边缘分布.

反之，若已知二维正态随机变量 X 与 Y 的边缘分布，却不能唯一地确定其联合分布，还必须知道参数 ρ 的值. 譬如，两个二维正态分布 $N\left(0, 0, 1, 1; \frac{1}{2}\right)$ 和 $N\left(0, 0, 1, 1; \frac{1}{3}\right)$，它们的联合分布不同，但其边缘分布都是标准正态分布.

引起这一现象的原因是二维联合分布不仅含有每个分量的概率分布，而且含有两个变量 X 与 Y 之间相互关系的信息，而后者正是人们研究多维随机变量的原因. 联合分布中参数 ρ 的值，反映了两个正态随机变量 X 与 Y 之间相互关系的密切程度.

二、二维随机变量的独立性

在多维随机变量中，各分量的取值有时会相互影响，但有时又互不影响. 当两个随机变量的取值互不影响时，就称它们是相互独立的.

定义 9.2.1　设 X, Y 是两个随机变量，如果对于任意实数 x 和 y 都有

$$P(X \leqslant x, Y \leqslant y) = P(X \leqslant x) \cdot P(Y \leqslant y)$$

成立，即

$$F(x, y) = F_X(x) \cdot F_Y(y) ,$$

则称随机变量 X 与 Y **相互独立**.

于是，对于二维离散型随机变量(X, Y)，X 与 Y 相互独立的充分必要条件是

$$P(X = x_i, Y = y_j) = P(X = x_i) \cdot P(Y = y_j) \ (i, j = 1, 2, \cdots),$$

即

$$p_{ij} = p_{i\cdot} \cdot p_{\cdot j} \ (i, j = 1, 2, \cdots).$$

对于二维连续型随机变量(X, Y)，X 与 Y 相互独立的充分必要条件是对一切实数 x 和 y 有

$$p(x, y) = p_X(x) \cdot p_Y(y) .$$

这里， $p(x, y)$ 为(X, Y)的联合密度函数， $p_X(x)$ 和 $p_Y(y)$ 分别为 X 和 Y 的边缘密度函数.

考察二维正态随机变量(X, Y)，它的密度函数为

$$p(x,y)=\frac{1}{2\pi\sigma_1\sigma_2\sqrt{1-\rho^2}}\exp\left\{-\frac{1}{2(1-\rho^2)}\left[\frac{(x-\mu_1)^2}{\sigma_1^2}-2\rho\frac{x-\mu_1}{\sigma_1}\cdot\frac{y-\mu_2}{\sigma_2}+\frac{(y-\mu_2)^2}{\sigma_2^2}\right]\right\},$$

从上面例 9.2.4 得到其边缘密度函数 $p_X(x)$ 和 $p_Y(y)$ 的乘积为

$$p_X(x)\cdot p_Y(y)=\frac{1}{2\pi\sigma_1\sigma_2}\exp\left\{-\frac{1}{2}\left[\frac{(x-\mu_1)^2}{\sigma_1^2}+\frac{(y-\mu_2)^2}{\sigma_2^2}\right]\right\}.$$

若 $\rho=0$，则对一切实数 x, y，总有

$$p(x,y)=p_X(x)\cdot p_Y(y).$$

因此，随机变量 X 与 Y 相互独立.

反之，若 X 与 Y 相互独立，由于 X,Y 为连续型随机变量，故对一切实数 x,y，总有 $p(x,y)=p_X(x)\cdot p_Y(y)$，特别取 $x=\mu_1$，$y=\mu_2$，得

$$\frac{1}{2\pi\sigma_1\sigma_2\sqrt{1-\rho^2}}=\frac{1}{2\pi\sigma_1\sigma_2}.$$

从而推出 $\rho=0$．上述结论表明：若 $(X,Y)\sim N(\mu_1,\mu_2,\sigma_1^2,\sigma_2^2;\rho)$，则 X 与 Y 相互独立的充分必要条件是 $\rho=0$．

例 9.2.5 如果二维随机变量(X, Y)的概率分布用下列表格给出

X \ Y	1	2	3
0	$\frac{1}{4}$	$\frac{1}{6}$	$\frac{1}{12}$
1	α	$\frac{1}{6}$	β

那么，当 α,β 取什么值时，X 与 Y 才能相互独立？

解 先计算 X 和 Y 的边缘分布

$$P(X=0)=\frac{1}{4}+\frac{1}{6}+\frac{1}{12}=\frac{1}{2}, \qquad P(X=1)=\alpha+\beta+\frac{1}{6},$$

$$P(Y=1)=\frac{1}{4}+\alpha, \qquad P(Y=2)=\frac{1}{3}, \qquad P(Y=3)=\frac{1}{12}+\beta.$$

若 X 与 Y 相互独立，则对于所有的 i, j，都有 $p_{ij}=p_{i\cdot}\cdot p_{\cdot j}$，因此

$$P(X=0,Y=1)=P(X=0)\cdot P(Y=1)=\frac{1}{2}\cdot\left(\frac{1}{4}+\alpha\right)=\frac{1}{4},$$

$$P(X=0,Y=3)=P(X=0)\cdot P(Y=3)=\frac{1}{2}\cdot\left(\frac{1}{12}+\beta\right)=\frac{1}{12}.$$

从以上两式解出 $\alpha=\frac{1}{4}$，$\beta=\frac{1}{12}$．

例 9.2.6 设随机变量 X 与 Y 相互独立，且都服从参数 $\lambda=1$ 的指数分布，求 X 与 Y 的联合

密度函数，并计算 $P\{(X,Y)\in D\}$，其中 $D=\{(x,y)\mid 0\leqslant y\leqslant x, 0\leqslant x\leqslant 1\}$.

解　由假设知，X 和 Y 的密度函数分别为

$$p_X(x)=\begin{cases}\mathrm{e}^{-x}, & x>0,\\ 0, & x\leqslant 0;\end{cases}$$

$$p_Y(x)=\begin{cases}\mathrm{e}^{-y}, & y>0,\\ 0, & y\leqslant 0.\end{cases}$$

因为 X 与 Y 相互独立，所以(X, Y)的联合密度函数为

$$p(x,y)=p_X(x)\cdot p_Y(y)=\begin{cases}\mathrm{e}^{-(x+y)}, & x>0, y>0,\\ 0, & 其他.\end{cases}$$

于是

$$\begin{aligned}P\{(X,Y)\in D\}&=\iint_D p(x,y)\,\mathrm{d}x\mathrm{d}y\\&=\int_0^1\mathrm{d}x\int_0^x \mathrm{e}^{-(x+y)}\,\mathrm{d}y=\frac{1}{2}+\frac{1}{2\mathrm{e}^2}-\frac{1}{\mathrm{e}}.\end{aligned}$$

容易将二维随机变量有关独立性的一些概念推广到 $n\ (n>2)$ 维随机变量的情形.

设 n 维随机变量 $(X_1, X_2, \cdots, X_n)$ 的联合分布函数为 $F(X_1, X_2, \cdots, X_n)$，$F_{X_i}(x_i)$ 为 X_i 的边缘分布函数，如果对于任意实数 $x_1, x_2, \cdots, x_n$，有

$$F(X_1, X_2, \cdots, X_n)=F_{X_1}(x_1)F_{X_2}(x_2)\cdots F_{X_n}(x_n),$$

则称 $X_1, X_2, \cdots, X_n$ **相互独立**.

若对于所有的 $x_1, x_2, \cdots, x_m$；$y_1, y_2, \cdots, y_n$，有

$$F(x_1, x_2, \cdots, x_m, y_1, y_2, \cdots, y_n)=F_1(x_1, x_2, \cdots, x_m)F_2(y_1, y_2, \cdots, y_n),$$

其中，F_1, F_2, F 依次为随机变量

$$(X_1, X_2, \cdots, X_m),\quad (Y_1, Y_2, \cdots, Y_n) \text{和} (X_1, X_2, \cdots, X_m,\ Y_1, Y_2, \cdots, Y_n)$$

的分布函数，则称随机变量 $(X_1, X_2, \cdots, X_m)$ 与 $(Y_1, Y_2, \cdots, Y_n)$ 是相互独立的.

随之得出如下定理，它在数理统计中是很有用的.

定理 9.2.1　设随机变量 $(X_1, X_2, \cdots, X_m)$ 与 $(Y_1, Y_2, \cdots, Y_n)$ 相互独立，则 $X_i\ (i=1, 2, \cdots, m)$ 与 $Y_j\ (j=1, 2, \cdots, n)$ 相互独立，又若 h, g 是连续函数，则 $h(X_1, X_2, \cdots, X_m)$ 与 $g(Y_1, Y_2, \cdots, Y_n)$ 相互独立.

§ 9.3　条件分布

对于二维随机变量(X, Y)而言，随机变量 X 的条件分布是指在给定 Y 取某值或某个范围值的条件下去求 X 的概率分布. 例如，从一大群人中随机抽取一个人，记 X 为其智力，X 为其年龄，则(X, Y)是一个二维随机变量，X 和 Y 之间有一定的关系. 现限定 Y 为 15～20 岁，并在这个条件下研究 X 的分布，显然这与在没有年龄限制时研究人的智力的分布会有很大的不同. 于是，由条件概率自然地引出条件概率分布的概念.

一、离散型随机变量的条件分布

设二维离散型随机变量(X, Y)的联合分布列为

$$p_{ij}=P(X=x_i,Y=y_j)\ (i=1,2,\cdots,\ j=1,2,\cdots),$$

则(X, Y)关于 X 和 Y 的边缘分布列分别为

$$P(X=x_i)=p_{i\cdot}=\sum_{j=1}^{\infty}p_{ij}\ (i=1,2,\cdots),$$

$$P(Y=y_j)=p_{\cdot j}=\sum_{i=1}^{\infty}p_{ij}\ (j=1,2,\cdots).$$

对于固定的 j，若 $p_{\cdot j}>0$，则在事件 $\{Y=y_j\}$ 已经发生的条件下，事件 $\{X=x_i\}$ 发生的条件概率为

$$P(X=x_i\mid Y=y_j)=\frac{P(X=x_i,Y=y_j)}{P(Y=y_j)}=\frac{p_{ij}}{p_{\cdot j}}\ (i=1,2,\cdots).$$

易知上述条件概率具有如下性质.

（1）非负性：$P(X=x_i\mid Y=y_j)\geqslant 0$；

（2）规范性：$\sum\limits_{i=1}P(X=x_i\mid Y=y_j)=\sum\limits_{i=1}\frac{p_{ij}}{p_{\cdot j}}=1$.

由此引出如下定义.

定义 9.3.1 设(X, Y)为二维离散型随机变量，对于固定的 j，若 $p_{\cdot j}>0$，则称

$$p_{i|j}=P(X=x_i\mid Y=y_j)=\frac{P(X=x_i,Y=y_j)}{P(Y=y_j)}=\frac{p_{ij}}{p_{\cdot j}}\ (i=1,2,\cdots).$$

为在给定 $Y=y_j$ 条件下随机变量 X 的**条件分布列**.

同样，对于固定的 i，若 $p_{i\cdot}>0$，则称

$$p_{j|i}=P(Y=y_j\mid X=x_i)=\frac{P(X=x_i,Y=y_j)}{P(X=x_i)}=\frac{p_{ij}}{p_{i\cdot}}\ (j=1,2,\cdots)$$

为在给定 $X=x_i$ 条件下随机变量 Y 的**条件分布列**.

例 9.3.1 设二维离散型随机变量(X, Y)的联合分布列为

X \ Y	0	1	2
0	0.15	0.20	0.30
1	0.05	0.10	0.20

求在 $X=0$ 的条件下，随机变量 Y 的条件分布.

解 $P(X=0)=0.15+0.20+0.30=0.65$

在 $X=0$ 的条件下，随机变量 Y 的条件分布为：

$$P(Y=0\mid X=0)=\frac{P(X=0,Y=0)}{P(X=0)}=\frac{0.15}{0.65}=\frac{3}{13},$$

$$P(Y=1\mid X=0)=\frac{P(X=0,Y=1)}{P(X=0)}=\frac{0.20}{0.65}=\frac{4}{13},$$

$$P(Y=2\mid X=0)=\frac{P(X=0,Y=2)}{P(X=0)}=\frac{0.30}{0.65}=\frac{6}{13}.$$

二、连续型随机变量的条件分布

设二维连续型随机变量(X,Y)的联合密度函数为$p(x,y)$，(X,Y)关于X和Y的边缘密度函数分别为$p_X(x)$和$p_Y(y)$．考虑在$Y=y$的条件下随机变量X的条件分布．

由于连续型随机变量取某个值的概率为零，例如$P(Y=y)=0$，故不能用条件概率直接计算$P(X\leqslant x\mid Y=y)$．为此，将$P(X\leqslant x\mid Y=y)$看成$P(X\leqslant x\mid y\leqslant Y\leqslant y+h)$当$h\to 0$时的极限，即

$$\begin{aligned}P(X\leqslant x\mid Y=y)&=\lim_{h\to 0}P(X\leqslant x\mid y\leqslant Y\leqslant y+h)\\&=\lim_{h\to 0}\frac{P(X\leqslant x,\ y\leqslant Y\leqslant y+h)}{P(y\leqslant Y\leqslant y+h)}\\&=\lim_{h\to 0}\frac{\int_{-\infty}^{x}\int_{y}^{y+h}p(u,v)\mathrm{d}u\mathrm{d}v}{\int_{y}^{y+h}p_Y(v)\,\mathrm{d}v}\\&=\lim_{h\to 0}\frac{\int_{-\infty}^{x}\left(\frac{1}{h}\int_{y}^{y+h}p(u,v)\,\mathrm{d}v\right)\mathrm{d}u}{\frac{1}{h}\int_{y}^{y+h}p_Y(v)\,\mathrm{d}v}.\end{aligned}$$

因为$p(x,y)$和$p_Y(y)$在y处连续，由积分中值定理可得

$$\lim_{h\to 0}\frac{1}{h}\int_{y}^{y+h}p(u,v)\,\mathrm{d}v=p(u,y)，\quad \lim_{h\to 0}\frac{1}{h}\int_{y}^{y+h}p_Y(v)\,\mathrm{d}v=p_Y(y)，$$

所以

$$P(X\leqslant x\mid Y=y)=\int_{-\infty}^{x}\frac{p(u,y)}{p_Y(y)}\mathrm{d}u.$$

由密度函数的定义可知，上式右端的被积函数正是在$Y=y$的条件下随机变量X的条件密度函数．

定义 9.3.2　设二维连续型随机变量(X,Y)的联合密度函数为$p(x,y)$，(X,Y)关于X和Y的边缘密度函数分别为$p_X(x)$和$p_Y(y)$．若对于固定的y，$p_Y(y)>0$，则称

$$p_{X|Y}(x\mid y)=\frac{p(x,y)}{p_Y(y)}$$

为在$Y=y$条件下X的**条件密度函数**．

同理，若对于固定的x，$p_X(x)>0$，则称

$$p_{Y|X}(y\mid x)=\frac{p(x,y)}{p_X(x)}$$

为在$X=x$条件下Y的**条件密度函数**．

例 9.3.2 设随机变量(X, Y)的密度函数为

$$p(x,y)=\begin{cases}4xy, & 0\leqslant x\leqslant 1,\ 0\leqslant y\leqslant 1,\\ 0, & \text{其他}.\end{cases}$$

已知 $0<y<1$，求在 $Y=y$ 的条件下 X 的条件密度函数.

解 随机变量(X, Y)对于 Y 的边缘密度函数为

$$p_Y(y)=\int_{-\infty}^{+\infty}p(x,y)\mathrm{d}x=\begin{cases}\int_0^1 4xy\,\mathrm{d}x=2y, & 0\leqslant y\leqslant 1,\\ 0, & \text{其他}.\end{cases}$$

于是当 $0<y<1$ 时，X 的条件密度函数为

$$f_{X|Y}(x\mid y)=\begin{cases}\dfrac{4xy}{2y}=2x, & 0\leqslant x\leqslant 1,\\ 0, & \text{其他}.\end{cases}$$

§9.4 二维随机变量函数的分布

设(X, Y)是二维随机变量，$z=g(x,y)$ 是一个二元函数，则 $Z=g(X,Y)$ 是随机变量 X 和 Y 的函数．现在的问题是如何由(X, Y)的联合分布确定 Z 的分布．

一、离散型随机变量函数的分布

设二维离散型随机变量(X, Y)的联合分布列为

$$p_{ij}=P(X=x_i,Y=y_j)\ (i=1,2,\cdots,\ j=1,2,\cdots).$$

记 $z_k\,(k=1,2,\cdots)$ 为 $Z=g(X,Y)$ 的所有可能取值，则 Z 的分布列为

$$P(Z=z_k)=\sum_{g(x_i,y_j)=z_k}p_{ij}\ (k=1,2,\cdots).$$

例 9.4.1 设二维离散型随机变量(X, Y)的联合分布列为

X \ Y	0	1	3
−1	$\frac{1}{16}$	$\frac{1}{8}$	$\frac{5}{16}$
2	$\frac{2}{8}$	$\frac{2}{8}$	0

求 $Z_1=X+Y,Z_2=X-2Y$ 的分布列.

解 将(X, Y)及各个函数的取值对应列于下表中

p_Z	$\frac{1}{16}$	$\frac{1}{8}$	$\frac{5}{16}$	$\frac{2}{8}$	$\frac{2}{8}$	0
(X,Y)	(−1,0)	(−1,1)	(−1,3)	(2,0)	(2,1)	(2,3)
$X+Y$	−1	0	2	2	3	5
$X-2Y$	−1	−3	−7	2	0	−4

经过合并整理得到

（1）$Z_1 = X + Y$ 的分布列为

$Z_1 = X + Y$	-1	0	2	3
p	$\frac{1}{16}$	$\frac{1}{8}$	$\frac{9}{16}$	$\frac{2}{8}$

（2）$Z_2 = X - 2Y$ 的分布列为

$Z_2 = X - 2Y$	-7	-3	-1	0	2
p	$\frac{5}{16}$	$\frac{1}{8}$	$\frac{1}{16}$	$\frac{2}{8}$	$\frac{2}{8}$

二、连续型随机变量函数的分布

设二维连续型随机变量(X, Y)的联合密度函数为 $p(x, y)$，为了求二维随机变量的函数 $Z = g(X,Y)$ 的密度函数，可以通过分布函数的定义，先确定 Z 的分布函数

$$\begin{aligned} F_Z(z) &= P\{Z \leqslant z\} = P\{g(X,Y) \leqslant z\} \\ &= P\{(X,Y) \in D_z\} = \iint_{D_z} p(x, y)\mathrm{d}x\mathrm{d}y \end{aligned}$$

其中，$D_z = \{(X,Y) \mid g(X,Y) \leqslant z\}$．再利用求导的方法，求出 Z 的密度函数 $p_Z(z)$．

下面讨论 3 个具体的随机变量函数的分布.

1. $Z = X + Y$ 的分布

设(X, Y)是二维连续型随机变量，其密度函数为 $p(x, y)$，则 $Z = X + Y$ 仍为连续型随机变量，其分布函数为

$$\begin{aligned} F_Z(z) &= \iint_{x+y\leqslant z} p(x, y)\mathrm{d}x\mathrm{d}y \\ &= \int_{-\infty}^{+\infty}\left[\int_{-\infty}^{z-x} p(x, y)\mathrm{d}y\right]\mathrm{d}x. \end{aligned}$$

在上式的两边对 z 求导，得 $Z = X + Y$ 的密度函数为

$$p_Z(z) = \int_{-\infty}^{+\infty} p(x, z - x)\,\mathrm{d}x .$$

同理可得

$$F_Z(z) = \int_{-\infty}^{+\infty}\left[\int_{-\infty}^{z-y} p(x, y)\mathrm{d}x\right]\mathrm{d}y$$

及

$$p_Z(z) = \int_{-\infty}^{+\infty} p(z - y, y)\mathrm{d}y .$$

特别地，当 X 与 Y 相互独立时，有

$$p(x, y) = p_X(x) \cdot p_Y(y) ,$$

其中，$p_X(x)$ 和 $p_Y(y)$ 分别为 X 和 Y 的边缘密度函数．于是可得

$$p_Z(z)=\int_{-\infty}^{+\infty}p_X(x)p_Y(z-x)\mathrm{d}x=\int_{-\infty}^{+\infty}p_X(z-y)p_Y(y)\mathrm{d}y,$$

上式称为**卷积公式**，记作 $p_X * p_Y$．

例 9.4.2 设 X 和 Y 是两个相互独立的随机变量，它们都服从 $N(0,1)$ 分布，求 $Z=X+Y$ 的密度函数．

解 由题设知，X 和 Y 的密度函数分别为

$$p_X(x)=\frac{1}{\sqrt{2\pi}}\mathrm{e}^{-\frac{x^2}{2}}\ (-\infty<x<+\infty),$$

$$p_Y(y)=\frac{1}{\sqrt{2\pi}}\mathrm{e}^{-\frac{y^2}{2}}\ (-\infty<y<+\infty).$$

由卷积公式，得

$$p_Z(z)=\frac{1}{2\pi}\int_{-\infty}^{+\infty}\mathrm{e}^{-\frac{x^2}{2}}\mathrm{e}^{-\frac{(z-x)^2}{2}}\mathrm{d}x=\frac{1}{2\pi}\mathrm{e}^{-\frac{z^2}{4}}\int_{-\infty}^{+\infty}\mathrm{e}^{-\left(x-\frac{z}{2}\right)^2}\mathrm{d}x.$$

令 $t=x-\dfrac{z}{2}$，则

$$p_Z(z)=\frac{1}{2\pi}\mathrm{e}^{-\frac{z^2}{4}}\int_{-\infty}^{+\infty}\mathrm{e}^{-t^2}\mathrm{d}t=\frac{1}{2\pi}\mathrm{e}^{-\frac{z^2}{4}}\cdot\sqrt{\pi}=\frac{1}{2\sqrt{\pi}}\mathrm{e}^{-\frac{z^2}{4}},$$

即 $Z\sim N(0,2)$．

一般地，设 X 与 Y 相互独立且 $X\sim N(\mu_1,\sigma_1^2),\ Y\sim N(\mu_2,\sigma_2^2)$，则经过计算知 $Z=X+Y$ 仍然服从正态分布，且有 $Z\sim N(\mu_1+\mu_2,\sigma_1^2+\sigma_2^2)$．利用数学归纳法，可将此结论推广到 n 个相互独立的正态随机变量之和的情形．

若随机变量 $X_i\sim N(\mu_i,\sigma_i^2)\ (i=1,2,\cdots,n)$，且 $X_1,X_2,\cdots,X_n$ 相互独立，则它们的和 $Z=X_1+X_2+\cdots+X_n$ 仍然服从正态分布，且有

$$Z\sim N\left(\sum_{i=1}^{n}\mu_i,\ \sum_{i=1}^{n}\sigma_i^2\right).$$

2. $Z=\dfrac{X}{Y}$ 的分布

设 (X,Y) 是二维连续型随机变量，其密度函数为 $p(x,y)$，则 $Z=\dfrac{X}{Y}$ 仍为连续型随机变量，其分布函数为

$$F_Z(z)=P\left(\frac{X}{Y}\leqslant z\right)=\iint\limits_{\frac{x}{y}\leqslant z}p(x,y)\mathrm{d}x\mathrm{d}y,$$

区域 $\left\{(x,y)\middle|\dfrac{x}{y}\leqslant z\right\}$ 如图 9.5 所示，由此可得

$$F_Z(z)=\int_{-\infty}^{0}\mathrm{d}y\int_{yz}^{+\infty}p(x,y)\mathrm{d}x+\int_{0}^{+\infty}\mathrm{d}y\int_{-\infty}^{yz}p(x,y)\mathrm{d}x.$$

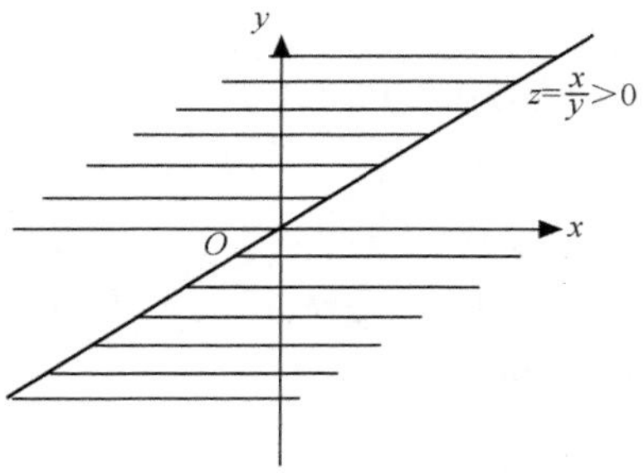

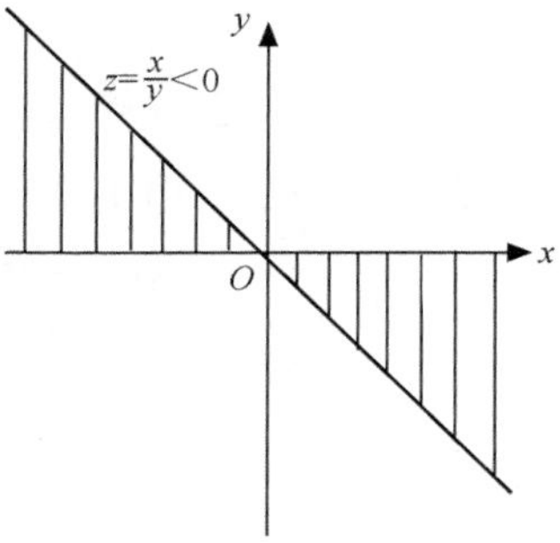

图 9.5

在上式两边对 z 求导，得 $Z=\dfrac{X}{Y}$ 的密度函数为

$$f_Z(z)=-\int_{-\infty}^{0} y\,p(yz,y)\mathrm{d}y+\int_{-\infty}^{0} y\,p(yz,y)\mathrm{d}y$$
$$=\int_{-\infty}^{+\infty}|y|\,p(yz,y)\mathrm{d}y.$$

当 X 与 Y 相互独立时，有

$$p_Z(z)=\int_{-\infty}^{+\infty} p_X(zu)p_y(u)|u|\,\mathrm{d}u\,,$$

其中 $p_X(x),p_Y(y)$ 分别为 X 和 Y 的边缘密度函数.

例 9.4.3 设 X 和 Y 分别表示两只不同型号的灯泡的寿命，且 X 与 Y 相互独立，它们的密度函数依次为

$$p_X(x)=\begin{cases}\mathrm{e}^{-x}, & x>0;\\ 0, & \text{其他}.\end{cases}\qquad p_Y(y)=\begin{cases}2\mathrm{e}^{-2y}, & y>0;\\ 0, & \text{其他}.\end{cases}$$

求 $Z=\dfrac{X}{Y}$ 的密度函数.

解 当 $z>0$ 时，Z 的密度函数为

$$p_Z(z)=\int_0^{+\infty} u\mathrm{e}^{-uz}2\mathrm{e}^{-2u}\mathrm{d}u=\frac{2}{(2+z)^2}\,,$$

当 $z\leqslant 0$ 时， $p_Z(z)=0$，因此

$$p_Z(z)=\begin{cases}\dfrac{2}{(2+z)^2}, & z>0;\\ 0, & z\leqslant 0.\end{cases}$$

3. 最大值与最小值的分布

设随机变量 X 与 Y 相互独立，它们的分布函数分别为 $F_X(x)$ 和 $F_Y(y)$．求最大值 $M=\max(X,Y)$ 与最小值 $N=\min(X,Y)$ 的分布函数.

记 M、N 的分布函数分别为 $F_M(z)$ 和 $F_N(z)$．由于 $M=\max(X,Y)$ 不大于 z 等价于 X 和 Y 都不大于 z，故

$$P(M\leqslant z)=P(X\leqslant z,Y\leqslant z),$$

又因为 X 与 Y 相互独立，有

$$P(X\leqslant z,Y\leqslant z)=P(X\leqslant z)P(Y\leqslant z),$$

所以

$$F_M(z)=P(M\leqslant z)=P(X\leqslant z)P(Y\leqslant z)=F_X(z)F_Y(z).$$

类似地，得 $N=\min(X,Y)$ 的分布函数为

$$\begin{aligned}F_N(z)&=P(N\leqslant z)=1-P(N>z)\\&=1-P(X>z,Y>z)=1-P(X>z)P(Y>z)\\&=1-[1-P(X\leqslant z)][1-P(Y\leqslant z)]\\&=1-[1-F_X(z)][1-F_Y(z)].\end{aligned}$$

以上结果容易推广到 n 个相互独立的随机变量的情形.

设 $X_1,X_2,\cdots,X_n$ 是 n 个相互独立的随机变量，它们的分布函数分别为 $F_{X_i}(x_i)$ $(i=1,2,\cdots,n)$，则 $M=\max(X_1,X_2,\cdots,X_n)$ 和 $N=\min(X_1,X_2,\cdots,X_n)$ 的分布函数分别为

$$F_M(z)=\prod_{i=1}^{n}F_{X_i}(z),$$

$$F_N(z)=1-\prod_{i=1}^{n}[1-F_{X_i}(z)].$$

特别地，当 $X_1,X_2,\cdots,X_n$ 相互独立且有相同的分布函数 $F(x)$ 时，有

$$F_M(z)=[F(z)]^n,$$

$$F_N(z)=1-[1-F(z)]^n.$$

习　题　9

1．判断二元函数 $F(x,y)=\begin{cases}0, & x+y<0\\ 1, & x+y\geqslant 0\end{cases}$ 是否是某二维随机变量的分布函数.

2．一批产品中有一等品 50%、二等品 30%、三等品 20%．从中有放回地抽取 5 件，以 X、Y 分别表示取出的 5 件中一等品、二等品的件数，求（X, Y）的联合分布列.

3．设随机变量 X_1, X_2 的分布列为

X_i	-1	0	1
p_i	$\frac{1}{4}$	$\frac{1}{2}$	$\frac{1}{4}$

$i=1,2$，且满足 $P\left(X_1X_2=0\right)=1$，求 $P\left(X_1=X_2\right)$.

4．设随机变量(X, Y)的联合密度函数为

$$p(x,y)=\begin{cases}k(6-x-y), & 0<x<2,\ 2<y<4;\\ 0, & \text{其他}.\end{cases}$$

试求：（1）常数 k；（2）$P(X<1,Y<3)$；（3）$P(x<1.5)$；（4）$P(X+Y\leqslant 4)$.

5．设随机变量（X,Y）的联合密度函数为 $p(x,y)=\begin{cases}k\mathrm{e}^{-(3x+4y)} x>0,\ y>0;\\ 0, \quad 其他.\end{cases}$

试求：（1）常数 k；（2）（X,Y）的联合分布函数 $F(x,y)$；（3）$P(0<X\leqslant 1,\ 0<Y\leqslant 2)$.

6．设二维随机变量的联合密度函数为 $p\left(x,y\right)=\begin{cases}4xy, 0<x<1,\ 0<y<1;\\ 0, \quad 其他.\end{cases}$ 试求：

（1）$P(0<X<0.5, 0.25<Y<1)$；　（2）$P(X=Y)$；

（3）$P(X<Y)$；　（4）(X,Y)的联合分布函数.

7．设二维随机变量（X，Y）的联合密度函数为

$$p(x,y)=\begin{cases} e^{-y}, & 0<x<y; \\ 0, & 其他. \end{cases}$$

试求 $P(X+Y\leqslant 1)$.

8．如果二维随机变量（X，Y）的联合分布函数为

$$F(x,y)=\begin{cases} 1-e^{-\lambda_1 x}-e^{-\lambda_2 y}-e^{-\lambda_1 x-\lambda_2 y-\lambda_{12}\max\{x,y\}}, & x>0,\ y>0; \\ 0, & 其他. \end{cases}$$

试求 X 和 Y 各自的边缘分布函数.

9．设二维离散随机变量（X，Y）的可能取值为(0,0)、(−1,1)、(−1,2)、(1,0)，且取这些值的概率依次为 1/6、1/3、1/12、5/12，试求 X 与 Y 各自的边缘分布列.

10．设（X，Y）的联合密度函数如下，求 X 和 Y 的边缘密度函数 $p_X(x)$ 和 $p_Y(y)$：

（1）$p_1(x,y)=\begin{cases} e^{-y}, & 0<x<y; \\ 0, & 其他. \end{cases}$

（2）$p_2(x,y)=\begin{cases} \dfrac{5}{4}(x^2+y), & 0<y<1-x^2; \\ 0, & 其他. \end{cases}$

11．试求以下二维均匀分布的边缘分布：

$$p(x,y)=\begin{cases} \dfrac{1}{\pi}, & x^2+y^2\leqslant 1; \\ 0, & 其他. \end{cases}$$

$$g(x,y)=\begin{cases} (0.5+x)(0.5+y), & 0\leqslant x\leqslant 1,\ 0\leqslant y\leqslant 1; \\ 0, & 其他. \end{cases}$$

12．设随机变量 X 和 Y 独立同分布，且

$$P(X=-1)=P(Y=-1)=P(X=1)=P(Y=1)=\frac{1}{2}.$$

试求 $P(X=Y)$.

13．设随机变量 X 与 Y 相互独立，(X,Y)的联合分布列为

X \ Y	y_1	y_2	y_3
x_1	a	1/9	c
x_2	1/9	b	1/3

试求联合分布列中的 a,b,c.

14．设 k_1 、k_2 分别是掷一枚骰子两次先后出现的点数，试求 $x^2+k_1x+k_2=0$ 有实根的概率 p 和有重根的概率 q.

15．设 X 与 Y 是两个相互独立的随机变量，$X\sim U(0,1)$，$Y\sim E(1)$.

试求：（1）X 与 Y 的联合密度函数；（2）$P(X\leqslant Y)$；（3）$P(X+Y\leqslant 1)$.

16．设随机变量（X，Y）的联合密度函数为

$$p(x,y)=\begin{cases}3x, & 0<x<1,\ 0<y<1;\\ 0, & 其他.\end{cases}$$

试求：（1）边缘密度函数 $p_x(x)$ 和 $p_y(y)$；（2）X 与 Y 是否独立？

17．设随机变量(X, Y)的联合密度函数为 $P(x,y)=\begin{cases}1, & |x|<y,\ 0<y<1;\\ 0, & 其他.\end{cases}$

试求：（1）边缘密度函数 $p_x(x)$ 和 $p_y(y)$；（2）X 和 Y 是否独立？

18．设二维随机变量(X, Y)的联合分布列为

Y \ X	1	2	3
1	0.05	0.15	0.20
2	0.07	0.11	0.22
3	0.04	0.07	0.09

试分别求 $M=\max(X,Y)$ 和 $N=\min(X,Y)$ 的分布.

19．设随机变量 X 和 Y 的分布列为

X	-1	0	1
P	$\frac{1}{4}$	$\frac{1}{2}$	$\frac{1}{4}$

Y	0	1
P	$\frac{1}{2}$	$\frac{1}{2}$

已知 $P(XY=0)=1$，试求 $M=\max(X,Y)$ 的分布列.

20．设 X 与 Y 的联合密度函数为 $p(x,y)=\begin{cases}e^{-(x+y)}, & x>0,\quad y>0;\\ 0, & 其他.\end{cases}$

试求以下随机变量的密度函数：

（1）$Z=\dfrac{1}{2}(X+Y)$；（2）$Z=Y-X$．

21．设 X 与 Y 的联合密度函数为

$$p(x,y)=\begin{cases}3x, & 0<x<1,\ 0<y<x;\\ 0. & 其他.\end{cases}$$

试求 $Z=X-Y$ 的密度函数.

22*．设二维随机变量（X，Y）的联合密度函数为 $p(x,y)$，要求证明：X 与 Y 相互独立的充分必要条件是 $p(x,y)$ 可分离变量，即 $p(x,y)=h(x)g(y)$．另外，请阐述 $h(x)$、$g(y)$与边缘密度函数的关系.

23*．设随机变量 X,Y 独立同分布，在以下情况下求随机变量 $M=\max(X,Y)$ 的分布列：

（1）X 服从 $p=0.5$ 的 0−1 分布；

（2）X 服从几何分布，即 $P(X=k)=(1-p)^{k-1}p$，$k=1,2,3,\cdots\ (0<p<1)$．

24*．设随机变量 X 与 Y 相互独立，试在以下情况下求 $Z=X+Y$ 的密度函数：

（1）$X\sim U(0,1)$，$Y\sim U(0,1)$；（2）$X\sim U(0,1)$，$Y\sim E(1)$．

25*．设在区间（0, 1）上随机地取 n 个点，求相距最远的两点间的距离的数学期望.

第 10 章　随机变量的数字特征

我们已经知道，每个随机变量都有一个分布（分布列、密度函数或分布函数），这是关于随机变量的一种完全描述. 然而在某些问题中并不需要考虑随机变量的全面情况，而只需要它的一些特征数字. 例如，在考察某地区的教学质量时，人们感兴趣的是该地区学生的平均成绩及其偏离全部地区平均成绩的程度，而并不关心每位学生的成绩. 这些从各个侧面描述随机变量分布特征的数字统称为数字特征.

本章主要讲述几个重要的数字特征，包括随机变量的数学期望、方差、相关系数和矩等.

§10.1　数学期望

一、离散型随机变量的数学期望

数学期望用于反映随机变量平均取值的大小，又称期望或均值. 它是简单算术平均的一种推广. 例如，某城市有 10 万个家庭，没有孩子的家庭有 1 000 个，有一个孩子的家庭有 9 万个，有两个孩子的家庭有 6 000 个，有 3 个孩子的家庭有 3 000 个，则此城市中任意一个家庭所拥有的孩子的数目是一个随机变量，它可取值 0、1、2、3，其中，取 0 的概率为 0.01，取 1 的概率为 0.9，取 2 的概率为 0.06，取 3 的概率为 0.03，它的数学期望为 $0 \times 0.01 + 1 \times 0.9 + 2 \times 0.06 + 3 \times 0.03 = 1.11$，即此城市中的一个家庭平均有小孩 1.11 个.

定义 10.1.1　设离散型随机变量 X 的分布列为

$$P(X = x_i) = p_i \ (i = 1, 2, \cdots).$$

若级数 $\sum\limits_{i=1}^{\infty} x_i p_i$ 绝对收敛，则称级数 $\sum\limits_{i=1}^{\infty} x_i p_i$ 为随机变量 X 的**数学期望**，记作 $E(X)$或 EX，即

$$E(X) = EX = \sum_i x_i p_i .$$

若 $\sum\limits_i |x_i| p_i = +\infty$，则称 X 的数学期望不存在.

例 10.1.1　设盒子中有 5 个球，其中 2 个是白球、3 个是黑球，从中随意抽取 3 个球，记 X 为抽取到的白球数，求 $E(X)$.

解　X 的可能取值为 0,1,2，由古典概型得

$$P(X = 0) = \frac{C_2^0 C_3^3}{C_5^3} = \frac{1}{10},$$

$$P(X = 1) = \frac{C_2^1 C_3^2}{C_5^3} = \frac{6}{10},$$

$$P(X=2)=\frac{C_2^2C_3^1}{C_5^3}=\frac{3}{10}.$$

因此

$$EX=0\times\frac{1}{10}+1\times\frac{6}{10}+2\times\frac{3}{10}=1.2.$$

例 10.1.2 设随机变量 $X\sim B(n,p)$，求 $E(X)$.

解 X 的分布列为

$$P(X=k)=C_n^k p^k(1-p)^{n-k}\ (0<p<1,k=0,1,\cdots,n),$$

则

$$\begin{aligned}E(X)&=\sum_{k=0}^{n}k\cdot C_n^k p^k(1-p)^{n-k}=\sum_{k=1}^{n}k\cdot C_n^k p^k(1-p)^{n-k}\\&=np\sum_{k=1}^{n}C_{n-1}^{k-1}p^{k-1}(1-p)^{n-k}.\end{aligned}$$

令 $m=k-1$，得

$$E(X)=np\sum_{m=0}^{n-1}C_{n-1}^{m}p^{m}(1-p)^{n-1-m}=np[p+(1-p)]^{n-1}=np.$$

可见，二项分布的数学期望等于参数 n 与 p 的乘积．特别地，当 $n=1$ 时，X 服从参数为 p 的 0–1 分布，且 $E(X)=p$.

例 10.1.3 设随机变量 $X\sim G(p)$，求 $E(X)$.

解 X 的分布列为

$$P(X=k)=(1-p)^{k-1}p\ (0<p<1,k=1,2,3,\cdots),$$

则

$$\begin{aligned}E(X)&=\sum_{k=1}^{\infty}k\cdot p(1-p)^{k-1}=p\sum_{k=1}^{\infty}[(k-1)+1](1-p)^{k-1}\\&=p\sum_{k=1}^{\infty}(k-1)(1-p)^{k-1}+p\sum_{k=1}^{\infty}(1-p)^{k-1}\\&=p\sum_{k=2}^{\infty}(k-1)(1-p)^{k-1}+1=p\sum_{k=1}^{\infty}k(1-p)^{k}+1\\&=(1-p)\sum_{k=1}^{\infty}kp(1-p)^{k-1}+1=(1-p)E(X)+1,\end{aligned}$$

推出

$$E(X)=\frac{1}{p}.$$

例 10.1.4 设随机变量 $X\sim P(\lambda)$，求 $E(X)$.

解 X 的分布列为

$$P(X=k)=\frac{\lambda^k}{k!}\mathrm{e}^{-\lambda},\lambda>0\ (k=0,1,2,\cdots),$$

则

$$E(X)=\sum_{k=0}^{\infty}k\frac{\lambda^k}{k!}\mathrm{e}^{-\lambda}=\mathrm{e}^{-\lambda}\sum_{k=1}^{\infty}k\frac{\lambda^k}{k!}=\mathrm{e}^{-\lambda}\sum_{k=1}^{\infty}\frac{\lambda^k}{(k-1)!}=\lambda\mathrm{e}^{-\lambda}\sum_{k=0}^{\infty}\frac{\lambda^k}{k!}=\lambda.$$

二、连续型随机变量的数学期望

定义 10.1.2　设连续型随机变量 X 的密度函数为 $p(x)$，若积分 $\int_{-\infty}^{+\infty}xp(x)\mathrm{d}x$ 绝对收敛，则称 $\int_{-\infty}^{+\infty}xp(x)\mathrm{d}x$ 的值为随机变量 X 的**数学期望**，记作 $E(X)$，即

$$E(X)=\int_{-\infty}^{+\infty}xp(x)\mathrm{d}x.$$

若积分 $\int_{-\infty}^{+\infty}|x|p(x)\mathrm{d}x=\infty$，则称 X 的数学期望不存在.

例 10.1.5　已知连续型随机变量 X 的概率密度 $p(x)$ 为

$$p(x)=\begin{cases}a\mathrm{e}^x, & x<0,\\ \dfrac{b}{4}, & 0\leqslant x<2,\\ 0, & x\geqslant 2.\end{cases}$$

且 $E(X)=0$. 求 a,b 的值，并写出分布函数 $F(x)$.

解　由密度函数的性质及 $E(X)=0$，有

$$1=\int_{-\infty}^{+\infty}p(x)\mathrm{d}x=\int_{-\infty}^{0}a\mathrm{e}^x\mathrm{d}x+\int_0^2\frac{b}{4}\mathrm{d}x=a+\frac{b}{2},$$

$$0=\int_{-\infty}^{+\infty}xp(x)\mathrm{d}x=\int_{-\infty}^{0}ax\mathrm{e}^x\mathrm{d}x+\int_0^2\frac{b}{4}x\mathrm{d}x=-a+\frac{b}{2}.$$

解得 $a=\frac{1}{2},b=1$，于是

$$F(x)=\int_{-\infty}^{x}p(t)\mathrm{d}t=\begin{cases}\dfrac{1}{2}\mathrm{e}^x, & x<0,\\ \dfrac{1}{2}+\dfrac{x}{4}, & 0\leqslant x<2,\\ 1, & x\geqslant 2.\end{cases}$$

例 10.1.6　设随机变量 $X\sim U(a,b)$，求 $E(X)$.

解　X 的密度函数为

$$p(x)=\begin{cases}\dfrac{1}{b-a}, & a<x<b,\\ 0, & 其他.\end{cases}$$

则

$$E(X)=\int_a^b \frac{x}{b-a}\,\mathrm{d}x=\frac{a+b}{2}.$$

例 10.1.7 设随机变量 $X \sim E(\lambda)$，求 $E(X)$.

解 X 的密度函数为

$$p(x)=\begin{cases}\lambda \mathrm{e}^{-\lambda x}, & x>0,\\ 0, & x\leqslant 0.\end{cases}$$

其中 $\lambda>0$，则

$$E(X)=\int_0^{+\infty} x\lambda \mathrm{e}^{-\lambda x}\mathrm{d}x=\frac{1}{\lambda}\int_0^{+\infty} t\mathrm{e}^{-t}\mathrm{d}t=\frac{1}{\lambda}.$$

例 10.1.8 设随机变量 $X \sim N(\mu,\sigma^2)$，求 $E(X)$.

解 X 的密度函数为

$$p(x)=\frac{1}{\sqrt{2\pi}\,\sigma}\mathrm{e}^{-\frac{(x-\mu)^2}{2\sigma^2}}\quad(-\infty<x<+\infty),$$

则

$$E(X)=\int_{-\infty}^{+\infty} x\frac{1}{\sqrt{2\pi}\,\sigma}\mathrm{e}^{-\frac{(x-\mu)^2}{2\sigma^2}}\mathrm{d}x.$$

令 $t=\dfrac{x-\mu}{\sigma}$，得

$$E(X)=\frac{1}{\sqrt{2\pi}}\int_{-\infty}^{+\infty}(\sigma t+\mu)\mathrm{e}^{-\frac{t^2}{2}}\mathrm{d}t=\frac{\mu}{\sqrt{2\pi}}\int_{-\infty}^{+\infty}\mathrm{e}^{-\frac{t^2}{2}}\mathrm{d}t=\mu.$$

三、随机变量函数的数学期望

应用下面的定理容易求出随机变量函数的数学期望.

定理 10.1.1 设 $Y=g(X)$ 是随机变量 X 的函数（g 是连续函数）.

（1）若 X 为离散型随机变量，其分布列为

$$P(X=x_i)=p_i\ (i=1,2,\cdots),$$

则当级数 $\sum\limits_{i=1}^{\infty}g(x_i)p_i$ 绝对收敛时，

$$E(Y)=E[g(X)]=\sum_{i=1}^{\infty}g(x_i)p_i\,.$$

（2）若 X 为连续型随机变量，其密度函数为 $p(x)$，

则当积分 $\int_{-\infty}^{+\infty}g(x)p(x)\mathrm{d}x$ 绝对收敛时，

$$E(Y)=E[g(X)]=\int_{-\infty}^{+\infty}g(x)p(x)\mathrm{d}x\,.$$

容易将定理 10.1.1 推广到含有两个或两个以上随机变量的函数的情形. 例如，设 $Z=g(X,Y)$ 是随机变量 X,Y 的函数（g 是连续函数），则 Z 是一个一维随机变量.

若二维离散型随机变量(X, Y)具有分布列

$$P(X=x_i, Y=y_j)=p_{ij}\ (i, j=1,2,\cdots),$$

则当级数 $\sum_{j=1}^{\infty}\sum_{i=1}^{\infty} g(x_i, y_j)p_{ij}$ 绝对收敛时，

$$E(Z)=E[g(X,Y)]=\sum_{j=1}^{\infty}\sum_{i=1}^{\infty} g(x_i, y_j)p_{ij}\ .$$

若二维连续型随机变量(X, Y)具有联合密度函数 $p(x,y)$，则当积分 $\int_{-\infty}^{+\infty}\int_{-\infty}^{+\infty} g(x,y)$ $p(x,y)\mathrm{d}x\mathrm{d}y$ 绝对收敛时，

$$E(Z)=E[g(X,Y)]=\int_{-\infty}^{+\infty}\int_{-\infty}^{+\infty} g(x,y)p(x,y)\mathrm{d}x\mathrm{d}y.$$

例 10.1.9 设随机变量 X 的分布列为

$$\begin{pmatrix} -2 & -1 & 0 & 1 & 2 \\ \frac{1}{8} & \frac{1}{8} & \frac{1}{2} & \frac{1}{8} & \frac{1}{8} \end{pmatrix},$$

求随机变量 $Y=X^2$ 的数学期望.

解 $E(X^2)=(-2)^2\times\frac{1}{8}+(-1)^2\times\frac{1}{8}+0^2\times\frac{1}{2}+1^2\times\frac{1}{8}+2^2\times\frac{1}{8}=\frac{5}{4}$.

例 10.1.10 设随机变量 X 在区间 $[0,\pi]$ 上服从均匀分布，求随机变量函数 $Y=\sin X$ 的数学期望.

解 X 的密度函数为

$$p(x)=\begin{cases} \frac{1}{\pi}, & 0<x<\pi, \\ 0, & 其他. \end{cases}$$

则

$$E(Y)=\int_0^{\pi}\sin x\cdot\frac{1}{\pi}\mathrm{d}x=\frac{2}{\pi}.$$

例 10.1.11 设二维随机变量(X, Y)的联合密度函数为

$$p(x,y)=\begin{cases} \frac{8}{\pi(x^2+y^2+1)^3}, & x>0, y>0, \\ 0, & 其他. \end{cases}$$

求随机变量函数 $Z=X^2+Y^2$ 的数学期望.

解 $E(Z)=E(X^2+Y^2)=\int_{-\infty}^{+\infty}\int_{-\infty}^{+\infty}(x^2+y^2)\frac{8}{\pi(x^2+y^2+1)^3}\mathrm{d}x\mathrm{d}y$

$$=\int_0^{+\infty}\int_0^{+\infty}(x^2+y^2)\frac{8}{\pi(x^2+y^2+1)^3}\mathrm{d}x\mathrm{d}y$$

$$=\frac{8}{\pi}\int_0^{\frac{\pi}{2}}\mathrm{d}\theta\int_0^{+\infty}\frac{r^2}{(r^2+1)^3}r\mathrm{d}r$$

$$=\frac{8}{\pi}\cdot\frac{\pi}{2}\cdot\frac{1}{4}=1.$$

四、数学期望的性质

设 C 为常数，且随机变量 X, Y 的数学期望都存在，则关于数学期望有如下性质.

（1）$E(C)=C$；

（2）$E(CX)=CE(X)$；

（3）$E(X+Y)=E(X)+E(Y)$；

（4）若随机变量 X, Y 相互独立，则 $E(XY)=E(X)\cdot E(Y)$.

证 仅考虑 X, Y 为连续型随机变量，证明性质（3）和性质（4）.

设二维连续型随机变量(X, Y)的联合密度函数为 $p(x,y)$，(X, Y)关于 X 和 Y 的边缘密度函数为 $p_X(x)$ 和 $p_Y(y)$，则

$$\begin{aligned}E(X+Y)&=\int_{-\infty}^{+\infty}\int_{-\infty}^{+\infty}(x+y)p(x,y)\mathrm{d}x\mathrm{d}y\\&=\int_{-\infty}^{+\infty}\int_{-\infty}^{+\infty}x\,p(x,y)\mathrm{d}x\mathrm{d}y+\int_{-\infty}^{+\infty}\int_{-\infty}^{+\infty}y\,p(x,y)\mathrm{d}x\mathrm{d}y\\&=\int_{-\infty}^{+\infty}x[\int_{-\infty}^{+\infty}p(x,y)\mathrm{d}y]\mathrm{d}x+\int_{-\infty}^{+\infty}y[\int_{-\infty}^{+\infty}p(x,y)\mathrm{d}x]\mathrm{d}y\\&=\int_{-\infty}^{+\infty}x\,p_X(x)\mathrm{d}x+\int_{-\infty}^{+\infty}y\,p_Y(y)\mathrm{d}y\\&=E(X)+E(Y).\end{aligned}$$

若随机变量 X, Y 相互独立，则 $p(x,y)=p_X(x)\cdot p_Y(y)$，于是

$$\begin{aligned}E(XY)&=\int_{-\infty}^{+\infty}\int_{-\infty}^{+\infty}x\,y\,p(x,y)\mathrm{d}x\mathrm{d}y=\int_{-\infty}^{+\infty}\int_{-\infty}^{+\infty}x\,y\,p_X(x)\cdot p_Y(y)\mathrm{d}x\mathrm{d}y\\&=\int_{-\infty}^{+\infty}x\,p_X(x)\mathrm{d}x\cdot\int_{-\infty}^{+\infty}y\,p_Y(y)\mathrm{d}y=E(X)\cdot E(Y).\end{aligned}$$

§10.2 方差

一、方差的定义

随机变量 X 的数学期望 $E(X)$是分布的一种位置特征数，它刻画了 X 的取值总在 $E(X)$周围波动. 但这个位置特征数无法反映随机变量 X 与其均值的偏离程度，而偏离的量 $X-E(X)$ 有正有负，为了不使正负偏离彼此抵消，容易想到用 $|X-E(X)|$ 来度量，但由于带有绝对值，数学上难以处理，故一般考虑偏差的平方 $(X-E(X))^2$. 为此引入随机变量的方差与标准差的概念.

定义 10.2.1 若随机变量 X^2 的数学期望 $E(X^2)$存在，则称偏差平方 $(X-E(X))^2$ 的数学期

望 $E\left(X-E(X)\right)^2$ 为随机变量 X 的**方差**，记为 $D(X)$或 $Var(X)$，即

$$D(X)=Var(X)=E\left(X-E(X)\right)^2,$$

并称 $\sqrt{D(X)}$ 为 X 的**标准差或均方差**.

利用数学期望的性质容易得到方差的一个简单的计算公式：

$$D(X)=EX^2-(EX)^2.$$

事实上

$$\begin{aligned}D(X)&=E(X-EX)^2=E(X^2-2XEX+(EX)^2)\\&=E(X^2)-2(EX)(EX)+(EX)^2=E(X^2)-(EX)^2.\end{aligned}$$

例 10.2.1 设 X 的分布列为

$$\begin{pmatrix}-2 & -1 & 0 & 1 & 2\\ \dfrac{1}{8} & \dfrac{1}{8} & \dfrac{1}{2} & \dfrac{1}{8} & \dfrac{1}{8}\end{pmatrix},$$

求 $D(X)$.

解

$$E(X)=(-2)\times\frac{1}{8}+(-1)\times\frac{1}{8}+0\times\frac{1}{2}+1\times\frac{1}{8}+2\times\frac{1}{8}=0,$$

$$E(X^2)=(-2)^2\times\frac{1}{8}+(-1)^2\times\frac{1}{8}+0^2\times\frac{1}{2}+1^2\times\frac{1}{8}+2^2\times\frac{1}{8}=\frac{5}{4},$$

则

$$D(X)=E(X^2)-(EX)^2=\frac{5}{4}.$$

例 10.2.2 设随机变量 $X\sim B(n,p)$，求 $D(X)$.

解 X 的分布列为

$$P(X=k)=C_n^k p^k(1-p)^{n-k}\ (0<p<1,\ k=0,1,\cdots,n),$$

则

$$\begin{aligned}E(X^2)&=\sum_{k=0}^{n}k^2C_n^k p^k(1-p)^{n-k}=\sum_{k=1}^{n}k^2C_n^k p^k(1-p)^{n-k}\\&=np\sum_{k=1}^{n}kC_{n-1}^{k-1}p^{k-1}(1-p)^{n-k}=np\sum_{m=0}^{n-1}(m+1)C_{n-1}^{m}p^m(1-p)^{n-m-1}\\&=np[\sum_{m=0}^{n-1}mC_{n-1}^{m}p^m(1-p)^{n-m-1}+\sum_{m=0}^{n-1}C_{n-1}^{m}p^m(1-p)^{n-m-1}]\\&=np[(n-1)p+1]=np(np+1-p).\end{aligned}$$

因此

$$D(X)=E(X^2)-(EX)^2=np(np+1-p)-(np)^2=np(1-p).$$

特别地，当 $n=1$ 时，X 服从参数为 p 的 0−1 分布，且 $D(X)=p(1-p)$.

例 10.2.3 设随机变量 $X\sim P(\lambda)$，求 $D(X)$.

解 X 的分布列为

$$P(X=k)=\frac{\lambda^k}{k!}\mathrm{e}^{-\lambda}\ (\lambda>0,k=0,1,2,\cdots),$$

则

$$\begin{aligned}E(X^2)&=\sum_{k=0}^{\infty}k^2\frac{\lambda^k}{k!}\mathrm{e}^{-\lambda}=\mathrm{e}^{-\lambda}\sum_{k=1}^{\infty}k^2\frac{\lambda^k}{k!}\mathrm{e}^{-\lambda}=\lambda\mathrm{e}^{-\lambda}\sum_{k=1}^{\infty}k\frac{\lambda^{k-1}}{(k-1)!}\\&=\lambda\mathrm{e}^{-\lambda}\sum_{m=0}^{\infty}(m+1)\frac{\lambda^m}{m!}=\lambda\mathrm{e}^{-\lambda}\left[\lambda\sum_{m=1}^{\infty}\frac{\lambda^{m-1}}{(m-1)!}+\sum_{m=0}^{\infty}\frac{\lambda^m}{m!}\right]\\&=\lambda\mathrm{e}^{-\lambda}\left[\lambda\mathrm{e}^{\lambda}+\mathrm{e}^{\lambda}\right]=\lambda(\lambda+1).\end{aligned}$$

因此

$$D(X)=E(X^2)-(EX)^2=\lambda(\lambda+1)-\lambda^2=\lambda.$$

例 10.2.4 设随机变量 X 的密度函数为

$$p(x)=\begin{cases}x, & 0\leqslant x<1,\\2-x, & 1\leqslant x<2,\\0, & \text{其他}.\end{cases}$$

求 $D(X)$.

解 $$E(X)=\int_{-\infty}^{+\infty}xf(x)\mathrm{d}x=\int_0^1x^2\mathrm{d}x+\int_1^2x(2-x)\mathrm{d}x=1,$$

$$E(X^2)=\int_{-\infty}^{+\infty}x^2f(x)\mathrm{d}x=\int_0^1x^3\mathrm{d}x+\int_1^2x^2(2-x)\mathrm{d}x=\frac{7}{6},$$

因此

$$D(X)=E(X^2)-(EX)^2=\frac{1}{6}.$$

例 10.2.5 设随机变量 $X\sim U(a,b)$，求 $D(X)$.

解 X 的密度函数为

$$p(x)=\begin{cases}\dfrac{1}{b-a}, & a<x<b;\\0, & \text{其他}.\end{cases}$$

则

$$E(X^2)=\int_a^b\frac{x^2}{b-a}\mathrm{d}x=\frac{a^2+ab+b^2}{3}.$$

因此

$$D(X)=E(X^2)-(EX)^2=\frac{a^2+ab+b^2}{3}-\left(\frac{a+b}{2}\right)^2=\frac{(b-a)^2}{12}.$$

例 10.2.6 设随机变量 $X\sim E(\lambda)$，求 $D(X)$.

解 X 的密度函数为

$$p(x)=\begin{cases}\lambda\mathrm{e}^{-\lambda x}, & x>0;\\0, & x\leqslant 0.\end{cases}$$

其中 $\lambda>0$，则

$$E(X^2)=\int_0^{+\infty}x^2\lambda e^{-\lambda x}dx=\frac{1}{\lambda^2}\int_0^{+\infty}t^2e^{-t}dt=\frac{2}{\lambda^2}.$$

因此

$$D(X)=E(X^2)-(EX)^2=\frac{2}{\lambda^2}-\left(\frac{1}{\lambda}\right)^2=\frac{1}{\lambda^2}.$$

例 10.2.7　设随机变量 $X\sim N(\mu,\sigma^2)$，求 $D(X)$.

解　X 的密度函数为

$$p(x)=\frac{1}{\sqrt{2\pi}\,\sigma}e^{-\frac{(x-\mu)^2}{2\sigma^2}}\quad(-\infty<x<+\infty).$$

由于 $E(X)=\mu$，故

$$D(X)=E\big(X-E(X)\big)^2=\int_{-\infty}^{+\infty}(x-\mu)\cdot\frac{1}{\sqrt{2\pi}\,\sigma}e^{-\frac{(x-\mu)^2}{2\sigma^2}}dx.$$

令 $t=\dfrac{x-\mu}{\sigma}$，得

$$D(X)=\frac{\sigma^2}{\sqrt{2\pi}}\int_{-\infty}^{+\infty}t^2\,e^{-\frac{t^2}{2}}dt=\frac{\sigma^2}{\sqrt{2\pi}}\left[-te^{-\frac{t^2}{2}}\Big|_{-\infty}^{+\infty}+\int_{-\infty}^{+\infty}e^{-\frac{t^2}{2}}dt\right]=\sigma^2.$$

由此可知，若 $X\sim N(\mu,\sigma^2)$，则 μ, σ^2 分别是 X 的数学期望和方差.

类似地，应用定理 10.1.1 及方差的简单计算公式可求出随机变量函数的方差.

例 10.2.8　设随机变量 $X\sim E(\lambda)$，其中 $\lambda>0$，求随机变量 $Y=e^X$ 的方差.

解

$$E(Y)=\int_0^{+\infty}e^x\lambda e^{-\lambda x}dx=\lambda\int_0^{+\infty}e^{-(\lambda-1)x}dx,$$

$$E(Y^2)=\int_0^{+\infty}e^{2x}\lambda e^{-\lambda x}dx=\lambda\int_0^{+\infty}e^{-(\lambda-2)x}dx.$$

易知

$$E(Y)=\begin{cases}\text{不存在}, & 0<\lambda\leqslant 1;\\ \dfrac{\lambda}{\lambda-1}, & \lambda>1.\end{cases}\qquad E(Y^2)=\begin{cases}\text{不存在}, & 0<\lambda\leqslant 2;\\ \dfrac{\lambda}{\lambda-2}, & \lambda>2.\end{cases}$$

因此，当 $0<\lambda\leqslant 2$ 时，$D(Y)$不存在；当 $\lambda>2$ 时，

$$D(Y)=\frac{\lambda}{\lambda-2}-\left(\frac{\lambda}{\lambda-1}\right)^2=\frac{\lambda}{(\lambda-1)^2(\lambda-2)}.$$

例 10.2.9　设二维随机变量(X, Y)的联合密度函数

$$p(x,y)=\begin{cases}4xye^{-(x^2+y^2)}, & x>0,\ y>0;\\ 0, & \text{其他}.\end{cases}$$

求随机变量函数 $Z=\sqrt{X^2+Y^2}$ 的方差.

解
$$E(Z)=\int_0^{+\infty}\int_0^{+\infty}\sqrt{x^2+y^2}\cdot 4xy\mathrm{e}^{-(x^2+y^2)}\mathrm{d}x\mathrm{d}y$$
$$=4\int_0^{+\infty}\int_0^{+\infty}\sqrt{x^2+y^2}\cdot xy\mathrm{e}^{-(x^2+y^2)}\mathrm{d}x\mathrm{d}y$$
$$=4\int_0^{\frac{\pi}{2}}\sin\theta\cos\theta\mathrm{d}\theta\int_0^{+\infty}r^4\mathrm{e}^{-r^2}\mathrm{d}r$$
$$=2\cdot\frac{1}{2}\int_0^{+\infty}t^{\frac{3}{2}}\mathrm{e}^{-t}\mathrm{d}t=\frac{3}{4}\sqrt{\pi}.$$
$$E(Z^2)=\int_0^{+\infty}\int_0^{+\infty}(x^2+y^2)\cdot 4xy\mathrm{e}^{-(x^2+y^2)}\mathrm{d}x\mathrm{d}y$$
$$=4\int_0^{+\infty}\int_0^{+\infty}xy(x^2+y^2)\cdot\mathrm{e}^{-(x^2+y^2)}\mathrm{d}x\mathrm{d}y$$
$$=4\int_0^{\frac{\pi}{2}}\sin\theta\cos\theta\mathrm{d}\theta\int_0^{+\infty}r^5\mathrm{e}^{-r^2}\mathrm{d}r$$
$$=2\cdot\frac{1}{2}\int_0^{+\infty}t^2\mathrm{e}^{-t}\mathrm{d}t=2.$$

因此
$$D(Z)=E(Z^2)-(EZ)^2=2-\left(\frac{3}{4}\sqrt{\pi}\right)^2=2-\frac{9}{16}\pi.$$

二、方差的性质

设 C 为常数，且随机变量 X,Y 的方差都存在，则关于方差有如下性质.

（1）$D(C)=0$.

证 $$D(C)=E\big(C-E(C)\big)^2=E\big(C-C\big)^2=0.$$

（2）$D(X+C)=D(X)$.

证 $$D(X+C)=E\big((X+C)-E(X+C)\big)^2=E\big(X+C-E(X)-C\big)^2.$$
$$=E\big(X-E(X)\big)^2=D(X).$$

（3）$D(CX)=C^2D(X)$.

证 $$D(CX)=E\big((CX)-E(CX)\big)^2=E\big(CX-CE(X)\big)^2$$
$$=C^2E\big(X-E(X)\big)^2=C^2D(X).$$

（4）若随机变量 X,Y 相互独立，则 $D(X+Y)=D(X)+D(Y)$.

证 $$D(X+Y)=E\big((X+Y)-E(X+Y)\big)^2=E\big((X-EX)+(Y-EY)\big)^2$$
$$=E(X-EX)^2+E(Y-EY)^2+2E\big((X-EX)(Y-EY)\big)$$
$$=D(X)+D(Y)+2E\big((X-EX)(Y-EY)\big).$$

若 X,Y 相互独立，则 $E(XY)=E(X)E(Y)$. 随之有
$$E\big((X-EX)(Y-EY)\big)=E\big(XY-YEX-XEY+EXEY\big)$$
$$=E(XY)-E(Y)E(X)-E(X)E(Y)+E(X)E(Y)=0.$$

因此
$$D(X+Y)=D(X)+D(Y).$$

性质（4）可以推广到 n 个相互独立的随机变量之和的情形，即

$$D\left(\sum_{i=1}^{n} X_i\right)=\sum_{i=1}^{n} D(X_i),$$

其中，$X_1, X_2, \cdots, X_n$ 是相互独立的随机变量.

本节例 10.2.2 已算出 $X \sim B(n, p)$ 的方差为 $np(1-p)$，但计算量较大．若利用这一性质，可以简化方差的计算.

设随机变量 X 表示 n 重伯努利试验中的事件 A 发生的次数，且在每次试验中事件 A 发生的概率为 p，引入随机变量

$$X_i=\begin{cases}1, & A\text{在第}i\text{次试验发生,}\\ 0, & A\text{在第}i\text{次试验不发生,}\end{cases}\quad (i=1, 2, \cdots, n).$$

则 $X=\sum_{i=1}^{n} X_i$，且 X_i 服从 0−1 分布．容易算出

$$E(X_i)=p,\quad D(X_i)=p(1-p)\ (i=1,2,\cdots,n).$$

由于 $X_1, X_2, \cdots, X_n$ 相互独立，因此

$$E(X)=\sum_{i=1}^{n} E(X_i)=np,$$

$$D(X)=\sum_{i=1}^{n} D(X_i)=np(1-p).$$

例 10.2.10　设随机变量 X 具有数学期望 $E(X)=\mu$，方差 $D(X)=\sigma^2$，令

$$X^*=\frac{X-\mu}{\sigma},$$

证明 $E(X^*)=0$，$D(X^*)=1$.

证　应用数学期望和方差的性质得

$$E(X^*)=E\left(\frac{X-\mu}{\sigma}\right)=\frac{E(X)-\mu}{\sigma}=0.$$

$$D(X^*)=D\left(\frac{X-\mu}{\sigma}\right)=\frac{D(X)}{\sigma^2}=1.$$

通常，把 X^* 称为随机变量 X 的**标准化随机变量**.

§10.3　协方差与相关系数

类似于一维情形，可以定义二维随机变量(X, Y)关于 X 和 Y 的数学期望与方差．例如，对于离散型随机变量有

$$E(X)=\sum_i\sum_j x_i p_{ij},$$

$$E(Y)=\sum_j\sum_i y_j p_{ij},$$

$$D(X)=\sum_i\sum_j (x_i-EX)^2 p_{ij},$$

$$D(Y)=\sum_j\sum_i (y_j-EY)^2 p_{ij},$$

其中，$p_{ij}=P(X=x_i,Y=y_j)$ $(i,j=1,2,\cdots)$ 为(X, Y)的联合分布列.

对于连续型随机变量有

$$E(X)=\int_{-\infty}^{+\infty}\int_{-\infty}^{+\infty}x\,p(x,y)\mathrm{d}x\mathrm{d}y,$$

$$E(Y)=\int_{-\infty}^{+\infty}\int_{-\infty}^{+\infty}y\,p(x,y)\mathrm{d}x\mathrm{d}y,$$

$$D(X)=\int_{-\infty}^{+\infty}\int_{-\infty}^{+\infty}(x-EX)^2\,p(x,y)\mathrm{d}x\mathrm{d}y,$$

$$D(Y)=\int_{-\infty}^{+\infty}\int_{-\infty}^{+\infty}(y-EY)^2\,p(x,y)\mathrm{d}x\mathrm{d}y,$$

其中，$p(x,y)$ 为(X, Y)的联合密度函数.

除了讨论 X 和 Y 的数学期望与方差以外，还需要讨论两个随机变量之间相互关系的数字特征，即协方差与相关系数.

一、协方差

定义 10.3.1 设(X, Y)为二维随机变量，如果 $E\left[(X-E(X))(Y-E(Y))\right]$ 存在，则称此数学期望为 X 与 Y 的**协方差**或**相关矩**，记作 $\mathrm{cov}(X,Y)$，即

$$\mathrm{cov}(X,Y)=E\left[(X-E(X))(Y-E(Y))\right].$$

利用数学期望的性质，容易得到协方差的一个简单的计算公式

$$\mathrm{cov}(X,Y)=E(XY)-E(X)E(Y),$$

即随机变量 X 与 Y 的协方差等于这两个随机变量的乘积的数学期望减去这两个随机变量的数学期望的乘积.

事实上

$$\begin{aligned}\mathrm{cov}(X,Y)&=E\left[(X-E(X))(Y-E(Y))\right]\\&=E\left[XY-XE(Y)-YE(X)+E(X)E(Y)\right]\\&=E(XY)-E(X)E(Y)-E(Y)E(X)+E(X)E(Y)\\&=E(XY)-E(X)E(Y).\end{aligned}$$

由此可见，当 X 与 Y 相互独立时，有 $\mathrm{cov}(X,Y)=0$.

例 10.3.1 设随机变量(X, Y)的分布为

X \ Y	0	1	2	3
1	0	$\frac{3}{8}$	$\frac{3}{8}$	0
3	$\frac{1}{8}$	0	0	$\frac{1}{8}$

求 $\mathrm{cov}(X,Y)$.

解　容易算出

$$E(X)=E(Y)=\frac{3}{2},\quad E(XY)=\frac{9}{4}\ ,$$

所以

$$\operatorname{cov}(X,Y)=E(XY)-E(X)E(Y)=\frac{9}{4}-\frac{3}{2}\cdot\frac{3}{2}=0\ .$$

协方差具有下述性质.

（1）$\operatorname{cov}(X,Y)=\operatorname{cov}(Y,X)$；

（2）$\operatorname{cov}(X,X)=D(X)$；

（3）$\operatorname{cov}(X,C)=0$，其中 C 为任意常数；

（4）$\operatorname{cov}(aX,Yb)=ab\operatorname{cov}(X,Y)$，其中 a,b 为常数；

（5）$\operatorname{cov}(X_1+X_2,Y)=\operatorname{cov}(X_1,Y)+\operatorname{cov}(X_2,Y)$.

由此容易得到计算方差的一般公式

$$D(X\pm Y)=D(X)+D(Y)\pm 2\operatorname{cov}(X,Y).$$

例 10.3.2　设随机变量 U 服从二项分布 $B\left(2,\frac{1}{2}\right)$，随机变量

$$X=\begin{cases}-1, & U\leqslant 0;\\ 1, & U>0.\end{cases}\qquad Y=\begin{cases}-1, & U<2;\\ 1, & U\geqslant 2.\end{cases}$$

求随机变量 $X-Y$ 和 $X+Y$ 的方差，以及 X 与 Y 的协方差.

解　先求 X, Y 的分布列及 XY 的分布列

$$P(X=-1)=P(U\leqslant 0)=P(U=0)=\frac{1}{4},\quad P(X=1)=\frac{3}{4},$$

$$P(Y=-1)=P(U<2)=1-P(U=2)=\frac{3}{4},\quad P(Y=1)=\frac{1}{4},$$

$$P(XY=-1)=P(X=-1,Y=1)+P(X=1,Y=-1)=\frac{1}{2},$$

$$P(XY=1)=1-P(XY=-1)=\frac{1}{2}.$$

由此算出

$$E(X)=-P(X=-1)+P(X=1)=-\frac{1}{4}+\frac{3}{4}=\frac{1}{2},\quad E(Y)=-\frac{1}{2},$$

$$E(X^2)=\frac{1}{4}+\frac{3}{4}=1,\quad D(X)=\frac{3}{4},\quad D(Y)=\frac{3}{4},$$

$$E(XY)=-P(XY=-1)+P(XY=1)=0.$$

所以

$$\operatorname{cov}(X,Y)=E(XY)-E(X)E(Y)=\frac{1}{4},$$

$$D(X+Y)=D(X)+D(Y)+2\operatorname{cov}(X,Y)=2,$$

$$D(X-Y)=D(X)+D(Y)-2\operatorname{cov}(X,Y)=1.$$

例 10.3.3 求 X 和 Y 的标准化随机变量 $X^* = \dfrac{X - E(X)}{\sqrt{D(X)}}$，$Y^* = \dfrac{Y - E(Y)}{\sqrt{D(Y)}}$ 的协方差.

解 由于 $E(X^*) = E(Y^*) = 0$，所以

$$\begin{aligned}\operatorname{cov}(X^*, Y^*) &= E(X^*Y^*) - E(X^*)E(Y^*) = E(X^*Y^*) \\ &= E\left(\frac{X - E(X)}{\sqrt{D(X)}} \cdot \frac{Y - E(Y)}{\sqrt{D(Y)}}\right) = \frac{E(X - EX)E(Y - EY)}{\sqrt{D(X)}\sqrt{D(Y)}} \\ &= \frac{\operatorname{cov}(XY)}{\sqrt{D(X)}\sqrt{D(Y)}}.\end{aligned}$$

例 10.3.3 表明，可以利用标准差对协方差进行修正，从而得到一个能更好地度量随机变量之间关系强弱的数字特征——相关系数.

二、相关系数

定义 10.3.2 设 (X, Y) 是一个二维随机变量，如果 X 和 Y 的协方差 $\operatorname{cov}(X, Y)$ 存在，且 $D(X) > 0,\ D(Y) > 0$，则称

$$\rho_{X,Y} = \frac{\operatorname{cov}(X, Y)}{\sqrt{D(X)}\sqrt{D(Y)}}$$

为随机变量 X 与 Y 的**相关系数**.

例 10.3.4 设二维连续型随机变量 (X, Y) 的密度函数为

$$p(x, y) = \begin{cases} 2, & x > 0,\ y > 0,\ x + y \leqslant 1, \\ 0, & \text{其他}. \end{cases}$$

求相关系数 $\rho_{X,Y}$.

解 先求出 X 与 Y 的边缘密度函数

$$p_X(x) = \begin{cases} 2(1 - x), & 0 \leqslant x \leqslant 1, \\ 0, & \text{其他}. \end{cases}$$

$$p_Y(y) = \begin{cases} 2(1 - y), & 0 \leqslant y \leqslant 1, \\ 0, & \text{其他}. \end{cases}$$

进而算出

$$E(X) = 2\int_0^1 x(1 - x)\,\mathrm{d}x = \frac{1}{3}, \qquad E(Y) = 2\int_0^1 y(1 - y)\,\mathrm{d}y = \frac{1}{3},$$

$$E(X)^2 = 2\int_0^1 x^2(1 - x)\,\mathrm{d}x = \frac{1}{6}, \qquad E(Y)^2 = 2\int_0^1 y^2(1 - y)\,\mathrm{d}y = \frac{1}{6},$$

$$E(XY) = 2\int_0^1 \mathrm{d}x \int_0^{1-x} xy\,\mathrm{d}y = \frac{1}{12}, \qquad D(X) = D(Y) = \frac{1}{18},$$

$$\operatorname{cov}(X, Y) = E(XY) - E(X)E(Y) = -\frac{1}{36}.$$

所以

$$\rho_{X,Y} = \frac{\operatorname{cov}(X, Y)}{\sqrt{D(X)}\sqrt{D(Y)}} = -\frac{1}{2}.$$

例 10.3.5　将一颗骰子重复投掷 n 次，随机变量 X 表示出现点数小于 3 的次数，Y 表示出现点数不小于 3 的次数．求 $3X+Y$ 和 $X-3Y$ 的相关系数．

解　依题意知 X 服从二项分布，参数 p 为投一颗骰子，出现点数小于 3 的概率，故 $p=\frac{1}{3}$．因此

$$X \sim B\left(n,\frac{1}{3}\right),\ E(X)=\frac{n}{3},\ \mathrm{D}(X)=\frac{2n}{9};$$

$$Y=n-X \sim B\left(n,\frac{2}{3}\right),\ E(Y)=\frac{2n}{3},\ \mathrm{D}(Y)=\frac{2n}{9};$$

$$\mathrm{cov}(X,Y)=\mathrm{cov}(X,n-X)=-D(X)=-\frac{2n}{9}.$$

又

$$D(3X+Y)=9D(X)+6\,\mathrm{cov}(X,Y)+D(Y)=4\mathrm{D}(X)=\frac{8n}{9},$$

$$D(X-3Y)=D(X)-6\,\mathrm{cov}(X,Y)+9D(Y)=16\mathrm{D}(X)=\frac{32n}{9},$$

$$\mathrm{cov}(3X+Y,X-3Y)=3D(X)-8\,\mathrm{cov}(X,Y)-3D(Y)=8D(X)=\frac{16n}{9}.$$

所以 $3X+Y$ 和 $X-3Y$ 的相关系数 ρ 为

$$\rho=\frac{\mathrm{cov}(3X+Y,X-3Y)}{\sqrt{D(3X+Y)}\sqrt{D(X-3Y)}}=\frac{\frac{16n}{9}}{\sqrt{\frac{8n}{9}}\sqrt{\frac{32n}{9}}}=1.$$

X 与 Y 的相关系数具有下述性质：

（1）$\rho_{X,Y}=\rho_{Y,X}$；

（2）$\rho_{X,X}=1$；

（3）$\left|\rho_{X,Y}\right|\leqslant 1$；

（4）若 $X=aY+b$，则当 $a>0$ 时，$\rho_{X,Y}=1$；当 $a<0$ 时，$\rho_{X,Y}=-1$；

（5）$\left|\rho_{X,Y}\right|=1$ 的充分必要条件是存在常数 a,b，使得 $P(Y=aX+b)=1$．

X 与 Y 的相关系数定量地刻画了两个随机变量之间的相关程度：$\left|\rho_{X,Y}\right|$ 越大，X 与 Y 的相关程度越大；当 $\rho_{X,Y}=0$ 时，称 X 与 Y **不相关**；当 $\rho_{X,Y}>0$ 时，称 X 与 Y **正线性相关**；当 $\rho_{X,Y}=1$ 时，称 X 与 Y **完全正线性相关**；当 $\rho_{X,Y}<0$ 时，称 X 与 Y **负线性相关**；当 $\rho_{X,Y}=-1$ 时，称 X 与 Y **完全负线性相关**．

这里 X 与 Y 相关的含义是指 X 与 Y 之间存在着某种程度的线性关系．因此，若 X 与 Y 不线性相关，只能说明 X 与 Y 之间不存在线性关系，但并不排除 X 与 Y 存在其他的相关关系．

关于随机变量 X 与 Y 的独立性和相关性，有如下结论．

（1）若随机变量 X 与 Y 独立，则 X 与 Y 线性无关；反之，若 X 与 Y 线性无关，则 X 与 Y 不一定独立．

（2）若(X, Y)服从二维正态分布，则 X 与 Y 独立的充分必要条件是 X 与 Y 线性无关.

（3）若随机变量 X 与 Y 都服从 0–1 分布，则 X 与 Y 独立的充分必要条件是 X 与 Y 线性无关.

容易说明下面 4 个结论是等价的：

（1）$\mathrm{cov}(X,Y)=0$；

（2）X 与 Y 线性无关；

（3）$E(X,Y)=E(X)E(Y)$；

（4）$D(X+Y)=D(X)+D(Y)$.

例 10.3.6 设二维连续型随机变量(X, Y)在区域 $D=((x,y)\big|x^2+y^2\leqslant 1)$ 上服从均匀分布.

（1）判断 X 与 Y 是否独立；

（2）求 X 与 Y 的相关系数.

解 (X, Y)的联合密度函数为

$$p(x,y)=\begin{cases}\dfrac{1}{\pi}, & (x,y)\in D,\\ 0, & (x,y)\notin D.\end{cases}$$

（1）先计算边缘密度函数 $p_X(x)$ 和 $p_Y(y)$.

当 $|x|>1$ 时，$p_X(x)=\int_{-\infty}^{+\infty}p(x,y)\mathrm{d}y=0$.

当 $|x|\leqslant 1$ 时，

$$p_X(x)=\int_{-\infty}^{+\infty}p(x,y)\mathrm{d}y=\int_{-\sqrt{1-x^2}}^{\sqrt{1-x^2}}\frac{1}{\pi}\mathrm{d}y=\frac{2\sqrt{1-x^2}}{\pi}.$$

因此

$$p_X(x)=\begin{cases}\dfrac{2\sqrt{1-x^2}}{\pi}, & |x|\leqslant 1,\\ 0, & |x|>1.\end{cases}$$

类似得到

$$p_Y(y)=\begin{cases}\dfrac{2\sqrt{1-x^2}}{\pi}, & |y|\leqslant 1,\\ 0, & |y|>1.\end{cases}$$

由于 $p(0,0)=\dfrac{1}{\pi}$，$p_X(0)p_Y(0)=\dfrac{2}{\pi}\cdot\dfrac{2}{\pi}=\dfrac{4}{\pi^2}$，$p(0,0)\neq p_X(0)p_Y(0)$，故随机变量 X 与 Y 不是独立的.

（2）由

$$E(X)=\int_{-\infty}^{+\infty}x\,p_X(x)\mathrm{d}x=\int_{-1}^{1}x\frac{2\sqrt{1-x^2}}{\pi}\mathrm{d}x=0,$$

$$E(Y)=\int_{-\infty}^{+\infty}y\,p_Y(y)\mathrm{d}y=\int_{-1}^{1}y\frac{2\sqrt{1-y^2}}{\pi}\mathrm{d}y=0,$$

$$E(XY)=\int_{-\infty}^{+\infty}\int_{-\infty}^{+\infty}xyp(x,y)\mathrm{d}x\mathrm{d}y=\iint\limits_{x^2+y^2\leqslant 1}\frac{xy}{\pi}\mathrm{d}x\mathrm{d}y=0,$$

推出

$$\mathrm{cov}(X,Y)=E(XY)-E(X)E(Y),$$

$$\rho_{X,Y}=\frac{\mathrm{cov}(X,Y)}{\sqrt{D(X)}\sqrt{D(Y)}}=0.$$

三、矩、协方差矩阵

定义 10.3.3　设 X 和 Y 是随机变量．若

$$E(X^k)\ (k=1,2,\cdots)$$

存在，则称它为 X 的 k **阶原点矩**，简称 k **阶矩**．

若

$$E\left[(X-EX)^k\right](k=2,3,\cdots)$$

存在，则称它为 X 的 k **阶中心矩**．

若

$$E(X^k Y^l)\ (k,\ l=1,2,\cdots)$$

存在，则称它为 X 和 Y 的 $k+l$ **阶混合矩**．

若

$$E\left[(X-EX)^k(Y-EY)^l\right](k,l=1,2,\cdots)$$

存在，则称它为 X 和 Y 的 $k+l$ **阶混合中心矩**．

显然，X的数学期望$E(X)$是X的一阶原点矩，方差$D(X)$是X的二阶中心矩，协方差$\mathrm{cov}(X,Y)$是 X 与 Y 的二阶混合中心矩．

假设二维随机变量 (X_1,X_2) 的 4 个二阶中心矩都存在，且分别记为

$$c_{11}=E\left[(X_1-EX_1)^2\right],\ c_{12}=E\left[(X_1-EX_1)(X_2-EX_2)\right],$$

$$c_{21}=E\left[(X_2-EX_2)(X_1-EX_1)\right],\ c_{22}=E\left[(X_2-EX_2)^2\right],$$

则称$\begin{pmatrix} c_{11} & c_{12} \\ c_{21} & c_{22} \end{pmatrix}$为 (X_1,X_2) 的**协方差矩阵**．

类似地，可定义 n 维随机变量 $(X_1,X_2,\cdots,X_n)$ 的协方差矩阵，相关过程不做赘述．

例 10.3.7　设随机变量 X 服从指数分布 $E(\lambda)$，求 X 的 k 阶原点矩及三阶、四阶中心矩．

解　随机变量 X 的密度函数为

$$p(x)=\begin{cases}\lambda\mathrm{e}^{-\lambda x}, & x>0,\\ 0, & x\leqslant 0.\end{cases}$$

其中 $\lambda>0$，于是得 X 的 k 阶原点矩

$$v_k(X)=\int_0^{+\infty}x^k\lambda\mathrm{e}^{-\lambda x}\mathrm{d}x=\frac{1}{\lambda^k}\int_0^{+\infty}t^k\mathrm{e}^{-t}\mathrm{d}t=\frac{\Gamma(k+1)}{\lambda^k}=\frac{k!}{\lambda^k},$$

X 的三阶中心矩

$$u_3(X)=\frac{3!}{\lambda^3}-3\cdot\frac{2!}{\lambda^2}\cdot\frac{1}{\lambda}+2\left(\frac{1}{\lambda}\right)^3=\frac{1}{\lambda^3},$$

X的四阶中心矩

$$u_4(X)=\frac{4!}{\lambda^4}-4\cdot\frac{3!}{\lambda^3}\cdot\frac{1}{\lambda}+6\cdot\frac{2!}{\lambda^2}\cdot\left(\frac{1}{\lambda}\right)^2-3\left(\frac{1}{\lambda}\right)^4=\frac{9}{\lambda^4}.$$

习 题 10

1．填空题

（1）已知随机变量 X_1 和 X_2 相互独立且分别服从参数为 λ_1 和 λ_2 的泊松分布，$P(X_1+X_2=0)=1-\mathrm{e}^{-1}$，则 $E\left[(X_1+X_2)^2\right]=$________.

（2）已知 (X,Y) 在以点 $(0,0),(1,0),(1,1)$ 为顶点的三角形区域上服从均匀分布，对 (X,Y) 做 4 次独立重复观察，观察值 $X+Y$ 不超过 1 的出现次数为 Z，则 $E(Z^2)=$________.

（3）已知某自动生产线一旦出现不合格品就立即进行调整，经过调整后生产出的产品为不合格品的概率为 0.1，如果用 X 来表示两次调整之间生产出的产品数，则 $E(X)=$________.

（4）设盒子中装有 m 个颜色各异的球，有放回地抽取 n 次，每次抽取 1 个球．设 X 表示 n 次抽取中抽到的球的颜色种数，则 $E(X)=$________.

2．单项选择题

（1）设随机变量 X 与 Y 相互独立，且都服从区间 $(0,1)$ 上的均匀分布，则下列服从相应区间或区域上均匀分布的是（　　）.

A．X^2　　B．$X-Y$　　C．$X+Y$　　D．(X,Y)

（2）设随机变量 X 与 Y 都服从正态分布，则（　　）.

A．$X+Y$ 一定服从正态分布　　B．X 与 Y 不相关与独立等价

C．(X,Y) 一定服从正态分布　　D．$(X,-Y)$ 未必服从正态分布

（3）已知随机变量 X_1 与 X_2 相互独立，且有相同的分布

$$P(X_i=-1)=P(X_i=1)=\frac{1}{2}\quad(i=1,2),$$

则（　　）.

A．X_1 与 X_1X_2 独立且有相同的分布　　B．X_1 与 X_1X_2 独立且有不同的分布

C．X_1 与 X_1X_2 不独立且有相同的分布　　D．X_1 与 X_1X_2 不独立且有不同的分布

（4）已知随机变量 (X,Y) 在区域 $D=\left\{(x,y)\middle|-1<x<1,-1<y<1\right\}$ 上服从均匀分布，则（　　）.

A．$P(X+Y\geqslant 0)=\dfrac{1}{4}$　　B．$P(X-Y\geqslant 0)=\dfrac{1}{4}$

C．$P(\max(X,Y)\geqslant 0)=\dfrac{1}{4}$　　　　D．$P(\min(X,Y)\geqslant 0)=\dfrac{1}{4}$

3．一批零件中有 9 个合格品与 3 个废品，安装机器时从这批零件中任取 1 个．如果取出的废品不再放回去，求在取得合格品以前已取出的废品数的数学期望和方差．

4．设随机变量 X 的密度函数为

$$p(x)=\begin{cases}\dfrac{1}{\pi\sqrt{1-x^2}}, & |x|<1;\\ 0, & |x|\geqslant 1.\end{cases}$$

求数学期望 $E(X)$和方差 $D(X)$.

5．（拉普拉斯分布）设随机变量 X 的密度函数为 $p(x)=\dfrac{1}{2}\mathrm{e}^{-|x|},-\infty<x<+\infty$，求数学期望 $E(X)$和方差 $D(X)$.

6．设随机变量 X 的密度函数为

$$p(x)=\begin{cases}x, & 0\leqslant x<1,\\ 2-x, & 1\leqslant x<2,\\ 0, & \text{其他}.\end{cases}$$

求数学期望 $E(X)$和方差 $D(X)$.

7．气体分子的速度 X 服从麦克斯韦分布，其密度函数为

$$p(x)=\begin{cases}Ax^2\mathrm{e}^{-\frac{x^2}{a^2}}, & x>0,\\ 0, & x\leqslant 0.\end{cases}$$

其中 $a>0$ 为常数．求：（1）系数 A;（2）气体分子速度的数学期望及方差．

8. 设随机变量 X 服从二项分布 $B(3,0.4)$，求下列随机变量函数的期望和方差:（1）$Y_1=X^2$;（2）$Y_2=X(X-2)$;（3）$Y_3=\dfrac{X(3-X)}{2}$.

9．甲、乙两人相约于某地在 12:00～13:00 会面，设 X,Y 分别是甲、乙到达的时间，且假定 X 和 Y 相互独立，已知 X,Y 的密度函数分别为

$$p_X(x)=\begin{cases}3x^2, & 0<x<1;\\ 0, & \text{其他}.\end{cases}\qquad p_Y(y)=\begin{cases}2y, & 0<y<1;\\ 0, & \text{其他}.\end{cases}$$

求先到达者需要等待的时间的数学期望．

10．设随机变量 X 和 Y 相互独立，且都服从标准正态分布，求 $Z=\sqrt{X^2+Y^2}$ 的数学期望．

11．已知两袋内各装有 9 个球，都有 6 个红球与 3 个白球，现从第 1 袋内任取 3 个球放入第 2 袋中，求第 2 袋内白球数目 X 的数学期望和方差．

12．设二维随机变量 (X,Y) 在区域 $R:0\leqslant x\leqslant 1,0\leqslant y\leqslant x$ 上服从均匀分布，求：（1）数学期望 $E(X)$及 $E(Y)$；（2）方差 $D(X)$及 $D(Y)$；（3）协方差 $\mathrm{cov}(X,Y)$ 及相关系数 $\rho(X,Y)$.

13．设二维随机变量 (X,Y) 的联合密度函数为

$$p(x,y)=\frac{1}{\pi(x^2+y^2+1)}.$$

求：（1）数学期望 $E(X)$及 $E(Y)$；（2）方差 $D(X)$及 $D(Y)$；（3）协方差 $\mathrm{cov}(X,Y)$.

14．设二维随机变量 (X,Y) 的联合密度函数为

$$p(x,y)=\begin{cases} y\mathrm{e}^{-(x+y)}, & x>0,\ y>0; \\ 0, & \text{其他}. \end{cases}$$

求：

（1） $\rho(X,Y)$;

（2）令 $Z=XY$ ，求 $E(Z)$ 及 $D(Z)$.

15．设随机变量 X 的密度函数为

$$p(x)=c\mathrm{e}^{-\lambda|x|}\ (\lambda>0,\ -\infty<x<+\infty),\ Y=|X|.$$

求：

（1）常数 c 及 $E(X)$、$D(X)$；

（2）X 与 Y 是否相关？为什么？

（3）X 与 Y 是否独立？为什么？

16．设随机向量（ X_1,X_2,X_3 ）间的相关系数为 $\rho_{12},\rho_{23},\rho_{31}$ ，且

$$E(X_1)=E(X_2)=E(X_3)=0,\quad D(X_1)=D(X_2)=D(X_3)=\sigma^2,$$

令

$$Y_1=X_1+X_2,\quad Y_2=X_2+X_3,\quad Y_3=X_3+X_1.$$

证明 Y_1，Y_2，Y_3 两两不相关的充分必要条件为 $\rho_{12}+\rho_{23}+\rho_{31}=-1$.

17．计算二项分布 $B(n,p)$ 的三阶原点矩与三阶中心矩.

18．计算泊松分布 $P(\lambda)$ 的三阶、四阶中心矩.

19．计算均匀分布 $U(a,b)$ 的 k 阶原点矩与 k 阶中心矩.

第 11 章　大数定律与中心极限定理

第 7 章从直观上描述了频率的稳定性：当随机试验的次数无限增大时，频率总是在其概率附近摆动，而在大量随机试验中，由于众多随机偏差相互抵消和补偿，使得总的平均结果趋于稳定. 有关此类问题的一系列定理统称为大数定律. 另一类问题：研究大量随机变量之和的极限分布在什么条件下为正态分布，所得到的一系列定理统称为中心极限定理.

§11.1　大数定律

一、切比雪夫不等式

定理 11.1.1（切比雪夫不等式） 设随机变量 X 的数学期望和方差都存在，则对任意常数 $\varepsilon>0$，有

$$P(|X-EX|\geqslant\varepsilon)\leqslant\frac{D(X)}{\varepsilon^2},$$

或

$$P(|X-EX|<\varepsilon)\geqslant 1-\frac{D(X)}{\varepsilon^2}.$$

证 设 X 是一个连续型随机变量，其密度函数为 $p(x)$. 记 $E(X)=\mu$，则

$$P(|X-EX|\geqslant\varepsilon)=\int_{|x-\mu|\geqslant\varepsilon}p(x)\mathrm{d}x\leqslant\int_{|x-\mu|\geqslant\varepsilon}\frac{(x-\mu)^2}{\varepsilon^2}p(x)\mathrm{d}x$$

$$\leqslant\frac{1}{\varepsilon^2}\int_{-\infty}^{+\infty}(x-\mu)^2p(x)\mathrm{d}x=\frac{D(X)}{\varepsilon^2}.$$

对于 X 是离散型随机变量的情形可以进行类似证明.

例 11.1.1 投掷一枚硬币，为了至少有 90%的把握使正面向上的频率在 0.49～0.51，试估计需要投掷的次数.

解 用 X 表示 n 次试验中出现正面的次数，则 $X\sim B(n,0.5)$. 从而有

$$E(X)=np=0.5n,$$

$$D(X)=np(1-p)=0.25n.$$

n 次试验中出现正面的频率为 $\frac{X}{n}$，由切比雪夫不等式得

$$P\left(0.49<\frac{X}{n}<0.51\right)=P(|X-0.5n|<0.01n)\geqslant 1-\frac{0.25n}{(0.01n)^2}$$

$$=1-\frac{2\,500}{n}.$$

解不等式

$$1-\frac{2\,500}{n}\geqslant 0.9,$$

得

$$n\geqslant 25\,000.$$

即至少要投掷这枚硬币 25 000 次，才能至少有 90%的把握使正面向上的频率在 0.49～0.51.

二、大数定律

研究大量的随机现象需要采用极限的方法. 随机变量的极限在不同的意义下有不同的定义形式，这里先给出随机变量序列依概率收敛的概念.

定义 11.1.1 设$\{X_n\}$是一个随机变量序列，若存在随机变量 X 使对任意的$\varepsilon>0$，有

$$\lim_{n\to\infty}P(|X_n-X|<\varepsilon)=1,$$

或等价为

$$\lim_{n\to\infty}P(|X_n-X|\geqslant\varepsilon)=0,$$

则称随机变量序列$\{X_n\}$当$n\to\infty$时依概率收敛于 X，记为

$$X_n\xrightarrow{P}X.$$

定义 11.1.2 设$\{X_n\}$是一个随机变量序列，其数学期望$EX_n(n=1,2,\cdots)$都存在. 记$\overline{X_n}=\frac{1}{n}\sum_{i=1}^{n}X_i$，若有$\overline{X_n}\xrightarrow{P}E\overline{X_n}$，即对任意的$\varepsilon>0$，有

$$\lim_{n\to\infty}P\left(\left|\frac{1}{n}\sum_{i=1}^{n}X_i-\frac{1}{n}\sum_{i=1}^{n}EX_i\right|<\varepsilon\right)=1,$$

则称随机变量序列$\{X_n\}$**服从大数定律**.

利用切比雪夫不等式，容易证明下面的切比雪夫大数定律.

定理 11.1.2（切比雪夫大数定律） 设$\{X_n\}$是相互独立的随机变量序列. 若每个X_i的方差存在，且存在常数 C，使得$D(X_i)\leqslant C\ (i=1,2,\cdots)$，则$\{X_n\}$服从大数定律. 即对任意的$\varepsilon>0$，有

$$\lim_{n\to\infty}P\left(\left|\frac{1}{n}\sum_{i=1}^{n}X_i-\frac{1}{n}\sum_{i=1}^{n}EX_i\right|<\varepsilon\right)=1.$$

证 令$\overline{X_n}=\frac{1}{n}\sum_{i=1}^{n}X_i$，则

$$E\overline{X_n}=E\left(\frac{1}{n}\sum_{i=1}^{n}X_i\right)=\frac{1}{n}\sum_{i=1}^{n}EX_i,$$

$$D(\overline{X_n})=D\left(\frac{1}{n}\sum_{i=1}^{n}X_i\right)=\frac{1}{n^2}\sum_{i=1}^{n}D(X_i)\leqslant\frac{1}{n^2}\cdot nC=\frac{C}{n}.$$

由概率的性质，并利用切比雪夫不等式，有

$$1 \geqslant P\left(\left|\frac{1}{n}\sum_{i=1}^{n}X_i - \frac{1}{n}\sum_{i=1}^{n}EX_i\right| < \varepsilon\right)$$

$$=P(|\overline{X_n} - E\overline{X_n}| < \varepsilon) \geqslant \left(1 - \frac{D\overline{X_n}}{\varepsilon^2}\right) \geqslant 1 - \frac{C}{n\varepsilon^2}.$$

于是当 $n \to \infty$ 时，就有

$$\lim_{n\to\infty} P\left(\left|\frac{1}{n}\sum_{i=1}^{n}X_i - \frac{1}{n}\sum_{i=1}^{n}EX_i\right| < \varepsilon\right) = 1.$$

定理 11.1.3（伯努利大数定律）　设 μ_n 是 n 次独立重复试验中事件 A 发生的次数， p 是事件 A 每次试验中发生的概率，则对任意的 $\varepsilon > 0$，有

$$\lim_{n\to\infty} P(|\frac{\mu_n}{n} - p| < \varepsilon) = 1.$$

证　设

$$X_i = \begin{cases} 1, & 第\ i\ 次试验中事件A发生, \\ 0, & 第\ i\ 次试验中事件\overline{A}发生, \end{cases} \quad (i = 1, 2, \cdots)$$

则 $\{X_i\}$ 相互独立且服从参数为 p 的 0–1 分布， $EX_i = p$， $DX_i = p(1-p) \leqslant \frac{1}{4}$.

由切比雪夫大数定律得

$$\lim_{n\to\infty} P\left(\left|\frac{\mu_n}{n} - p\right| < \varepsilon\right) = \lim_{n\to\infty} P\left(\left|\frac{1}{n}\sum_{i=1}^{n}X_i - \frac{1}{n}\sum_{i=1}^{n}EX_i\right| < \varepsilon\right) = 1.$$

伯努利大数定律提供了用频率确定概率的理论依据．当试验次数很大时，可以用事件发生的频率作为概率的估计值．

我们已经知道，一个随机变量的方差存在，则其数学期望必定存在；反之不成立，即一个随机变量的数学期望存在，其方差不一定存在．以上两个大数定律均假设随机变量序列 $\{X_n\}$ 的方差存在，而下面的辛钦大数定律去掉了这一假设，仅设每个 X_i 的数学期望存在，但同时要求 $\{X_n\}$ 为独立同分布的随机变量序列．

定理 11.1.4（辛钦大数定律）　设 $\{X_n\}$ 为独立同分布的随机变量序列，且具有数学期望 $EX_i = \mu\ (i = 1, 2, \cdots)$，则 $\{X_n\}$ 服从大数定律．

由于

$$E\left(\frac{1}{n}\sum_{i=1}^{n}X_i\right) = \frac{1}{n}\sum_{i=1}^{n}EX_i = \frac{1}{n}\cdot n\mu = \mu,$$

故对任意的 $\varepsilon > 0$，有

$$\lim_{x\to\infty} P\left\{\left|\frac{1}{n}\sum_{i=1}^{n}X_i - \mu\right| < \varepsilon\right\} = 1.$$

辛钦大数定律说明，在定理 11.1.4 的条件下，当 n 足够大时，n 个相互独立的随机变量的平均值与数学期望 μ 的离散程度是很小的．这意味着经过算术平均以后得到的随机变量

$\overline{X_n} = \frac{1}{n}\sum_{i=1}^{n} X_i$ 依概率收敛于随机变量的期望值，从而提供了一个求随机变量数学期望的近似值的方法.

例 11.1.2 设随机变量序列 $\{X_i\}$ 相互独立且服从参数为 3 的指数分布，则当 $n \to \infty$ 时，$Y_n = \frac{1}{n}\sum_{i=1}^{n} X_i^2$ 依概率收敛于多少?

解 因为 $\{X_i\}$ 相互独立且服从参数为 3 的指数分布，则

$$EX_i = \frac{1}{3},\ DX_i = \frac{1}{9}\ (i = 1, 2, \cdots).$$

由于 $\{X_i^2\}$ 也相互独立服从同一分布，且

$$EX_i^2 = DX_i + (EX_i)^2 = \frac{1}{9} + \left(\frac{1}{3}\right)^2 = \frac{2}{9}.$$

由辛钦大数定律知，$Y_n = \frac{1}{n}\sum_{i=1}^{n} X_i^2$ 依概率收敛于 $\frac{2}{9}$.

§11.2 中心极限定理

在实际问题中，许多随机现象是由大量的相互独立的随机因素的综合影响形成的，而其中每一个个别因素在总的影响中所起的作用都是微小的，这种随机变量往往近似地服从正态分布.

在某些条件下，即使原来并不服从正态分布的一些独立的随机变量，其和的分布函数也收敛于正态分布.

中心极限定理就是研究随机变量之和的极限分布在什么条件下为正态分布的问题.

定理 11.2.1（林德伯格-列维定理） 设 $\{X_n\}$ 为独立同分布的随机变量序列，且满足 $EX_i = \mu$，$DX_i = \sigma^2 > 0\ (i = 1, 2, \cdots)$，则对任意实数 x，有

$$\lim_{n\to\infty} P\left(\frac{\sum_{i=1}^{n} X_i - n\mu}{\sqrt{n}\sigma} \leqslant x\right) = \int_{-\infty}^{x} \frac{1}{\sqrt{2\pi}} \mathrm{e}^{-\frac{t^2}{2}} \mathrm{d}t.$$

记

$$Y_n = \frac{\sum_{i=1}^{n} X_i - E(\sum_{i=1}^{n} X_i)}{\sqrt{D(\sum_{i=1}^{n} X_i)}} = \frac{\sum_{i=1}^{n} X_i - n\mu}{\sqrt{n}\sigma},$$

则 Y_n 是随机变量之和 $\sum_{i=1}^{n} X_i$ 的标准化随机变量. 定理 11.2.1 说明，在独立同分布且数学期望和方差存在的条件下，当 n 充分大时，Y_n 近似地服从标准正态分布 $N(0,1)$.

例 11.2.1　设随机变量 $X_1, X_2, \cdots, X_n$ 相互独立且均服从参数为 $\lambda=4$ 的泊松分布．记随机变量 $Y_{400}=\sum_{i=1}^{400} X_i$，求 $P(1\,590<Y_{400}<1\,610)$．

解　由 $EX_i=DX_i=4\quad(i=1,2,\cdots,400)$，得 $E(\sum_{i=1}^{400} X_i)=1\,600$，$D(\sum_{i=1}^{400} X_i)=1\,600$．

根据定理 11.2.1，$\dfrac{Y_{400}-1\,600}{\sqrt{1\,600}}$ 近似地服从标准正态分布 $N(0,1)$，于是

$$\begin{aligned}P(1\,590<Y_{400}<1\,610)&=P(-0.25<\frac{Y_{400}-1\,600}{\sqrt{1\,600}}<0.25)\\&\approx\Phi(0.25)-\Phi(-0.25)\\&=2\Phi(0.25)-1\\&=0.1974.\end{aligned}$$

定理 11.2.2（棣莫弗-拉普拉斯定理）　设 μ_n 是 n 重伯努利试验中事件 A 发生的次数，$P(A)=p\ (0<p<1)$，则对任意的实数 x，有

$$\lim_{n\to\infty}P\left(\frac{\mu_n-np}{\sqrt{np(1-p)}}\leqslant x\right)=\int_{-\infty}^{x}\frac{1}{\sqrt{2\pi}}\mathrm{e}^{-\frac{t^2}{2}}\mathrm{d}t\ .$$

证　引入随机变量

$$X_i=\begin{cases}1, & A\text{在第}i\text{次试验发生},\\0, & A\text{在第}i\text{次试验不发生},\end{cases}\ (i=1,2,\cdots,n),$$

则 $X_1, X_2, \cdots, X_n$ 相互独立，均服从 0–1 分布，且 $\mu_n=\sum_{i=1}^{n}X_i$，容易算出

$$E(X_i)=p,\quad D(X_i)=p(1-p)\,(i=1,2,\cdots,n).$$

因此

$$E(\mu_n)=\sum_{i=1}^{n}E(X_i)=np,$$

$$D(\mu_n)=\sum_{i=1}^{n}D(X_i)=np(1-p).$$

由定理 11.2.1 得

$$\lim_{n\to\infty}P\left(\frac{\mu_n-np}{\sqrt{np(1-p)}}\leqslant x\right)=\lim_{n\to\infty}P\left(\frac{\sum_{i=1}^{n}X_i-np}{\sqrt{np(1-p)}}\leqslant x\right)=\int_{-\infty}^{x}\frac{1}{\sqrt{2\pi}}\mathrm{e}^{-\frac{t^2}{2}}\mathrm{d}t\ .$$

定理 11.2.2 表明，正态分布是二项分布的极限分布，当 n 很大时，可以用上式来近似计算二项分布的概率．

例 11.2.2　学校组织一次竞赛，共有两道题．若有 200 名学生参加，且学生全错、做对一题和全对的概率分别为 0.1、0.7 和 0.4．假设学生答对的题数是相互独立的，且服从同一分布．

（1）求参加竞赛的学生答对的总题数 X 超过 305 的概率.

（2）求只答对一题的学生不超过 150 的概率.

解 （1）设 $X_k (k=1,2,\cdots,200)$ 为第 k 个学生答对题目的个数，则 X_k 的分布列为

X_k	0	1	2
p_k	0.1	0.7	0.4

易知 $EX_k = 1.5$， $DX_k = 0.05$， $k=1,2,\cdots,200$． 而 $X=\sum_{k=1}^{200} X_k$，由定理 11.2.1 知，随机变量

$$\frac{\sum_{k=0}^{200} X_k - 200\times 1.5}{\sqrt{200}\times\sqrt{0.05}} = \frac{X-200\times 1.5}{\sqrt{200}\times\sqrt{0.05}}$$

近似服从标准正态分布 $N(0,1)$，于是

$$P(X \leqslant 305)=P\left(\frac{X-200\times 1.5}{\sqrt{200}\times\sqrt{0.05}} \leqslant \frac{5}{\sqrt{10}}\right) \approx \Phi(1.58) .$$

推出

$$P(X>305)=1-P(X\leqslant 305)\approx 1-\Phi(1.58)\approx 0.0571 .$$

（2）设 Y 为只答对一题的学生人数，则 $Y \sim B(200,0.7)$．由定理 5.2.2 知，

$$P(Y\leqslant 150)=P\left(\frac{Y-200\times 0.7}{\sqrt{200\times 0.7\times 0.3}}\leqslant 1.54\right)=\Phi(1.54)\approx 0.938\,2 .$$

习 题 11

1．二维随机变量 X 和 Y 的数学期望分别为−2 和 2，方差分别为 1 和 4，而它们的相关系数为−0.5，试根据切比雪夫不等式，估计 $P(|X+Y|\geqslant 6)$ 的上限.

2．设 $\{X_n\}$ 为独立随机变量序列，且

$$P\{X_n=\pm 2^n\}=\frac{1}{2^{2n+1}}, P\{X_n=0\}=1-\frac{1}{2^{2n}}\ (n=1,2,\cdots).$$

证明 $\{X_n\}$ 服从大数定律.

3．将骰子随意投掷 3000 次.

（1）分别用切比雪夫不等式与中心极限定理估计，在 3000 次投掷中，点数 1 出现次数所占的比例与 $\frac{1}{6}$ 之差的绝对值超过 0.01 的概率.

（2）应用中心极限定理求 ε 使得在 3000 次投掷中，点数 1 出现次数所占的比例与 $\frac{1}{6}$ 之差的绝对值不超过 ε 的概率为 99%．注： $\Phi(1.469)=0.9292, \Phi(2.575)=0.995$.

4．设有 30 个电子元件，它们的寿命均服从参数为 0.1 的指数分布（单位：小时），每个

元件工作相互独立，求它们的寿命之和超过 350 小时的概率.

5. 一个加法器同时收到 20 个噪声电器 V_k $(k=1,2,\cdots,20)$，设它们是相互独立的随机变量，且都在区间（0,10）上服从均匀分布. 记 $V=\sum_{k=1}^{20}V_k$，求 $P(V>105)$ 的近似值.

6. 某工厂有 200 台同类型的机器，每台机器工作时需要的电功率为 Q 千瓦，由于工艺等原因，每台机器的实际工作时间只占全部工作时间的 75%，各台机器工作是相互独立的.

（1）求任一时刻有 144～160 台机器正在工作的概率；

（2）需要供应多少电功率可以保证所有机器正常工作的概率不少于 0.992.

第 12 章　数理统计的基本概念

通过前面的学习，我们知道概率论是研究如何定量地描述随机现象及其规律的学科，而即将学习的数理统计是以数据为基础的学科．数理统计通过对数据的收集、整理、分析和建模，得出数据的某些规律．概率论和数理统计的研究对象都是随机现象，但二者研究方法不同，概率论是在对随机现象的大量观察后得出相关数学模型，并通过研究数学模型的性质和特点得出随机现象的统计规律性；数理统计是通过概率论的方法研究从随机现象的试验中获取的数据，并通过对数据的分析整理，推断随机现象的理论和方法．

数理统计的核心问题是由样本推断总体，首先要理解统计的一些基本概念，它们是总体、简单随机样本、统计量及样本数字特征．统计量是样本的函数，统计量的选择和运用在统计推断中占据核心地位．本书所涉及的统计量主要是样本的数字特征（如样本均值、样本方差、样本原点矩与样本中心矩等）．

统计量的分布称为抽样分布，它是统计推断方法的重要基础，最常用的有χ^2分布、t分布、F分布．它们都是正态随机变量函数的分布．这 3 个分布既是本章的重点，也是难点．读者需了解服从这几种分布的随机变量的典型模式和某些特殊性质，以及 3 种密度函数曲线的形状，并会查分位数表．在后面的区间估计与假设检验中主要运用这 3 种分布及标准正态分布．

由于区间估计与假设检验多涉及正态分布总体，因此还应掌握正态分布总体的抽样分布，它们是样本均值、样本方差、样本矩、样本均值差及样本方差比的抽样分布．

§12.1　总体与样本

一、引言

随机变量及其所伴随的概率分布全面地描述了随机现象的统计性规律．在概率论研究的许多问题中，随机变量的概率分布通常是已知的，或者假设是已知的，而一切计算与推理都是在这些已知的基础上得出来的．但在实际中，情况往往并非如此，一个随机现象所服从的分布可能完全是未知的，或者知道其分布概型，但是其中的某些参数是未知的．

例如，在某公路上，车辆行驶的速度服从什么分布是未知的；电视机的使用寿命服从什么分布是未知的；产品是否合格服从两点分布，但参数合格率 p 是未知的．

数理统计的任务则是以概率论为基础，根据试验所得到的数据，对研究对象的客观统计规律性做出合理的推断．

以摸球实验为例，简单介绍概率论与数理统计的区别和联系．袋子中有若干个小球，如果已知袋子中装的是白球和黑球，且已知白球和黑球的个数，那么判断摸到白球的概率就是概率论知识的应用；如果袋子小球的颜色和个数是未知的，通过大量试验得出摸到红球、黑球的数据，那么通过概率论的方法分析整理得到的数据，判断并推出原有袋子中的白球、黑球的个数，就属于数理统计的范畴.

从第 12 章开始，我们学习数理统计的基础知识. 数理统计的任务是以概率论为基础，根据试验所得到的数据，对研究对象的客观统计规律性做出合理的推断. 数理统计所包含的内容十分丰富，本书则主要介绍其中的参数估计、假设检验等内容. 第 12 章主要介绍数理统计的一些基本术语、基本概念、重要的统计量及其分布，它们是后面学习的基础.

二、样本与统计量

定义 12.1.1　在数理统计中，把研究对象的全体称为**总体**（Population）或**母体**，而把组成总体的每个成员称为**个体**（Individual）.

例如，在研究某工厂生产的电池的质量时，若考虑检测电池的使用寿命，则按照上述定义，该工厂生产的所有电池的寿命就是一个总体，每节电池的寿命则为一个个体.

定义 12.1.2　要了解总体的分布规律，在统计分析工作中，往往是从总体中抽取一部分个体进行观测，这个过程称为**抽样**.

依然以研究电池质量为例，我们知道检测电池使用寿命是具有破坏性的、不可逆的方法，因此，我们不可能对该工厂生产的整批电池进行逐一检测，而只能从所有电池中取出一部分来试验，然后根据所得到的这一部分电池寿命的试验数据来推断整批电池的平均寿命，即可得出该工厂生产的电池的质量.

定义 12.1.3　在抽取过程中，每抽取一个个体，就是对总体 X 进行一次随机试验，每次抽取的 n 个个体 $X_1,\cdots,X_n$，称为总体 X 中的一个容量为 n 的**样本**或**子样**，其中样本中所包含的个体数量称为**样本容量**. 子样 $X_1,\cdots,X_n$ 是 n 个随机变量，抽取之后的观测数据 $x_1,\cdots,x_n$ 称为**样本值**或**子样观测值**.

三、随机抽样方法的基本要求

（1）**代表性**：子样 $X_1,\cdots,X_n$ 的每个分量 X_i 与总体 X 具有相同的概率分布.

（2）**独立性**：每次抽样的结果既不影响其余各次抽样的结果，也不受其他各次抽样结果的影响.

满足上述两点要求的子样称为简单随机子样. 获得简单随机子样的抽样方法叫简单随机抽样. 从简单随机抽样的含义可知，样本 $X_1,\cdots,X_n$ 是来自总体 X 且与总体 X 具有相同分布的随机变量.

四、统计量

定义 12.1.4　设 $X_1,\cdots,X_n$ 为总体 X 的一个样本，$f\left(X_1,\cdots,X_n\right)$ 为不含任何未知参数的连续函数，则称 $f\left(X_1,\cdots,X_n\right)$ 为样本 $X_1,\cdots,X_n$ 的一个**统计量**.

例 12.1.1　设 X_1,X_2,X_3 是从正态总体 $N(\mu,\sigma^2)$ 中抽取的一个样本，其中 μ 为已知参数、σ^2 为未知参数，则 $X_1+X_2+3\mu X_3$、$X_1^2+3\mu X_2X_3$ 是统计量. $X_1+\sigma X_2+X_3^2$、$X_1X_2X_3+\sigma$ 均不是统计量，因为它们含有未知参数 σ. 值得注意的是，按照统计量的定义，它不依赖于未

知参数，但它的分布是依赖于未知参数的，这是由随机抽样的代表性（样本 $X_1,\cdots,X_n$ 的每个分量 X_i 与总体 X 具有相同的概率分布）决定的．

§12.2　经验分布函数与顺序统计量

一、经验分布函数

定义 12.2.1　通常称总体 X 的分布函数为**总体分布函数**．设 $x_1,x_2,\cdots,x_n$ 是总体分布函数 $F(x)$ 的一个样本观测值，若将样本观测值由小到大排列为 $x_{(1)},x_{(2)},\cdots,x_{(n)}$，则称 $x_{(1)},x_{(2)},\cdots,x_{(n)}$ 为**有序样本**．

定义 12.2.2　用有序样本定义如下函数

$$F_n(x)=\begin{cases}0,\ x<x_{(1)};\\ \dfrac{k}{n},\ x_{(k)}\leqslant x<x_{(k+1)}\ (k=1,2,\cdots,n-1);\\ 1,\ x\geqslant x_{(n)},\end{cases}$$

则称 $F_n(x)$为该样本的**经验分布函数**．

$F_n(x)$的性质如下：

（1）$F_n(x)$是一个非减且右连续的函数；

（2）$F_n(-\infty)=0,F_n(+\infty)=1$；

（3）$F_n(x)$是一个离散型分布函数，每个 $x_{(k)}$都是其间断点，若观测值 $x_{(k)}$之间互不相等，没有重复，则 $F_n(x)$在 $x_{(k)}$处的跳跃度为 $\dfrac{1}{n}$；若观测值 $x_{(k)}$处共有 m 个观测值被取得，则 $F_n(x)$在 $x_{(k)}$处的跳跃度为 $\dfrac{m}{n}$．

例 12.2.1　某厂生产听装饮料，现从生产线上随机抽取 5 听饮料，若对应的净重量（单位：克）分别为 351、347、355、344，351，则这批饮料的经验分布函数为

$$F_5(x)=\begin{cases}0,\quad x<344;\\ 0.2,\ 344\leqslant x<347;\\ 0.4,\ 347\leqslant x<351;\\ 0.8,\ 351\leqslant x<355;\\ 1,\quad x\geqslant 355.\end{cases}$$

注：其图形呈阶梯形、右连续．

二、顺序统计量

定义 12.2.3　设 $x_1,x_2,\cdots,x_n$ 是取自某总体 X 的样本，则 $x_{(1)},x_{(2)},\cdots,x_{(n)}$ 为一组统计量，它们称为顺序统计量，$x_{(k)}$称为**第 k 个顺序统计量**（即它的每次取值总是取每次样本观测值由小到大排序后的第 k 个值）．其中，称 $x_{(1)}$为**最小顺序统计量**，$x_{(n)}$为**最大顺序统计量**．

定理 12.2.1　设总体 X 的密度为 $p(x)$，分布函数为 $F(x)$，$x_1,x_2,\cdots,x_n$ 是取自总体 X 的样本，则 $x_{(n)}$ 的密度函数为 $p_n(x)=n[F(x)]^{n-1}p(x)(a<x<b)$，$x_{(1)}$ 的密度函数为 $p_1(x)=n[1-F(x)]^{n-1}p(x)(a<x<b)$.

例 12.2.2　设总体 X 分布为 $U(0,\theta)$，$x_1,x_2,\cdots,x_n$ 是取自总体的样本，试写出 $x_{(1)}$、$x_{(n)}$ 的密度函数.

$$p_{(1)}(x)=\begin{cases} n\left(1-\dfrac{x}{\theta}\right)^{n-1}\dfrac{1}{\theta}, & 0<x<\theta; \\ 0, & \text{其他}. \end{cases}$$

$$p_{(n)}(x)=\begin{cases} n\left(\dfrac{x}{\theta}\right)^{n-1}\dfrac{1}{\theta}, & 0<x<\theta; \\ 0, & \text{其他}. \end{cases}$$

§12.3　样本分布的数字特征

在学习数理统计的有关内容时，所涉及的统计量主要是样本的数字特征（如样本均值、样本方差、样本原点矩与样本中心矩等）. 下面我们将一一介绍这些统计量的概念.

设 $(X_1,X_2,\cdots,X_n)$ 是总体 X 的一个样本，样本观测值为 $x_1,x_2,\cdots,x_n$，我们定义如下统计量及其观测值.

一、样本均值

$$\overline{X}=\frac{1}{n}\sum_{i=1}^{n}X_i;$$

其观测值为

$$\overline{x}=\frac{1}{n}\sum_{i=1}^{n}x_i.$$

二、样本方差

$$S^2=\frac{1}{n-1}\sum_{i=1}^{n}\left(X_i-\overline{X}\right)^2=\frac{1}{n-1}\left(\sum_{i=1}^{n}X_i^2-n\overline{X}^2\right);$$

其观测值为

$$s^2=\frac{1}{n-1}\sum_{i=1}^{n}\left(x_i-\overline{x}\right)^2=\frac{1}{n-1}\left(\sum_{i=1}^{n}x_i^2-n\overline{x}^2\right).$$

三、样本均方差或标准差

$$S=\sqrt{\frac{1}{n-1}\sum_{i=1}^{n}\left(X_i-\overline{X}\right)^2};$$

其观测值为

$$s=\sqrt{\frac{1}{n-1}\sum_{i=1}^{n}\left(x_i-\overline{x}\right)^2}.$$

四、样本矩

子样的 k 阶（原点）矩

$$A_k=\frac{1}{n}\sum_{i=1}^{n}X_i^k \quad (k=1,2,\cdots);$$

其观测值为

$$a_k=\frac{1}{n}\sum_{i=1}^{n}x_i^k \quad (k=1,2,\cdots).$$

子样的 k 阶中心矩

$$B_k=\frac{1}{n}\sum_{i=1}^{n}\left(X_i-\overline{X}\right)^k \quad (k=2,3,\cdots);$$

其观测值为

$$b_k=\frac{1}{n}\sum_{i=1}^{n}\left(x_i-\overline{x}\right)^k \quad (k=2,3,\cdots).$$

五、样本均值和样本方差的性质

下面我们给出一些样本均值和样本方差的性质.

设总体 ξ 具有二阶矩，$E\xi=\mu,D\xi=\sigma^2$，$X_1,\cdots,X_n$ 是 ξ 的一个样本，则有

$$E\overline{X}=\mu;$$

$$D\overline{X}=\frac{\sigma^2}{n};$$

$$ES^2=\sigma^2.$$

定理 12.3.1 设 $(X_1,X_2,\cdots,X_n)$ 是总体 X 的一个样本，$\overline{X}$ 为样本均值，则有下列结论成立：

（1）若总体 $X\sim N(\mu,\sigma^2)$，则 $\bar{X}\sim N\left(\mu,\frac{\sigma^2}{n}\right)$；

（2）若总体 X 分布不是正态分布或分布情况未知，但 $EX=\mu,DX=\sigma^2$，则当样本容量 n 比较大时，根据中心极限定理，$\frac{\sum_{i=1}^{n}X_i-n\mu}{\sqrt{n}\sigma}\sim N(0,1)$ 近似成立，易知 $\frac{\bar{X}-\mu}{\sigma/\sqrt{n}}\sim N(0,1)$ 近似成立，即有 $\bar{X}\sim N\left(\mu,\frac{\sigma^2}{n}\right)$ 近似成立.

§12.4　常用分布及分位数

数理统计中常用的分布除正态分布外，还有 3 个非常有用的连续型分布，即χ^2分布、t分布、F 分布．它们都是连续型，都与正态分布有密切的联系．读者应对正态分布、χ^2 分布、t 分布、F 分布的一些结论熟练运用，因为它们是学习后文的基础．

一、概率分布的分位数（分位点）

定义 12.4.1　对总体 X 和给定的 α $(0<\alpha<1)$，若存在 x_α，使 $P(X\geqslant x_\alpha)=\alpha$，则称 x_α 为 X 分布的上侧 α 分位数，如图 12.1 所示．

$$P(X\geqslant x_\alpha)=\alpha$$

$$\int_{x_\alpha}^{+\infty}p(x)\mathrm{d}x=\alpha$$

这里 $p(x)$ 为总体分布的密度函数．

定义 12.4.2　若存在数 λ_1,λ_2，使 $P(X\geqslant\lambda_1)=P(X\leqslant\lambda_2)=\dfrac{\alpha}{2}$，则称 λ_1,λ_2 为 X 分布的双侧 α 分位数或双侧临界值，如图 12.2 所示．

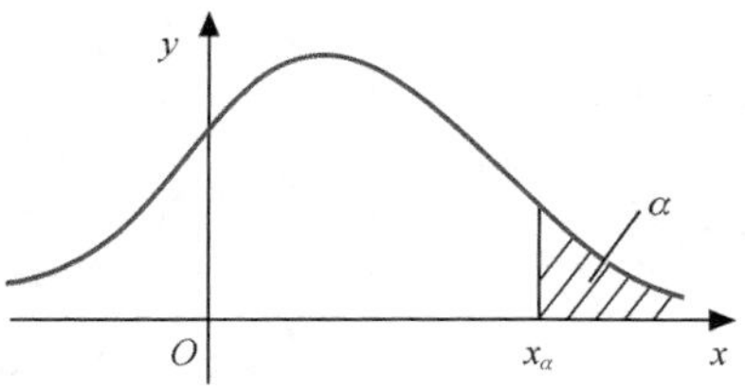

图 12.1

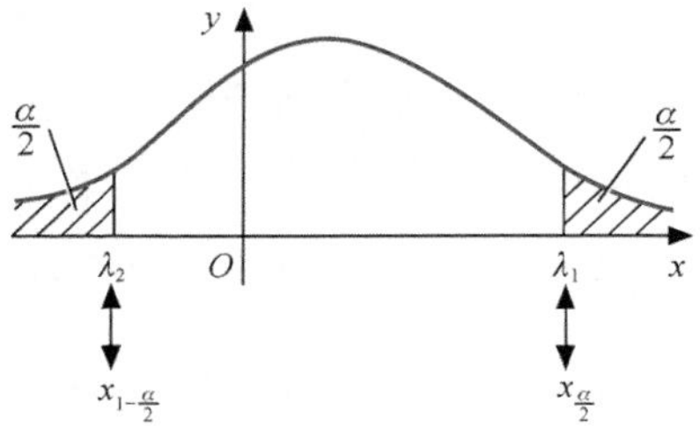

图 12.2

1. 双侧α分位数或双侧临界值的特例

当 X 的分布关于 y 轴对称时，若存在 $x_{\frac{\alpha}{2}}$，使 $P\{|X|\geqslant x_{\frac{\alpha}{2}}\}=\alpha$，则称 $x_{\frac{\alpha}{2}}$ 为 X 分布的双侧α分位数或双侧临界值．如图 12.3 所示．

2. 正态分布的上侧分位数

对标准正态分布变量$U\sim N(0,1)$和给定的 α，上侧 α 分位数为

$$P\{U\geqslant u_\alpha\}=\int_{u_\alpha}^{+\infty}\frac{1}{\sqrt{2\pi}}\mathrm{e}^{-\frac{t^2}{2}}\mathrm{d}t=\alpha$$

则由标准正态分布密度函数的对称性，有

$$P\{U<u_\alpha\}=1-\alpha,\ \varPhi(u_\alpha)=1-\alpha,$$

即有 $u_\alpha=-u_{1-\alpha}$．如图 12.4 所示．

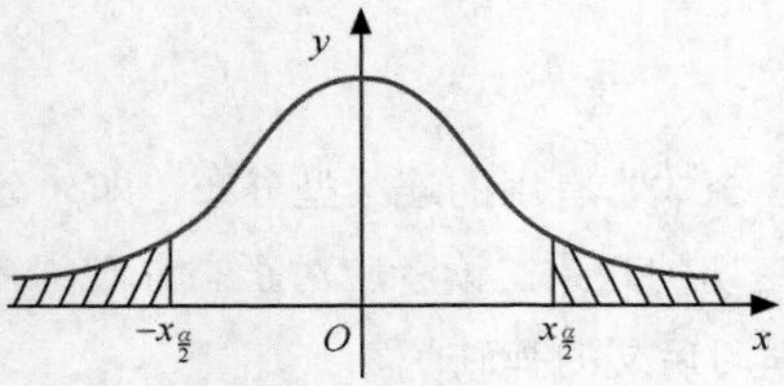

图 12.3

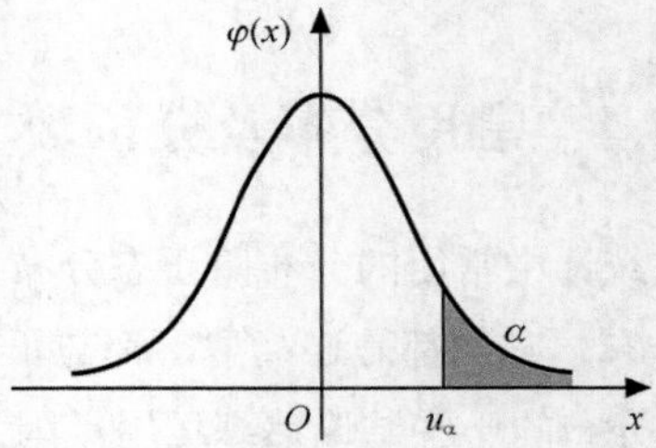

图 12.4

例如，$\alpha = 0.05$，而 $P\{U \geqslant 1.645\} = 0.05$，所以 $u_{0.05} = 1.645$.

若 $X \sim N(\mu, \sigma^2)$，求其分位数 x_α 可化为求 $N(0,1)$ 的分位数：

$$\alpha = P\{X \geqslant x_\alpha\} = P\left\{\frac{x-\mu}{\sigma} \geqslant \frac{x_\alpha - \mu}{\sigma}\right\}.$$

由正态分布相关知识，得

$$\frac{x-\mu}{\sigma} \sim N(0,1) .$$

因此，下列等式成立：

$$\frac{x_\alpha - \mu}{\sigma} = u_\alpha ,$$

$$x_\alpha = \mu + \sigma u_\alpha .$$

3. 正态分布的双侧分位数

对标准正态分布变量 $U \sim N(0,1)$ 和给定的 α，称满足条件 $P\{|U| \geqslant u_{\frac{\alpha}{2}}\} = \alpha$ 的 $u_{\frac{\alpha}{2}}$ 为标准正态分布的双侧 α 分位数或双侧临界值，如图 12.5 所示.

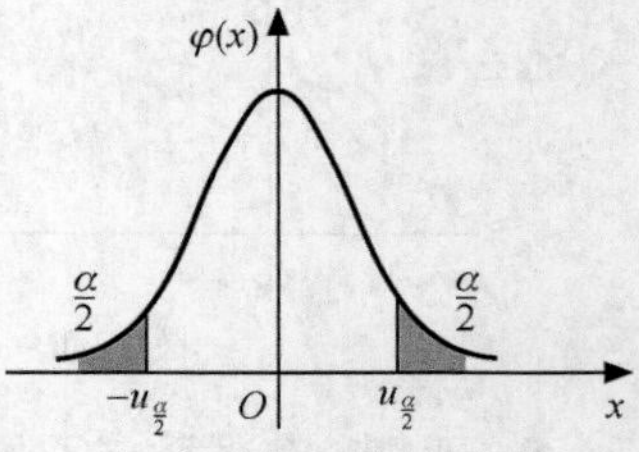

图 12.5

点 $u_{\frac{\alpha}{2}}$ 可由 $P\{U \geqslant u_{\frac{\alpha}{2}}\} = \alpha/2$，即 $\varPhi(u_{\frac{\alpha}{2}}) = 1 - \frac{\alpha}{2}$，反查标准正态分布表得到．例如，求 $u_{\frac{0.05}{2}}$，由 $P\{U \geqslant 1.96\} = \frac{0.05}{2}$，通过查标准正态分布表得 $u_{\frac{0.05}{2}} = 1.96$.

4. 标准正态分布的分位数

在实际问题中，α 常取 0.1、0.05、0.01．常用到下面几个临界值：

$$u_{0.05} = 1.645 ,\quad u_{0.01} = 2.326 ,\quad u_{\frac{0.05}{2}} = 1.96 ,\quad u_{\frac{0.01}{2}} = 2.575.$$

例 12.4.1 设随机变量 X 服从 n 个自由度的 t 分布，定义 t_α 满足

$$P(X \leqslant t_\alpha) = 1 - \alpha (0 < \alpha < 1).$$

若已知 $P\{|X| > x\} = b(b > 0)$，则 x 等于________.

解 根据 t 分布的对称性及 $b > 0$, 可知 $x > 0$, 从而

$$P\{X \leqslant x\} = 1 - P\{X > x\} = 1 - \frac{1}{2}P\{|X| > x\} = 1 - \frac{b}{2}.$$

再由 $P(X \leqslant t_\alpha) = 1-\alpha$, 可知 $x = t_{\frac{b}{2}}$.

二、来自正态总体的 3 个常用统计量的分布

1. χ^2 分布

定义 12.4.3　设总体 $X \sim N(0,1)$，$(X_1,\cdots,X_n)$ 是 X 的一个样本，则称统计量 $\chi^2 = X_1^2 + X_2^2 + \cdots + X_n^2$ 服从自由度为 n 的 χ^2 分布，记作 $\chi^2 \sim \chi^2(n)$．此处，自由度是指上式右端包含的独立变量的个数，$\mathrm{d}f = n$.

$\chi^2(n)$ 分布的密度函数为

$$p(y) = \begin{cases} \dfrac{1}{2^{\frac{n}{2}}\Gamma\left(\dfrac{n}{2}\right)} y^{\frac{n}{2}-1} \mathrm{e}^{-\frac{y}{2}}, & y \geqslant 0; \\ 0, & y < 0. \end{cases}$$

$\chi^2(n)$ 分布密度函数的图形随自由度的不同而有所改变，如图 12.6 所示.

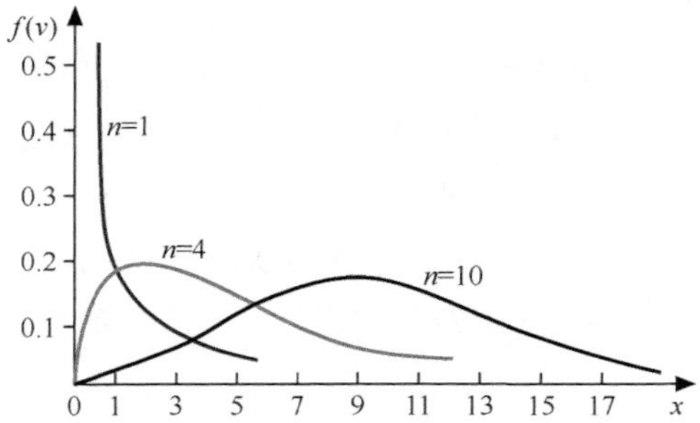

图 12.6

（1）χ^2 分布的分位数

对给定的 α $(0 < \alpha < 1)$，称满足条件

$$P\{\chi^2 > \chi_\alpha^2(n)\} = \int_{\chi_\alpha^2(n)}^{+\infty} p(t)\mathrm{d}t = \alpha$$

的点 $\chi_\alpha^2(n)$ 为 $\chi^2(n)$ 分布的上侧 α 分位数.

（2）χ^2 分布的性质

性质 12.4.1　χ^2 分布的数学期望和方差分别为 $E(\chi^2) = n, D(\chi^2) = 2n$；

性质 12.4.2　设 $\chi_1^2 \sim \chi^2(n_1), \chi_2^2 \sim \chi^2(n_2)$，且 χ_1^2, χ_2^2 相互独立，则

$$\chi_1^2 + \chi_2^2 \sim \chi^2(n_1 + n_2)；$$

性质 12.4.3　设 $(X_1,\cdots,X_n)$ 为取自正态总体 $X \sim N(\mu,\sigma^2)$ 的样本，则

$$\frac{\sum_{i=1}^{n}(X_i-\mu)^2}{\sigma^2} \sim \chi^2(n).$$

证 由已知，有

$X_i \sim N(\mu,\sigma^2)$，且 $X_1,\cdots,X_n$ 相互独立，则

$$\frac{X_i-\mu}{\sigma} \sim N(0,1),$$

且各 $\frac{X_i-\mu}{\sigma}$ 相互独立，由定义得

$$\chi^2=\sum_{i=1}^{n}\left(\frac{X_i-\mu}{\sigma}\right)^2=\frac{\sum_{i=1}^{n}(X_i-\mu)^2}{\sigma^2} \sim \chi^2(n).$$

定理 12.4.1 设 $\left(X_1,\cdots,X_n\right)$ 为取自正态总体 $X \sim N(\mu,\sigma^2)$ 的样本，则

（1）样本均值 $\overline{X}$ 与样本方差 S^2 相互独立；

（2）$\frac{(n-1)S^2}{\sigma^2}=\frac{\sum_{i=1}^{n}(X_i-\overline{X})^2}{\sigma^2} \sim \chi^2(n-1)$.

例 12.4.2 设 $X_1,X_2\cdots,X_{10}$ 是来自正态总体 $X \sim N(0,2^2)$ 的简单随机样本，且服从χ^2分布，求常数 a、b、c、d，并求自由度 m.

解 由于 X_i 独立同分布，有

$$X_1 \sim N(0,4), \qquad X_2+X_3 \sim N(0,8),$$
$$X_4+X_5+X_6 \sim N(0,12), \qquad X_7+X_8+X_9+X_{10} \sim N(0,16).$$

于是

$$\frac{1}{2}X_1,\ \frac{1}{\sqrt{8}}(X_2+X_3),\ \frac{1}{\sqrt{12}}(X_4+X_5+X_6),\ \frac{1}{4}(X_7+X_8+X_9+X_{10})$$

相互独立且都服从标准正态分布 $N(0,1)$. 由χ^2分布的典型模式可知

$$\frac{1}{4}X_1^2+\frac{1}{8}(X_2+X_3)^2+\frac{1}{12}(X_4+X_5+X_6)^2+\frac{1}{16}(X_7+X_8+X_9+X_{10})^2 \sim \chi^2(4).$$

所以，当 $a=\frac{1}{4},b=\frac{1}{8},c=\frac{1}{12},d=\frac{1}{16}$ 时，Q 服从自由度为 4 的χ^2分布.

2. t分布

定义 12.4.4 设随机变量 $X \sim N(0,1)$，$Y \sim \chi^2(n)$，且 X 与 Y 相互独立，则称统计量 $T=\frac{X}{\sqrt{\frac{Y}{n}}}$ 服从自由度为 n 的 t 分布，记作 $T \sim t(n)$.

t 分布的概率密度函数为

$$p(t)=\frac{\Gamma\left(\frac{n+1}{2}\right)}{\sqrt{n\pi}\,\Gamma\left(\frac{n}{2}\right)}\left(1+\frac{t^2}{n}\right)^{-\frac{n+1}{2}}\quad(-\infty<t<+\infty).$$

t 分布的密度函数图像的形状与标准正态分布的概率密度的图形类似，当 n 较大时，t 分布近似于标准正态分布.

（1）t 分布的分位数

对给定的 α $(0<\alpha<1)$，称满足条件

$$P\{t>t_\alpha(n)\}=\int_{t_\alpha(n)}^{+\infty}p(t)\mathrm{d}t=\alpha$$

的点 $t_\alpha(n)$ 为 $t(n)$分布的上侧 α 分位数.

由 t 分布的上侧 α 分位数的定义及 $f(t)$图形的对称性知 $t_{1-\alpha}(n)=-t_\alpha(n)$.

（2）t 分布的性质

设 $p(t)$是 t 分布的概率密度函数，则有

$$\lim_{n\to\infty}p(t)=\frac{1}{\sqrt{2\pi}}\mathrm{e}^{-\frac{t^2}{2}}.$$

可见，当 n 足够大时，t 分布近似于 $N(0,1)$ 分布，但对于较小时的 n，t 分布与 $N(0,1)$ 分布相差较大.

定理 12.4.2　设 $(X_1,\cdots,X_n)$ 为取自正态总体 $X\sim N(\mu,\sigma^2)$ 的样本，则统计量

$$T=\frac{\overline{X}-\mu}{S/\sqrt{n}}\sim t(n-1).$$

证　由于 $\overline{X}$ 与 S^2 相互独立，且

$$U=\frac{\overline{X}-\mu}{\sigma/\sqrt{n}}\sim N(0,1),\ \frac{(n-1)S^2}{\sigma^2}\sim\chi^2(n-1),$$

由定义得

$$\frac{\dfrac{\overline{X}-\mu}{\sigma/\sqrt{n}}}{\sqrt{\dfrac{(n-1)S^2}{\sigma^2}\Big/(n-1)}}=\frac{\overline{X}-\mu}{S/\sqrt{n}}=T\sim t(n-1).$$

定理 12.4.3　设 $\left(X_1,\cdots,X_{n_1}\right)$ 和 $\left(Y_1,\cdots,Y_{n_2}\right)$ 分别是来自正态总体 $N(\mu_1,\sigma^2)$ 和 $N(\mu_2,\sigma^2)$ 的样本，且它们相互独立，则统计量

$$T=\frac{\overline{X}-\overline{Y}-(\mu_1-\mu_2)}{S_n\sqrt{\dfrac{1}{n_1}+\dfrac{1}{n_2}}}\sim t(n_1+n_2-2).$$

其中，$S_n=\sqrt{\dfrac{(n_1-1)S_1^2+(n_2-1)S_2^2}{n_1+n_2-2}}$，$S_1^2$、$S_2^2$ 分别为两总体的样本方差.

例 12.4.3　设总体 X 与 Y 独立且服从正态分布 $N(0,\sigma^2)$，已知 $X_1,X_2\cdots,X_m$ 与 $Y_1,Y_2\cdots,Y_n$ 是来自总体 X 与 Y 的简单随机样本，统计量 $T=\dfrac{2(X_1+\cdots+X_m)}{\sqrt{Y_1^2+\cdots+Y_n^2}}$ 服从 $t(n)$ 分布，则 $\dfrac{m}{n}=$________.

解　依题意 $X_i\sim N(0,\sigma^2)$，$Y_i\sim N(0,\sigma^2)$，且相互独立，所以

$$\sum_{i=1}^{m}X_i\sim N(0,m\sigma^2),\ U=\frac{\sum\limits_{i=1}^{m}X_i}{\sqrt{m}\sigma}\sim N(0,1),V=\sum_{i=1}^{n}\left(\frac{Y_i}{\sigma}\right)^2\sim\chi^2(n).$$

U 与 V 相互独立，由 t 分布典型模式知

$$\frac{U}{\sqrt{V/n}}=\sqrt{\frac{n}{m}}\frac{\sum\limits_{i=1}^{m}X_i}{\sqrt{\sum\limits_{i=1}^{n}Y_i^2}}\sim t(n).$$

所以
$$\sqrt{\frac{n}{m}}=2,\frac{m}{n}=\frac{1}{4}.$$

例 12.4.4　设总体 X 服从正态分布 $N(\mu,\sigma^2)$，从中抽一样本 $X_1,X_2\cdots,X_n,X_{n+1}$，记 $\overline{X_n}=\dfrac{1}{n}\sum\limits_{i=1}^{n}X_i$，$S_n^2=\dfrac{1}{n-1}\sum\limits_{i=1}^{n}(X_i-\overline{X_n})^2$，试证：$\sqrt{\dfrac{n}{n+1}}\cdot\dfrac{X_{n+1}-\overline{X_n}}{S_n}\sim t(n-1)$.

证　$X_{n+1}\sim N(\mu,\sigma^2),\overline{X_n}\sim N\left(\mu,\dfrac{\sigma^2}{n}\right),X_{n+1}-\overline{X_n}\sim N\left(0,\dfrac{n+1}{n}\sigma^2\right)$，故

$$U=\frac{X_{n+1}-\overline{X_n}}{\sqrt{\frac{n+1}{n}}\sigma}=\frac{X_{n+1}-\overline{X_n}}{\sigma}\sqrt{\frac{n}{n+1}}\sim N(0,1).$$

又 $W=\dfrac{(n-1)S_n^2}{\sigma^2}\sim\chi^2(n-1)$，且 $\overline{X}_n$ 及 X_{n+1} 与 W 都独立，所以 U 与 W 也独立，于是有

$$\begin{aligned}T=\frac{U}{\sqrt{W/(n-1)}}&=\frac{X_{n+1}-\overline{X_n}}{\sigma}\sqrt{\frac{n}{n+1}}\Bigg/\sqrt{\frac{(n-1)S_n^2/\sigma^2}{n-1}}\\&=\frac{X_{n+1}-\overline{X_n}}{S_n}\cdot\sqrt{\frac{n}{n+1}}\sim t(n-1).\end{aligned}$$

3. *F* 分布

设随机变量 $X\sim\chi^2(n_1)$、$Y\sim\chi^2(n_2)$，且相互独立，则称随机变量 $F=\dfrac{X/n_1}{Y/n_2}$ 服从第一自由度为 n_1、第二自由度为 n_2 的 F 分布，记作 $F\sim F(n_1,n_2)$.

$F(n_1,n_2)$ 分布的概率密度函数为

$$p(y)=\begin{cases}Ay^{\frac{n_1}{2}-1}\left(1+\dfrac{n_1}{n_2}y\right)^{-\frac{n_1+n_2}{2}}, & y\geqslant 0;\\ 0, & y<0.\end{cases}$$

其中，$A=\dfrac{\Gamma\left(\dfrac{n_1+n_2}{2}\right)}{\Gamma\left(\dfrac{n_1}{2}\right)\Gamma\left(\dfrac{n_2}{2}\right)}\left(\dfrac{n_1}{n_2}\right)^{\frac{n_1}{2}}$.

（1）F 分布的分位数

对给定的 α $(0<\alpha<1)$，称满足条件

$$P\{F>F_\alpha(n_1,n_2)\}=\int_{F_\alpha(n_1,n_2)}^{+\infty}p(t)\mathrm{d}t=\alpha$$

的点 $F_\alpha(n_1,n_2)$ 为 $F(n_1,n_2)$ 分布的上侧 α 分位数.

（2）F 分布的性质

性质 12.4.4　若 $X\sim F(n_1,n_2)$，则 $\dfrac{1}{X}\sim F(n_2,n_1)$.

性质 12.4.5　若 $F_{1-\alpha}(n_1,n_2)=\dfrac{1}{F_\alpha(n_2,n_1)}$.

定理 12.4.4　设 n_1,S_1^2 为正态总体 $N(\mu_1,\sigma_1^2)$ 的样本容量和样本方差；设 n_2,S_2^2 为正态总体 $N(\mu_2,\sigma_2^2)$ 的样本容量和样本方差，且两个样本相互独立，则统计量

$$\frac{S_1^2/S_2^2}{\sigma_1^2/\sigma_2^2}\sim F(n_1-1,n_2-1)\ .$$

证　由已知条件知

$$\frac{(n_1-1)S_1^2}{\sigma_1^2}\sim\chi^2(n_1-1),\qquad\frac{(n_2-1)S_2^2}{\sigma_2^2}\sim\chi^2(n_2-1),$$

且两个样本相互独立，由 F 分布的定义，有

$$\frac{\dfrac{(n_1-1)S_1^2}{\sigma_1^2}\Big/(n_1-1)}{\dfrac{(n_2-1)S_2^2}{\sigma_2^2}\Big/(n_2-1)}=\frac{S_1^2/S_2^2}{\sigma_1^2/\sigma_2^2}\sim F(n_1-1,n_2-1).$$

习　题　12

1．设总体分布 X 服从正态分布 $N(12,4)$，今抽取一个样本容量为 5 的样本 $X_1,X_2,\cdots,X_5$，试求：

（1）$P(\overline{X}>3)$;

（2）$P(\min(X_1,X_2,\cdots,X_5)<10)$;

（3）$P(\max(X_1,X_2,\cdots,X_5)<15)$;

（4）若使 $P\{11<\overline{X}<15\}\geqslant 0.95$，则样本容量 n 至少应取多少？

2．设 X_1,X_2,X_3 是来自正态总体 $N(0,1)$ 的一个样本，试证 $Y_1=0.8X_1+0.6X_2$ 和 $Y_2=\sqrt{2}(0.3X_1-0.4X_2-0.5X_3)$ 与总体同分布.

3．设 X_1, X_2, X_3, X_4 是来自正态总体 $N(\mu, \sigma^2)$ 的一个样本，记

$$Y_1 = \frac{1}{\sqrt{2}}(X_1 - X_2),$$

$$Y_2 = \frac{1}{\sqrt{6}}(2X_3 - X_1 - X_2),$$

$$Y_3 = \frac{1}{\sqrt{12}}(3X_4 - X_1 - X_2 - X_3).$$

试证 Y_1、Y_2、Y_3 均服从 $N(0, \sigma^2)$ 分布.

4．在总体 $N(52, 6.3^2)$ 中随机抽取容量为 36 的样本，求样本均值 $\overline{X}$ 落在 50.8～53.8 的概率.

5．求总体 $N(20,3)$ 的容量分别为 10,15 的两个独立样本的均值差的绝对值大于 0.3 的概率.

6．设 X_1, X_2, X_3, X_4 是取自正态总体 $N(0, 2^2)$ 的简单随机样本，且

$$Y = a(X_1 - 2X_2)^2 + b(3X_3 - 4X_4)^2.$$

求使统计量 Y 服从 χ^2 分布的常数 a、b 的值，并求自由度.

7．设 $X_1, X_2, \cdots, X_{10}$ 为 $N(0, 0.3^2)$ 的一个样本，求

$$P\left\{\sum_{i=1}^{10} X_1^2 > 1.44\right\}.$$

8．设总体 X 服从指数分布，其概率密度为

$$f(x) = \begin{cases} \frac{1}{\theta} \mathrm{e}^{-x/\theta}, & x > 0, \theta > 0 \text{未知}; \\ 0, & \text{其他}. \end{cases}$$

从总体中抽取一个容量为 n 的样本 $X_1, X_2, \cdots, X_n$．证明

$$2n\overline{X}/\theta \sim \chi^2(2n).$$

9．设总体 $X \sim N(\mu_1, \sigma^2), Y \sim N(\mu_2, \sigma^2)$, X 与 Y 相互独立，$X_1, X_2, \cdots, X_n$ 和 $Y_1, Y_2, \cdots, Y_m$ 分别是来自 X 和 Y 的样本，$\overline{X}, \overline{Y}$ 分别是两个样本的样本均值，$S^2 = \sum_{i=1}^{10}(X_i - \overline{X})/(n-1)$，试求下列统计量的分布：

$$T = \frac{\overline{X} - \overline{Y} - (\mu_1 - \mu_2)}{S\sqrt{1/n + 1/m}}.$$

10．设总体 $X \sim N(\mu_1, \sigma_1^2), Y \sim N(\mu_2, \sigma_2^2)$, X 与 Y 相互独立，$X_1, X_2, \cdots, X_n$ 和 $Y_1, Y_2, \cdots, Y_m$ 分别是来自 X 和 Y 的样本，$\overline{X}, \overline{Y}$ 是两个样本的样本均值，S_1^2, S_2^2 为样本方差，试求下列统计量的分布：

$$t = \frac{\overline{X} - \overline{Y} - (\mu_1 - \mu_2)}{\sqrt{(S_1^2 + S_2^2)/n}}.$$

11．已知 $X \sim t(n)$，求证 $X^2 \sim F(1,n)$．

12．分别从方差为 20 和 35 的正态总体中抽取容量为 8 和 10 的两个样本，求第 1 个样本

方差不小于第 2 个样本方差的两倍的概率.

13．设总体 $X \sim N(\mu_1,\sigma_1^2), Y \sim N(\mu_2,\sigma_2^2)$, X 与 Y 相互独立，其样本容量分别为 n_1,n_2，样本方差分别为 S_1^2,S_2^2，则在什么条件下，统计量

$$F = S_1^2 / S_2^2 \sim F(n_1-1,n_2-1).$$

14．已知总体 X 与 Y 相互独立且都服从标准正态分布，$X_1,X_2,\cdots,X_8$ 和 $Y_1,Y_2,\cdots,Y_9$ 分别是来自总体 X 与 Y 的两个相互独立的简单随机样本，其均值分别为 $\overline{X},\overline{Y}$，如果记 $Q=\sum_{i=1}^{8}(X_i-\overline{X})^2+\sum_{j=1}^{9}(Y_j-\overline{Y})$，求证：$T=3\overline{Y}\sqrt{\dfrac{15}{Q}}$ 服从参数为 15 的 t 分布.

15．设总体 $X \sim N(\mu,\sigma^2)$，$X_1,X_2,\cdots,X_n(n=16)$ 是来自 X 的样本，求概率：

（1）$P\left\{\dfrac{\sigma^2}{2} \leqslant \dfrac{1}{n}\sum_{i=1}^{n}(X_i-\mu)^2 \leqslant 2\sigma^2\right\}$；（2）$P\left\{\dfrac{\sigma^2}{2} \leqslant \dfrac{1}{n}\sum_{i=1}^{n}(X_i-\overline{X})^2 \leqslant 2\sigma^2\right\}$.

16．假设 $X_1,X_2,\cdots,X_{16}$ 是来自正态总体 $N(\mu,\sigma^2)$ 的简单随机样本，$\overline{X}$ 为其均值，S 为其标准差，如果 $P\left\{\overline{X}>\mu+aS\right\}=0.95$, 则参数 $a=$_________．（$t_{0.05}(15)=1.7531$）

17．设 $X_1,X_2,\cdots,X_9$ 是来自总体 $X \sim N(\mu,4)$ 的简单随机样本，$\overline{X}$ 是样本均值，则满足 $P\left\{\left|\overline{X}-\mu\right|<\mu\right\}=0.95$ 的常数 $\mu=$___________．（$\Phi(1.96)=0.975$）.

18. 设 $X_1,X_2,\cdots,X_n$ 是取自正态总体 X 的简单随机样本，$EX=\mu$，$DX=4$，$\overline{X}=\dfrac{1}{n}\sum_{i=1}^{n}X_i$，试分别求出满足下列各式的最小样本容量 n：

（1）$P\left\{\left|\overline{X}-\mu\right| \leqslant 0.10\right\} \geqslant 0.90$；（2）$D\overline{X} \leqslant 0.10$；（3）$E\left|\overline{X}-\mu\right| \leqslant 0.10$.

第 13 章　参数估计和假设检验

在第 12 章中，主要讲述了几个常用统计量的抽样分布及抽样统计量．回想一下，引进统计量的目的在于对感兴趣的问题进行统计推断，而在实际中，人们感兴趣的问题多与分布中的未知参数有关．本章将讨论参数的估计和检验问题．

统计估计分为参数估计和非参数估计，以及点估计和区间估计，本章将只涉及参数的点估计和区间估计．参数的点估计指用样本统计量的值估计未知参数的值．参数的区间估计就是用样本确定一个区间，使这个区间以很大的概率包含所估计的未知参数，这样的区间称为置信区间．

§13.1　点估计

一、引言

如何选取样本来对总体的种种统计特征做出判断，这类问题是数理统计问题．知道随机变量（总体）的分布类型，但不知道确切的形式，根据样本来估计总体的参数，这类问题称为**参数估计**（Paramentric Estimation）．参数估计可分为**点估计**、**区间估计**．

定义 13.1.1　设总体的分布函数为 $F(x,\theta)$（θ是未知参数），以 $X_1,X_2,\cdots,X_n$ 为样本构造一个统计量 $\hat{\theta}=\hat{\theta}(X_1,X_2,\cdots,X_n)$ 来估计参数，则称 $\hat{\theta}=\hat{\theta}(X_1,X_2,\cdots,X_n)$ 为参数θ的**估计量**．将样本观测值 $x_1,x_2,\cdots,x_n$ 代入 $\hat{\theta}=\hat{\theta}(X_1,X_2,\cdots,X_n)$，得到的值 $\hat{\theta}=\hat{\theta}(x_1,x_2,\cdots,x_n)$ 称为参数θ的**估计值**．

值得注意的是，估计量和估计值虽然字面上差别不大，但其本质并不相同．前者是一个统计量，它是一个随机变量，且是关于样本的函数；后者是前者的一个函数值，它是由观测值所得出的一个数据．切不可混淆这两个概念．

如果构造一个统计量 $\hat{\theta}=\hat{\theta}(X_1,X_2,\cdots,X_n)$ 作为参数θ的估计量，则称其为参数θ的**点估计**．

定义 13.1.2　如果构造两个 $\theta_1=\theta_1(X_1,X_2,\cdots,X_n)$、$\theta_2=\theta_2(X_1,X_2,\cdots,X_n)$ 统计量，用 (θ_1,θ_2) 作为参数θ可能取值范围的估计，则称其为参数θ的**区间估计**．

点估计的方法主要有**数字特征法**、**矩估计法**、**最大似然估计法**．

其中，样本的数字特征法是指以样本的数字特征作为相应总体数字特征的估计量．本节主要介绍后两种点估计法．

二、参数的矩估计法

矩估计法是由英国统计学家皮尔逊在 19 世纪末 20 世纪初根据辛钦大数定律提出的，具体做法是把样本矩作为总体矩的估计，从而得出总体分布中的未知参数．

以样本均值 $\overline{X}$ 作为总体均值 μ 的点估计量，即

$$\hat{\mu}=\overline{X}=\frac{1}{n}\sum_{i=1}^{n}X_i .$$

以样本二阶矩作为总体二阶矩的点估计量，即

$$E(X^2)=\frac{1}{n}\sum_{i=1}^{n}X_i^2.$$

下面我们通过几个例子来说明如何运用矩估计法.

例 13.1.1　设某总体 X 的数学期望为 $EX=\mu$，方差 $DX=\sigma^2$， $X_1,X_2,\cdots,X_n$ 为样本，试求 μ 和 σ^2 的矩估计量.

解　令

$$EX=\mu=\overline{X}=\frac{1}{n}\sum_{i=1}^{n}X_i,$$

$$EX^2=\sigma^2+\mu^2=\frac{1}{n}\sum_{i=1}^{n}X_i^2,$$

所以

$$\hat{\mu}=\overline{X},$$

$$\hat{\sigma}^2=\frac{1}{n}\sum_{i=1}^{n}X_i^2-\overline{X}^2=\frac{1}{n}\sum_{i=1}^{n}(X_i-\overline{X})^2 .$$

结论：不管总体 X 服从何种分布，总体期望的矩估计量为样本均值，即

$$\hat{\mu}=\overline{X}=\frac{1}{n}\sum_{i=1}^{n}X_i ,$$

$$\hat{\sigma}^2=\frac{1}{n}\sum_{i=1}^{n}(X_i-\overline{X})^2 .$$

估计值为

$$\hat{\mu}=\overline{x}=\frac{1}{n}\sum_{i=1}^{n}x_i ,$$

$$\hat{\sigma}^2=\frac{1}{n}\sum_{i=1}^{n}(x_i-\overline{x})^2 .$$

例 13.1.2　设总体 X 服从 (θ_1,θ_2) 上的均匀分布，$\theta_1<\theta_2$，求 θ_1,θ_2 的矩估计量. $X_1,X_2,\cdots,X_n$ 为 X 的一个样本.

解　由于

$$EX=\frac{\theta_1+\theta_2}{2},\quad DX=\frac{(\theta_2-\theta_1)^2}{12},$$

所以由矩估计法，得

$$\overline{X}=\frac{\theta_1+\theta_2}{2},\quad E(X^2)=\frac{(\theta_2-\theta_1)^2}{12}+\left(\frac{\theta_1+\theta_2}{12}\right)^2=\frac{1}{n}\sum_{i=1}^{n}X_i^2 .$$

解得 $\hat{\theta}_1 = \bar{X} - \sqrt{3}\sqrt{\frac{1}{n}\sum_{i=1}^{n}(X_i - \bar{X})^2}$，$\hat{\theta}_2 = \bar{X} + \sqrt{3}\sqrt{\frac{1}{n}\sum_{i=1}^{n}(X_i - \bar{X})^2}$.

区间长度的矩估计量为 $\theta_2 \hat{-} \theta_1 = 2\sqrt{3}\sqrt{\frac{1}{n}\sum_{i=1}^{n}(X_i - \bar{X})^2}$.

例 13.1.3 对容量为 n 的子样，求下列密度函数中参数 a 的矩估计量.

$$f(x) = \begin{cases} \frac{2}{a^2}(a-x), & 0 < x < a, \\ 0, & \text{其他}. \end{cases}$$

解 由于 $EX = \int_0^a x \cdot \frac{2}{a^2}(a-x)\mathrm{d}x = \frac{a}{3}$，

所以由矩估计法，得 $\bar{X} = \frac{a}{3}$，

解得 $a = 3\bar{X} = \frac{3}{n}\sum_{i=1}^{n} X_i$，

所以，参数 a 的矩估计量为

$$\hat{a} = \frac{3}{n}\sum_{i=1}^{n} X_i .$$

三、参数的最大似然估计法

最大似然估计法是点估计法的另一种方法，它最早是由德国数学家高斯提出的，后来英国数学家费希尔又在其文章中重新提出，并完善了这个参数估计法.

为了叙述最大似然原理的直观想法，我们先看一个例子.

例 13.1.4 设有外壳完全相同的两个箱子，甲箱中有 99 个白球和 1 个黑球，乙箱中有 99 个黑球和 1 个白球，今随机地抽取一箱，并从中随机抽取一球，结果取得白球，问这球是从哪一个箱子中取出的？

解 不管是哪一个箱子，从箱子中任意取一球都有两个可能的结果：A 表示“取出白球”，B 表示“取出黑球”. 如果我们取出的是甲箱，则 A 发生的概率为 0.99；如果取出的是乙箱，则 A 发生的概率为 0.01. 在一次试验中，结果 A 发生了，人们的第一印象就是“此白球（A）最像从甲箱取出的”，或者说，应该认为试验条件对结果 A 的出现有利，从而可以推断这球是从甲箱中取出的. 这个推断很符合人们的经验事实，这里的“最像”就是“最大似然”之意. 这种想法常被称为“最大似然原理”.

定义 13.1.3 设总体的概率密度函数为 $f(x,\theta), \theta \in \Theta$，其中，$\theta$ 是一个未知参数或几个未知参数组成的参数向量，Θ 是参数空间，$x_1, x_2, \cdots, x_n$ 是来自该总体的样本观察值，将样本的联合概率函数看成 θ 的函数，用 $L(\theta; x_1, x_2, \cdots, x_n)$ 表示，简记 $L(\theta)$，

$$L(\theta) = f(x_1, x_2, \cdots, x_n, \theta) = \prod_{i=1}^{n} f(x_i, \theta) ,$$

$L(\theta)$ 称为样本的似然函数. 如果某参数 θ 的估计量 $\hat{\theta}$，使得样本 $X_1, X_2, \cdots, X_n$ 落在观测值

$x_1, x_2, \cdots, x_n$ 的邻域内的概率 $L(\theta)$ 达到最大，即

$$L(x_1, x_2, \cdots, x_n, \hat{\theta}) = \max L(x_1, x_2, \cdots, x_n, \theta),$$

则称 $\hat{\theta}$ 为参数 θ 的最大似然估计值，简记为 MLE（Maximum Likelihood Estimate）.

这样，确定最大似然估计量的问题就归结为微分学中求最大值的问题了．在很多情形下，求最大似然估计量的步骤一般分成下面 3 步．

（1）构造似然函数

$$L(\theta) = f(x_1, x_2, \cdots, x_n, \theta) = \prod_{i=1}^{n} f(x_i, \theta);$$

（2）取自然对数

$$\ln L(\theta) = \sum_{i=1}^{n} \ln f(x_i, \theta);$$

（3）令

$$\frac{\mathrm{d} \ln L(\theta)}{\mathrm{d}\theta} = 0,$$

其解 $\hat{\theta}$ 即为参数 θ 的最大似然估计值．

若总体的密度函数中有多个参数 $\theta_1, \theta_2, \cdots, \theta_n$，则可将第（3）步改为

$$\frac{\partial \ln L}{\partial \theta_i} = 0 (i = 1, 2, \cdots, n).$$

然后解方程组即可．下面通过几个例子来说明这个方法．

例 13.1.5　设 $X \sim B(1, p)$．$X_1, \cdots, X_n$ 是来自 X 的一个样本，试求参数 p 的最大似然估计量．

解　设 $x_1, \cdots, x_n$ 是相应于样本 $X_1, \cdots, X_n$ 的一个样本值．X 的分布列为

$$P\left\{X = x\right\} = p^x (1-p)^{1-x} (x = 0, 1).$$

故似然函数为

$$L(p) = \prod_{i=1}^{n} p^{x_i} (1-p)^{1-x_i} = p^{\sum_{i=1}^{n} x_i} (1-p)^{n - \sum_{i=1}^{n} x_i},$$

而

$$\ln L(p) = \left(\sum_{i=1}^{n} x_i\right) \ln p + \left(n - \sum_{i=1}^{n} x_i\right) \ln(1-p),$$

令

$$\frac{\mathrm{d}}{\mathrm{d}p} \ln L(p) = \frac{\sum_{i=1}^{n} x_i}{p} - \frac{n - \sum_{i=1}^{n} x_i}{1-p} = 0,$$

解得 p 的最大似然估计值

$$\hat{p} = \frac{1}{n} \sum_{i=1}^{n} x_i = \overline{x}.$$

p 的最大似然估计量为

$$\hat{p} = \frac{1}{n} \sum_{i=1}^{n} X_i = \overline{X}.$$

这一估计量与相应的矩估计量是相同的，最大似然估计法也适用于分布中含多个未知参数 $\theta_1, \theta_2, \cdots, \theta_k$ 的情况．

例 13.1.6 设 $(X_1,\cdots,X_n)$ 为取自正态总体 $X\sim N(\mu,\sigma^2)$ 的样本，求 μ 和 σ^2 的最大似然估计量.

解 构造似然函数

$$L(\mu,\sigma^2)=\prod_{i=1}^{n}\frac{1}{\sqrt{2\pi}\sigma}\mathrm{e}^{-\frac{(x_i-\mu)^2}{2\sigma^2}},$$

取对数

$$\begin{aligned}\ln L&=\sum_{i=1}^{n}\ln\frac{1}{\sqrt{2\pi}\sigma}\mathrm{e}^{-\frac{(x_i-\mu)^2}{2\sigma^2}}\\&=\sum_{i=1}^{n}\left(-\frac{(x_i-\mu)^2}{2\sigma^2}-\ln\sqrt{2\pi}-\ln\sigma\right),\end{aligned}$$

求偏导数，并令其为 0，

$$\frac{\partial\ln L}{\partial\mu}=\sum_{i=1}^{n}\left(-\frac{2(x_i-\mu)(-1)}{2\sigma^2}\right)=\frac{\sum\limits_{i=1}^{n}(x_i-\mu)}{\sigma^2}=0$$

$$\frac{\partial\ln L}{\partial\sigma^2}=\sum_{i=1}^{n}\left(\frac{(x_i-\mu)^2}{2\left(\sigma^2\right)^2}-\frac{1}{2}\cdot\frac{1}{\sigma^2}\right)=0$$

解得

$$\mu=\frac{1}{n}\sum_{i=1}^{n}x_i=\overline{x},\quad \sigma^2=\frac{1}{n}\sum_{i=1}^{n}(x_i-\overline{x})^2,$$

所以 μ 和 σ^2 的最大似然估计量为

$$\hat{\mu}=\frac{1}{n}\sum_{i=1}^{n}X_i=\overline{X},\qquad \hat{\sigma}^2=\frac{1}{n}\sum_{i=1}^{n}(X_i-\overline{X})^2,$$

我们发现它们与矩估计量是相同的.

四、估计量的评价标准

在介绍估计量的评选标准之前，我们必须强调：评价一个估计量的好坏，不能仅仅依据一次试验的结果，而必须由多次试验的结果来衡量.

下面是评价估计量好坏的 3 个常用标准，设 $X_1,\cdots,X_n$ 是总体 X 的一个样本，$\theta\in\Theta$ 是包含在总体 X 分布中的待估参数，这里 Θ 是 θ 的取值范围.

1. 无偏性

若估计量 $\hat{\theta}=\hat{\theta}(X_1,\cdots,X_n)$ 的数学期望 $E(\hat{\theta})$ 存在，且对于任意 $\theta\in\Theta$ 有 $E(\hat{\theta})=\hat{\theta}$，则称 $\hat{\theta}$ 是未知参数 θ 的无偏估计量.

例 13.1.7 设从总体 ξ 中取出的样本是 $(X_1,\cdots,X_n)$，$E\xi=\mu,D\xi=\sigma^2$，试证样本均值 $\overline{X}$ 和样本方差 $S^2=\frac{1}{n-1}\sum\limits_{i=1}^{n}(X_i-\overline{X})^2$ 分别是 μ 和 σ^2 的无偏估计.

解 $E\overline{X}=E\left[\frac{1}{n}\sum\limits_{i=1}^{n}X_i\right]=\frac{1}{n}E\sum\limits_{i=1}^{n}X_i=\frac{1}{n}\cdot n\mu=\mu;$

$$D\overline{X}=D\left[\frac{1}{n}\sum_{i=1}^{n}X_i\right]=\frac{1}{n^2}\sum_{i=1}^{n}DX_i=\frac{1}{n}\sigma^2;$$

$$ES^2 = E\left[\frac{1}{n-1}\sum_{i=1}^{n}(X_i-\overline{X})^2\right] = \frac{1}{n-1}E\left\{\sum_{i=1}^{n}\left[(X_i-\mu)-(\overline{X}-\mu)\right]^2\right\}$$
$$= \frac{1}{n-1}\sum_{i=1}^{n}\left[E(X_i-\mu)^2 - 2E(X_i-\mu)(\overline{X}-\mu) + E(\overline{X}-\mu)^2\right]^2$$
$$= \frac{1}{n-1}\sum_{i=1}^{n}\left[\sigma^2 - \frac{2}{n}\sigma^2 + \frac{1}{n}\sigma^2\right] = \frac{1}{n-1}\cdot n\cdot\frac{n-1}{n}\sigma^2 = \sigma^2.$$

应当指出，无偏性不是衡量估计好坏的唯一标准，样本中的任意分量 X_i 都是 μ 的无偏估计量．在θ的很多无偏估计中，自然应以对θ的平均偏差较小者为好．也就是说，一个较好的估计应当有尽可能小的方差，是引进点估计的另一个标准．

2. **有效性**

设 $\hat{\theta}_1 = \hat{\theta}_1(X_1,\cdots,X_n)$ 与 $\hat{\theta}_2 = \hat{\theta}_2(X_1,\cdots,X_n)$ 都是未知参数θ的无偏估计量，若对于任意 $\theta\in\Theta$，有 $D\hat{\theta}_1 \leqslant D\hat{\theta}_2$，则至少有 $\theta\in\Theta$，使不等成立，则称 $\hat{\theta}_1$ 较 $\hat{\theta}_2$ 有效．

例 13.1.8　设总体 $X\sim N(0,\sigma^2)$，参数未知，$X_1,\cdots,X_n$ 是取自总体 X 的简单随机样本 $(n>1)$，令估计量

$$\hat{\sigma}_1^2 = S^2 = \frac{1}{n-1}\sum_{i=1}^{n}(X_i-\overline{X})^2, \hat{\sigma}_2^2 = \frac{1}{n}\sum_{i=1}^{n}X_i^2.$$

（1）验证 $\hat{\sigma}_1^2$ 与 $\hat{\sigma}_2^2$ 的无偏性；（2）求方差 $D\hat{\sigma}_1^2$ 与 $D\hat{\sigma}_2^2$，并比较其大小．

解　（1）由于 $X_1,\cdots,X_n$ 相互独立且总体 X 同分布，故

$$EX_i = 0, DX_i = \sigma^2, EX_i^2 = \sigma^2, E\overline{X} = 0, E(\overline{X})^2 = D\overline{X} = \frac{\sigma^2}{n},$$

$$E\hat{\sigma}_1^2 = ES^2 = \frac{1}{n-1}E\sum_{i=1}^{n}(X_i-\overline{X})^2 = \frac{1}{n-1}E\left[\sum_{i=1}^{n}X_i^2 - n(\overline{X})^2\right]$$
$$= \frac{1}{n-1}\left[\sum_{i=1}^{n}EX_i^2 - nE(\overline{X})^2\right] = \frac{1}{n-1}\left(n\sigma^2 - n\cdot\frac{\sigma^2}{n}\right) = \sigma^2.$$

$$E\sigma_2^2 = E\left[\frac{1}{n}\sum_{i=1}^{n}X_i^2\right] = \frac{1}{n}\sum_{i=1}^{n}EX_i^2 = \sigma^2.$$

（2）根据抽样分布的有关结论知

$$\frac{1}{\sigma^2}\sum_{i=1}^{n}(X_i-\overline{X})^2 = \frac{(n-1)s^2}{\sigma^2}\sim\chi^2(n-1),$$

$$\frac{X_i}{\sigma}\sim N(0,1), \frac{(n-1)s^2}{\sigma^2} = \frac{1}{\sigma^2}\sum_{i=1}^{n}X_i^2\sim\chi^2(n),$$

$$D\frac{(n-1)s^2}{\sigma^2} = 2(n-1), \left(\frac{n-1}{\sigma^2}\right)DS^2 = 2(n-1),$$

$$D\hat{\sigma}_1^2 = DS^2 = \frac{2\sigma^4}{n-1},$$

$$D\left(\frac{1}{\sigma^2}\sum_{i=1}^{n}X_i^2\right) = 2n, D\left(\frac{n}{\sigma^2}\cdot\frac{1}{n}\sum_{i=1}^{n}X_i^2\right) = D\left(\frac{n}{\sigma^2}\sigma_2^2\right) = 2n,$$

$$D\hat{\sigma}_2^2 = D\left(\frac{1}{n}\sum_{i=1}^{n} X_i^2\right) = \frac{2\sigma^4}{n}.$$

计算可知$D\hat{\sigma}_2^2 < D\hat{\sigma}_1^2$，因此$\hat{\sigma}_2^2$比$\hat{\sigma}_1^2$有效.

3. 一致性（相合性）

设$\theta(X_1,\cdots,X_n)$为未知参数θ的估计量，若对于任意$\theta \in \Theta$，当$n \to \infty$时，$\hat{\theta}(X_1,\cdots,X_n)$依概率收敛于$\theta$，则称$\hat{\theta}$为$\theta$的一致估计量（或相合估计量）.

§13.2 区间估计

一、引言

我们已经讨论了参数的点估计，即怎样根据样本求得未知参数的点估计量（或点估计值）. 参数θ的点估计值$\theta(x_1,x_2,\cdots,x_n)$只是$\theta$的一个近似值. 一般来说，无论选用的点估计值$\theta(X_1,X_2,\cdots,X_n)$如何好，我们很难估计$\theta$的这个近似值与$\theta$的真值之间的误差. 在实际问题中，我们不仅需要求出参数θ的近似值，而且还需要大致估计这个近似值的精确性与可靠性. 点估计总是有误差的，而**区间估计**就是以统计量为端点的随机区间来刻画总体未知参数所在的范围.

例 13.2.1 设某厂生产的灯泡使用寿命$X \sim N(\mu, 1\,002)$，现随机抽取 5 只，测量其寿命分别为 1455、1502、1370、1610、1430 个单位时间，则该厂灯泡的平均使用寿命的点估计值为

$$\bar{x} = \frac{1}{5}(1455+1502+1370+1610+1430) = 1473.4\,.$$

可以认为该种灯泡的使用寿命在 1473.4 个单位时间左右，但范围有多大呢？又有多大的可能性在这“左右”呢？为此我们引入下面的内容.

二、置信水平、置信区间

定义 13.2.1 设总体的分布中含有一个参数θ，对给定的$\alpha(0<\alpha<1)$，如果由样本$X_1,X_2,\cdots,X_n$确定两个统计量$\theta_1(X_1,X_2,\cdots,X_n)$，$\theta_2(X_1,X_2,\cdots,X_n)$，使得$P(\theta_1<\theta<\theta_2)=1-\alpha$，则称随机区间$(\theta_1,\theta_2)$为参数$\theta$的**置信度**（或**置信水平**）为$1-\alpha$的**置信区间**. 其中，$\theta_1$和$\theta_2$分别称为置信水平为$1-\alpha$的**置信下限**和**置信上限**.

参数θ的置信水平为$1-\alpha$的置信区间(θ_1,θ_2)表示该区间有 100($1-\alpha$)%的可能性包含总体参数θ的真；不同的置信水平，参数θ的置信区间不同；置信区间越小，估计越精确，但置信水平会降低；相反，置信水平越高，估计越可靠，但精确度会降低，置信区间会较大. 在一般情况下，对于固定的样本容量，不能同时做到精确度高（置信区间小），可靠程度也高（$1-\alpha$大）. 如果不降低可靠性而要缩小估计范围，则必须增大样本容量，增加抽样成本.

三、正态总体方差已知，对均值的区间估计

如果总体$X \sim N(\mu,\sigma^2)$，其中σ^2已知、μ未知，则取U统计量$U=\dfrac{\bar{X}-\mu}{\sigma/\sqrt{n}}$，对$\mu$做区间

估计.

对给定的置信水平 $1-\alpha$ ，由 $P\left\{|U|<u_{\frac{\alpha}{2}}\right\}=1-\alpha$ 确定临界值（X 的双侧 α 分位数）得 μ 的置信区间为

$$\left(\bar{X}-u_{\frac{\alpha}{2}}\frac{\sigma}{\sqrt{n}},\bar{X}+u_{\frac{\alpha}{2}}\frac{\sigma}{\sqrt{n}}\right)$$

将观测值 $x_1,x_2,\cdots,x_n$ 代入，则可得具体的区间.

例 13.2.2　某车间生产滚珠，从长期实践中知道，滚珠直径 X 可认为服从正态分布，从某天的产品中随机抽取 6 个，测得直径分别为 14.6，15.1，14.9，14.8，15.2，15.1（单位：厘米）.

（1）试求该天产品的平均直径 EX 的点估计；

（2）若已知方差为 0.06，试求该天平均直径 EX 的置信区间：α =0.05；α =0.01.

解　由矩估计法得 EX 的点估计值为

$$EX=\bar{x}=\frac{1}{6}(14.6+15.1+14.9+14.8+15.2+15.1)=14.95,$$

由题设知 $X\sim N(\mu,0.06)$ ，构造 U 统计量，得 EX 的置信区间为

$$\left(\bar{X}-u_{\frac{\alpha}{2}}\frac{\sigma}{\sqrt{n}},\bar{X}+u_{\frac{\alpha}{2}}\frac{\sigma}{\sqrt{n}}\right),$$

而 $\bar{x}=14.95,\ \dfrac{\sigma}{\sqrt{n}}=\dfrac{\sqrt{0.06}}{\sqrt{6}}=0.1$.

当 α=0.05 时，$u_{0.025}=1.96$ ，所以，EX 的置信区间为（14.754，15.146）.

当 α=0.01 时，$u_{0.005}=2.58$ ，所以，EX 的置信区间为（14.692，15.208）.

置信水平提高，置信区间扩大，估计精确度降低.

例 13.2.3　假定某地一旅游者的消费额 X 服从正态分布 $X\sim N(\mu,\sigma^2)$ ，且标准差 σ=12 元，今要对该地旅游者的平均消费额 EX 加以估计，为了能以 95%的置信度相信这种估计误差小于 2 元，问至少要调查多少人？

解　由题意知消费额 $X\sim N(\mu,122)$ ，设要调查 n 人.

由 $1-\alpha=0.95$ ，得 $\alpha=0.05$ ，查表得 $u_{\frac{\alpha}{2}}=1.96$ ，

即 $P\left\{\left|\dfrac{\bar{X}-\mu}{\sigma/\sqrt{n}}\right|<1.96\right\}=0.95$ ，

而 $|\bar{X}-\mu|<2$ ，

解得 $n=\left(\dfrac{1.96\times 12}{2}\right)^2=138.2976$ ，至少要调查 139 人.

四、正态总体方差未知，对均值的区间估计

如果总体 $X\sim N(\mu,\sigma^2)$ ，其中 σ 、μ 均未知，由 $\dfrac{\bar{X}-\mu}{S/\sqrt{n}}\sim t(n-1)$ ，构造 T 统计量 $T=\dfrac{\bar{X}-\mu}{S/\sqrt{n}}$ ，

对给定的置信水平$1-\alpha$，由$P\left\{|T|<t_{\frac{\alpha}{2}}(n-1)\right\}=1-\alpha$，查 t-分布表确定$t_{\frac{\alpha}{2}}(n-1)$，从而得出$\mu$的置信水平为$1-\alpha$的置信区间为

$$\left(\overline{X}-\frac{S}{\sqrt{n}}\cdot t_{\frac{\alpha}{2}}(n-1), \overline{X}+\frac{S}{\sqrt{n}}\cdot t_{\frac{\alpha}{2}}(n-1)\right).$$

五、正态总体均值已知，对方差的区间估计

如果总体$X\sim N(\mu,\sigma^2)$，其中μ已知、σ^2未知，由$\frac{X_i-\mu}{\sigma}\sim N(0,1)$，构造$\chi^2$统计量

$$\chi^2=\sum_{i=1}^{n}\left(\frac{X_i-\mu}{\sigma}\right)^2=\frac{\sum_{i=1}^{n}\left(X_i-\mu\right)^2}{\sigma^2}\sim\chi^2(n).$$

查χ^2分布表，确定双侧分位数$\chi^2_{1-\frac{\alpha}{2}}(n),\chi^2_{\frac{\alpha}{2}}(n)$.

从而得出σ^2的置信水平$1-\alpha$的置信区间为

$$\left(\frac{\sum_{i=1}^{n}\left(X_i-\mu\right)^2}{\chi^2_{\frac{\alpha}{2}}(n)},\frac{\sum_{i=1}^{n}\left(X_i-\mu\right)^2}{\chi^2_{1-\frac{\alpha}{2}}(n)}\right).$$

六、正态总体均值未知，对方差的区间估计

如果总体$X\sim N(\mu,\sigma^2)$，其中σ、μ均未知，由$\frac{(n-1)S^2}{\sigma^2}\sim\chi^2(n-1)$，构造$\chi^2$统计量

$$\chi^2=\frac{(n-1)S^2}{\sigma^2}.$$

当置信水平为$1-\alpha$时，由

$$P\left\{\chi^2_{1-\frac{\alpha}{2}}(n-1)<\frac{(n-1)S^2}{\sigma^2}<\chi^2_{\frac{\alpha}{2}}(n-1)\right\}=1-\alpha.$$

查χ^2分布表，确定双侧分位数$\chi^2_{1-\frac{\alpha}{2}}(n),\chi^2_{\frac{\alpha}{2}}(n)$.

从而得出σ^2的置信水平$1-\alpha$的置信区间为

$$\left(\frac{(n-1)S^2}{\chi^2_{\frac{\alpha}{2}}(n-1)},\frac{(n-1)S^2}{\chi^2_{1-\frac{\alpha}{2}}(n-1)}\right).$$

例 13.2.4 设某灯泡的寿命$X\sim N(\mu,\sigma^2)$，σ^2未知，现从中任取 5 个灯泡进行寿命试验，得到数据分别为 10.5，11.0，11.2，12.5，12.8（单位：千小时），求置信水平为 90%的σ^2的区间估计.

解　样本方差及均值分别为 $S^2 = 0.995, \bar{x} = 11.6$.

由 $1-\alpha = 0.9$，得 $\alpha = 0.1$，查表得

$$\chi^2_{0.05}(4) = 0.711, \quad \chi^2_{1-0.05}(4) = 9.488,$$

$$\frac{(n-1)S^2}{\chi^2_{0.05}(4)} = \frac{4\times 0.995}{0.711} = 5.5977, \quad \frac{(n-1)S^2}{\chi^2_{0.95}(4)} = 0.4195,$$

σ^2 的置信区间为（0.4195，5.5977）.

§13.3　假设检验

我们知道，数理统计的基本任务是根据对样本的考察来对总体的某些情况做出判断. 对总体 X 的概率分布或分布参数做某种“假设”，然后根据抽样得到的样本观测值，运用数理统计的分析方法，检验这种“假设”是否正确，从而决定接受或拒绝“假设”，这就是我们要讨论的假设检验问题.

一、假设检验的基本概念

在本节中，我们将讨论不同于参数估计的另一类重要的统计推断问题，即根据样本的信息检验关于总体的某个假设是否正确，这类问题称作假设检验问题. 假设检验主要分为参数假设检验、非参数假设检验. 其中总体分布已知，检验关于未知参数的某个假设称为参数假设检验；总体分布未知时的假设检验问题称为非参数假设检验. 本书主要考虑参数假设检验.

例 13.3.1　已知某班某一课程的期末考试成绩服从正态分布. 根据平时的学习情况及试卷的难易程度，估计平均成绩为 75 分，考试后随机抽样 5 位同学的试卷，得平均成绩为 72 分，试问所估计的 75 分是否正确？

解　“全班平均成绩是 75 分”，这就是一个假设.

根据样本均值为 72 分和已有的定理结论，对 EX=75 是否正确做出判断，这就是对总体均值的检验，可以表达为原假设 H_0：EX=75；备择假设 H_1：$EX\neq 75$，判断结果为接受原假设，或拒绝原假设.

例 13.3.2　某厂生产的合金强度服从正态分布 $N(\mu,16)$，其中 θ 的设计值为不低于 110（单位：Pa）为保证质量，该厂每天都要对生产情况做例行检查，以判断生产是否正常进行，即该合金的平均强度不低于 110. 某天从生产的产品中随机抽取 25 块合金，测得其强度值为 $x_1, x_2, \cdots, x_{25}$，均值为 $\bar{x} = 108.2$，问当日生产是否正常？

对这个实际问题可做如下分析.

（1）这不是一个参数估计问题.

（2）这是在给定总体与样本下，要求对命题“合金的平均强度不低于 110”做出回答：“是”还是“否”？这类问题称为统计假设检验问题，简称**假设检验问题**.

（3）命题“合金的平均强度不低于 110”仅涉及参数 θ 的范围，因此该命题是否正确将涉及如下两个参数集合：

$$\Theta_o = \{\theta : \theta \geqslant 110\}, \Theta_1 = \{\theta : \theta < 110\}.$$

命题成立对应于“$\theta \in \Theta_o$”，命题不成立则对应“$\theta \in \Theta_1$”. 在统计学中，这两个非空不相交的参数集合都称作统计假设，简称**假设**.

（4）我们的任务是利用所给总体 $N(\mu,16)$ 和样本均值 $\overline{x}=108.2$ 去判断假设（命题）“$\theta \in \Theta_o$”是否成立. 通过样本对一个假设做出“对”或“不对”的具体判断规则就称为该假设的一个检验或检验法则. 检验的结果若是否定该命题，则称拒绝这个假设，否则就称为接受该假设.

（5）若假设可用一个参数的集合表示，则该假设检验问题称为参数假设检验问题，否则称为非参数假设检验问题. 本例就是一个参数假设检验问题，而对假设“总体为正态分布”做出检验的问题就是一个非参数假设检验问题.

二、基本思想

如果原假设成立，那么某个分布已知的统计量在某个区域内取值的概率 α 应该较小. 如果样本的观测数值落在这个小概率区域内，则原假设不正确. 所以，拒绝原假设；否则，接受原假设. 其中统计量落在的区域称为**拒绝域**，α 称为**检验水平**（或显著性水平）.

接下来我们叙述假设检验的基本步骤.

这里主要叙述参数假设检验问题. 设有来自某一个参数分布 $\{F(x,\theta) \mid \theta \in \Theta\}$ 的样本 $x_1,x_2,\cdots,x_n$，其中 Θ 为参数空间，设 $\Theta_0 \subset \Theta$，且 $\Theta_0 \neq \varnothing$，则命题 $H_0:\theta \in \Theta_o$ 称为一个假设或原假设或零假设，若有另一个 Θ_1（$\Theta_1 \subset \Theta, \Theta_1\Theta_0=\varnothing$，常见的一种情况是 $\Theta_1=\Theta-\Theta_0$）则命题 $H_1:\theta \in \Theta_1$ 称为 H_0 的对立假设或备择假设. 于是，我们感兴趣的一对假设是

$$H_0:\theta \in \Theta_o \leftrightarrow H_1:\theta \in \Theta_1.$$

对于假设的检验是指这样的一个法则：当有了具体的样本后，按照法则就可决定是接受 H_0 还是拒绝 H_0，即检验就等价于把样本空间划分成两个互不相交的部分 W 和 $\overline{W}$，当样本属于 W 时，就拒绝 H_0；否则接受 H_0. 于是，我们称 W 为该检验的拒绝域，而 $\overline{W}$ 称为接受域.

三、两类错误

显著性检验是根据小概率事件的实际不可能原理进行判断的，然而小概率事件即使其概率很小，还是可能发生的，因此，利用上述方法进行假设检验，仍有可能做出错误的判断，有下述两种情况.

（1）原假设 H_0 为真，而检验结果为拒绝 H_0. 这是犯了**“弃真”**错误，通常称为第一类错误.

（2）原假设 H_0 不符合实际，而检验结果为接受 H_0. 这是犯了**“受伪”**错误，通常称为第二类错误.

正态总体假设检验分为一个正态总体与两个正态总体的假设检验问题，即在总体 X 服从正态分布 $N(\mu,\sigma^2)$ 的条件下，关于期望 μ 与方差 σ^2 的种种假设检验问题；以及两个相互独立正态总体 $X \sim N(\mu_1,\sigma_1^2)$，$Y \sim N(\mu_2,\sigma_2^2)$，关于期望 μ_1,μ_2，方差 σ_1^1,σ_2^2 的种种假设检验问题. 虽然检验问题不同，然而它们都是按照检验基本思想与步骤进行的，其关键是检验统计量的选取与否定域的确定.

四、正态总体的均值检验

本部分分别对正态总体参数 μ 和 σ^2 的各种检验进行讨论.

1. 单个正态总体的均值检验

设 $x_1,\cdots,x_n$ 是来自 $N(\mu,\sigma^2)$ 的样本，对均值亦可考虑如下 3 个检验问题：

$$\text{I}\quad H_0:\mu\leqslant\mu_0\leftrightarrow H_1:\mu>\mu_0.$$

$$\text{II}\quad H_0:\mu\geqslant\mu_0\leftrightarrow H_1:\mu<\mu_0.$$

$$\text{III}\quad H_0:\mu=\mu_0\leftrightarrow H_1:\mu\neq\mu_0.$$

其中，μ_0 是已知常数．由于正态总体含两个参数，因此总体方差 σ^2 已知与否对检验是有影响的．下面我们分 σ 已知和未知两种情况进行叙述.

（1）σ 已知时的 μ 检验

对于单侧检验问题 I，由于 μ 的点估计是 $\overline{x}$，且 $\overline{x}\sim N(\mu,\sigma^2/n)$，故选用检验统计量

$$u=\frac{\overline{x}-\mu_0}{\sigma/\sqrt{n}}$$

是恰当的．直觉告诉我们：当样本均值 $\overline{x}$ 不超过设定均值 μ_0 时，应倾向于接受原假设；当样本均值 $\overline{x}$ 超过 μ_0 时，应倾向于拒绝原假设．于是，在有随机性存在的场合，如果 $\overline{x}$ 比 μ_0 大一点就拒绝原假设似乎不当，只有当 $\overline{x}$ 比 μ_0 大到一定程度时拒绝原假设才是恰当的，这就存在一个临届值 c，拒绝域为

$$W_1=\{(x_1,\cdots,x_n):u\geqslant c\},$$

常简记为 $\{u\geqslant c\}$，若要求检验的显著性水平为 α，则 c 满足

$$P_{\mu_0}\{u\geqslant c\}=\alpha.$$

由于在 $\mu=\mu_0$ 时 $u\sim N(0,1)$，故 $c=u_{1-\alpha}$，最后的拒绝域为 $W_1=\{u\geqslant u_{1-\alpha}\}$.

该检验用的检验统计量是 U 统计量，故一般称为 u 检验.

例 13.3.3　由经验知某零件的重量 $X\sim N(\mu,\sigma^2)$，$\mu=15$，$\sigma=0.05$．技术革新后，抽出 6 个零件，测得重量分别为（单位：克）14.7、15.1、14.8、15.0、15.2、14.6，已知方差不变，试统计推断平均重量是否仍为 15 克？（$\alpha=0.05$）

解　由题意可知：零件重量 $X\sim N(\mu,\sigma^2)$，且技术革新前后的方差不变 $(\sigma^2=0.05^2)$，要求对均值进行检验.

检验问题为

$$H_0:\mu=15\leftrightarrow H_1:\mu\neq15\ .$$

如果 H_0 是正确的，即样本 $(X_1,\cdots,X_n)$ 是来自正态总体 $N(15,0.05^2)$，有

$$U=\frac{\overline{x}-15}{0.05/\sqrt{6}}\sim N(0,1)\ .$$

对给定的 $\alpha=0.05$，$u_{0.025}=1.96$，使得 $P(|u|\geqslant u_{\frac{\alpha}{2}})=\alpha$，故可取 $u_{0.025}=1.96$ 为临界值，即当

观察值$|U| \geqslant 1.96$时，拒绝H_0，否则就接受H_0，称$|u| \geqslant u_{\frac{\alpha}{2}}$为拒绝域．在本例中

$$|u| = \frac{14.9-15}{0.05/\sqrt{6}} = 4.9 > 1.96,$$

即观测值落在拒绝域内，所以拒绝原假设．

（2）σ未知时的t检验

对于单侧检验问题 I，由于σ未知，给出的u含未知参数σ而无法计算，需要做修改．一个自然的想法是将u统计量中未知的σ替换成样本标准差S，这就形成t检验统计量

$$T = \frac{\overline{X}-\mu}{S/\sqrt{n}},$$

在$\mu = \mu_0$时，$t \sim t(n-1)$，从而检验问题 I 的拒绝域为

$$W_1 = \{t \geqslant t_{1-\alpha}(n-1)\}.$$

该检验用的检验统计量是t统计量，故一般称为t检验．

例 13.3.4 化工厂用自动包装机包装化肥，每包重量服从正态分布，额定重量为 100 千克．某日开工后，为了确定包装机这天的工作是否正常，随机抽取 9 袋化肥，称得平均重量为 99.978 千克，方差为 1.212，能否认为这天的包装机工作正常？（$\alpha = 0.1$）

解 由题意可知：化肥重量$X \sim N(\mu, \sigma^2)$，$\mu_0 = 100$，方差未知，要求对均值进行检验．

检验问题为

$$H_0: \mu = 100 \leftrightarrow H_1: \mu \neq 100$$

由于方差未知，故不能像例 13.3.2 那样考察统计量U，令

$$t = \frac{\overline{X}-\mu}{S/\sqrt{n}},$$

如果H_0是正确的，$t \sim t(8)$，对给定的$\alpha = 0.1$，$t_{0.05}(8) = 1.86$，使得$P(|t| \geqslant t_{\frac{\alpha}{2}}(n-1)) = P(|t| \geqslant 1.86) = 0.1$，故可取$t_{0.05}(8) = 1.86$为临界值．在本例中

$$|t| = \left|\frac{\overline{x}-\mu}{S/\sqrt{n}}\right| = \left|\frac{99.978-100}{1.212/\sqrt{9}}\right| = 0.054\,5.$$

因为 0.0545<1.86，即观测值落在接受域内，所以接受原假设，即可认为这天的包装机工作正常．

综上，关于单个正态总体的均值的检验问题如表 13.1 所示．

表 13.1

检验法	H_0	H_1	检验统计量	拒绝域
u检验（σ已知）	$\mu \leqslant \mu_0$	$\mu > \mu_0$	$u = \frac{\overline{x}-\mu_0}{\sigma/\sqrt{n}}$	$\{u \geqslant u_{1-\alpha}\}$
	$\mu \geqslant \mu_0$	$\mu < \mu_0$		$\{u \leqslant u_{\alpha}\}$
	$\mu = \mu_0$	$\mu \neq \mu_0$		$\{|u| \geqslant u_{1-\alpha/2}\}$

续表

检验法	H_0	H_1	检验统计量	拒绝域
t 检验（σ 未知）	$\mu \leqslant \mu_0$	$\mu > \mu_0$	$t=\dfrac{\overline{X}-\mu}{S/\sqrt{n}}$	$\{t \geqslant t_{1-\alpha}(n-1)\}$
	$\mu \geqslant \mu_0$	$\mu < \mu_0$		$\{t \leqslant t_{\alpha}(n-1)\}$
	$\mu = \mu_0$	$\mu \neq \mu_0$		$\{\lvert t\rvert \geqslant t_{1-\alpha/2}(n-1)\}$

2. 两个正态总体均值差的检验（t 检验）

我们还可以用 t 检验法检验具有相同方差的两个正态总体均值差的假设．设 $X_1,X_2,\cdots,X_{n_1}$ 是来自正态总体 $N(\mu_1,\sigma^2)$ 的样本，$Y_1,Y_2,\cdots,Y_{n_2}$ 是来自正态总体 $N(\mu_2,\sigma^2)$ 的样本，且设两个样本独立．又分别记它们的样本均值为 $\overline{X},\overline{Y}$，记样本方差为 s_1^2,s_2^2．设 μ_1,μ_2,σ^2 均为未知．要特别注意的是，在这里假设两个总体的方差是相等的．现在来求检验问题

$$H_0:\mu_1-\mu_2=\delta \leftrightarrow H_1:\mu_1-\mu_2\neq\delta$$

（δ 为已知常数）的拒绝域．取显著性水平为 α．

引用下述检验统计量

$$t=\frac{(\overline{X}-\overline{Y})-\delta}{S_w\sqrt{\dfrac{1}{n_1}+\dfrac{1}{n_2}}},$$

其中，$S_w^2=\dfrac{(n_1-1)S_1^2+(n_2-1)S_2^2}{n_1+n_2-2}, S_w=\sqrt{S_w^2}$．

当 H_0 为真时，知 $t\sim t(n_1+n_2-2)$. 与单个总体的 t 检验法相仿，其拒绝域的形式为

$$\left|\frac{(\overline{X}-\overline{Y})-\delta}{S_w\sqrt{\dfrac{1}{n_1}+\dfrac{1}{n_2}}}\right|\geqslant k.$$

由

$$P\{当H_0为真拒绝H_0\}=P_{\mu_1-\mu_2=\delta}\left\{\left|\frac{(\overline{X}-\overline{Y})-\delta}{S_w\sqrt{\dfrac{1}{n_1}+\dfrac{1}{n_2}}}\right|\geqslant k\right\}=\alpha,$$

可得 $k=t_{\alpha/2}(n_1+n_2-2)$．于是得出拒绝域为

$$|t|=\left|\frac{(\overline{X}-\overline{Y})-\delta}{S_w\sqrt{\dfrac{1}{n_1}+\dfrac{1}{n_2}}}\right|\geqslant t_{\alpha/2}(n_1+n_2-2).$$

关于均值差的两个单边检验问题和两个正态总体的方差均为已知（不一定相等）的检验问题略．

例 13.3.5　从两处煤矿各抽样数次，测得其含灰率（%）如下．

甲矿：24.3, 20.8, 23.7, 21.3, 17.4.

乙矿：18.2, 16.9, 20.2, 16.7.

假定两煤矿的含灰率都服从正态分布，且方差相等，问甲、乙两煤矿的含灰率有无显著性差异（$\alpha = 0.05$）？

解　设ξ_1,ξ_2分别为甲、乙两煤矿的含灰率，从ξ_1得到的样本是$X_1,X_2,\cdots,X_{n_1}$，从ξ_2得到的样本是$Y_1,Y_2,\cdots,Y_{n_2}$，且两个样本相互独立，$\xi_1 \sim N(\mu_1,\sigma_1^2)$，虽然不知道$\sigma_1^2,\sigma_2^2$的值，但已知$\sigma_1^2=\sigma_2^2$，检验问题为

$$H_0:\mu_1=\mu_2 \leftrightarrow H_1:\mu_1\neq\mu_2$$

令

$$t=\frac{\overline{X}-\overline{Y}}{S_w\sqrt{\frac{1}{n_1}+\frac{1}{n_2}}},$$

其中，$S_w^2=\dfrac{(n_1-1)S_1^2+(n_2-1)S_2^2}{n_1+n_2-2}, S_w=\sqrt{S_w^2}$.

于是，得拒绝域为

$$|t|=\left|\frac{\overline{X}-\overline{Y}}{S_w\sqrt{\frac{1}{n_1}+\frac{1}{n_2}}}\right|\geqslant t_{\alpha/2}(n_1+n_2-2).$$

本例中，$n_1+n_2-2=7, t_{0.025}(7)=2.365$, 而

$$|t|=\left|\frac{21.5-18}{\sqrt{\frac{30.02+7.78}{7}}\cdot\sqrt{\frac{1}{5}+\frac{1}{4}}}\right|=2.245<2.365.$$

故接受H_0，认为甲、乙两煤矿的含灰率无显著性差异.

五、正态总体的方差检验

1. 单个正态总体的方差检验

设$x_1,\cdots,x_n$是来自$N(\mu,\sigma^2)$的样本，对方差亦可考虑如下 3 个检验问题.

$$\text{Ⅰ}\quad H_0:\sigma^2\leqslant\sigma_0^2 \leftrightarrow H_1:\sigma^2>\sigma_0^2.$$

$$\text{Ⅱ}\quad H_0:\sigma^2\geqslant\sigma_0^2 \leftrightarrow H_1:\sigma^2<\sigma_0^2.$$

$$\text{Ⅲ}\quad H_0:\sigma^2=\sigma_0^2 \leftrightarrow H_1:\sigma^2\neq\sigma_0^2.$$

其中，σ_0^2是已知常数．此处通常假定μ未知．它们采用的检验统计量是相同的，均为

$$\chi^2=\frac{(n-1)S^2}{\sigma_0^2}.$$

在$\sigma^2=\sigma_0^2$时，$\chi^2\sim\chi^2(n-1)$，于是，若取显著性水平为α，则对应 3 个检验问题的显著性水平为α的检验的拒绝域依次为

$$W_{\mathrm{I}}=\left\{\chi^2 \geqslant \chi^2_{1-\alpha}(n-1)\right\},$$
$$W_{\mathrm{II}}=\left\{\chi^2 \leqslant \chi^2_{\alpha}(n-1)\right\},$$
$$W_{\mathrm{III}}=\left\{\chi^2 \leqslant \chi^2_{\alpha/2}(n-1)\right\}\text{或}\left\{\chi^2 \geqslant \chi^2_{1-\alpha/2}(n-1)\right\}.$$

例 13.3.6　某炼铁厂的铁水含碳量 X 在正常情况下服从正态分布，现对工艺进行了某些改进，从中抽取 5 炉铁水测得的含碳量（%）分别为 4.421、4.052、4.357、4.287、4.683，据此是否可判断新工艺炼出的铁水含碳量的方差仍为 0.1082（$\alpha=0.05$）？

解　由题意可知：化肥重量 $X\sim N(\mu,\sigma^2)$，$\sigma^2=0.1082$，均值未知，要求对方差进行检验.

检验问题为

$$H_0:\sigma^2=0.1082 \leftrightarrow H_1:\sigma^2\neq 0.1082$$

由于均值未知，令

$$\chi^2=\frac{(n-1)S^2}{\sigma_0^2}.$$

如果 H_0 是正确的，$\chi^2\sim\chi^2(n-1)$，对给定的 $\alpha=0.05$，$\chi^2_{0.975}(4)=0.048$，$\chi^2_{0.025}(4)=11.14$，使 $P\left\{\chi^2\geqslant\chi^2_{\frac{\alpha}{2}}(n-1)\right\}=\dfrac{\alpha}{2}$，故可取 $\chi^2_{0.025}(4)=11.14$ 为临界值．在本例中

$$\chi^2=\frac{(n-1)S^2}{\sigma_0^2}=17.8543.$$

因为 $17.854\,3>11.14$，即观测值落在拒绝域内，所以拒绝原假设，即可判断新工艺炼出的铁水含碳量的方差不是 0.108 2.

例 13.3.7　某类钢板每块的重量 X 服从正态分布，某一项质量指标是钢板重量（单位：千克）的方差不得超过 0.016．现从某天生产的钢板中随机抽取 25 块，得其样本方差 $S^2=0.025$，问该天生产的钢板重量的方差是否满足要求.

解　这是关于正态总体的方差的单侧检验问题．原假设为 $H_0:\sigma^2\leqslant 0.016$，备择假设为 $H_1:\sigma^2>0.016$，此处 n=25，若取 $\alpha=0.05$，则查表知 $\chi^2_{0.95}(24)=36.415$，现计算可得

$$\chi^2=\frac{(n-1)S^2}{\sigma_0^2}=\frac{24\times 0.025}{0.016}=37.5>36.415.$$

由此可见，在显著性水平 0.05 下，我们拒绝原假设，认为该天生产的钢板重量不符合要求.

2. 两个正态总体的方差检验

设 $x_1,\cdots,x_m$ 是来自 $N(\mu_1,\sigma_1^2)$ 的样本，$y_1,\cdots,y_n$ 是来自 $N(\mu_2,\sigma_2^2)$ 的样本．考虑如下 3 个假设检验问题：

$$\text{I}\quad H_0:\sigma_1^2\leqslant\sigma_2^2 \leftrightarrow H_1:\sigma_1^2>\sigma_2^2.$$
$$\text{II}\quad H_0:\sigma_1^2\geqslant\sigma_2^2 \leftrightarrow H_1:\sigma_1^2<\sigma_2^2.$$
$$\text{III}\quad H_0:\sigma_1^2=\sigma_2^2 \leftrightarrow H_1:\sigma_1^2\neq\sigma_2^2.$$

此处，μ_1、μ_2 均未知，S_x^2、S_y^2 分别是由 $x_1,\cdots,x_m$ 算得的 σ_1^2 的无偏估计和 $y_1,\cdots,y_n$ 算得的 σ_2^2 的无偏估计（两个都是样本方差），则可建立如下的检验统计量

$$F=\frac{S_x^2}{S_y^2}.$$

当 $\sigma_1^2=\sigma_2^2$ 时，$F=\frac{S_x^2}{S_y^2}\sim F(m-1,n-1)$，由此给出 3 个检验问题对应的拒绝域依次为

$$W_{\mathrm{I}}=\left\{F\geqslant F_{1-\alpha}(m-1,n-1)\right\},$$
$$W_{\mathrm{II}}=\left\{F\leqslant F_{\alpha}(m-1,n-1)\right\},$$
$$W_{\mathrm{III}}=\left\{F\leqslant F_{\frac{\alpha}{2}}(m-1,n-1)\text{或}F\geqslant F_{1-\frac{\alpha}{2}}(m-1,n-1)\right\}.$$

例 13.3.8 甲、乙两台机床加工某种零件，零件的直径服从正态分布，总体方差反映了加工精度，为比较两台机床的加工精度有无差别，先从各自加工的零件中分别抽取 7 件产品和 8 件产品，测得其直径如下．

X（机床甲）：16.2, 16.8, 15.8, 15.5, 16.7, 15.6, 15.8；

Y（机床乙）：15.9, 16.0, 16.4, 16.1, 16.5, 15.8, 15.7, 15.0．

这就形成了一个双侧假设检验问题，原假设是 $H_0:\sigma_1^2=\sigma_2^2$，备择假设为 $H_1:\sigma_1^2\neq\sigma_2^2$．此处 $m=7,n=8$，经计算，$S_x^2=0.2729,S_y^2=0.2164,$ 于是 $F=\frac{0.2729}{0.2164}=1.261$，若取 $\alpha=0.05$，查表知 $F_{0.975}(6,7)=5.12$，$F_{0.025}(6,7)=\frac{1}{F_{0.975}(7,6)}=\frac{1}{5.70}=0.175.$ 其拒绝域为

$$W=\left\{F\leqslant 0.175\text{或}F\geqslant 5.12\right\}.$$

由此可见，样本未落入拒绝域，即在显著性水平 0.05 下可以认为两台机床的加工精度无显著差异．

习 题 13

1．某工厂生产滚珠．从某日生产的产品中随机抽取 9 个，测得直径（单位：毫米）如下：14.6, 14.7, 15.1, 14.9, 15.0, 14.8, 15.1, 15.2, 14.8．

用矩估计法估计该日生产的滚珠的平均直径和均方差．

2．设总体 X 的密度函数为

$$f(x)=\begin{cases}\theta x^{\theta-1}, & 0<x<1;\\ 0, & \text{其他}.\end{cases}$$

其中，$\theta>0$．求 θ 的极大似然估计量．

3．设总体 X 的密度函数为

$$f(x)=\begin{cases}(\alpha+1)\,x^{\alpha}, & 0<x<1;\\ 0, & \text{其他}.\end{cases}$$

求 α 的最大似然估计量和矩估计量．

4．某种袋装食品的重量服从正态分布．某一天随机地抽取 9 袋检验，重量（单位：克）为：510, 485, 505, 505, 490, 495, 520, 515, 490．

（1）若已知总体方差$\sigma^2=8.62$，求 μ 的置信度为 90%的置信区间；

（2）若已知总体方差未知，求 μ 的置信度为 95%的置信区间.

5．为了估计在报纸上做一次广告的平均费用，某厂家抽出了 20 家报社作随机样本，样本的均值和标准差分别为 575（元）和 120（元）．假定广告费用近似服从正态分布．求总体均值的置信度为 95%的置信区间.

6．从某一班中随机抽取了 16 名女生进行调查．她们平均每个星期花费 13 元买零食，样本标准差为 3 元．求此班所有女生每个星期平均花费在零食上的钱数的置信度为 95%的置信区间.（假设总体服从正态分布）

7．一家轮胎工厂在检验轮胎质量时抽取了 400 条轮胎做试验，其检查结果是这些轮胎的平均行驶里程是 20 000 千米，样本标准差为 6 000 千米．试求这家工厂的轮胎的平均行驶里程的置信区间，可靠度为 95%.

8．为了检验一种杂交作物的两种新处理方案，在同一地区随机地选择 8 块地段．在各试验地段，按两种方案处理作物，这 8 块地段的单位面积产量如下（单位：千克）.

一号方案产量：86, 87, 56, 93, 84, 93, 75, 79.

二号方案产量：80, 79, 58, 91, 77, 82, 74, 66.

假设两种产量都服从正态分布，分别为 $N(\mu_1,\sigma^2)$，$N(\mu_2,\sigma^2)$，σ^2 未知，求 $\mu1-\mu2$ 的置信度为 95%的置信区间.

9．为了比较两种型号的步枪的枪口速度，随机地取甲型子弹 10 发，算得枪口子弹的平均值 $\bar{x}$ =500(m/s)，标准差 S_1=1.10(m/s)；随机地取乙型子弹 20 发，得枪口速度平均值 $\bar{y}$ =496(m/s)，标准差 S_2=1.20(m/s)．设两个总体近似地服从正态分布，并且方差相等，求两个总体的均值之差的置信水平为 95%的置信区间.

10．为了估计参加业务训练的效果．某公司抽了 50 名参加过训练的职工进行水平测验，结果是平均得分为 4.5，样本方差为 1.8；抽了 60 名未参加训练的职工进行水平测验，其平均得分为 3.75，样本方差为 2.1．试求两个总体的均值之差的置信度为 95%的置信区间（设两个总体均服从正态分布）.

附录 A 常用函数的数值表

附表 1

常用的概率分布

分布	参数	分布律或密度函数	数学期望	方差
0-1 分布	$0<p<1$	$P\{X=k\}=p^k(1-p)^{1-k} \quad k=0,1$	p	$p(1-p)$
二项分布	$n\geqslant 1$, $0<p<1$	$P\{X=k\}=C_n^k p^k(1-p)^{n-k}$ $k=0,1,\cdots,n$	np	$np(1-p)$
几何分布	$0<p<1$	$P\{X=k\}=p(1-p)^{k-1} \quad k=1,2,\cdots$	$\frac{1}{p}$	$\frac{1-p}{p^2}$
泊松分布	$\lambda>0$	$P\{X=k\}=\frac{\lambda^k \mathrm{e}^{-\lambda}}{k!} \quad k=0,1,2,\cdots$	λ	λ
均匀分布	$a<b$	$f(x)=\begin{cases}\frac{1}{b-a}, & a<x<b \\ 0, & \text{其他.}\end{cases}$	$\frac{a+b}{2}$	$\frac{(b-a)^2}{12}$
指数分布	$\lambda>0$	$f(x)=\begin{cases}\lambda \mathrm{e}^{-\lambda x} & x>0 \\ 0, & x\leqslant 0\end{cases}$	$\frac{1}{\lambda}$	$\frac{1}{\lambda^2}$
正态分布	$\mu,\ \sigma>0$	$f(x)=\frac{1}{\sqrt{2\pi}\sigma}\mathrm{e}^{-\frac{(x-\mu)^2}{2\sigma^2}},-\infty<x<+\infty$	μ	σ^2
χ^2 分布	$n\geqslant 1$	$f(y)=\begin{cases}\frac{1}{2^{n/2}\Gamma(n/2)}y^{\frac{n}{2}-1}\mathrm{e}^{-\frac{y}{2}}, & y>0 \\ 0, & y\leqslant 0\end{cases}$	n	$2n$
t 分布	$n\geqslant 1$	$f(t)=\frac{\Gamma[(n+1)/2]}{\sqrt{n\pi}\Gamma(n/2)}\left(1+\frac{t^2}{n}\right)^{-(n+1)/2}$	0	$\frac{n}{n-2},\ n>2$
F 分布	n_1,n_2	$f(x)=\begin{cases}\frac{\Gamma[(n_1+n_2)/2]}{\Gamma(n_1/2)\Gamma(n_2/2)}\left(\frac{n_1}{n_2}\right)\left(\frac{n_1}{n_2}x\right)^{\frac{n_1-1}{2}}\left(1+\frac{n_1}{n_2}x\right)^{-\frac{n_1+n_2}{2}}, & x>0 \\ 0, & x\leqslant 0\end{cases}$	$\frac{n_2}{n_2-2}$, $n_2>2$	$\frac{2n_2(n_1+n_2-2)}{n_1(n_2-2)^2(n_2-4)}$, $n_2>4$

附表 2

泊松分布函数表

函数 $F(k)=\sum_{i=0}^{k}\frac{\lambda^i}{i!}\mathrm{e}^{-\lambda}$ 数值表

k	λ													
	0.1	0.2	0.3	0.4	0.5	0.6	0.7	0.8	0.9	1.0	1.5	2.0	2.5	3.0
0	0.9048	0.8187	0.7408	0.6703	0.6065	0.5488	0.4966	0.4493	0.4066	0.3679	0.2231	0.1353	0.0821	0.0498
1	0.9953	0.9825	0.9631	0.9384	0.9098	0.8781	0.8442	0.8088	0.7725	0.7358	0.5578	0.4060	0.2873	0.1991
2	0.9998	0.9989	0.9964	0.9921	0.9856	0.9769	0.9659	0.9526	0.9371	0.9197	0.8088	0.6767	0.5438	0.4232
3	1.0000	0.9999	0.9997	0.9992	0.9982	0.9966	0.9942	0.9909	0.9865	0.9810	0.9344	0.8571	0.7576	0.6472
4		1.0000	1.0000	0.9999	0.9998	0.9996	0.9992	0.9986	0.9977	0.9963	0.9814	0.9473	0.8912	0.8153

续表

k	λ													
	0.1	0.2	0.3	0.4	0.5	0.6	0.7	0.8	0.9	1.0	1.5	2.0	2.5	3.0
5				1.0000	1.0000	1.0000	0.9999	0.9998	0.9997	0.9994	0.9955	0.9834	0.9580	0.9161
6							1.0000	1.0000	1.0000	0.9999	0.9991	0.9955	0.9858	0.9665
7										1.0000	0.9998	0.9989	0.9958	0.9881
8											1.0000	0.9998	0.9989	0.9962
9												1.0000	0.9997	0.9989
10													0.9999	0.9997
11													1.0000	0.9999
12														1.0000

k	λ													
	3.5	4.0	4.5	5.0	5.5	6.0	6.5	7.0	7.5	8.0	8.5	9.0	9.5	10.0
0	0.0302	0.0183	0.0111	0.0067	0.0041	0.0025	0.0015	0.0009	0.0006	0.0003	0.0002	0.0001	0.0001	0.0000
1	0.1359	0.0916	0.0611	0.0404	0.0266	0.0174	0.0113	0.0073	0.0047	0.0030	0.0019	0.0012	0.0008	0.0005
2	0.3208	0.2381	0.1736	0.1247	0.0884	0.0620	0.0430	0.0296	0.0203	0.0138	0.0093	0.0062	0.0042	0.0028
3	0.5366	0.4335	0.3423	0.2650	0.2017	0.1512	0.1118	0.0818	0.0591	0.0424	0.0301	0.0212	0.0149	0.0103
4	0.7254	0.6288	0.5321	0.4405	0.3575	0.2851	0.2237	0.1730	0.1321	0.0996	0.0744	0.0550	0.0403	0.0293
5	0.8576	0.7851	0.7029	0.6160	0.5289	0.4457	0.3690	0.3007	0.2414	0.1912	0.1496	0.1157	0.0885	0.0671
6	0.9347	0.8893	0.8311	0.7622	0.6860	0.6063	0.5265	0.4497	0.3782	0.3134	0.2562	0.2068	0.1649	0.1301
7	0.9733	0.9489	0.9134	0.8666	0.8095	0.7440	0.6728	0.5987	0.5246	0.4530	0.3856	0.3239	0.2687	0.2202
8	0.9901	0.9786	0.9597	0.9319	0.8944	0.8472	0.7916	0.7291	0.6620	0.5925	0.5231	0.4557	0.3918	0.3328
9	0.9967	0.9919	0.9829	0.9682	0.9462	0.9161	0.8774	0.8305	0.7764	0.7166	0.6530	0.5874	0.5218	0.4579
10	0.9990	0.9972	0.9933	0.9863	0.9747	0.9574	0.9332	0.9015	0.8622	0.8159	0.7634	0.7060	0.6453	0.5830
11	0.9997	0.9991	0.9976	0.9945	0.9890	0.9799	0.9661	0.9467	0.9208	0.8881	0.8487	0.8030	0.7520	0.6968
12	0.9999	0.9997	0.9992	0.9980	0.9955	0.9912	0.9840	0.9730	0.9573	0.9362	0.9091	0.8758	0.8364	0.7916
13	1.0000	0.9999	0.9997	0.9993	0.9983	0.9964	0.9929	0.9872	0.9784	0.9658	0.9486	0.9261	0.8981	0.8645
14		1.0000	0.9999	0.9998	0.9994	0.9986	0.9970	0.9943	0.9897	0.9827	0.9726	0.9585	0.9400	0.9165
15			1.0000	0.9999	0.9998	0.9995	0.9988	0.9976	0.9954	0.9918	0.9862	0.9780	0.9665	0.9513
16				1.0000	0.9999	0.9998	0.9996	0.9990	0.9980	0.9963	0.9934	0.9889	0.9823	0.9730
17					1.0000	0.9999	0.9998	0.9996	0.9992	0.9984	0.9970	0.9947	0.9911	0.9857
18						1.0000	0.9999	0.9999	0.9997	0.9993	0.9987	0.9976	0.9957	0.9928
19							1.0000	1.0000	0.9999	0.9997	0.9995	0.9989	0.9980	0.9965
20									1.0000	0.9999	0.9998	0.9996	0.9991	0.9984
21										1.0000	0.9999	0.9998	0.9996	0.9993
22											1.0000	0.9999	0.9999	0.9997
23												1.0000	0.9999	0.9999

附表 3

函数 $\Phi(x)=\dfrac{1}{\sqrt{2\pi}}\int_{-\infty}^{x}\mathrm{e}^{-\frac{t^2}{2}}\mathrm{d}t$ 数值表

x	0	1	2	3	4	5	6	7	8	9
0.0	0.5000	0.5040	0.5080	0.5120	0.5160	0.5199	0.5239	0.5279	0.5319	0.5359
0.1	0.5398	0.5438	0.5478	0.5517	0.5557	0.5596	0.5636	0.5675	0.5714	0.5753

续表

x	0	1	2	3	4	5	6	7	8	9
0.2	0.5793	0.5832	0.5871	0.5910	0.5948	0.5987	0.6026	0.6064	0.6103	0.6141
0.3	0.6179	0.6217	0.6255	0.6293	0.6331	0.6368	0.6404	0.6443	0.6480	0.6517
0.4	0.6554	0.6591	0.6628	0.6664	0.6700	0.6736	0.6772	0.6808	0.6844	0.6879
0.5	0.6915	0.6950	0.6985	0.7019	0.7054	0.7088	0.7123	0.7157	0.7190	0.7224
0.6	0.7257	0.7291	0.7324	0.7357	0.7389	0.7422	0.7454	0.7486	0.7517	0.7549
0.7	0.7580	0.7611	0.7642	0.7673	0.7703	0.7734	0.7764	0.7794	0.7823	0.7852
0.8	0.7881	0.7910	0.7939	0.7967	0.7995	0.8023	0.8051	0.8078	0.8106	0.8133
0.9	0.8159	0.8186	0.8212	0.8238	0.8264	0.8289	0.8355	0.8340	0.8365	0.8389
1.0	0.8413	0.8438	0.8461	0.8485	0.8508	0.8531	0.8554	0.8577	0.8599	0.8621
1.1	0.8643	0.8665	0.8686	0.8708	0.8729	0.8749	0.8770	0.8790	0.8810	0.8830
1.2	0.8849	0.8869	0.8888	0.8907	0.8925	0.8944	0.8962	0.8980	0.8997	0.9015
1.3	0.9032	0.9049	0.9066	0.9082	0.9099	0.9115	0.9131	0.9147	0.9162	0.9177
1.4	0.9192	0.9207	0.9222	0.9236	0.9251	0.9265	0.9279	0.9292	0.9306	0.9319
1.5	0.9332	0.9345	0.9357	0.9370	0.9382	0.9394	0.9406	0.9418	0.9430	0.9441
1.6	0.9452	0.9463	0.9474	0.9484	0.9495	0.9505	0.9515	0.9525	0.9535	0.9535
1.7	0.9554	0.9564	0.9573	0.9582	0.9591	0.9599	0.9608	0.9616	0.9625	0.9633
1.8	0.9641	0.9648	0.9656	0.9664	0.9672	0.9678	0.9686	0.9693	0.9700	0.9706
1.9	0.9713	0.9719	0.9726	0.9732	0.9738	0.9744	0.9750	0.9756	0.9762	0.9767
2.0	0.9772	0.9778	0.9783	0.9788	0.9793	0.9798	0.9803	0.9808	0.9812	0.9817
2.1	0.9821	0.9826	0.9830	0.9834	0.9838	0.9842	0.9846	0.9850	0.9854	0.9857
2.2	0.9861	0.9864	0.9868	0.9871	0.9874	0.9878	0.9881	0.9884	0.9887	0.9890
2.3	0.9893	0.9896	0.9898	0.9901	0.9904	0.9906	0.9909	0.9911	0.9913	0.9916
2.4	0.9918	0.9920	0.9922	0.9925	0.9927	0.9929	0.9931	0.9932	0.9934	0.9936
2.5	0.9938	0.9940	0.9941	0.9943	0.9945	0.9946	0.9948	0.9949	0.9951	0.9952
2.6	0.9953	0.9955	0.9956	0.9957	0.9959	0.9960	0.9961	0.9962	0.9963	0.9964
2.7	0.9965	0.9966	0.9967	0.9968	0.9969	0.9970	0.9971	0.9972	0.9973	0.9974
2.8	0.9974	0.9975	0.9976	0.9977	0.9977	0.9978	0.9979	0.9979	0.9980	0.9981
2.9	0.9981	0.9982	0.9982	0.9983	0.9984	0.9984	0.9985	0.9985	0.9986	0.9986
3	0.9987	0.9990	0.9993	0.9995	0.9997	0.9998	0.9998	0.9999	0.9999	1.0000

附表 4

对应概率 $P\{\chi^2 > \chi_\alpha^2(n)\} = \dfrac{1}{2^{\frac{k}{2}}\Gamma\left(\dfrac{k}{2}\right)}\int_{\chi_\alpha^2}^{+\infty} x^{\frac{k}{2}-1}\mathrm{e}^{-\frac{x}{2}}\mathrm{d}x = \alpha$ 自由度 k 的 χ_α^2 数值表

k	α											
	0.995	0.99	0.975	0.95	0.9	0.75	0.5	0.25	0.1	0.05	0.025	0.01	0.005
1	…	…	…	…	0.02	0.1	0.45	1.32	2.71	3.84	5.02	6.63	7.88
2	0.01	0.02	0.02	0.1	0.21	0.58	1.39	2.77	4.61	5.99	7.38	9.21	10.6
3	0.07	0.11	0.22	0.35	0.58	1.21	2.37	4.11	6.25	7.81	9.35	11.34	12.84
4	0.21	0.3	0.48	0.71	1.06	1.92	3.36	5.39	7.78	9.49	11.14	13.28	14.86
5	0.41	0.55	0.83	1.15	1.61	2.67	4.35	6.63	9.24	11.07	12.83	15.09	16.75
6	0.68	0.87	1.24	1.64	2.2	3.45	5.35	7.84	10.64	12.59	14.45	16.81	18.55
7	0.99	1.24	1.69	2.17	2.83	4.25	6.35	9.04	12.02	14.07	16.01	18.48	20.28
8	1.34	1.65	2.18	2.73	3.4	5.07	7.34	10.22	13.36	15.51	17.53	20.09	21.96

续表

k	α												
	0.995	0.99	0.975	0.95	0.9	0.75	0.5	0.25	0.1	0.05	0.025	0.01	0.005
9	1.73	2.09	2.7	3.33	4.17	5.9	8.34	11.39	14.68	16.92	19.02	21.67	23.59
10	2.16	2.56	3.25	3.94	4.87	6.74	9.34	12.55	15.99	18.31	20.48	23.21	25.19
11	2.6	3.05	3.82	4.57	5.58	7.58	10.34	13.7	17.28	19.68	21.92	24.72	26.76
12	3.07	3.57	4.4	5.23	6.3	8.44	11.34	14.85	18.55	21.03	23.34	26.22	28.3
13	3.57	4.11	5.01	5.89	7.04	9.3	12.34	15.98	19.81	22.36	24.74	27.69	29.82
14	4.07	4.66	5.63	6.57	7.79	10.17	13.34	17.12	21.06	23.68	26.12	29.14	31.32
15	4.6	5.23	6.27	7.26	8.55	11.04	14.34	18.25	22.31	25	27.49	30.58	32.8
16	5.14	5.81	6.91	7.96	9.31	11.91	15.34	19.37	23.54	26.3	28.85	32	34.27
17	5.7	6.41	7.56	8.67	10.09	12.79	16.34	20.49	24.77	27.59	30.19	33.41	35.72
18	6.26	7.01	8.23	9.39	10.86	13.68	17.34	21.6	25.99	28.87	31.53	34.81	37.16
19	6.84	7.63	8.91	10.12	11.65	14.56	18.34	22.72	27.2	30.14	32.85	36.19	38.58
20	7.43	8.26	9.59	10.85	12.44	15.45	19.34	23.83	28.41	31.41	34.17	37.57	40
21	8.03	8.9	10.28	11.59	13.24	16.34	20.34	24.93	29.62	32.67	35.48	38.93	41.4
22	8.64	9.54	10.98	12.34	14.04	17.24	21.34	26.04	30.81	33.92	36.78	40.29	42.8
23	9.26	10.2	11.69	13.09	14.85	18.14	22.34	27.14	32.01	35.17	38.08	41.64	44.18
24	9.89	10.86	12.4	13.85	15.66	19.04	23.34	28.24	33.2	36.42	39.36	42.98	45.56
25	10.52	11.52	13.12	14.61	16.47	19.94	24.34	29.34	34.38	37.65	40.65	44.31	46.93
26	11.16	12.2	13.84	15.38	17.29	20.84	25.34	30.43	35.56	38.89	41.92	45.64	48.29
27	11.81	12.88	14.57	16.15	18.11	21.75	26.34	31.53	36.74	40.11	43.19	46.96	49.64
28	12.46	13.56	15.31	16.93	18.94	22.66	27.34	32.62	37.92	41.34	44.46	48.28	50.99
29	13.12	14.26	16.05	17.71	19.77	23.57	28.34	33.71	39.09	42.56	45.72	49.59	52.34
30	13.79	14.95	16.79	18.49	20.6	24.48	29.34	34.8	40.26	43.77	46.98	50.89	53.67
40	20.71	22.16	24.43	26.51	29.05	33.66	39.34	45.62	51.8	55.76	59.34	63.69	66.77
50	27.99	29.71	32.36	34.76	37.69	42.94	49.33	56.33	63.17	67.5	71.42	76.15	79.49
60	35.53	37.48	40.48	43.19	46.46	52.29	59.33	66.98	74.4	79.08	83.3	88.38	91.95
70	43.28	45.44	48.76	51.74	55.33	61.7	69.33	77.58	85.53	90.53	95.02	100.42	104.22
80	51.17	53.54	57.15	60.39	64.28	71.14	79.33	88.13	96.58	101.88	106.63	112.33	116.32
90	59.2	61.75	65.65	69.13	73.29	80.62	89.33	98.64	107.56	113.14	118.14	124.12	128.3
100	67.33	70.06	74.22	77.93	82.36	90.13	99.33	109.14	118.5	124.34	129.56	135.81	140.17

附表 5

对应概率 $P\{t > t_\alpha\} = \dfrac{\Gamma\left(\dfrac{k+1}{2}\right)}{\sqrt{2k}\left(\dfrac{k}{2}\right)}\displaystyle\int_{t_\alpha}^{+\infty}\left(1+\frac{x^2}{k}\right)^{-\frac{k+1}{2}}\mathrm{d}x = \alpha$ 自由度 k 的 t_α数值表

k	α											
	0.45	0.4	0.35	0.3	0.25	0.2	0.15	0.1	0.05	0.025	0.01	0.005
1	0.158	0.325	0.510	0.727	1.000	1.376	1.963	3.078	6.314	12.706	31.821	63.657
2	0.142	0.289	0.445	0.617	0.816	1.061	1.386	1.886	2.920	4.303	6.965	9.925
3	0.137	0.277	0.424	0.584	0.765	0.978	1.250	1.638	2.353	3.182	4.541	5.841
4	0.134	0.271	0.414	0.569	0.741	0.941	1.190	1.533	2.132	2.776	3.747	4.604
5	0.132	0.267	0.408	0.559	0.727	0.920	1.156	1.476	2.015	2.571	3.365	4.032
6	0.131	0.265	0.404	0.553	0.718	0.906	1.134	1.440	1.943	2.447	3.143	3.707
7	0.130	0.263	0.402	0.549	0.711	0.896	1.119	1.415	1.895	2.365	2.998	3.499

续表

k	α											
	0.45	0.4	0.35	0.3	0.25	0.2	0.15	0.1	0.05	0.025	0.01	0.005
8	0.130	0.262	0.399	0.546	0.706	0.889	1.108	1.397	1.860	2.306	2.896	3.355
9	0.129	0.261	0.398	0.543	0.703	0.883	1.100	1.383	1.833	2.262	2.821	3.250
10	0.129	0.260	0.397	0.542	0.700	0.879	1.093	1.372	1.812	2.228	2.764	3.169
11	0.129	0.260	0.396	0.540	0.697	0.876	1.088	1.363	1.796	2.201	2.718	3.106
12	0.128	0.259	0.395	0.539	0.695	0.873	1.083	1.356	1.782	2.179	2.681	3.055
13	0.128	0.259	0.394	0.538	0.694	0.870	1.079	1.350	1.771	2.160	2.650	3.012
14	0.128	0.258	0.393	0.537	0.692	0.868	1.076	1.345	1.761	2.145	2.624	2.977
15	0.128	0.258	0.393	0.536	0.691	0.866	1.074	1.341	1.753	2.131	2.602	2.947
16	0.128	0.258	0.392	0.535	0.690	0.865	1.071	1.337	1.746	2.120	2.583	2.921
17	0.128	0.257	0.392	0.534	0.689	0.863	1.069	1.333	1.740	2.110	2.567	2.898
18	0.127	0.257	0.392	0.534	0.688	0.862	1.067	1.330	1.734	2.101	2.552	2.878
19	0.127	0.257	0.391	0.533	0.688	0.861	1.066	1.328	1.729	2.093	2.539	2.861
20	0.127	0.257	0.391	0.533	0.687	0.860	1.064	1.325	1.725	2.086	2.528	2.845
21	0.127	0.257	0.391	0.532	0.686	0.859	1.063	1.323	1.721	2.080	2.518	2.831
22	0.127	0.256	0.390	0.532	0.686	0.858	1.061	1.321	1.717	2.074	2.508	2.819
23	0.127	0.256	0.390	0.532	0.685	0.858	1.060	1.319	1.714	2.069	2.500	2.807
24	0.127	0.256	0.390	0.531	0.685	0.857	1.059	1.318	1.711	2.064	2.492	2.797
25	0.127	0.256	0.390	0.531	0.684	0.856	1.058	1.316	1.708	2.060	2.485	2.787
26	0.127	0.256	0.390	0.531	0.684	0.856	1.058	1.315	1.706	2.056	2.479	2.779
27	0.127	0.256	0.389	0.531	0.684	0.855	1.057	1.314	1.703	2.052	2.473	2.771
28	0.127	0.256	0.389	0.530	0.683	0.855	1.056	1.313	1.701	2.048	2.467	2.763
29	0.127	0.256	0.389	0.530	0.683	0.854	1.055	1.311	1.699	2.045	2.462	2.756
30	0.127	0.256	0.389	0.530	0.683	0.854	1.055	1.310	1.697	2.042	2.457	2.750
40	0.126	0.255	0.388	0.529	0.681	0.851	1.050	1.303	1.684	2.021	2.423	2.704
50	0.126	0.255	0.388	0.528	0.679	0.849	1.047	1.299	1.676	2.009	2.403	2.678
60	0.126	0.254	0.387	0.527	0.679	0.848	1.045	1.296	1.671	2.000	2.390	2.660
70	0.126	0.254	0.387	0.527	0.678	0.847	1.044	1.294	1.667	1.994	2.381	2.648
80	0.126	0.254	0.387	0.526	0.678	0.846	1.043	1.292	1.664	1.990	2.374	2.639
90	0.126	0.254	0.387	0.526	0.677	0.846	1.042	1.291	1.662	1.987	2.368	2.632
100	0.126	0.254	0.386	0.526	0.677	0.845	1.042	1.290	1.660	1.984	2.364	2.626
200	0.126	0.254	0.386	0.525	0.676	0.843	1.039	1.286	1.653	1.972	2.345	2.601
500	0.126	0.253	0.386	0.525	0.675	0.842	1.038	1.283	1.648	1.965	2.334	2.586
1000	0.126	0.253	0.385	0.525	0.675	0.842	1.037	1.282	1.646	1.962	2.330	2.581
∞	0.126	0.253	0.385	0.524	0.674	0.842	1.036	1.282	1.645	1.960	2.326	2.576

附录 B　部分习题参考答案

习题 1

1．（1）-2；　（2）1；　（3）0；　（4）7.

2．-2.

3．n^n.

4．$(-1)^n a$.

5．（略）.

6．（1）x^4；（2）$a_1a_2a_3a_4-a_1b_2b_3a_4-b_1a_2a_3b_4+b_1b_2b_3b_4$；（3）48；（4）160.

7．（1）$x=-3,\ x=\sqrt{3}$ 或 $x=-\sqrt{3}$；（2）$x=a,\ x=b,$ 或 $x=c$.

8．（略）.

9．（1）$x^n+(-1)^{n+1}y^n\ \ (n\geqslant 2)$；（2）$-2(n-2)!\ (n\geqslant 2)$；

（3）$\dfrac{1}{2}(-1)^{n-1}(n+1)!$；（4）$\dfrac{1}{2}[(x+a)^n+(x-a)^n]$.

10．24.

11．$\lambda=-1$ 或 $\lambda=4$.

12．（1）$x_1=2,\ x_2=-2,\ x_3=3$；（2）$x_1=1,\ x_2=1,\ x_3=1,\ x_4=1$.

13．（略）.

习题 2

1．2^{n+1}，$(-1)^n 2^{n+2}$.

2．-16.

3．$a_1b_1+a_2b_2+\cdots a_nb_n$，$\begin{pmatrix} a_1b_1 & a_1b_2 & \cdots & a_1b_n \\ a_2b_1 & a_2b_2 & \cdots & a_2b_n \\ \vdots & \vdots & \ddots & \vdots \\ a_nb_1 & a_nb_2 & \cdots & a_nb_n \end{pmatrix}$.

4．$\begin{pmatrix} 2^k & 0 & 0 \\ 0 & 3^k & 0 \\ 0 & 0 & 4^k \end{pmatrix}$.

5．（1）$\boldsymbol{A}_1=\begin{pmatrix} a_1 & a_2 & a_3 & a_4 \\ c_1 & c_2 & c_3 & c_4 \\ b_1 & b_2 & b_3 & b_4 \end{pmatrix}$，$\boldsymbol{A}_2=\begin{pmatrix} a_1 & a_2 & a_3 & a_4 \\ b_1 & b_2 & b_3 & b_4 \\ c_1-2b_1 & c_2-2b_2 & c_3-2b_3 & c_4-2b_4 \end{pmatrix}$，

$\boldsymbol{A}_3=\begin{pmatrix} a_1 & a_2 & a_3 & a_4 \\ 3b_1 & 3b_2 & 3b_3 & 3b_4 \\ c_1 & c_2 & c_3 & c_4 \end{pmatrix}$.

（2）$\boldsymbol{B}_1=\begin{pmatrix} a_1 & a_3 & a_2 & a_4 \\ b_1 & b_3 & b_2 & b_4 \\ c_1 & c_3 & c_2 & c_4 \end{pmatrix}$，$\boldsymbol{B}_2=\begin{pmatrix} a_1 & a_2-2a_3 & a_3 & a_4 \\ b_1 & b_2-2b_3 & b_3 & b_4 \\ c_1 & c_2-2c_3 & c_3 & c_4 \end{pmatrix}$，

$\boldsymbol{B}_3=\begin{pmatrix} a_1 & 3a_2 & a_3 & a_4 \\ b_1 & 3b_2 & b_3 & b_4 \\ c_1 & 3c_2 & c_3 & c_4 \end{pmatrix}$.

6．$\boldsymbol{P}_1\boldsymbol{P}_2\boldsymbol{A}^{-1}$或$\boldsymbol{P}_2\boldsymbol{P}_1\boldsymbol{A}^{-1}$($\boldsymbol{B}$ 是 $\boldsymbol{A}$ 经两个列变换所得，故 $\boldsymbol{B}$ 为 $\boldsymbol{A}$ 右乘初等矩阵所得：$\boldsymbol{B}=\boldsymbol{A}\boldsymbol{P}_2\boldsymbol{P}_1$，从而 $\boldsymbol{B}^{-1}=\boldsymbol{P}_1^{-1}\boldsymbol{P}_2^{-1}\boldsymbol{A}^{-1}=\boldsymbol{P}_1\boldsymbol{P}_2\boldsymbol{A}^{-1}$).

7．C　8．C　9．A　10．B　11．D

12．（1）$\begin{pmatrix} 2 & -13 & -22 \\ 2 & 17 & -20 \\ -4 & -29 & 2 \end{pmatrix}$；（2）$\begin{pmatrix} -6 & 4 & 2 \\ 0 & 2 & 2 \\ 0 & 4 & 4 \end{pmatrix}$.

13．（1）$\begin{pmatrix} 3 & 2 & 1 \\ 6 & 4 & 2 \\ 9 & 6 & 3 \end{pmatrix}$；（2）$\begin{pmatrix} 2 & -3 \\ -3 & -7 \\ 8 & 15 \end{pmatrix}$；（3）$\begin{pmatrix} -6 & 29 \\ 5 & 32 \end{pmatrix}$；

（4）$a_{11}x_1^{\ 2}+a_{22}x_2^{\ 2}+a_{33}x_3^{\ 2}+2a_{12}x_1x_2+2a_{13}x_1x_3+2a_{23}x_2x_3$.

14．$\begin{cases} x_1=2z_2, \\ x_2=10z_1-2z_2+z_3, \\ x_3=-6z_1-3z_2+11z_3. \end{cases}$

15．$\begin{pmatrix} \lambda^{n-1} & n\lambda^{n-1} & \dfrac{n(n-1)}{2}\lambda^{n-2} \\ 0 & \lambda^{n-1} & n\lambda^{n-1} \\ 0 & 0 & \lambda^{n-1} \end{pmatrix}(n\geqslant 2)$

16．（略）.

17．（1）$\dfrac{1}{5}\begin{pmatrix} 4 & -1 \\ -3 & 2 \end{pmatrix}$；（2）$\begin{pmatrix} \cos\theta & \sin\theta \\ -\sin\theta & \cos\theta \end{pmatrix}$；

（3）$\begin{pmatrix} 13 & -9 & 2 \\ 5 & -4 & 1 \\ 7 & -5 & 1 \end{pmatrix}$；（4）$\begin{pmatrix} \frac{1}{a_1} & & & \\ & \frac{1}{a_2} & & \\ & & \ddots & \\ & & & \frac{1}{a_n} \end{pmatrix}$.

18．（1）$\begin{pmatrix} 2 & -5 \\ 0 & 4 \end{pmatrix}$；（2）$\begin{pmatrix} 0 & 2 & 1 \\ 3 & 2 & 1 \end{pmatrix}$；（3）$\begin{pmatrix} 1 & 1 \\ \frac{1}{4} & 0 \end{pmatrix}$.

19．（1）$\begin{cases} x_1 = 1, \\ x_2 = 0, \\ x_3 = 0. \end{cases}$ （2）$\begin{cases} x_1 = 5, \\ x_2 = 0, \\ x_3 = 3. \end{cases}$

20．$\begin{cases} y_1 = -2x_1 + x_2, \\ y_2 = -\frac{13}{2}x_1 + 3x_2 - \frac{1}{2}x_3, \\ y_3 = -16x_1 + 7x_2 - x_3. \end{cases}$

21．$\boldsymbol{B} = \begin{pmatrix} 3 & -8 & -6 \\ 2 & -9 & -6 \\ -2 & 12 & 9 \end{pmatrix}$.

22．$|\boldsymbol{B} - 2\boldsymbol{E}| = -2$.

23．$\boldsymbol{A}^{2\,011} - 2\boldsymbol{A}^{2\,010} = 0$.

24．$\varphi(A) = 4\begin{pmatrix} 1 & 1 & 1 \\ 1 & 1 & 1 \\ 1 & 1 & 1 \end{pmatrix}$.

25．$\boldsymbol{A}^{-1} = -\frac{1}{4}(\boldsymbol{A} - 2\boldsymbol{E})$，$(\boldsymbol{A} - 3\boldsymbol{E})^{-1} = -\frac{1}{7}(\boldsymbol{A} + \boldsymbol{E})$.

26～27.（略）.

28．$|\boldsymbol{A}^8| = 10^{16}$，$\boldsymbol{A}^4 = \begin{pmatrix} 5^4 & & & \\ & 5^4 & & \\ & & 2^4 & \\ & & 2^6 & 2^4 \end{pmatrix}$.

29．（1）$\begin{pmatrix} \boldsymbol{O} & \boldsymbol{B}^{-1} \\ \boldsymbol{A}^{-1} & \boldsymbol{O} \end{pmatrix}$；（2）$\begin{pmatrix} \boldsymbol{A}^{-1} & \boldsymbol{O} \\ -\boldsymbol{B}^{-1}\boldsymbol{C}\boldsymbol{A}^{-1} & \boldsymbol{B}^{-1} \end{pmatrix}$.

30．（1）$\boldsymbol{A} = -\frac{1}{14}\begin{pmatrix} 6 & -8 & 0 & 0 \\ -8 & 6 & 0 & 0 \\ 0 & 0 & -14 & 49 \\ 0 & 0 & 14 & -56 \end{pmatrix}$；（2）$\boldsymbol{A}^{-1} = \frac{1}{24}\begin{pmatrix} 24 & 0 & 0 & 0 \\ -12 & 12 & 0 & 0 \\ -12 & -4 & 8 & 0 \\ 3 & -5 & -2 & 6 \end{pmatrix}$.

31. $\boldsymbol{P}=\begin{pmatrix}1 & 0\\ -\frac{2}{3} & \frac{1}{3}\end{pmatrix}$, $\boldsymbol{Q}=\begin{pmatrix}1 & 0 & 0\\ 0 & 0 & 1\\ 0 & 1 & 0\end{pmatrix}$.

习题 3

1. D　2. B　3. C　4. C　5. A　6. C.

7.（1）$\boldsymbol{\beta}=\frac{5}{4}\boldsymbol{\alpha}_1+\frac{1}{4}\boldsymbol{\alpha}_2-\frac{1}{4}\boldsymbol{\alpha}_3-\frac{1}{4}\boldsymbol{\alpha}_4$；（2）$\boldsymbol{\beta}=\boldsymbol{\alpha}_1-\boldsymbol{\alpha}_3$.

8.（1）线性相关，$\boldsymbol{\alpha}_3=\boldsymbol{\alpha}_1+\boldsymbol{\alpha}_2$；（2）线性无关.

9. $a=2$ 或 $a=-1$.

10. $a=15$, $b=5$.

11～12.（略）.

13.（1）$R(\boldsymbol{\alpha}_1,\boldsymbol{\alpha}_2,\boldsymbol{\alpha}_3)=2$, 最大线性无关组为 $\boldsymbol{\alpha}_1,\boldsymbol{\alpha}_2$；

（2）$R(\boldsymbol{\alpha}_1,\boldsymbol{\alpha}_2,\boldsymbol{\alpha}_3,\boldsymbol{\alpha}_4)=2$, 最大线性无关组为 $\boldsymbol{\alpha}_1,\boldsymbol{\alpha}_2$.

14.（1）最大线性无关组：$\boldsymbol{a}_1,\boldsymbol{a}_2,\boldsymbol{a}_3$；　$\boldsymbol{a}_4=\frac{8}{5}\boldsymbol{a}_1-\boldsymbol{a}_2+2\boldsymbol{a}_3$；

（2）最大线性无关组：$\boldsymbol{a}_1,\boldsymbol{a}_2,\boldsymbol{a}_3$；　$\boldsymbol{a}_4=\boldsymbol{a}_1+3\boldsymbol{a}_2-\boldsymbol{a}_3, \boldsymbol{a}_5=-\boldsymbol{a}_2+\boldsymbol{a}_3$.

15. $a=-2$.

16. $a=2$, $b=5$.

17～19.（略）.

20. $\frac{5}{4},\frac{1}{4},-\frac{1}{4},-\frac{1}{4}$.

21. $\begin{pmatrix}2 & 3 & 4\\ 0 & -1 & 0\\ -1 & 0 & -1\end{pmatrix}$.

习题 4

1. B　2. C　3. D　4. A　5. B　6. D.

7. $c_1\begin{pmatrix}2\\5\\8\end{pmatrix}+c_2\begin{pmatrix}3\\6\\9\end{pmatrix}$.

8. $t\neq\pm1$.

9. $a=-2$.

10. $\begin{pmatrix}1\\2\\3\\4\end{pmatrix}+C\begin{pmatrix}2\\3\\4\\5\end{pmatrix}$.

11. (1) $\begin{pmatrix}x_1\\x_2\\x_3\\x_4\end{pmatrix}=c_1\begin{pmatrix}\frac{2}{7}\\\frac{5}{7}\\1\\0\end{pmatrix}+c_2\begin{pmatrix}\frac{3}{7}\\\frac{4}{7}\\0\\1\end{pmatrix}(c_1,c_2\in\mathbf{R})$;(2) $\begin{pmatrix}x_1\\x_2\\x_3\\x_4\end{pmatrix}=c_1\begin{pmatrix}-\frac{3}{2}\\\frac{7}{2}\\1\\0\end{pmatrix}+c_2\begin{pmatrix}-1\\-2\\0\\1\end{pmatrix}$;

(3) $\begin{pmatrix}x_1\\x_2\\x_3\\x_4\\x_5\end{pmatrix}=c_1\begin{pmatrix}0\\0\\0\\1\\1\end{pmatrix}$;(4) $\begin{pmatrix}x_1\\x_2\\\vdots\\x_{n-1}\\x_n\end{pmatrix}=c_1\begin{pmatrix}1\\0\\\vdots\\0\\-n\end{pmatrix}+c_2\begin{pmatrix}0\\1\\\vdots\\0\\1-n\end{pmatrix}+\cdots+c_{n-1}\begin{pmatrix}0\\0\\\vdots\\1\\-2\end{pmatrix}$.

12. (1) $\begin{pmatrix}x_1\\x_2\\x_3\\x_4\end{pmatrix}=c_1\begin{pmatrix}-1\\1\\1\\0\end{pmatrix}+\begin{pmatrix}-8\\13\\0\\2\end{pmatrix}$;(2) $\begin{pmatrix}x_1\\x_2\\x_3\\x_4\end{pmatrix}=c_1\begin{pmatrix}-9\\1\\7\\0\end{pmatrix}+c_2\begin{pmatrix}-4\\0\\\frac{7}{2}\\1\end{pmatrix}+\begin{pmatrix}-17\\0\\14\\0\end{pmatrix}$;

(3) $\begin{pmatrix}x_1\\x_2\\x_3\\x_4\end{pmatrix}=c_1\begin{pmatrix}-9\\1\\0\\11\end{pmatrix}+c_2\begin{pmatrix}-4\\0\\1\\5\end{pmatrix}+\begin{pmatrix}8\\0\\0\\-10\end{pmatrix}$;(4) $\begin{pmatrix}x_1\\x_2\\x_3\\x_4\\x_5\end{pmatrix}=c_1\begin{pmatrix}-\frac{1}{2}\\-\frac{1}{2}\\0\\-\frac{1}{2}\\1\end{pmatrix}+\begin{pmatrix}0\\-1\\0\\-1\\0\end{pmatrix}$.

13. (1) $\lambda\neq1,-2$;(2) $\lambda=-2$;(3) $\lambda=1$.

14. $\lambda\neq1$, 且 $\lambda\neq10$ 时有唯一的解; $\lambda=10$ 时无解; $\lambda=1$ 时有无穷多解,且通解为
$\begin{pmatrix}x_1\\x_2\\x_3\end{pmatrix}=c_1\begin{pmatrix}-2\\1\\0\end{pmatrix}+c_2\begin{pmatrix}2\\0\\1\end{pmatrix}+\begin{pmatrix}1\\0\\0\end{pmatrix}$.

15. 当 $a\neq-2$ 且 $a\neq1$ 时,方程有唯一解, $\boldsymbol{X}=\begin{pmatrix}1&\frac{3a}{a+2}\\0&\frac{a-4}{a+2}\\-1&0\end{pmatrix}$;当 $a=-2$ 时,方程无解;

$a=1$时，方程有无穷多解，$\boldsymbol{X}=\begin{pmatrix}1 & 1\\ -c_1-1 & -c_2-1\\ c_1 & c_2\end{pmatrix}$.

16．（1）基础解系为$\begin{pmatrix}0\\0\\1\\0\end{pmatrix},\begin{pmatrix}-1\\1\\0\\1\end{pmatrix}$；（2）公共解为$c\begin{pmatrix}1\\-1\\-1\\-1\end{pmatrix}$, c为任意常数.

17．（1）$|\boldsymbol{A}|=1-a^4$；（2）$a=-1$时有无穷多解，通解为$\begin{pmatrix}x_1\\x_2\\x_3\\x_4\end{pmatrix}=c\begin{pmatrix}1\\1\\1\\1\end{pmatrix}+\begin{pmatrix}0\\-1\\0\\0\end{pmatrix}$.

18．（1）证明略；（2）$a=2,b=-3$，通解为$\begin{pmatrix}x_1\\x_2\\x_3\\x_4\end{pmatrix}=c_1\begin{pmatrix}-2\\1\\1\\0\end{pmatrix}+c_2\begin{pmatrix}4\\-5\\0\\1\end{pmatrix}+\begin{pmatrix}2\\-3\\0\\0\end{pmatrix}$.

19～22．（略）.

习题5

1．（1）特征值：$\frac{3}{2}\pm\frac{\sqrt{37}}{2}$，特征向量：$\left(6,1\mp\sqrt{37}\right)^{\mathrm{T}}$；

（2）特征值：1，特征向量：$(0,1,1)^{\mathrm{T}}$；特征值：2(二重)，特征向量：$(1,1,0)^{\mathrm{T}}$；

（3）特征值：2（三重），特征向量：$(1,1,0)^{\mathrm{T}},(0,1,1)^{\mathrm{T}}$；

（4）特征值：1（三重），特征向量：$(-1,1,1)^{\mathrm{T}}$.

2．$x=4$；$(1,-1,0)^{\mathrm{T}},(1,0,4)^{\mathrm{T}}$；$(-1,-1,1)^{\mathrm{T}}$.

3．若$\boldsymbol{Ax}=\lambda\boldsymbol{x}$，则$\boldsymbol{A}^*\boldsymbol{x}=\frac{|\boldsymbol{A}|}{\lambda}\boldsymbol{x}$.

4．成立.

5．-2.

6．$2\begin{pmatrix}4(-1)^n-3\cdot 2^n & 2(-1)^{n+1}+2^{n+1}\\ 6(-1)^n-3\cdot 2^{n+1} & 3(-1)^{n+1}+2^{n+2}\end{pmatrix}$.

7．可对角化，解答略.

8．$\begin{pmatrix}21 & -10\\ 10 & -4\end{pmatrix}$；$\frac{1}{3}\begin{pmatrix}-1+(-2)^{k+2} & 2+(-2)^{k+1}\\ -2-(-2)^{k+1} & 4-(-2)^k\end{pmatrix}$.

9. $\begin{pmatrix} 4\cdot(5)^{k-1}-5\cdot(-5)^{k-1} & 2\cdot(5)^{k-1}+2\cdot(-5)^{k-1} & 0 & 0 \\ 2\cdot(5)^{k-1}+2\cdot(-5)^{k-1} & 5^{k-1}-4\cdot(-5)^{k-1} & 0 & 0 \\ 0 & 0 & 2^k & k\cdot 2^{k+1} \\ 0 & 0 & 0 & 2^k \end{pmatrix}$.

10.（1）$\begin{pmatrix} \frac{1}{\sqrt{5}} & \frac{4}{\sqrt{45}} & \frac{2}{3} \\ \frac{-2}{\sqrt{5}} & \frac{2}{\sqrt{45}} & \frac{1}{3} \\ 0 & \frac{-5}{\sqrt{45}} & \frac{2}{3} \end{pmatrix}, \begin{pmatrix} -1 & & \\ & -1 & \\ & & 8 \end{pmatrix}$；（2）$\begin{pmatrix} \frac{1}{\sqrt{10}} & \frac{-3}{\sqrt{14}} & \frac{-3}{\sqrt{35}} \\ 0 & \frac{2}{\sqrt{14}} & \frac{-5}{\sqrt{35}} \\ \frac{3}{\sqrt{10}} & \frac{1}{\sqrt{14}} & \frac{1}{\sqrt{35}} \end{pmatrix}, \begin{pmatrix} 1 & & \\ & -1 & \\ & & 6 \end{pmatrix}$；

（3）$\begin{pmatrix} \frac{1}{\sqrt{3}} & \frac{-1}{\sqrt{2}} & \frac{1}{\sqrt{6}} \\ \frac{1}{\sqrt{3}} & \frac{1}{\sqrt{2}} & \frac{1}{\sqrt{6}} \\ \frac{1}{\sqrt{3}} & 0 & \frac{-2}{\sqrt{6}} \end{pmatrix}, \begin{pmatrix} 3 & & \\ & 1 & \\ & & -3 \end{pmatrix}$；（4）$\frac{1}{2}\begin{pmatrix} 1 & 1 & 1 & 1 \\ -1 & -1 & 1 & 1 \\ 1 & -1 & 1 & -1 \\ -1 & 1 & 1 & -1 \end{pmatrix}, \begin{pmatrix} 3 & & & \\ & -3 & & \\ & & 5 & \\ & & & -5 \end{pmatrix}$.

11. $x=0, y=1$.

12.（1）$a=-3, b=0$，ξ 对应的特征值 $\lambda=-1$；（2）$\boldsymbol{A}$ 不能与对角矩阵相似.

13. $\lambda_0=-1, a=c=4, b=-3$.

14. $x=-2, y=2, \lambda_2=6$；$\boldsymbol{P}=\begin{pmatrix} 1 & 1 & 1 \\ -1 & 0 & -2 \\ 0 & 1 & 3 \end{pmatrix}, \boldsymbol{\Lambda}=\begin{pmatrix} 2 & & \\ & 2 & \\ & & 6 \end{pmatrix}$

15.（1）$\boldsymbol{A}^2=\boldsymbol{0}$；（2）$\lambda_1=0$（$n-1$ 重），$\boldsymbol{x}_1=(b_2,-b_1,0,\cdots,0)^{\mathrm{T}}$，$\boldsymbol{x}_2=(b_3,0,-b_1,\cdots,0)^{\mathrm{T}},\cdots$

$\boldsymbol{x}_{n-1}=(b_n,0,0,\cdots,-b_1)^{\mathrm{T}}$.

16.（略）.

17. $-(2n-3)!!$

习题 6

1.（1）$\begin{pmatrix} 1 & 2 & 1 \\ 2 & 4 & 2 \\ 1 & 2 & 1 \end{pmatrix}$；（2）$\begin{pmatrix} 1 & -1 & 2 & -1 \\ -1 & 1 & 3 & -2 \\ 2 & 3 & 1 & 0 \\ -1 & -2 & 0 & 1 \end{pmatrix}$.

2.（1）$f(x_1,x_2,x_3)=(x_1+x_2)^2+(x_2+x_3)^2-x_2^2$

即变换的矩阵$\boldsymbol{C}=\begin{pmatrix}1 & 1 & -1\\ 0 & 1 & 0\\ 0 & -1 & 1\end{pmatrix}$使得所求规范形为$y_1^2-y_2^2+y_3^2$.

（2）$f(x_1,x_2,x_3)=\left(\sqrt{2}x_1+\dfrac{\sqrt{2}}{2}x_2\right)^2+\left(\dfrac{\sqrt{2}}{2}x_2-\sqrt{2}x_3\right)^2+\left(\sqrt{2}x_3\right)^2$

即变换的矩阵$\boldsymbol{C}=\begin{pmatrix}\dfrac{\sqrt{2}}{2} & -\dfrac{\sqrt{2}}{2} & -\dfrac{\sqrt{2}}{2}\\ 0 & \sqrt{2} & \sqrt{2}\\ 0 & 0 & \dfrac{\sqrt{2}}{2}\end{pmatrix}$使得所求规范形为$y_1^2+y_2^2+y_3^2$.

3．（1）$\lambda_1=2,\lambda_2=\lambda_3=4$，

$\lambda_1=2$对应的特征向量为$\xi_1=\begin{pmatrix}0\\1\\-1\end{pmatrix}$，单位化$\eta_1=\dfrac{1}{\sqrt{2}}\begin{pmatrix}0\\1\\-1\end{pmatrix}$.

$\lambda_2=\lambda_3=4$对应的特征向量为$\xi_2=\begin{pmatrix}0\\1\\1\end{pmatrix}$，$\xi_3=\begin{pmatrix}1\\0\\0\end{pmatrix}$，单位化$\eta_2=\dfrac{1}{\sqrt{2}}\begin{pmatrix}0\\1\\1\end{pmatrix}$，$\eta_3=\begin{pmatrix}1\\0\\0\end{pmatrix}$.

标准形为$f=2y_1^2+4y_2^2+4y_3^2$.

（2）$\lambda_1=-3,\lambda_2=0,\lambda_3=3$.标准形为$f=-3y_1^2+3y_3^2$.

4．（略）.

5．得对应的正交矩阵为$\boldsymbol{Q}=\begin{pmatrix}\dfrac{1}{\sqrt{3}} & 0 & \dfrac{-2}{\sqrt{6}}\\ \dfrac{1}{\sqrt{3}} & \dfrac{-1}{\sqrt{2}} & \dfrac{1}{\sqrt{6}}\\ \dfrac{1}{\sqrt{3}} & \dfrac{1}{\sqrt{2}} & \dfrac{1}{\sqrt{6}}\end{pmatrix}$；标准形为$5y_1^2-y_2^2-y_3^2$.

$f(x_1,x_2,x_3)$取得最大值5.

6．（1）f为负定；（2）f为正定.

7～9．（略）.

10．（1）证明略；（2）$\left|\boldsymbol{E}+\boldsymbol{A}+\boldsymbol{A}^2\right|=7^m$.

11．当$-\dfrac{4}{5}<t<0$时，f正定.

12.（1）$\boldsymbol{C}=\begin{pmatrix}1 & 0 & 0\\ 0 & \frac{1}{\sqrt{2}} & \frac{1}{\sqrt{2}}\\ 0 & \frac{1}{\sqrt{2}} & -\frac{1}{\sqrt{2}}\end{pmatrix}$，标准形为 $f=2y_1^2+5y_2^2+y_3^2$.

（2）$\boldsymbol{C}=\begin{pmatrix}1 & -1 & -1\\ 0 & 1 & 2\\ 0 & 0 & 1\end{pmatrix}$，标准形为 $f=2y_1^2+y_2^2-5y_3^2$.

13．合同，$\boldsymbol{C}=\begin{pmatrix}0 & 1 & 0\\ 0 & 0 & 1\\ 1 & 0 & 0\end{pmatrix}$.

14．$\boldsymbol{C}=\frac{1}{\sqrt{2}}\begin{pmatrix}1 & -1 & 0\\ 1 & 1 & 0\\ 0 & 0 & 1\end{pmatrix}$，得二次型的规范形为 $f=y_1^2-y_2^2+y_3^2$.

15.（1）$y=2$；（2）$\boldsymbol{P}=\begin{pmatrix}1 & 0 & 0 & 0\\ 0 & 1 & 0 & 0\\ 0 & 0 & 1 & -\frac{4}{5}\\ 0 & 0 & 0 & 1\end{pmatrix}$.

习题 7

1.（1）$A\overline{B}\,\overline{C}$；（2）$AB\overline{C}$；（3）$ABC$；（4）$A\cup B\cup C$；（5）$\overline{A}\,\overline{B}\,\overline{C}$；（6）$A\overline{B}\,\overline{C}+\overline{A}B\overline{C}+\overline{A}\,\overline{B}C$；（7）$\overline{A}\cup\overline{B}\cup\overline{C}$；（8）$AB\cup AB\cup BC$.

2.（1）Ω, $\varnothing$；（2）$\frac{3}{8}$；（3）0.5；0.2.

3.（1）C；（2）D；（3）A.

4.（1）0.175；（2）0.1；（3）0.825.

5．$\frac{10}{C_{50}^3}=\frac{1}{1\,960}$.

6.（1）$\frac{C_5^2}{C_{10}^3}=\frac{1}{12}$；（2）$\frac{C_4^2}{C_{10}^3}=\frac{1}{20}$.

7．$\frac{2\times 2}{A_{11}^7}=0.0000024$.

8．（1）$1-\dfrac{\frac{1}{2}\cdot\frac{4}{5}\cdot\frac{4}{5}}{1}=0.68$；（2）$1-\left(\int_{\frac{1}{4}}^{1}\mathrm{d}x\int_{\frac{1}{4x}}^{1}\mathrm{d}y\right)=\dfrac{1}{4}+\dfrac{1}{2}\ln 2$.

9．$\dfrac{1}{3}$.

10．$P(B|A)=\dfrac{(n-1)!}{n!/2}=\dfrac{2}{n}$.

11．$\dfrac{m}{m+n}\cdot\dfrac{m+1}{m+n+1}\cdot\dfrac{m+2}{m+n+2}$.

12．$\dfrac{1}{3}$.

13．$P(A|B)=0.7,P(B|A)=0.7,P(A+B)=0.52$.

14．（1）$\dfrac{2}{3}$；（2）$\dfrac{1}{2}$.

15．0.057.

16．总统调整他对其顾问的理论的正确性估计分别为$\dfrac{4}{9},\dfrac{2}{9},\dfrac{3}{9}$.

17．0.037.

18．$\dfrac{5}{6}$.

19．0.6.

20．0.095.

21．至少进行 11 次独立射击.

22．$\dfrac{1}{2}$.

23．（1）0.0512；（2）0.99328.

24．$C_{2n-r}^{n}\left(\dfrac{1}{2}\right)^{2n-r}$.

习题 8

1．（1）$F'(x)$.

（2）$F(x)=\begin{cases}0,x<0;\\x,0\leqslant x<1;\\1,x\geqslant 1.\end{cases}$

（3）$a=\dfrac{1}{\sqrt{\pi}}\mathrm{e}^{-\frac{1}{4}}$.

（4）0.997 3.

（5）0.682 6.

（6）$F(x)=\begin{cases}e^x, x\leqslant 0;\\ 1, x>0.\end{cases}$ $p(x)=\begin{cases}e^x, x\leqslant 0;\\ 0, x>0.\end{cases}$

（7）$\mu=\dfrac{1}{4}$.

（8）$a=\dfrac{5}{16}, b=\dfrac{7}{16}$.

（9）$A=\dfrac{1}{3}, B=\dfrac{1}{2}$.

（10）$2e^{-2}$.

2．（1）A；（2）B；（3）C；（4）B；（5）D；（6）B.

3．（1）A=2；（2）e^{-6}.

4．（1）$p(x)=C_5^x\left(\dfrac{1}{4}\right)^x\left(\dfrac{3}{4}\right)^{5-x}, x=0,1,2,3,4,5$；（2）0.896.

5．（1）0.06%；（2）$n\geqslant 6$.

6．（1）$c=1$；（2）0.75；（3）$F(x)=\begin{cases}0, & x<-1,\\ \dfrac{1}{2}(1+x)^2, & -1\leqslant x<0,\\ 1-\dfrac{1}{2}(1-x)^2, & 0\leqslant x<1,\\ 1, & x\geqslant 1.\end{cases}$

7．$F(x)=\begin{cases}0, & x<0,\\ \left(1-\dfrac{x}{H}\right)^2, & 0\leqslant x<H,\\ 1, & x\geqslant H.\end{cases}$

8．（1）$A=\dfrac{1}{\pi}$；（2）$\dfrac{1}{3}$；（3）$F(x)=\begin{cases}0, & x<-1,\\ \dfrac{1}{2}+\dfrac{1}{\pi}\arcsin x, & -1\leqslant x<1,\\ 1, & x\geqslant 1.\end{cases}$

9．$p(y)=\begin{cases}\sqrt{\dfrac{2}{\pi}}e^{-\frac{1}{2}y^2}, & y\geqslant 0\\ 0, & y<0.\end{cases}$

10．$p_Y(y)=\dfrac{2e^y}{\pi(1+e^{2y})}$.

11．$p(y)=\begin{cases}\dfrac{2}{\pi}(1+\cos 2x), & 0<x<\dfrac{\pi}{2},\\ 0, & \text{其他}.\end{cases}$

12.（1）0.776 9；（2）0.988 9.

13．$F_{|Y|}(y)=\begin{cases}0, & y<\dfrac{1}{4},\\ 0.7, & \dfrac{1}{4}\leqslant y<\dfrac{\sqrt{3}}{4},\\ 1, & y\geqslant\dfrac{\sqrt{3}}{4}.\end{cases}$

14.（1）$F(x)=\begin{cases}0, & x<0,\\ \dfrac{x^2}{2}, & 0\leqslant x<1,\\ 2x-1-\dfrac{x^2}{2}, & 1\leqslant x<2,\\ 1, & x\geqslant 1.\end{cases}$；（2）$F_Y(x)=\begin{cases}0, y<0,\\ y, 0\leqslant y<1,\\ 1, y\geqslant 1.\end{cases}$

15.（略）.

习题 9

1．不是.

2.（略）.

3．0.

4.（1）$k=\dfrac{1}{8}$；（2）$\dfrac{3}{8}$；（3）$\dfrac{27}{32}$；（4）$\dfrac{2}{3}$.

5.（1）k=12；（2）$F(x,y)=\begin{cases}(1-\mathrm{e}^{-3x})(1-\mathrm{e}^{-4y}), & x>0, y>0;\\ 0, & \text{其他}.\end{cases}$（3）0.949 9.

6.（1）$\dfrac{15}{64}$；（2）0；（3）$\dfrac{1}{2}$；（4）$F(x,y)=\begin{cases}\int_{-\infty}^{x}\int_{-\infty}^{y}0\mathrm{d}x\mathrm{d}y\\ 4\int_0^x\int_0^y t_1t_2\mathrm{d}t_2\mathrm{d}t_1\\ 4\int_0^x\int_0^1 t_1t_2\mathrm{d}t_2\mathrm{d}t_1\\ 4\int_0^1\int_0^y t_1t_2\mathrm{d}t_2\mathrm{d}t_1\\ 4\int_0^1\int_0^1 t_1t_2\mathrm{d}t_2\mathrm{d}t_1\end{cases}=\begin{cases}0, & x<0,\text{或}y<0,\\ x^2y^2, & 0\leqslant x<1,0\leqslant y<1,\\ x^2, & 0\leqslant x<1,1\leqslant y,\\ y^2, & 1\leqslant x,0\leqslant y<1,\\ 1, & x\geqslant 1,y\geqslant 1.\end{cases}$

7．0.1548.

8．$F_x(x)=F(x,+\infty)=\lim\limits_{y\to\infty}F(x,y)=\begin{cases}1-\mathrm{e}^{-\lambda_1 x}, & x>0;\\ 0, & \text{其他}.\end{cases}$

$$F_y(y)=F(+\infty,y)=\lim_{x\to\infty}F(x,y)=\begin{cases}1-\mathrm{e}^{-\lambda_2 x}, & y>0;\\ 0, & 其他.\end{cases}$$

9．$X\sim\begin{pmatrix}-1 & 0 & 1\\ \frac{5}{12} & \frac{1}{6} & \frac{5}{12}\end{pmatrix}$，$Y\sim\begin{pmatrix}0 & 1 & 2\\ \frac{7}{12} & \frac{1}{3} & \frac{1}{12}\end{pmatrix}$.

10．（1） $p_x(x)=\begin{cases}\mathrm{e}^{-x}, & x>0;\\ 0, & 其他.\end{cases}$ $p_Y(y)=\begin{cases}y\mathrm{e}^{-y}, & y>0;\\ 0, & 其他.\end{cases}$

（2） $p_X(x)=\begin{cases}\frac{5}{8}(1-x^4), & -1<x<1;\\ 0, & 其他.\end{cases}$ $p_Y(y)=\begin{cases}\frac{5}{6}\sqrt{1-y}(1+2y), & 1<y<1;\\ 0, & 其他.\end{cases}$

11． $p_x(x)=\begin{cases}\frac{2}{\pi}\sqrt{1-x^2}, & -1<x<1;\\ 0, & 其他.\end{cases}$ $p_Y(y)=\begin{cases}\frac{2}{\pi\sqrt{1-y^2}}, & -1<y<1;\\ 0, & 其他.\end{cases}$

12．0.5.

13． $a=\frac{1}{18},b=\frac{2}{9},c=\frac{1}{6}$.

14． $p=\frac{19}{36},q=\frac{1}{18}$

15．（1） $p(x,y)=p_x(x)p_{y'}(y)=\begin{cases}\mathrm{e}^{-y}, & 0<x<1,y>1;\\ 0, & 其他.\end{cases}$

（2） $P\{Y\leqslant X\}=\int_0^1\int_0^x \mathrm{e}^{-y}\mathrm{d}y\mathrm{d}x=\int_0^1(1-\mathrm{e}^{-x}\mathrm{d}x=\mathrm{e}^{-1})$.

（3） $P\{X+Y\leqslant 1\}=\int_0^1\int_0^x \mathrm{e}^{-y}\mathrm{d}y\mathrm{d}x=\int_0^1(1-\mathrm{e}^{-(1-x)}\mathrm{d}x=\mathrm{e}^{-1})$.

16．（1） $p_x(x)=\begin{cases}3x^2, & 0<x<1;\\ 0, & 其他.\end{cases}$ $p_y(y)=\begin{cases}\frac{3}{2}(1-y^2), & 0<y<1;\\ 0, & 其他.\end{cases}$

（2）不独立.

17．（1） $p_x(x)=\begin{cases}1+x, & -1<x<0;\\ 1-x, & 0<x<1;\\ 0, & 其他.\end{cases}$ $p_y(y)=\begin{cases}2y, & 0<y<1;\\ 0, & 其他.\end{cases}$

（2）不独立.

18． $U\sim\begin{pmatrix}1 & 2 & 3\\ 0.12 & 0.37 & 0.51\end{pmatrix}$，$V\sim\begin{pmatrix}0 & 1 & 2\\ 0.40 & 0.44 & 0.16\end{pmatrix}$.

19. $Z \sim \begin{pmatrix} 0 & 1 \\ \dfrac{1}{4} & \dfrac{3}{4} \end{pmatrix}$.

20.（1）$p_z(z)=\begin{cases} 4z\mathrm{e}^{-2z}, & z>0 \\ 0, & z\leqslant 0 \end{cases}$；（2）$p_z(z)=\mathrm{e}^{-\frac{|z|}{2}},-\infty<z<+\infty$.

21. $p_z(z)=F_z'(z)=\begin{cases} \dfrac{3}{2}(1-z^2), & 0<z<1; \\ 0, & 其他. \end{cases}$

22*～25*.（略）.

习题 10

1.（1）2.

（2）5.

（3）10.

（4）$m\left(1-\left(1-\dfrac{1}{m}\right)^n\right)$.

2.（1）D.　（2）B.　（3）A.　（4）D.

3. $E(X)=0.3;D(X)\approx 0.319$.

4. $E(X)=0;D(X)=\dfrac{1}{2}$.

5. $E(X)=0;D(X)=2$.

6. $E(X)=\dfrac{1}{6};D(X)=\dfrac{1}{6}$.

7.（1）$A=\dfrac{4}{a^3\sqrt{\pi}}$；（2）$E(X)=\dfrac{2a}{\sqrt{\pi}};D(X)=\left(\dfrac{3}{2}-\dfrac{4}{\pi}\right)a^2$.

8.（1）$E(Y_1)=2.16,D(Y_1)=5.5584$；（2）$E(Y_2)=-0.24,D(Y_2)=0.9504$；
（3）$E(Y_3)=0.72,D(Y_3)=0.2106$.

9. 0.25.

10. $\sqrt{\dfrac{\pi}{2}}$.

11. $E(X)=4;D(X)=\dfrac{1}{2}$.

12.（1）$E(X)=\dfrac{2}{3},D(Y)=\dfrac{1}{3}$；（2）$D(X)=D(Y)=\dfrac{1}{18}$；（3）$\mathrm{cov}(X,Y)=\dfrac{1}{36};\rho(X,Y)=\dfrac{1}{2}$.

13.（1）$E(X)=D(Y)=0$；（2）$D(X),D(Y)$不存在；（3）$\mathrm{cov}(X,Y)$不存在.

14.（1） 0;（2） $E(Z)=2; D(Z)=8$.

15.（1） $c=\lambda; E(X)=0; D(X)=\dfrac{2}{\lambda^2}$;（2）不相关;（3）不独立.

16.（略）.

17. $v_3(X)=np[1+3(n-1)p+(n-1)(n-2)p^2]; \mu_3=np(1-p)(1-2p)$.

18. $\mu_3=\lambda; \mu_4=\lambda(1+3\lambda)$.

19. $v_k(X)=\dfrac{b^{k+1}-a^{k+1}}{(k+1)(b-a)}; \mu_k=\begin{cases}\dfrac{1}{k}\left(\dfrac{b-a}{2}\right)^k, & k\text{为偶数};\\ 0, & k\text{为奇数}.\end{cases}$

习题 11

1. $\dfrac{1}{12}$; 2.（略）.

3.（1）0.8584;（2）0.0175.

4. 0.1814.

5. 0.3483.

6.（1）0.9246;（2）165.

习题 12

1～3.（略）.

4. 0.8293.

5. 0.6744.

6. $a=\dfrac{1}{20}, b=\dfrac{1}{100}, n=2$.

7. 0.1.

8.（略）.

9. $T=\dfrac{\overline{X}-\overline{Y}-(\mu_1-\mu_2)}{S\sqrt{1/n+1/m}}\sim t(n-1)$.

10. $t\sim t(2n-2)$.

11.（略）.

12. $0.025\leqslant P(S_1^2\geqslant 2S_2^2)\leqslant 0.05$.

13. $\sigma_1^2=\sigma_2^2$.

14.（略）.

15.（1）0.94;（2）0.895.

16. $a=-0.4383$.

17．$\mu = 1.3067$.

18．（1）$n \geqslant 1089$;（2）$n \geqslant 40$;（3）$n \geqslant 254.65 \approx 255$.

习题 13

1．$\hat{\sigma} = 0.1911$.

2．θ 的最大似然估计量是

$$\hat{\theta} = -n / \sum_{i=1}^{n} \ln X_i.$$

3．参数 α 的矩估计量是 $\hat{\alpha} = \dfrac{1}{1-\overline{X}} = -2$，

参数 α 的最大似然估计量是 $\hat{\alpha} = \dfrac{n}{\sum_{i=1}^{n} \ln X_i} - 1$.

4．设随机变量 X 表示此种袋装食品的重量.

（1）μ 的置信度为 90%的置信区间为

$$\left(\overline{x} - U_{0.05}\frac{\sigma}{\sqrt{n}}, \overline{x} + U_{0.05}\frac{\sigma}{\sqrt{n}}\right) = (496.95, 506.38).$$

（2）μ 的置信度为 95%的置信区间为

$$\left(\overline{x} - t_{0.025}(8)\frac{\varepsilon}{\sqrt{n}}, \overline{x} + t_{0.025}(8)\frac{\varepsilon}{\sqrt{n}}\right) = (492.25, 511.08).$$

5．设随机变量 X 表示做广告的费用.

μ 的 95%的置信区间为

$$\left(\overline{x} - t_{0.025}(19)\frac{\varepsilon}{\sqrt{n}}, \overline{x} + t_{0.025}(19)\frac{\varepsilon}{\sqrt{n}}\right) = (518.84, 631.16).$$

6．设随机变量 X 表示在花在零食上的费用.

选取统计量

$$\mathrm{T} = \frac{\overline{X} - \mu}{S/\sqrt{n}} : t(n-1).$$

μ 的置位度为 95%的置信区间为

$$\left(\overline{x} - t_{0.025}(15)\frac{\varepsilon}{\sqrt{n}}, \overline{x} + t_{0.025}(15)\frac{\varepsilon}{\sqrt{n}}\right) = (11.4, 14.6).$$

7．设随机变量 X 表示轮胎的行驶里程数.

由于 n=400 且总体方差未知，由中心极限定理，得

$$\frac{\overline{X} - \mu}{S/\sqrt{n}} : N(0,1)$$（近似地），

所以 μ 的置信度为 95%的置信区间为

$$\left(\overline{x}-U_{0.025}\frac{\varepsilon}{\sqrt{n}},\overline{x}+U_{0.025}\frac{\varepsilon}{\sqrt{n}}\right)=(19412,20588).$$

8．这是一个求两个正态总体均值之差的置信区间的问题，且两个正态总体的方差未知，但相等．因此选取统计量

$$T=\frac{\overline{X}-\overline{Y}-(\mu_1-\mu_2)}{\sqrt{\frac{(n_1-1)S_1^2+(n_2-1)S_2^2}{n_1+n_2-2}}\sqrt{\frac{1}{n_1}+\frac{1}{n_2}}}:t(n_1+n_2-2).$$

$\mu_1-\mu_2$ 的置信度为95%的置信区间为

$$(\overline{x}-\overline{y}-t_{0.025}(14)S_w,\overline{x}-\overline{y}+t_{0.025}(14)S_w)=(-6.186,17.69).$$

9．$\mu_1-\mu_2$ 的置信度为95%的置信区间为

$$(\overline{x}-\overline{y}-t_{0.025}(28)S_w,\overline{x}-\overline{y}+t_{0.025}(28)S_w)=(3.073,4.927).$$

10．$\mu_1-\mu_2$ 的置信度为95%的置信区间为

$$\left(\overline{x}-\overline{y}-U_{0.025}\sqrt{\frac{s_1^2}{n_1}+\frac{s_2^2}{n_2}},\overline{x}-\overline{y}+U_{0.025}\sqrt{\frac{s_1^2}{n_1}+\frac{s_2^2}{n_2}}\right)=(0.228,1.272).$$

参考文献

[1] 王萼芳，石明生．高等代数[M]．北京：高等教育出版社，2003．

[2] 居余马，等．线性代数[M]．北京：清华大学出版社，2002．

[3] 上海交通大学数学系．线性代数[M]．北京：科学出版社，2007．

[4] 同济大学数学系．工程数学线性代数（第六版）[M]．北京：高等教育出版社，2014．

[5] 四川大学数学系．高等数学[M]．北京：高等教育出版社，2003．

[6] 孙国正，杜先能．线性代数[M]．合肥：安徽大学出版社，2011．

[7] 祝东进，郭大伟，刘晓．概率论与数理统计[M]．北京：国防工业出版社，2009．

[8] 毛纲源．概率论与数理统计解题方法技巧归纳[M]．武汉：华中科技大学出版社，1999．

[9] 茆诗松，王静龙，濮晓龙．高等数理统计[M]．北京：高等教育出版社，2006．

[10] 魏宗舒，等．概率论与数理统计[M]．北京：高等教育出版社，2009．

[11] 沈恒范．概率论与数理统计教程[M]．北京：高等教育出版社，2011．

[12] 王松桂，张忠占，程维虎，等．概率论与数理统计[M]．北京：科学出版社，2011．